空中決戰

Aircraft of World War II
in Combat

羅伯特·傑克森（Robert Jackson）◎編著

張德輝◎譯

軍事連線 Military Link

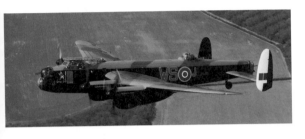

緒論

在西元一九三九年到一九四三年間，軍用飛機的作戰能力有極大的躍進。英國和美國相繼發展出來的重型轟炸機直搗德國的心臟地帶：他們是英國的蘭開斯特與哈利法克斯式轟炸機，以及美國的B-17型空中堡壘與B-24型解放者式轟炸機。這群戰機日以繼夜地痛擊第三帝國，由英國皇家空軍進行夜間轟炸，而美國陸軍航空隊則執行日間空襲。

在北非，爭鬥的雙方打了幾場決定性的會戰；一九四三年初，戰局的發展在軸心國部隊於突尼西亞捍衛最後一塊領地之際達到高潮。容克斯Ju 52型運輸機和盟軍戰鬥機（像是寇蒂斯P-40型戰鷹式）之間的廝殺可說是倏忽、殘酷且一面倒的。

另一處，在蘇聯廣大的平原上，由於凜冽的寒冬加上蘇軍的奮力抵抗，使所向無敵的德軍停滯不前。蘇聯航空工業此時開始生產數量龐大且性能優異的戰機，例如MiG-3型與Yak-9型，他們幾乎可以抵擋住德國空軍可畏的梅塞希密特Bf 109型和福克—沃爾夫Fw 190型戰鬥機。

不過，真正具有決定性的空戰仍是在西歐進行。英國皇家空軍不朽的超級馬林噴火式和霍克颶風式戰鬥機在不列顛之役中力抗德國空軍，使其陷入泥沼。而美國的北美P-51型野馬式戰鬥機更將戰火帶進敵人的領土，它一路護送美國陸軍航空隊的轟炸機往返柏林，也在戰爭最後的幾個月面對最嚴峻的挑戰，亦即梅塞希密特Me 262型噴射戰鬥機——他們自一九四四年秋以來投入作戰的數量愈來愈多。

本書的內容十分廣泛，對於二次大戰各戰區空中武力的運用提出了精闢的剖析，從德軍發動閃擊戰進攻波蘭，到一九四五年美軍在日本投下原子彈都有深入的說明。

↑在大戰初期，德國的敵人對容克斯Ju 87型俯衝轟炸機是既痛恨又恐懼，但它很容易成為戰鬥機下的犧牲品。

←照片中，軍械士正在推動一顆重達1,800公斤（4,000磅）的高爆彈至一架維克斯威靈頓式轟炸機的機身彈艙，這種炸彈有個綽號叫「餅乾」。

第一章
閃擊戰：進攻波蘭

德國併吞了奧地利和捷克斯洛伐克之後，在新型態的閃擊戰中又消滅了波蘭，進而揭開二十世紀最具毀滅性的戰鬥。

↑照片為在一次典型的俯衝轟炸攻擊中，這架 Ju 87 才剛鬆開它的炸彈掛架，向目標投下一顆 SC250 炸彈和四顆 SC50 炸彈。斯圖卡起落腳架上的「傑利科汽笛」（Jericho Siren）所發出的尖銳呼嘯聲，能強化讓敵軍部隊聞風喪膽的效果。

中歐時間一九三九年九月一日四點四十五分，德軍在沒有事先宣戰的情況下發動了閃擊戰（Blitzkrieg）。國防軍的地面部隊跨越波蘭邊境，從北部與南部分兵向東進擊。在他們的攻勢中，「德國空軍」（Luftwaffe）將要完成兩個目標：首先是讓空中或留在地面上的波蘭空軍喪失戰力；一旦這項任務達成之後，第二項任務就是密接支援陸軍。

約有一千五百八十架第一線的戰機投入這次作戰，不過德國空軍的兵力規模仍受到一些限制，因為他們得在德國境內留下一批為數眾多的戰略後備部隊，以抵禦法國和英國從西方進行的任何干預。

德國空軍的戰力

艾伯特・凱賽林（Albert Kesselring）將軍的「第 1 航空軍團」（Luftflotte I）偕同從屬的第 1 航空師（1. Fliegerdivision）、教導師（Lehr-Division）和「德國空軍東普魯士指揮部」（Luftwaffenkommando Ost-Preussen），負責支援波克（Bock）的「北方集團軍」（Army Group North）；而在南方，盧爾（Löhr）

早在西元一九三九年四月三日，希特勒（Adolf Hitler）就發布征服波蘭的計畫。他於「白色案」（Fall Weiss），亦即下達給德國「國防軍」（Wehrmacht）的祕密指令中表示：「國防軍的任務就是摧毀波蘭的武裝部隊。為了達成此一目標，必須準備並發動奇襲。」

的第 4 航空軍團，包括第 2 航空師和「特種作戰航空指揮部」（Fliegerführer zur besonderen Verwendung, zbV），則從西利西亞（Silesia）的基地起飛支援「南方集團軍」（Army Group South）。

　　為了對抗這群訓練精良的德國空軍單位，波蘭的空軍派出十五支 P.Z.L. P.7 型與 P.11 型戰鬥機中隊、十二支包括 P.Z.L. P.23 型與 P.37 型麋鹿式（Lós）戰機的偵察轟炸單位，以及數量相當的單位負責執行與陸軍的協同作戰。總計大約有一百五十架的單引擎戰鬥機和同等數量的轟炸機可投入戰鬥。波蘭的飛行員與機組員訓練有素，具有勇氣與活力，但這些卻無法彌補波蘭飛機老舊的事實——那批軍機原本將於一九四一年至一九四二年的再裝備計畫中遭到汰換。

　　這時一切都太遲了。德國空軍於一九三九年九月一日四點二十六分展開攻擊，當時隸屬第 1 俯衝轟炸機聯隊第 3 中隊（3rd Staffel of Stukageschwader, 3./StG 1）飛行小隊（Kette）的三架容克斯（Junkers）Ju 87B-1 型斯圖

卡（Stuka）在布魯諾・迪雷中尉（Bruno Dilley）的率領下，突擊了狄爾蕭（Dirschau）大橋，該橋是橫跨「波蘭走廊」（Polish Corridor）的交通要道。接著，德國空軍又發動類似的奇襲，在初期攻勢展開的四十八小時之內，第 1 和第 4 航空軍團總共派了一千二百五十架次的戰機出擊，他們發動最有效率且最具破壞性的空優行動，癱瘓了空中和地面上的波蘭空軍。

↑照片中是在作戰的空檔期間，第 77 俯衝轟炸機聯隊第 2 大隊的地勤人員正進行維修保養工作。這支單位是南方第 4 航空軍團旗下五支俯衝轟炸機大隊的其中之一，其餘四支則是第 151 俯衝轟炸機聯隊第 3 大隊、第 76 俯衝轟炸機聯隊第 1 大隊、第 77 俯衝轟炸機聯隊第 1 大隊與第 2 俯衝轟炸機聯隊第 1 大隊。數量相當的單位也附屬於第 1 航空軍團之下，他們全都密集地參與戰鬥，尤其是對陸軍的支援。

↓雖然有一些 Do 17M-1 型轟炸機參與了對付波蘭的行動，但大部分 Do 17 型單位仍舊飛改良的 Do 17Z 型。有鑑於西班牙的空戰經驗，該型轟炸機結合了重新設計的前段機身、更多的裝甲和更強大的防禦武器。偵察型的 Do 17P-1 型也十分活躍。

波蘭空戰：1939 年 9 月 1 日—1939 年 10 月 6 日

戰略
根據德國空軍總司令赫曼・戈林元帥（Hermann Goering）的說法，德國的空軍「……準備好以閃電般的速度和做夢也想不到的威力執行元首（Führer）的每一道命令。」德軍對波蘭的閃擊戰確實具有毀滅性，德國空軍很快地就能在絕對空優的情勢下作戰。

第 1 航空軍團
德國的空軍分為兩大群，他們各自在南方與北方作戰。支援北方集團軍的第 1 航空軍團由三個次級單位組成，並從德國東部和東普魯士的基地出發執行大部分的任務。

第 4 航空軍團
雖然第 4 航空軍團的次級單位要比北方第 1 航空軍團的次級單位少，但他們在支援南方集團軍時也扮演著類似的角色。第 4 航空軍團下轄的兩個單位大部分是從西利西亞的基地起飛作戰。

都尼爾 Do 17M-1/Z
亨克爾 He 111H
容克斯 Ju 87B-1
亨舍爾 Hs 123A-1
邊界
德軍的進攻路線
波軍的逃竄路線
德國與蘇聯瓜分波蘭後的邊界

1939 年 9 月 3 日在戰役的第二場空戰中，P.11 和 Bf 110 在華沙上空爆發纏鬥戰。

1939 年 9 月 1 日，齊隆卡和波尼亞托的 P.11 在兩場大規模空戰的第一場中與德國空軍的 Bf 110 交戰。

斯圖卡至上

在開戰的第一天，德國空軍於波蘭戰區共有三百八十四架左右的 Ju 87，其中約有二百八十八架已經準備安當，隨時能夠出擊。斯圖卡群所選定的攻擊目標包括機場設施、橋樑、鐵道支線和部隊集結地點——在波蘭，斯圖卡搏得傳奇性且令人畏懼的名氣。

俯衝轟炸機的戰術要求是在一萬一千四百八十呎到一萬三千九百四十五呎（三千六百公尺至四千二百五十公尺）的高空，以垂直至六十五度的角度開始俯衝，並拉平俯衝制動器。俯衝轟炸的準確度極高，平均來說飛行員都能將一顆五百五十一磅（二百五十公斤）重的 SC250 型炸彈和四顆一百一十磅（五十公斤）的 SC50 型炸彈投擲在六十碼（五十五公尺）的半徑範圍之內。俯衝轟炸攻擊對敵方部隊所造成的效應是瓦解他們的士氣，這樣的效果是史無前例的。斯圖卡群於波蘭上空並未遭遇太多抵抗，這次戰役期間他們僅損失了三十一架的 Ju 87。

德國有一個特殊對地攻擊單位與第 4 航空軍團的斯圖卡並肩作戰，那就是配備亨舍爾

（Henschel）Hs 123A-1 型雙翼機的第 2 教導聯隊第 2（打擊）飛行大隊〔II（Schlacht）/LG 2〕，該單位在白色案的執行過程中扮演著關鍵的角色。約有三十七架 Hs 123 是從舊羅森堡（Alt-Rosenberg）調派過來，他們剛開始的任務是對波蘭部隊的集結地帶進行低空掃射。在短暫的戰鬥中，這支高機動性的單位至少從七座不同的機場起飛作戰，而地勤人員、備用品、燃油與彈藥則由 Ju 52/3m 型運輸機運往各個前線基地，並緊跟在德軍的推進之後。

除了戰術攻擊用的飛機之外，德國空軍也派了大批的中型轟炸機上場，他們同時被引導去對付戰術和戰略目標。九支配備了都尼爾（Dornier）Do 17 型轟炸機（大部分是 Do 17Z-1 與 Z-2 型，加上一些 Do 17M-1 型）的轟炸聯隊（Kampfgruppen），以及十五支配備亨克爾（Heinkel）He 111H 型轟炸機的飛行大隊（Gruppen）又劃分爲幾個單位，其中四個由第 1 航空軍團率領，另一獨立的單位則由第 4 航空軍團指揮。

↑ 亨舍爾 Hs 123A-1 型戰機由於投入作戰的數量少，所以很容易被忽略。他們只在第 4 航空軍團的一個中隊內服役。這種飛機在密接支援極為出色，而且他們能在各個機場之間移防以跟上迅速挺進的德軍進度。Hs 123A-1 大部分是用來對付地面部隊和其他軟性目標，它裝備了兩挺 7.9 公釐機槍和重達 200 公斤的炸彈。

↑ 在敵對狀態開始之際，波蘭只有少數的 P.37 型麋鹿式可用。它是一款性能不錯的轟炸機，但對入侵者不能造成絲毫衝擊。最後，有一些 P.37 型逃往羅馬尼亞。

↓ 雖然海鷗翼狀的 P.Z.L. P.11 型戰鬥機和德國空軍的 Bf 109 型與 Bf 110 型比起來相對過時，武裝也較薄弱，但他們的表現仍十分出色。

第二章

波蘭潰敗

面對德國壓倒性的空中和地面部隊大舉入侵，波蘭打贏的機會十分渺茫，全國各地有組織的反抗在五個星期之內徹底崩潰。

↑ Bf 110 的組員和敏捷的 P.11 交戰時，一旦掌握了俯衝再爬升的戰術之後，波蘭戰鬥機於空戰中即注定要遭受殲滅。德軍戰機對機場的轟炸與低空掃射摧毀了更多的飛機，就像照片中這架停放在地面上的 P.11 一樣。

→亨克爾 He 111（如照片）與都尼爾 Do 17 以燃燒彈和高爆彈痛擊波蘭的目標。某次特別猛烈的轟炸導致華沙於 9 月 27 日投降。這時，德國中型轟炸機的缺點還不甚明顯。

西元一九三九年九月一日五點三十分，一支 Do 17Z-2 型轟炸機中隊從東普魯士的海利根拜爾（Heiligenbeil）起飛，前去突襲通往狄爾蕭大橋的要道，波蘭人引以爲傲的首都華沙（Warsaw）也在第一天早晨遭受攻擊。以普魯士爲基地的轟炸機發動了猛烈的空襲，而亨克爾 He 111H 型轟炸機則從德國東部距離約四百六十五哩（七百五十公里）的基地起飛作戰。克拉考（Krakow）與羅佛（Lwow），還有許多位於波羅的海沿岸的各個海軍設施、港口及岸上砲台，亦在入侵行動的前幾個小時遭到轟炸。波蘭對這些空襲的抵抗非常微弱，德軍只損失了七十八架中型轟炸機而已，其中大部分是被高射砲砲火所擊落。

由於 Bf 109 型戰鬥機在西班牙內戰（Spanish Civil War）期間表現出色，所以他們在波蘭戰役中被要求發揮其航程的極限進行作戰。不過事後證明，這些抵達戰鬥地點的飛機在地面火網的反擊下十分脆弱，結果他們在二次大戰的首次失利之後，大部分都撤回到德國。然而，Bf 109 單位仍從這次由前線簡易跑道起飛的作戰中獲得了

德國空中的侵略武力

在二次大戰爆發的幾年前，德國就已經建立一支現代化且強大的航空部隊。1939 年時，歐洲其他國家的空軍打擊力量與機動性皆無法與德國匹敵。德國空軍的轟炸機與戰鬥機能夠輕易擊敗波蘭的軍機。

↑ 容克斯 Ju 87B-1

第 1 教導聯隊第 4（俯衝轟炸機）大隊〔IV（Stuka）/LG 1〕的斯圖卡廣泛使用於波蘭上空作戰。這個單位是由布勞希契上尉（Hauptmann von Brauchitsch）指揮，名義上是一支測試與作戰訓練的聯隊，卻因經常投身激戰而揚名。

↓ 梅塞希密特 Bf 109E-1

德國空軍內部某些單位依舊配備了一些 Bf 109D 型戰鬥機，但大多數單位都已採用改良的 Bf 109E 型，或所謂的「艾米爾」（Emil）戰機。有部分中隊返回德國以完成換裝作業。

↓ 都尼爾 Do 17Z-2

Do 17 經常伴隨 He 111 肩負起德國空軍的長程轟炸任務。雖然它的裝甲薄弱，防禦火力亦不足，但如圖中這架隸屬第 3 轟炸聯隊第 3 大隊本部（Stab of III/KG 3）的 Do 17Z-2 型一樣，他們在沒有敵軍戰鬥機出沒的情況下表現頗佳。這架飛機的基地位於東普魯士的海利根拜爾。

無價的經驗。

　　德國空軍的戰鬥聯隊（Jagdgeschwader）除了為轟炸機護航之外，還在進攻的頭兩天執行攔截和反制波蘭空軍回擊的任務。長程的梅塞希密特（Messerschmitt）Bf 110 型驅逐機（Zerstörer）也首次登場參與戰鬥，儘管他們的翻滾與迴旋性能不佳，在面對敏捷的波蘭 P.Z.L. P.11 型戰鬥機時容易暴露出弱點，但仍於波蘭上空取得可觀的戰果。

梅塞希密特出擊

　　九月一日早晨，Bf 110 偕同突襲部隊進攻華沙、克拉考與

德國與波蘭的航空戰力比較		
類型	機種 & 服役數量	
	德國	波蘭
轟炸機	400 x 都尼爾 Do 17M/Z 300 x 亨克爾 He 111H/P	36 x P.Z.L. P.37 麋鹿式
俯衝轟炸機	384 x 容克斯 Ju 87 斯圖卡	
輕型轟炸機		118 x P.Z.L. P.23 鯽魚式
戰鬥機	200 x 梅塞希密特 Bf 109E	51 x P.Z.L. P.7 108 x P.Z.L. P.11
重型戰鬥機	95 x 梅塞希密特 Bf 110B-1/C-1	
對地攻擊機	37 x 亨舍爾 Hs 123	
通信 / 觀測機		120 x 各式飛機
觀測機		49 x 盧布林 R.XIII
偵察機等	164 x 各式飛機	
運輸機等	400 x Ju 52/3m & 其他機種	
總計	1,980	482
飛機損失	116	333

↑在西班牙內戰期間，德國空軍「禿鷹兵團」（Legion Condor）所學到的許多教訓都在波蘭上空受到檢驗。在幾乎取得完全制空權的情勢下，Ju 87 斯圖卡於德軍閃擊戰橫掃歐洲之前就已經獲得傳奇性的名聲。

其他目標。當天下午，波蘭的戰鬥機便與他們交戰。那時，齊隆卡（Zielonka）和波尼亞托（Poniatow）基地的波蘭戰鬥機旅出擊挑戰德國的轟炸機，而護航的 Bf 110 試圖追隨輕巧的 P.11 型戰機迴旋之際即犯下初步的錯誤，不過他們後來以俯衝再爬升的戰術扳回一城。德軍擊落了五架 P.11，己方則無損失。第二天下午，第 76 驅逐機聯隊（ZG 76）第 1 與第 2 中隊於洛次（Lodz）上空失去兩架 Bf 110，但也摧毀了三架 P.Z.L. 戰鬥機。

在九月三日於華沙上空展開的

第二場空戰中，德軍又擊毀五架波蘭戰鬥機，只有一架 Bf 110 折翼。此刻，波蘭戰鬥機的反擊力量衰弱到德國戰鬥機和驅逐機聯隊改為執行對地掃射任務的程度。在長達五個星期的戰鬥中，驅逐機大隊宣稱擊落了六十八架波蘭軍機，而他們於一九三九年九月一日至二十八日期間僅損失十二架 Bf 110 而已。

波蘭的抵抗

到了九月三日，當德國空軍的要務仍是摧毀波蘭的航空工業和空軍力量之際，他們又被指派一項次要的任務，即徹底殲滅德軍迅速推進時所殘留下來的波蘭要塞。由於轟炸行動的成效如此之高，德國空軍的主力隨即轉去支援德國陸軍，向華沙無情地挺進。

一九三九年九月九日，無情的德軍推進到華沙西方約五十哩（八十公里）的布楚拉河（Bzura）時遭受短暫的阻礙，不過旋即證明波蘭軍隊難以招架國防軍的增援，其他地區的德軍攻勢也絲毫沒有減弱。一九三九年九月九日七點，就在布楚拉之役展開的時候，第 4 裝甲師向華沙發動了第一波的突擊。波蘭軍隊英勇抵抗，但他們遭受格外猛烈的轟炸，包含德國空軍於二十四日所派出一千一百五十架次的戰機攻擊。華沙最後在一九三九年九月二十七日投降。

波蘭撤退

殘餘下來的波蘭陸軍和空軍，

包括九萬名部隊和一些飛越喀爾巴阡山脈（Carpathian Mountains）的飛機，逃到了羅馬尼亞和匈牙利，這群生還者仍將與英—法盟軍繼續並肩作戰。不過，波蘭戰敗了：最後一批遭受包圍的反抗勢力於一九三九年十月六日終止戰鬥。

對德國人來說，這場戰役是壓倒性的成功，而達成這次軍事勝利的速度更是超乎他們所想像。

對德國空軍而言，這場戰役的傑出勝利是因為他們成功的運用 Ju 87 型俯衝轟炸機，還有展現梅塞希密特 Bf 110 型戰鬥機的長程作戰能力。艾伯特・凱賽林（Albert Kesselring）上將寫道：「超越所有其他的兵種，德國空軍藉由在天空機動的優越性，實現了過去戰爭中所無法想像的任務……。」波蘭之役展示了德國空軍的潛力，並使它成熟爲一支強大、擁有沙場歷練的武力。到了一九四〇年四月，德國空軍就再次發動閃擊戰，進攻挪威。

注定敗北的波蘭空軍

波蘭空軍派出了 433 架第一線的飛機參戰，並分為「部署空軍」（Dispositional Air Force，159 架）和「軍團空軍」（Armies' Air Force，274 架）。波蘭的飛機無論是性能或數量都遠不及對手，但波蘭人仍以極大的勇氣與韌性作戰，直到崩潰為止。

↑ P.Z.L. P.37 麋鹿 B
P.37 麋鹿式轟炸機是波蘭空軍最現代化的打擊機種，共有 36 架，並分發至轟炸機旅的四個中隊（第 1 聯隊第 10 大隊的第 211 與第 212 中隊和第 1 聯隊第 15 大隊的第 216 與第 217 中隊）。麋鹿式 B 型（如圖）的特色是其雙垂直尾翼與方向舵。

↑ P.Z.L. P.23b 鯽魚（Karás）
波蘭的飛行單位嚴密地分派給個別的陸軍師級部隊指揮，但在戰爭爆發之際，所有的單位，除了操縱 P.23 的單位以外，全都終止了這個限制。這架 P.23b 隸屬於波摩爾茨（Pomorze）軍團旗下的第 42 中隊。就數量而言，鯽魚式戰機是波蘭最重要的輕型轟炸／偵察機。

↑ P.Z.L. P.11
配備四挺 0.303 吋（7.7 公釐）KM Wz 33 型機槍的 P.11 海鷗翼式戰鬥機，儘管不是裝載機砲的 Bf 109E-1 的對手，但仍擁有令人敬畏的火力。然而，P.11 大部分是與 Bf 110 型戰鬥機交戰，所以他們是最令德國機組員感到畏懼的波蘭軍機。這架 P.11C 型隸屬於第 121「翼箭」（Winged Arrows）中隊。

第三章
容克斯 Ju 87 斯圖卡

鮮少有飛機曾像醜陋的容克斯 Ju 87 型俯衝轟炸機那樣，能使身經百戰的軍隊和無助的平民陷入恐慌。

容克斯 Ju 87 型被稱為「斯圖卡」，亦即德文俯衝轟炸機（Sturzkampfflugzeug）的簡稱。就歷史紀錄而言，Ju 87 擊沉的船艦數目也比其他型號飛機擊沉的還要多。

俯衝轟炸的戰技在一次大戰時就已眾所周知，可是一直要到西元一九二○年代才有專為這套戰術而設計的飛機出現。容克斯 K 47 型是首創的俯衝轟炸機之一，其中兩架配備朱比特（Jupiter）引擎的飛機於一九二八年進行首飛，另十二架裝載「普拉特與惠特尼公司」（Pratt & Whitney）大黃蜂（Hornet）引擎的飛機後來則賣給中國。

德國人利用 K 47 進行了廣泛的研究，結果顯示九十度的俯衝轟炸是最準確的，儘管這需要堅固的飛機和果敢的飛行員，還有一具俯衝角度指示器。這時，許多人開始

↓照片中為 1941 年初，兩架第 3 俯衝轟炸機聯隊第 2 中隊的 Ju 87R-2 結束地中海上空的巡航返回基地。Ju 87R 型多次在地中海區域襲擊英國的護航船隊，這批飛機的機翼下掛有 66 英加侖（300 公升）可拋棄式油箱。

↑原型的 Ju 87 四號試驗機（V4）有著圓滑的整流罩側板，座艙罩最後面的窗口也尚未裝設。

↑在蘇聯，德國空軍為戰機塗上雪地迷彩的白色水溶性膠顏料褪色得很快，並且被引擎的廢氣嚴重燻黑。照片中，五架不明單位的 Ju 87D 改變航線，準備對蘇聯的裝甲部隊發動攻擊。

認識到俯衝轟炸機的重要性，這些人即將成爲希特勒麾下德國空軍的領袖。他們相信俯衝轟炸機將是空軍密接支援地面部隊的核心武器。

正當德國於一九三三年擬定出德國空軍新作戰飛機的計畫之際，一款平穩的雙翼機符合了他們的需求，它就是亨舍爾 Hs 123 型；而容克斯則繼續發展，朝最後的斯圖卡邁進。由赫曼‧波曼（Hermann Pohlmann）領導的研發團隊採用了與 K 47 型相同的機身結構，單引擎、單翼低主翼加上顯眼的固定式起落架，以及雙垂直尾翼與方向舵。

不過，斯圖卡在發展期間，由於一次早期俯衝測試時雙垂直尾翼結構解體而墜毀，所以就改回傳統的單垂直尾翼設計。另一項變革是它的發動機，雛型機原本裝配的是英製勞斯—萊斯（Rolls-Royce）紅隼（Kestrel）引擎，但當斯圖卡於一九三七年投入德國空軍服役之後，就改用德製的朱姆（Jumo）210Ca 型發動機。

↑ 在德軍繼續向巴爾幹半島發動閃擊戰期間，照片中這架 Ju 87B 斯圖卡正停放在一座希臘機場上，旁邊還擺了一顆 500 公斤（1,102 磅）重的 SC500 型炸彈。這是斯圖卡還能在未遭遇多少抵抗的情況下消滅目標的最後一場戰役。

↑ 照片中為 1938 年，一架隸屬於第 165 俯衝轟炸機聯隊的 Ju 87A-2。該機展示的迷彩樣式並非不尋常，它通常是藉由改變基本的配色和原來的花紋，使其呈現破碎狀的形式而成。出任務時，機尾納粹黨徽背景的紅色旗幟和白色圓圈隨即被塗掉。

投入戰場

斯圖卡第一次投入戰鬥是在西班牙，他們隨禿鷹兵團一起行動，戰力十分傑出。儘管斯圖卡初次登場即表現亮麗，但容克斯仍持續改良並提升其性能。一件值得注意的附加裝置是他們在起落架上裝了一組汽笛，稱之爲「傑利科號角」（Trumpet of Jericho）。當斯圖卡展開俯衝之際，穿越汽笛的氣流就會使它發出尖銳的呼嘯聲，如此便能升高目標附近人員的恐懼。

到了一九三九年中期，斯圖卡的產量達到每月六十架，而這些改良的 B 型戰機隨即投入希特勒閃擊戰橫掃歐洲的戰鬥支援任務中。二次大戰期間，斯圖卡執行的首次戰鬥任務是在一九三九年九月一日，就在納粹德國對波蘭宣戰的十一分鐘前左右，三架 B-1 型起飛攻擊維斯杜拉河（Vistula）上的狄爾蕭大橋。斯圖卡於波蘭之役中再度展現實力，不但突襲了無數的部隊

→照片中為德軍士兵看著一支斯圖卡飛行小隊結束任務返回基地。斯圖卡出擊支援隆美爾（Rommel）的非洲軍（Afrika Korps），他們在北非戰役的初期提供密接空中支援。

集結點，亦擊沉了波蘭所有的戰艦，只有兩艘倖免於難。

除了發展對地攻擊型的斯圖卡之外，容克斯也打算研發有可摺疊翼與尾鉤和其他改裝的 Ju 87C 型，使它能夠於航空母艦齊柏林伯爵號（Graf Zeppelin）上起降，但該艦最後並未竣工。其他的衍生型還有在機翼上安裝人員座艙的斯圖卡，以作為運輸機之用。

斯圖卡在二次大戰的第一年於歐洲大陸造成大浩劫，但之後他們在英國上空的損失卻是慘重無比。不列顛之役的最高潮，即一九四○年八月十三日至十八日，英國皇家空軍（RAF）的噴火式（Spitfire）與颶風式（Hurricane）戰鬥機共擊落了四十一架斯圖卡，結果自八月十九日起斯圖卡便撤出戰場，不再向英國發動攻擊。

斯圖卡是以 Bf 109 與 Bf 110 戰鬥機的嚴密保護為基礎來設計，在這樣的情況下，它展示出具有毀滅性的威力。然而，德國空軍無法在英國上空取得制空權，導致斯圖卡單位蒙受了非常慘重的損失。

基本設計

到了一九四一年初時，斯圖卡的最終型 Ju 87D 投入東線和北非戰場服役。整架飛機經過重新改裝以減少飛行阻力，最明顯的改良就是除去了大型的進氣口散熱器，取而代之的是一個附有裝甲的較小型設計。

斯圖卡不再被視為純粹的俯衝轟炸機，他們愈來愈常被當成密接支援戰機使用，有時投彈的地點距離友軍還不到三百三十呎（一百公尺）。此外，斯圖卡亦用來擔任滑翔機拖曳機、反游擊隊攻擊機和多用途運輸機，載送各式各樣的貨物。

Ju 87D 也發展出一系列的衍

生機種，包括延長翼端的
D-5 型，以應付 Ju 87D 不
斷增加的重量；D-7 夜戰型
（反映出他們在日間作戰時
愈來愈高的危險性）則裝有
加長的排氣管，一直向後延
伸越過機翼前緣以隱匿排氣
的光芒；而 Ju 87D-8 是最
後一款的量產型。至一九四
四年九月下旬為止，除了戰
鬥機以外，幾乎所有的飛機
生產作業均告終止時，斯圖
卡的總產量一般公認為五千七百零
九架。

　　所有的軸心國空軍都廣泛使
用 Ju 87 戰機，包括義大利、匈牙
利、斯洛伐克、羅馬尼亞和保加利
亞——儘管是因為德國空軍，斯圖
卡才能贏得它應有的聲望。

　　實際上，在戰爭爆發之際，Ju
87 就多少被認為是已經過時的設
計，但此一事實為其令人難以置信
的成功所遮蔽。不過，斯圖卡和德

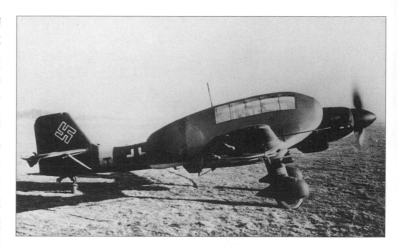

國空軍內許多的其他飛機一樣，由
於缺乏替代機種，因而在停產之後
仍持續作戰許久。Ju 87 的機組員
就像梅塞希密特 Bf 110 與 He 111
一樣，被迫駕駛過時的戰機執行任
務，所以他們取得的戰果也就成了
機組員的高超戰技和 Ju 87 斯圖卡
的耐用性的最好證明。

↑照片中的是一架試驗
性的 Ju 87D-3 型，它
的機翼上裝置了人員運
輸英艙。這個英艙設計
可前後坐二人，由飛機
進行小幅度的俯衝後釋
放，最後在大降落傘的
輔助下降落至地面。

↓Ju 87G-1 型反戰車斯圖卡是 Ju 87 系列最後一款投入實戰的衍生機種（除了
Ju 87H 教練機之外），它是由先前的 Ju 87D 型改裝而來，能夠在機翼外側下
方加掛二門火力強大的 Flak 18 型（Bk 3.7 型）37 公釐機砲英艙。

第四章
希特勒進擊北方

德國和盟軍都將挪威視為生死攸關的據點。一支以北挪威為基地
的海軍艦隊即可掌控通往北大西洋的要道。

↑一支德國空軍傘兵部隊正空降到挪威的土地上。這場迄今為止最大規模的空
降作戰使盟軍遭受致命的一擊。

↓照片中為德軍的登陸部隊還在趕赴戰場之際，He 111 先飛越挪威重要市鎮的
上空來展現德國空軍的實力。除此之外，他們也在哥本哈根（Copenhagen）
投下宣傳單。共有三個 He 111 單位投入作戰，即第 4 與第 26 轟炸聯隊和第
100 轟炸大隊，而第 26 轟炸聯隊亦在日後調至挪威基地展開行動。

希特勒急欲確保北大西洋的戰
略利益不會落入英國人手中。在一
場決定性的作戰之後，挪威和丹麥
於數日內便宣布投降。

挪威可說是地理位置不利之
下的受害者，她在西元一九四〇
年春末遭受了德軍閃擊戰的駭人
攻擊。挪威和丹麥雖得以免於如
波蘭一般遭受蹂躪的命運，但她
們都體驗了德國空軍傘兵部隊
（Fallschirmjäger）的高度效率。

一次大戰期間，德國海軍
（Kriegsmarine）已從對抗英國
艦隊的經驗中學到教訓，亦即英
國海軍強而有力的封鎖幾乎是牢
不可破的。德國海軍的韋格納
（Wegener）上將於一九二九年時
表示，如果他們在一次大戰中可以
趁早利用挪威西岸各港口的話，就
可使英國對其港口的封鎖失效。英

國同樣了解挪威的戰略重要性，所以當德軍於一九四○年四月九日發動入侵之際，英國皇家海軍（Royal Navy）也已經浩浩蕩蕩地航向挪威北部。

希特勒於挪威取得的第二個利益，是可確保瑞典鐵礦運至德國魯爾（Ruhr）工業區的航線。就是因為英國在挪威港口外海佈雷以阻撓鐵礦運輸，再加上阿爾特馬克號（Altmark）事件，才導致德國決定展開侵略行動。

哥薩克號出擊

一九四○年二月十六日，英國皇家海軍艦隊的部族級（Tribal）驅逐艦哥薩克號（HMS Cossack）登上了德國海軍輔助艦阿爾特馬克號，這艘軸心國船舶上載有英國戰俘，可是她正於中立的挪威水域約辛峽灣（Jösenfjord）內尋求庇護。希特勒將此一事件視為公然的海盜行為，並視挪威為共犯。一九四○年三月一日，他正式發布了入侵挪威與丹麥的作戰指令，也就是「威塞演習」（Weserübung）行動。

當德國海軍各單位全力投入戰鬥時，德國空軍再度扮演了關鍵的角色。不過，極遠的航程幾乎讓 Ju 87 斯圖卡無法於挪威上空作戰。約四十架擁有最大航程飛行能力的 Ju 87R 型聯合七十架 Bf 110C 重型戰鬥機編成了德國空軍的對地攻擊武力，轟炸任務則由二百九十架 He 111H 與容克斯 Ju 88 型來執行。由於丹麥和挪威的戰鬥機數量

嚴重不足，所以德軍只部署了三十架的 Bf 109E 為轟炸機護航。除此之外，水上飛機亦在挪威的岩石海岸地形中表現出色。

無論是從數量上或是戰術上來說，此時德國空軍最重要的機種就是容克斯 Ju 52/3m 型運輸機。作戰展開的前十天，大約有五百架的該型運輸機接連地出動，載送一波又一波的傘兵和突擊部隊進入這兩

↑為了能沿著挪威的崎嶇海岸線執行巡邏與攻擊任務，德國空軍不得不大量使用水上偵察機，像是照片中的 He 115 型。

←雖然就戰術和宣傳效果來說，德國傘兵的部署極為成功，但他們的傷亡也十分慘重。傘兵部隊能以滑翔機、降落傘或運輸機來部署，抵達戰場之後立即可展開作戰。

個被包圍的國家。

這支規模龐大且任務繁重的運輸機隊，藉由載送傘兵或直接降落至機場的方式，運來了大批的部隊以及源源不絕的補給品和裝備。丹麥和挪威的空軍只做了象徵性的抵抗，丹麥派了霍克狩獵者式（Hawker Nimrod）與格洛斯特鐵手套式（Gloster Gauntlet）雙翼機和福克（Fokker）D.XXI 型戰鬥機隊應戰；而挪威只召集了十二架的格洛斯特格鬥士（Gladiator）I 型與 II 型。

一九四〇年四月八日清晨，英國偵察機注意到了德國海軍的活動，同時也發現德國空軍的 He 111 與 Ju 88 異常的活躍。不過，由於未發現任何的部隊運輸船，所以英國人不認為德軍的侵略迫在眉睫。於是盟軍按兵不動，等到他們察覺時一切都太遲了。

↑第 108 海上特種作戰轟炸聯隊（KG.z.b.V. 108 See）倉促成軍，及時趕上威塞演習行動。該單位操縱一系列的水上飛機執行運輸任務，其中包括亨克爾 He 59 型雙翼浮筒水上飛機。

↑這些第 26 轟炸聯隊第 2 中隊的 He 111 型轟炸機，從挪威的前哨基地起飛作戰。這個單位在德軍占領挪威之後仍留在該國，並於不列顛之役期間執行轟炸英軍基地的任務。

↓德國的軍機很快便能從被占領的挪威機場起降作戰。這張照片拍攝於 1940 年 4 月 15 日，顯示 Ju 52/3m 型運輸機散開停在奧斯陸的機場上，而背景是一架遭摧毀的飛機（可能是一架挪威的格鬥士戰鬥機）正在起火燃燒。

不對稱的空軍力量

　　德國的侵略部隊擁有德國空軍一些最現代化的戰機支援，包括可畏的 Fw 200 型禿鷹式（Condor）在內。相較之下，「挪威皇家空軍」（Royal Norwegian Air Force）的裝備拙劣，戰力也極差。

←格洛斯特格鬥士 II 型

挪威皇家空軍總共接收了十二架格鬥士戰鬥機，前六架為 I 型標準型。然而這批飛機當中，參與挪威保衛戰的可能還不到十架，所有的格鬥士不是在地面上被摧毀，就是在少數幾場空戰中遭到擊落。

↓卡普羅尼（Caproni）Ca 310 型西南風（Libeccio）

挪威的轟炸任務依賴著他們的六架 Ca 310 輕型轟炸機／偵察機，但這款飛機完全不適任。該架停放在斯塔凡格一索拉機場（Stavanger-Sola）的 Ca 310，幾乎可以肯定是在地面上遭到摧毀。

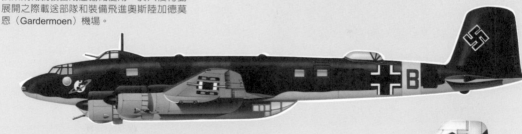

↓福克—沃爾夫（Focke-Wulf）Fw 200C-1 禿鷹

這架 Fw 200C-1 隸屬於第 40 轟炸聯隊第 1 大隊本部（Stab of I/KG 40），它是第一批整裝完成以進行海上巡邏和轟炸任務的禿鷹式戰機之一。在機身前倉促漆上隊徽之後，該架飛機就被當成運輸機使用，於入侵行動展開之際載送部隊和裝備飛進奧斯陸加德莫恩（Gardermoen）機場。

↑亨克爾 He 115B-2

第 406 海岸飛行大隊第 1 中隊（1./KüFlGr 406，前身為第 506 海岸飛行大隊第 1 中隊）操作 He 115 型水上飛機執行海岸偵察、佈雷和其他任務。這架飛機的浮筒下方安裝了鋼製滑橇，讓它可以在雪地或冰層上起降。

第五章

戰勝挪威

德軍部隊成功擊敗丹麥之後，便將注意力轉向挪威。在作戰期間
德國首次動用了空降部隊。

↑ 在斯堪地那維亞（Scandinavian）的作戰行動是如此的緊迫，所有的飛行員，包括照片中的這位，都被迫投入加油的工作。唯有如此，他們才能迅速做好再出擊的準備。

↓ 照片中為一架 He 115 在它遇上的一艘船上空盤旋。奪下挪威讓德國空軍有了極其重要的起降基地，以執行偵察和突擊英國海軍單位的任務。

對挪威來說，英國皇家海軍無能攔截德國海軍船艦航向挪威海岸意味著一場悲劇。德軍的兩棲登陸部隊聯合空降部隊展開部署，並在具毀滅性的實力展示中壓垮挪威軟弱的防禦力量。

希特勒覬覦挪威的野心對丹麥來說同樣是場災難。德國空軍需要日德蘭半島（Jutland）上的奧爾堡（Aalborg）機場作為戰機與載送侵略部隊運輸機的前線基地，以維持作戰的動能。

不流血投降

西元一九四〇年四月九日清晨，首批德軍部隊成功地經由海路登陸挪威的特倫漢（Trondheim）、卑爾根（Bergen）、艾格桑德（Egersund）、阿倫道（Arendal）、克欣松（Kristiansand）與奧斯陸。五點過後沒多久，德國陸軍也在阿班拉（Åbenra）同步跨過了丹麥的邊界，而弗寧（Fünen）與其他丹麥島嶼亦遭海上登陸部隊攻占。

德國空軍在丹麥上空也十分活躍。登陸部隊搶灘的九十分鐘之內，Ju 52/3m 型運輸機飛越奧爾堡以東和以西的機場上空，並讓傘兵空降。約二十分鐘後，Ju 52/3m 又接二連三地載來步兵把守這些至關重要的機場。而第 1 驅逐機聯隊第 1 大隊（I/ZG 1）的 Bf 110 型戰鬥機則在最上空予以掩護。如此大規模的空中突擊行動導致丹麥不流血投降。整個日德蘭半島，還有丹麥的首都哥本哈根在短短一天之內就落入德國人的手中。

同一時間，入侵挪威的行動持續進行。在第 76 驅逐機聯隊第 1 大隊的戰機對斯塔凡格—索拉機場與奧斯陸—弗內布（Förnebu）機場發動低空掃射之後，初步的海上登陸行動旋即於八點三十分展開。一群挪威的格鬥士戰機前往攔截第 26 轟炸聯隊第 3 大隊的 He 111 和護航的 Bf 110，雙方在奧斯陸峽灣（Oslofjord）上空爆發短暫的交鋒，但很快地格鬥士便全數遭到擊落。

之後，挪威剩餘的格鬥士亦在地面為德國空軍的戰機摧毀，三個轟炸聯隊的飛行中隊則轟炸了奧斯陸—凱耶勒（Kjeller）機場、霍曼克林（Holmenkollen）的防空陣地和奧斯陸峽灣島嶼的岸上砲台。

突擊機場

由於德軍已拿下了丹麥，傘兵部隊即可奪取挪威的重要機場，包括斯塔凡格—索拉機場。弗內布機場與凱耶勒機場不久就成為第 76 驅逐機聯隊第 1 大隊和第 1 俯衝轟炸機聯隊第 1 大隊的 Ju 87 之前線基地，而且當第一天結束的時候，一百八十架載著部隊的 Ju 52/3m 已抵達索拉機場。次日間，He 111、He 115、Ju 87 與 Ju 88 和偵察機全都移到了索拉。在南方，克欣松亦成為第 77 戰鬥聯隊第 2 大隊與其 Bf 109E-1 的臨時總部，還有獨立的戰鬥機單位被派往其他的地點。

由於天候惡劣與續航力不足，再加上其他作戰上的問題，使得 Bf 109 在偕同德國空軍轟炸機發揮

突擊：1940 年 4 月

德軍海上登陸路線
德軍傘兵突擊地點
盟軍反擊路線
海軍行動

哈爾斯塔
那維克
納姆索斯
瑞典
挪威海
特倫漢
安道斯尼斯
挪威
利勒哈梅爾
卑爾根
奧斯陸
奧斯陸峽灣
斯塔凡格
阿倫道
艾格桑德
克欣松
北海
奧爾堡
日德蘭半島
丹麥
弗寧
哥本哈根
阿班拉

到了 1940 年 4 月底時，挪威的大半土地已落入德國人手中，第 5 航空軍團也得以開始發動他們四項首要任務：
1.補給與增援；
2.偵防北海並攻擊英國海軍船艦；
3.支援位在挪威山谷地帶的地面部隊；
4.以防空砲和戰鬥機捍衛奪取的領土。

由於挪威有著深長、高度暴露的海岸線，而且內陸的聯絡受到限制，因此相當適合進行海陸聯合作戰，德軍也能發動大規模的空中支援。儘管結果如何從來沒有人真正質疑過，但德軍遇上了頑強的抵抗並遭受慘重的損失。德國計畫的成功，關鍵在於迅速奪取丹麥和挪威的機場，以便能夠於那裡繼續發動攻擊。這場戰役也首次動用了傘兵部隊，他們搭乘 Ju 52/3m 型運輸機來進行空降作戰。

最大航程、飛越挪威崎嶇地勢的行動中只扮演次要的角色。相形之下，約二百五十架的 Ju 52/3m 於第一個星期裡就發揮了實力極限。他們在三千零一十八架次的出擊

丹麥的航空力量：數量不足與戰力不佳

丹麥空軍面臨的困境和 1939 年 9 月時的波蘭空軍相似，他們無論是在現代化戰機的數量、後勤補給與戰術上，皆無力抵抗占壓倒性優勢的德國空軍。

←福克 D.XXI

荷蘭的 D.XXI 型戰鬥機被丹麥人稱為 IIIJ 型。圖中的這架飛機印有 1940 年春，「丹麥陸軍航空軍」（Haerens Flyvertrooper）第 2 中隊（Eskadrille）的標誌。他們一共取得了十二架的該型戰機：兩架是由福克公司製造，其餘的十架是在授權下生產。4 月 9 日時，第 2 中隊有八架 D.XXI 可派出作戰，其他四架則正在維修當中。

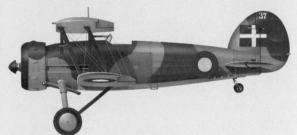

→格洛斯特鐵手套

這架鐵手套式戰鬥機是由丹麥陸軍航空軍第 1 中隊所操縱，該單位在 1940 年 4 月 9 日時有十三架鐵手套可用；他們原有十八架這款戰機（一架由格洛斯特公司生產，十七架授權製造）。所有丹麥陸軍航空軍的飛機皆是以哥本哈根西北方的伐爾洛斯（Vaerlose）為基地。

←霍克狩獵者

這架霍克狩獵者式戰鬥機分派到「丹麥皇家海軍航空隊」（Marine Flyvevaesenet）第 2 航空軍團（Luftflotille）。在十二架狩獵者（在丹麥海軍服役下名為 L.B.V 型）之中，有兩架是由霍克公司供應，其餘的十架則授權給「丹麥皇家海軍造船廠」（Orlogsvaerftet）生產。他們原本預定為差不多數量的義大利製馬奇（Macchi）MC.200 型戰機所取代，但尚未交機。

中，載送了二萬九千二百八十名部隊，並運著二千三百七十六噸（二千四百一十五公噸）的貨物與二十五萬九千三百英加侖（一百一十七萬八千七百七十八公升）的飛機油料供應德軍占據的機場。

一九四○年四月十一日，奧圖‧魯格（Otto Ruge）將軍被派任為挪威軍隊的總司令，他的領導才能加上英國增援部隊抵達，使戰況在運氣的協助下暫時逆轉。四月十日，英國「艦隊航空隊」（Fleet Air Arm）第 803 中隊的布萊克本賊鷗式（Blackburn Skua）戰機於卑爾根擊沉了德國輕巡洋艦柯尼斯堡號（Königsberg）。接著，德國船艦又在挪威的岸砲〔包括重巡洋艦布呂赫號（Blücher）於奧斯陸峽灣遭到摧毀〕和英國皇家海軍的打擊下接連蒙受損失，導致德國海軍與德國空軍之間發生齟齬，前者嚴厲指責後者顯然無能捍衛德國海軍單位不受英國皇家海軍的攻擊，但惡劣的天候和不良的通訊確實讓

德國空軍無法介入海上的戰鬥。

在陸上，英軍部隊於四月十六日至十八日之間登陸了哈爾斯塔（Harstad）、納姆索斯（Namsos）與安道斯尼斯（Åndalsnes）：目標是奪回那維克（Narvik），然後是特倫漢，並與位在奧斯陸北方的魯格部隊會合。

由於盟軍部隊在利勒哈梅爾（Lillehammer）與史坦科葉爾隘口（Steinkjer Pass）進行激烈的抵抗，德國空軍便調派 He 111、Ju 88 與斯圖卡前去對付，並開始破壞安道斯尼斯與納姆索斯的補給港口。為了反制空中轟炸，英國皇家空軍第 263 中隊從光榮號（HMS Glorious）航空母艦上升空，四月二十三日十八點時，十八架格鬥士 II 型降落到安道斯尼斯附近結冰的雷斯亞斯果湖（Lake Lesjaskog）上。這批飛機能夠作戰的比率不高，但他們還是在德軍炸毀大多數的機場之前，發動了四十架次的出擊。然而，到了四月二十六日，這支中隊不復存在，德國人亦將安道斯尼斯摧殘殆盡。

盟軍撤退

四月底時，德國空軍大舉增援，他們投入了七百一十架飛機，包括三百六十架轟炸機。面對這支具有壓倒性優勢的空中武力，盟軍不得不做出撤軍的決定。安道斯尼斯的盟軍於四月三十日開始撤退，納姆索斯的部隊也自五月二日起撤軍。

接著，盟軍的下一步棋是對抗德軍位在那維克的據點，並有重新整裝格鬥士戰鬥機的第 263 中隊以及配備颶風式 I 型（Hurricane Mk I）的第 46 中隊的支援。盟軍於五月二十八日展開突擊之際，雙方爆發了激烈的空戰，第 263 中隊與第 46 中隊皆參與其中，不過德國空軍亦增派了轟炸與補給任務而使盟軍的推進蒙受挫敗。一九四〇年六月八日，盟軍撤出那維克，挪威隨即落入德國人手中。

←二次大戰期間，挪威成為 He 115 型水上飛機發揮戰力之地。諷刺的是，「挪威海軍航空隊」（Marinens Flyvevåben）也配備該型飛機，而且作戰期間雙方都擄獲了一些敵方的 He 115。那維克之役時，六架挪威的 He 115 也轟炸過德軍的陣地。

第六章
入侵低地國

隨著波蘭、丹麥與挪威落入德軍手裡,希特勒也將他的注意力轉向西歐,並朝法國推進。

↑ Bf 109E 在低地國家上空被證明是一款傑出的戰鬥機。像是第 53 戰鬥聯隊都配備了該型戰鬥機以為德國贏得制空權。

由於德國國防軍正忙著於北方作戰,所以西線戰場呈現維持僵局的態勢。然而,到了西元一九四〇年五月,希特勒已經準備好進軍低地國家比利時與荷蘭,並長驅直入地攻占法國。正如同丹麥是通往挪威的中途停靠站,低地國家即是進攻法蘭西、最後拿下大不列顛的跳板。

揭發黃色案

「黃色案」(Fall Gelb)早在一九三九年十月十九日就已成形。在這項計畫的最後方案中,它詳盡的說明了德國裝甲部隊的突進過程,他們將偕同大批的空中支援,穿越茂密的樹林和崎嶇的阿登森林(Ardennes)區,並跨過法國直抵英吉利海峽(English Cannel)沿岸。這場大膽的作戰是設計來孤立比利時、荷蘭,還有法國北部的軍隊和「英國遠征軍」(British Expeditionary Force, BEF),於北方切斷他們與南方法軍的聯繫。德軍的突擊將來自盟軍指揮官認為裝甲車最不可能穿越的地方。

德軍以空降部隊極其成功地拿下丹麥與挪威的關鍵機場為著眼點,他們在一九四〇年五月十日前幾個小時對付低地國家的第一起突擊行動就是派傘兵進攻。被視為裝甲部隊入侵進程至關重要的橋樑是傘兵的首要目標,他們都遭遇了激烈的抵抗。

有更多軍隊搭乘由 Ju 52/3m 運輸機拖曳的 DFS 230 型突擊滑翔機而來,德國空軍也展開進攻。

迎戰猛烈的攻擊

　　比利時與荷蘭派出了一支混合的戰鬥機部隊，但沒有任何一款飛機擁有龐大的數量可供使用。福克 G.1A 和颶風 I 型是他們當時最有戰力的戰鬥機，這兩款戰機也執行了密集卻短暫的出擊。即使是有英國遠征軍空軍和自英國本土起飛的戰機支援，這批戰鬥機部隊仍無法與潛力十足的法國空軍匹配，他們被認為是最有可能做出強烈反擊的武力。結果，沒有什麼能抵擋住在各方面都占上風的梅塞希密特戰鬥機。

↓ 費雷狐式（Fairey Fox）Mk VIII

十二架的狐式 VIII 型於 1938 年訂購自費雷軍用機公司（Avions Fairey），他們在生產期間業已過時。1940 年 5 月 10 日，九架狐式與 Bf 109E 交戰，他們損失了三架而僅摧毀一架 Bf 109E。

↑ 福克 G.1A

圖中這架飛機是芬蘭訂購的二十六架 G.1A 型戰機之一，並於 1940 年 4 月為荷蘭空軍所強制徵用。芬蘭訂購的 G.1A 只有十二架完工。

↓ 霍克颶風 Mk I

「比利時空軍」（Aéronautique Militaire）擁有十一架可誇耀的颶風式戰鬥機，他們是最有戰力的機種。這架飛機是非常早期的量產型，並保留它原有的兩葉螺旋槳。

↑ 格洛斯特格鬥士 Mk I

第 2 航空團第 2 大隊第 1 中隊（1re Escadrille, I Groppe , 2e Régiment d' Aéronautique, 1/1/2）從他們位於夏芬（Schaffen）的基地上操作十五架格鬥士，這支中隊被稱為「彗星」（La Comète），如同機上的彩繪標誌一樣。

←在比利時薄弱的戰鬥機部隊中，二十三架義大利製的飛雅特 CR.42 是他們少數最具戰力的戰鬥機，但這些飛機也早就過時了。

→照片中為 1940 年 5 月 10 日，傘兵部隊成群的從運輸機上跳下，象徵荷蘭的和平時期結束。

↓Bf 110C 在黃色案中亦扮演相當重要的角色。照片中的是一群第 52 驅逐機聯隊第 1 大隊（後來改編為第 52 驅逐機聯隊第 2 大隊）成員正在聽取作戰簡報。

一旦有需要，Ju 87 與 Hs 123 就會立即為空降部隊提供密接支援，而一群約三百架的 Do 17 與 He 111 轟炸機部隊亦發動協同作戰，攻擊比利時、荷蘭與法國北部的機場。比利時和荷蘭空軍面對這場恐怖的空中大屠殺表現的異常勇猛，但他們的抵抗最後仍然是徒勞無功。

空軍交鋒

除了大批的轟炸機和密接支援機之外，德國空軍在黃色案中也投入了一千一百零六架的戰鬥機。這場戰役將會是德國於二次大戰期間所發動的最大規模空戰之一，盟軍派去對抗他們的戰機很快就遭到鎮壓。

荷蘭空軍最前線的戰鬥機是福

克 D.XXI 型與 G.1A 型，但他們在五月十日時就損失了其服役總數一百二十五架中的六十二架。比利時的小規模颶風 I 型、格鬥士 I 型和飛雅特（Fiat）CR.42 型戰鬥機部隊的遭遇也好不到哪裡去，儘管他們有英國皇家空軍的援助。另外，「英國遠征軍空軍」（British Air Expeditionary Force, BAEF）的颶風與格鬥士有來自英國本土的一批飛機增援，波頓‧保羅挑戰式（Boulton Paul Defiant）、布里斯托布倫亨式（Bristol Blenheim）和第 66 中隊的噴火式 IA 型（Spitfire Mk IA）都加入了戰鬥，並接受 Bf 109E 型戰鬥機的實戰測試。

從鹿特丹撤退

即使有英國皇家空軍的干涉，荷蘭方面仍認定自一九四〇年五月十一日起德國空軍已贏得了制空權。他們輸掉了空戰，但地面上的戰鬥仍持續進行。卡特維耶克（Katwijk）與海牙（Hague）之間的戰況十分激烈，威廉斯大橋（Willems Bridge）是捍衛行動的目標。德軍第 9 裝甲師聯合戰術空軍向前挺進，打到鹿特丹（Rotterdam）北方的橋區，迫使荷蘭於一九四〇年五月十四日撤退。

在最後一戰的高潮期間，地面上的戰況非常混亂，德軍單位之間的信號交雜且普遍缺乏清晰的通訊。由於荷蘭頑強抵抗，希特勒與戈林下令大規模空襲鹿特丹以結束這場戰役。他們不知道地面部隊已

經在商討荷蘭投降的事宜，所以仍派出德國空軍的轟炸機。這場空襲造成了八百一十四人喪生，七萬八千人無家可歸，鹿特丹市中心頓成廢墟。低地國家淪陷入德國手中，而盟軍在法國擊敗德軍的可能性也愈來愈低。

↑照片中為在德軍閃擊戰橫掃低地國家期間，當一架 Ju 52/3m 型運輸機低空飛越荷蘭上空之際，德國傘兵從機上一躍而下。

第七章
容克斯 Ju 88

除了空中近距離纏鬥戰之外，很難想像二次大戰中的那一種空軍
任務少了 Ju 88 型戰機的參與。

↑ Ju 88A 型成為德國空軍三款中型轟炸機主力之一，大戰期間各起轟炸戰役中
都看得到他們的身影。該機的性能佳、機動性高，使它在遇上敵方戰鬥機時較
Do 17/217 或 He 111 轟炸機能夠存活。

↓ Ju 88 一號試驗機是首架雛型機，它的特色是在 DB 600 型引擎上裝有大型
的散熱鏈，但後續的機種則將散熱鏈移除。照片中的這架飛機於座艙頂端還架
設了一具後視的測試照相機。

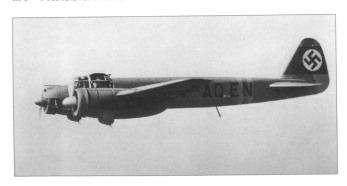

Ju 88 型原先是作爲水平與俯衝轟炸機，但還肩負起夜戰、入侵、反艦、偵察、反戰車和其他各種任務。「多用途性」是啓動 Ju 88 型轟炸機計畫時，最後的考量項目。西元一九三五年，「帝國航空部」（RLM）正質疑多角色飛機的可行性，並提出一款快速轟炸機（Schnellbomber）樣品的需求，它須以每小時五百公里（三百一十一哩）的速度飛行，還要能搭載一千七百六十五磅（八百公斤）的炸彈。

容克斯公司竭盡所能地想要在各家競爭中勝出，甚至雇用了兩位美國設計師，他們是開發強化機殼的先鋒（即使如此，那個時候容克斯已經開始從他們的傳統稜波狀機殼結構進行研發）。到了一九三六年初，他們呈上兩項計畫，其一是雙垂直穩定翼的 Ju 85，另一是單垂直穩定翼的 Ju 88。此外，亨舍爾 Hs 127 與梅塞希密特 Bf 162 的計畫也提了出來。

Ju 88 的製造工程於一九三六年五月展開，雛型機（D-AQEN 號）在十二月二十一日進行首次試飛，由金德曼上尉（Flugkapitän Kindermann）駕駛。一號試驗機（V 1）由兩具戴姆勒─朋馳（Daimler-Benz）DB 600Aa 型十二汽缸引擎推動，每具有一千匹馬力（七十四萬六千瓦功率），裝置在環狀整流罩內，看起來像是輻射型引擎。

初步試飛進行得很順利，一號試驗機證明其變速率佳且很好操縱，但它於一九三七年初時墜毀；就在第二架原型機（D-AREN 號）出廠不久之前。第二架雛型機於四月十日首次試飛，它保留了

DB 600 引擎，僅有一小部分與一號試驗機不同。

朱姆引擎

然而，第三架雛型機（D-ASAZ 號）有相當大的改變。首先，它改裝了容克斯公司自家生產的朱姆 211A 型引擎（動力輸出相同）；還採用了一款輪廓隆起的座艙罩使其可裝設一挺後射的○‧三一一吋（七‧九公釐）MG 15 型機槍。此外，第三架原型機的方向舵也更大、更圓，機鼻氣泡形罩下亦加裝了投彈瞄準器。三號試驗機（V3）的表現十分令人印象深刻。

↑三號試驗機是第一架採用朱姆發動機的 Ju 88，也是第一架於隆起座艙罩上架設武裝的機型。注意在機鼻右下角的流線形投彈瞄準器。

←四號試驗機於機首採用「甲蟲眼」狀的鑲嵌玻璃，由二十塊的玻璃片組成。因為它的加長形引擎艙幾乎向前延伸到機鼻，所以其外號又稱為「三隻手指」（die Dreifinger）。

↑六號試驗機是重要的原型機，其運動性佳的四葉螺旋槳亦用在 Ju 88A-0 系列上，而且它採用了出色的單柱主起落架，機輪在收進狹窄的引擎艙後部時可旋轉 90 度躺平。該機的環狀彈簧（Ringfeder）系統可吸收震力，它是由側面輪廓愈來愈纖細的一連串高張力鋼環組成。在承受重力壓縮之下，他們會呈放射狀的擴張，飛機著地時鋼環分散了壓力就可防止機身的震動。

↑照片中的這架飛機是十架 Ju 88A-0 型的其中之一，它裝上了四葉螺旋槳。機翼下可看見它的空氣制動器。

飛行速度紀錄

雖然 Ju 88 五號試驗機（D-ATYU 號）一開始就製造成標準型的轟炸機，但它後來被改裝為創飛行速度紀錄的飛機，以作為德國的宣傳之用。工程師移除了機腹艙、調矮鑲嵌玻璃座艙的頂部，還裝上了實心、較尖的機鼻。五號試驗機於 1939 年 3 月達到了時速 621 哩（1,000公里）的閉路飛航紀錄，並載著 4,409 磅（2,000 公斤）的重物以時速 321.25 哩（517 公里）的速度飛行。七月，它創下了另一項紀錄，即載著同樣的重物以時速 311 哩（500 公里）飛行了 1,243 哩（2,000 公里）。

德軍高層再訂購了三架原型機，並起草大規模分散生產計畫，不只是由容克斯公司位在舒能貝克（Schönebeck）與阿什斯雷本（Aschersleben）的工廠製造，阿拉度公司（Arado）、都尼爾公司、亨克爾公司、亨舍爾公司與福斯汽車公司（Volkswagen）亦參與量產。最後的組裝將在容克斯—伯恩堡（Bernburg）和其他公司進行〔尤其是阿拉度的布蘭登堡（Brandenburg）工廠〕。

Ju 88進一步的改裝要求包括增加第四名機組員、提升武裝和具備俯衝轟炸能力。四號試驗機結合了前兩項需求，並於一九三八年二月二日首度試飛。該機的特色包含「甲蟲眼」狀的機組員隔間，加上機腹投彈瞄準艙，艙內後部還裝有一挺後射的 MG 15 型機槍。

五號 Ju 88 試驗機（D-ATYU 號）的外形與四號相似，但採用了一千兩百匹馬力（八十九萬五千瓦功率）的朱姆 221B-1 型引擎，該機後來改裝成企圖締造飛行速度紀錄的飛機。六號試驗機（D-ASCY 號）被視為是 Ju 88A 型轟炸機首批量產前的機型，它的朱姆 221B-1 引擎有四片螺旋槳，並重新設計了主起落架／引擎艙。類似的七號試驗機於一九三八年九月二十七日出廠，它透過裝置於引擎艙機翼外側的俯衝減速板而具備俯衝轟炸能力。接下來還有八號與九號試驗機，而十號機是最後一款的原型機，它測試了裝在機身與引擎艙之間的外部炸彈掛架。

在原型機之後出廠的是十架量產前的 Ju 88A-0 型，他們裝上了俯衝減速板與外部炸彈掛架，而且最初就有四片螺旋槳。這批飛機發配給一支特別組編的單位，即「88 型測試指揮部」（Erprobungskommando 88）。自一九三九年三月起，該單位就開始接受服役評估、發展戰術和為 Ju 88 的首次出擊培訓一群飛行菁英。

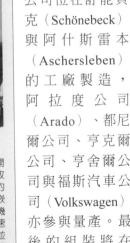

投入服役

一九三九年八月，第一支 Ju 88 型轟炸機單位編成，即第 25 轟炸聯隊第 1 大隊，該單位不久又於九月二十二日將番號改爲第 30 轟炸聯隊第 1 大隊。同時，另一支訓練單位，88 型教導大隊（Lehrgruppe-88）亦在葛萊弗斯瓦德（Greifswald）成立。

Ju 88 於波蘭戰役的最後幾天才被認爲足以出擊作戰，一九三九年九月二十六日，第 30 轟炸聯隊第 1 大隊首次派出該型戰機執行任務，並持續作戰至十月六日波蘭崩潰爲止。在這個單位的編列清單上有幾架量產前的 Ju 88A-0 型，還配置了全面量產型的 Ju 88A-1。這批飛機與先前的款式沒有多大差異，但回復到三葉螺旋槳，確立其後所有轟炸機的基本形態。

Ju 88 的四名機組員全都坐在機翼前方，飛行員坐在左舷，而投彈手則並列坐在右舷略後，從這個位置他可以進入機腹吊艙內來瞄準投彈。飛行員的後面坐著飛航輪機員，他面向後方，並可操作頂部機槍。在輪機手的旁邊，但略爲下方，坐著無線電操作員，他還可以擠進機腹吊艙的後面射擊機槍。此外，飛行員也可射擊一挺裝在擋風玻璃右舷的 MG 15 型機槍。

在經歷了初期的戰鬥之後，A-1 型轟炸機的防禦火力隨即提升。它的機腹部位改裝以容納兩挺 MG 15 機槍，而其他的武器也安置在座艙兩側以向側方開火。Ju 88 轟炸機的最大載彈量是於兩個機身彈艙內掛載二十八顆一百一十磅（五十公斤）重的炸彈和於機外掛載四顆二百二十磅（一百公斤）的炸彈。它的飛行速度十分令人欽佩，時速可達二百八十哩（四百五十公里）。

↑打從一開始，Ju 88 的製造就以大規模的方式進行量產，照片中的是阿什斯雷本工廠一景。容克斯公司在那裡建造機身，然後再運送到伯恩堡進行最後的組裝。容克斯其他的廠房還有哈伯爾史塔德（Halberstadt，生產機翼）和雷奧波德什爾（Leopoldshall，生產機尾）。

←照片中，位在伯恩堡的這架 Ju 88A-1 據信是第四架生產的飛機，而在它後方的是一架 Ju 86G。這架 Ju 88 尚未裝上防禦性的武器。

第八章
進攻法國

德軍擊敗了波蘭、丹麥和挪威之後，以雷霆之勢直逼法國。藉著滑翔機和傘兵部隊之助，德軍突破法國佬自吹自擂的「馬奇諾防線」（Maginot line）。

西元一九四○年五月十日，德國空軍提前展開作戰以支援「黃色案行動」（Operation Fall Gelb）。他們的主要攻勢是從突擊荷蘭海牙與鹿特丹的機場和其他關鍵目標開始，由中型轟炸機都尼爾 Do 17、亨克爾 He 111 與容克斯 Ju 88 來執行。

成功的關鍵

為了粉碎盟軍的抵抗，德軍首先得攻占位在比利時艾本·艾美爾（Eben Emael）的重武裝碉堡。這座要塞有大批的裝甲砲塔，配備四·五吋（一百二十公釐）砲和各式防空砲，有些火砲的最大射程還可超過十二哩（二十公里）。所以，德軍若要取得優勢，這座要塞勢必得拿下。

為了這場大膽的行動，德軍必須採取新的戰術，希特勒也清楚這項事實。他們的解決之道是利用滑翔機，它是出奇制勝並贏得最後勝利的關鍵。

五月十日黎明，一支容克斯 Ju 52/3m 型運輸機部隊拖曳著滑翔機起飛，直飛向比利時要塞。儘管敵軍人多勢眾，但德國傘兵部隊很快就占領橋樑，包圍艾本·艾美爾，並以中空裝填武器炸毀碉堡的砲座。次日，要塞失守，留在那裡的一千一百名軍隊被俘，德軍只失去了六位官兵。德國入侵比利時的大門因此而洞開。

荷蘭與比利時空軍盡其所能地試圖擊退德國空軍，然而，事實證明荷蘭的福克 D.XXI 型與 G.I 型和比利時的格洛斯特格鬥士與飛雅特 G.42 型隼式（Falco）戰鬥機根本不是德國戰鬥機大隊 Bf 109 型與 Bf 110 型戰鬥機的對手。

英國派出了英國遠征軍的增援部隊到法國，企圖強化已衰弱不堪的盟軍。英國皇家空軍也派遣一支「前進空中打擊部隊」（Advance Air Striking Force, AASF）的武

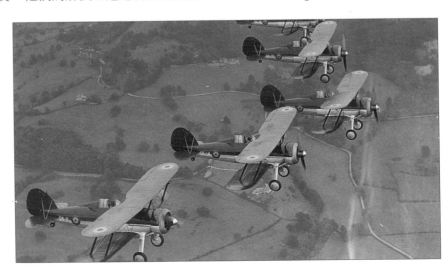

→比利時空軍缺乏現代化的戰機來抗衡德國空軍。在德軍入侵時期，他們最具戰力的戰鬥機是少數的格洛斯特格鬥士雙翼機。

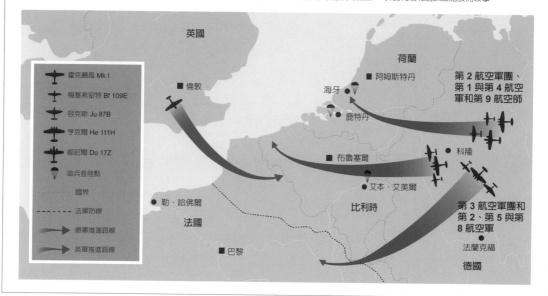

德國空軍橫掃西歐：1940 年 5 月 10 日

1939/40 年冬，隨著德軍入侵波蘭而把英國和法國拉進戰火之中，希特勒開始計畫西向侵略。他自凡爾賽和約（Treaty of Versailles）以來便對法國懷恨在心，並決定一勞永逸的羞辱和粉碎德國的西鄰。1940 年 5 月初，德軍發動稱之為黃色案的攻勢行動。德國空軍大致分為兩個航空軍團支援波克將軍的 B 集團軍（荷蘭與比利時北部）和倫德斯特將軍的 A 集團軍（比利時南部與法國），針對機場和通訊設施展開攻擊。

力，它主要是由霍克颶風式 I 型戰鬥機、布里斯托布倫亨式與費雷戰鬥式（Fairey Battle）輕型轟炸機和威斯特蘭萊桑德式（Westland Lysander）支援機所編成。

英國皇家空軍參戰

自攻擊展開的第一天，英國前進空中打擊部隊就捲入最激烈的戰鬥，他們聯合「法國空軍」（French Armée de l'Air）作戰，設法取得一些勝利。由於德軍已經占領了艾本‧艾美爾，所以前進空中打擊部隊就派一支戰鬥式 I 型中隊攻擊馬斯垂克（Maastricht）附近艾伯特運河（Albert Canal）上的橋樑，德軍寇赫（Koch）將軍的滑翔機部隊正在那裡。盟軍的突

襲結果是場災難，所有的戰鬥式全數遭到擊落，而他們只擊中了一座橋樑。

隨著艾本‧艾美爾落入德國人手中，波克的 B 集團軍持續向西施壓，並越過了荷蘭與比利時北部。同時，在南方，倫德斯特上將

↓儘管荷蘭僅有少數的飛機，他們仍勇敢的對抗入侵者。福克 G.1 重型戰鬥機是荷蘭空軍所能派出最具戰力的飛機之一，但他們的數量太少。

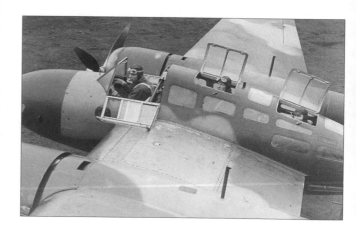

↑都尼爾 Do 17 型轟炸機是德國空軍進犯西歐時所採用的三款中型轟炸機之一，他們逐步轟炸機場與通訊設施，並削弱法國空軍和英國前進空中打擊部隊的戰力。

（Generaloberst von Rundstedt）的 A 集團軍（包括第 4、第 12 與第 16 軍團）亦穿過阿登森林和盧森堡，朝向法國位於色當（Sedan）與蒙特梅（Montherme）的防禦工事推進，那裡就在據稱「堅不可摧」的馬奇諾防線北方。

德國空軍配合地面部隊挺進法國，進一步地發動攻勢。他們先集中火力攻擊機場、兵營、鐵道、鐵路調車場和道路。五月十三日，德軍從阿登森林裡出現，兩個裝甲師越過了色當附近的繆斯河（River Meuse）。第 8 航空軍（Fliegerkorps VIII）的 Ju 87B 斯圖卡協同他們作戰，並為法軍的砲兵陣地帶來一場浩劫。

慘重的損失

到了五月十四日，荷蘭投降，其國君流亡；而比利時幾乎全國遭到蹂躪，她的空軍實際上已被消滅殆盡。

前進空中打擊部隊和法國空軍皆英勇迎擊復原力快速的敵人，但布里斯托布倫亨式與費雷戰鬥式轟炸機的組員發現，他們很容易被敏捷的 Bf 109 鎖定而蒙受可怕的傷亡。戰鬥機單位的遭遇也好不到哪裡去。兩支颶風 I 型中隊，即前進空中打擊部隊所編成最現代化的第 1 與第 73 中隊，亦承受了慘重的損失。僅僅在七天之內，他們有十九架飛機遭到摧毀，總計十二名飛行員喪生。

法國慘重的損失

雖然法國能夠投入近一千架的飛機，但絕大多數都是即將要淘汰的機種。法國空軍主要的戰鬥機是莫蘭－索尼爾（Morane-Saulnier）MS.406 型，它是一種堅固的小型飛機，至少配備給十一支獵殺大隊（Groupe de Chasse）操縱。伴隨這批飛機的是美製寇蒂斯鷹式（Curtiss Hawk）75A 型戰鬥機，儘管他們的數量有限。在空戰中，法國戰機的速度緩慢、行動笨拙，

根本無法與迅速、迴旋性能佳的 Bf 109 相比。另外，法國的轟炸和偵察任務是由布洛赫（Bloch）174 型與波代（Potez）63 型來擔當，但他們同樣蒙受慘重的損失。在五月期間，後者約有二百二十五架遭到擊落，是法國空軍折損最多的單一機型。

視野終點

一個星期之內，倫德斯特的裝甲先鋒部隊已越過索穆河（Somme）下游，並在亞眠（Amiens）與阿布維爾（Abbeville）之間建立穩固的橋頭堡，這實際上切斷了殘餘下來的英國遠征軍第 7 軍團與法國其他地方的聯繫。剩下的盟軍空軍開始從一座機場跳至另一座機場地撤向海邊。英國皇家空軍雖取得了一些成果，尤其是第 607 中隊的格洛斯特格鬥士擊落了七德機，但這樣的表現實屬罕見。

迎戰德軍的猛攻

法國空軍是迎戰德國空軍的最大空中武力，他們可召集近一千架的飛機。儘管法國飛行員勇氣可佳，但他們的訓練不足，裝備也不良，因而無法有效對抗德國空軍。皇家空軍的前進空中打擊部隊是規模更小的武力，在 1940 年 5 月初時，他們只有六十架戰鬥機（包括四十架颶風）。

↑ 莫蘭—索尼爾 MS.406
在法國空軍所有可用的戰鬥機中，MS.406 型是數量最多的機種。它配備 860 匹馬力（641 千瓦）的西班牙—瑞士廠（Hispano-Suiza）十二汽缸 V 型排列（V12）活塞引擎，可是它的動力不足且速度緩慢，無法和德國空軍的 Bf 109E 匹敵。在法蘭西戰役期間，MS.406 雖然摧毀了一百七十五架德國軍機，但該機在西線戰場上的折損率超過半數。圖中的這架 MS.406 塗有第 ½ 獵殺大隊（GC I/2）的鸛形隊徽，它的基地在托爾—奧切（Toul-Ochey）。

↑ 霍克颶風 Mk I
在德軍入侵西歐之際，英國前進空中打擊部隊僅有兩支颶風戰鬥機中隊，即第 1 與第 73（如圖）中隊。該機是盟軍性能最優異的戰鬥機之一，也是唯一在整體上可與 Bf 109 匹敵的機種。颶風式寬大的起落架間距和堅固的設計使它適合於法國作戰。

第九章
法國淪陷

隨著德軍長驅直入法國北部，很明顯的，盟軍的潰敗已無可避免。英軍被擊退到海岸邊，並進行了一場史上最大規模的軍事撤離行動。

↑在法蘭西戰役期間，梅塞希密特 Bf 109E 型戰鬥機依然獲得勝利，正如同他們在波蘭之役時一樣。英國和法國空軍的抵抗充其量只是偶爾發生的插曲。

到了西元一九四○年五月十九日，情勢很明顯，英國的「前進空中打擊部隊」再也不能安全無虞地從法國的機場起降作戰，所以他們決定將倖存的戰機中隊撤回英國。雖然在德軍入侵西歐的前十天之中，前進空中打擊部隊和德國空軍的八百零六架各式戰機折翼相比，僅損失了一百一十七架而已，但德國人還有更多的飛機可繼續進行戰鬥。

當殘餘的盟軍

航空部隊盡全力擊退第 3 航空軍團的攻勢之際，倫德斯特將軍的裝甲部隊卻已在五月二十日抵達了阿布維爾。認清了德軍勢不可擋之後，新任英國首相邱吉爾（Winston Churchill）即下令展開「發電機行動」（Operation Dynamo），撤出位在比利時和法國北部的英軍。

「英國海軍部」（British Admiralty）奉命計畫與組織一項史上最大的撤軍任務，所有可調派的船舶，無論是商船或軍艦都得參與行動。他們的撤退將從敦克爾克（Dunkirk）的海灘進行。

法國總理保羅‧瑞尤（Paul Reyaud）也了解倫德斯特的部隊越過繆斯河建立橋頭堡之後戰況的危險性。五月十四日，瑞尤迫切請求英國再派更多的戰機飛越英吉利海峽以撐住盟軍所做的一切努力。邱吉爾和新的「戰爭內閣」（War Cabinet）表示同意，並盡可能下達指令派遣戰機。然而，「英國皇家空軍戰鬥機指揮部」（RAF

→德軍閃擊戰最經典的象徵是容克斯 Ju 87B 型斯圖卡，它也是導致比利時敗亡的象徵。照片中的這架戰機停在比利時 CR.42 型的殘骸之間。

德國空軍與盟軍空軍的比較			
類型	類型	英國	法國
中型轟炸機	1,300 x Do 17, Ju 88, He 111	72 x 布倫亨 Mk IV	221 x Bre.693, 167F, Am.351, F.222, DB-7
俯衝轟炸機	380 x Ju 87, Ju 88		
輕型轟炸機		84 x 戰鬥 Mk I	
偵察機	300 x 各式飛機		156 x Pz.63.11
偵察機	860 x Bf 109	60 x 格鬥士 Mk I, 颶風 Mk I	764 x M.B.152, M.S.406, D.520, 鷹 75A
重型戰鬥機	350 x Bf 110		26 x Pz.631
通信／觀測機		82 x 各式飛機	300 x 各式飛機
總共	3,190	298	1,527
飛機損失	1,254	193	375

Fighter Command）的指揮官休‧道丁（Hugh Dowding）上將不贊成這樣的想法，他深謀遠慮的意識到，他們需要愈多愈好的飛機來抵禦接下來德軍對英國的侵略。道丁上將被允許在戰爭內閣閣員面前爭辯他的論點，並寫下他經典與不妥協的信件。據他陳述，若更多的戰鬥機被派往海峽彼岸作戰，而當前的折損率持續下去的話，兩個星期之內英國就將失去他們全部的防空力量。

起初，邱吉爾還搞不清楚狀況，並於五月十六日到了法國，但他很快便了解，幾乎只有奇蹟才能夠拯救法國。巴黎充斥著失敗主義的氣氛，希望蕩然無存；法軍也在撤退，他們的士氣已完全崩潰。

邱吉爾法國之行的影響強化了道丁的論點。英國空軍參謀部（Air Staff）很快也被說服不應再派他們的飛機或飛行員參與法蘭西之役。

同時，倫德斯特旗下的第 2 裝甲師在古德林（Guderian）將軍的率領下，作為德軍進攻法國的先鋒。德國戰車的挺進速度令人詫

異，他們偕同剛投入前線的步兵戰鬥，準備對抗法軍的反擊。不過，法軍並沒有展開反擊，年長的馬克辛姆‧魏蘭（Maxime Weiland）將軍取代莫里斯‧甘末林（Maurice Gamelin）將軍之後反攻計畫隨即取消，他們也失去了一位傑出的戰術家。

五月二十六日，英軍開始從敦克爾克撤退，該行動將持續九天。到了這個階段，德國空軍的戰機已可隨心所欲的漫遊在法國北部的天際。英國前進空中打擊部隊已經撤出了戰區，而法國空軍殘存的少數飛機根本對德國戰鬥機大隊的 Bf 109 與 Bf 110 造成不了太大的威脅。五月二十七日，當第一道曙光

↓ 雖然法國空軍的獵殺大隊裡絕大多數都是過時的機種，但在法蘭西戰役期間，他們還是有兩個迪瓦丁（Dewoitine）D.520型戰機單位可派遣。D.520配備西班牙－瑞士廠 12Y 型引擎，武裝為一挺加農砲和四挺機槍，能夠與 Bf 109 型戰鬥機匹敵，甚至更優異。

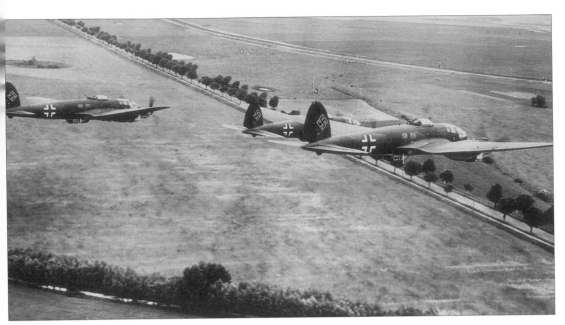

↑照片中是三架一組的亨克爾 He 111H 型轟炸機飛越法國的領空。He 111 是德國空軍於閃擊戰期間所使用的三款重型轟炸機之一，他們在空襲城市、機場、港口和其他關鍵設施中扮演著相當重要的角色。直到 1944 年，He 111H 型的衍生機種仍是德國空軍轟炸機的骨幹。

照亮敦克爾克的海灘和港口之際，第 1 轟炸聯隊與第 4 轟炸聯隊分為好幾波攻勢襲擊此處，並設法擊沉八千噸（八千一百二十八公噸）重的亞丁號（Aden）運輸船，對碼頭造成相當嚴重的破壞。

開始撤退

到了中午，指揮盟軍撤退的海軍中將貝特朗‧朗姆塞（Bertram Ramsay）設法展開部隊的撤離任務，但德國中型轟炸機（Do 17Z、He 111 與 Ju 88 型）進一步的攻勢一直持續到下午。七點三十分，第 8 航空軍的斯圖卡駕到，最後讓碼頭無法運作。

英國皇家空軍第 11 聯隊（RAF No.11 Group）可從英國南部派一批颶風式與噴火式戰鬥機到現場，但只有一個中隊出現在敦克爾克的上空。不過，英國皇家空軍的戰機還是設法擊落德國的軍機——第 601 中隊的九架颶風擊退了二十架 Bf 109 機群。

次日，天候變差，大大減輕了英國人的負擔。敦克爾克上空的雲層非常低，所以德國空軍無法對灘頭實施有效的攻擊，英國也因此撤出了一萬七千零八十四名的部隊。

五月二十九日，能見度改善，德國第 8 航空軍的 Ju 87B 型斯圖卡再次展開轟炸，還伴隨著第 30 轟炸聯隊和第 1 教導聯隊 Ju 88A 型轟炸機的支援，這群戰機向等待運送英國遠征軍橫越英吉利海峽的大批船舶發動俯衝轟炸攻擊。德國空軍設法擊沉三艘護航的驅逐艦，並損毀其他七艘船。此時，英國皇家空軍第 11 聯隊再度於敦克爾克上空作戰，他們投入了四支中隊戰鬥。配備波頓‧保羅挑戰式戰機的第 264 中隊成功摧毀了十五架 Bf

109E 型戰鬥機和一架 Ju 88 型轟炸機。

　　五月三十一日，天候又轉為惡劣，第 8 航空軍的斯圖卡受制於濃霧的影響，因此四萬七千三百一十名士兵得以逃脫。接下來的幾天當中，惡劣的天候持續妨礙德國空軍在敦克爾克海灘的行動，也使他們無法對盟軍船艦發動進一步的攻擊。

　　早在六月四日，英國海軍部就宣告發電機行動圓滿結束。隨著英軍的離去，德國空軍旋即將注意力轉向殘存的法軍。法國空軍於五月三十一日重新整編，這時他們有十六支戰鬥機大隊在法國北部作戰。不過，波克將軍的 B 集團軍開始向巴黎推進，而倫德斯特的 A 集團軍也南向朝阿爾卑斯山行軍。到了六月十三日，法軍從巴黎撤退；次日，首都落入德國人手中。六月二十一日，法蘭西之役終於結束，德國空軍也準備打一場不列顛之役。

無敵的戰鬥機

　　在西歐整場閃擊戰期間，梅塞希密特 Bf 109 型戰鬥機幾乎是所向無敵。許多單座機的飛行員都曾是禿鷹兵團的老手，並在西班牙內戰時擁有豐富的作戰經驗。德國空軍飛行員所運用的戰術發揮了 Bf 109 的實力，並總是能讓它在對抗英國與法國的戰鬥機時占上風。

↑ 梅塞希密特 Bf 109E-3

這架特殊的 Bf 109 型戰鬥機塗有第 2「李希霍芬」（Richthofen）戰鬥聯隊的標誌，這支聯隊是大戰期間德國最出名的戰鬥機單位。第 2 戰鬥聯隊以著名的紅男爵（Red Baron）名為隊名，他們的作戰表現十分活躍，並聲稱在 1940 年 6 月中旬戰役告一段落時即摧毀了二百八十六架敵機。

↑ 梅塞希密特 Bf 109E-3

1939 年冬季期間，德國空軍開始為戰鬥機塗上這樣特殊的雙色調破碎迷彩圖案。圖中的例子是法蘭西之役期間，隸屬於第 53「黑桃 A」（Pik-A）戰鬥聯隊的梅塞希密特 Bf 109E-3，它亦是魏納·莫德士（Werner Mölders）上尉的座機，他或許是演繹 Bf 109 傳奇的大師。

第十章
不列顛之役

在歐洲大陸上，德軍勢如破竹。在二次大戰的第二階段中，德國空軍便將目標轉向英國和英國皇家空軍的戰鬥機指揮部。

↑照片中為 1940 年 10 月在威特靈（Wittering）基地的機欄裡，曾榮獲空軍特殊勳章（DFM）的克勞斯（A. V. Clowes）登上他的第 1 中隊颶風式戰鬥機，機上還有其獨特的胡蜂圖樣。該單位於夏季期間鎮守在諾索爾特（Northolt）。

即使在法蘭西戰役尚未完全結束之前，德國的戰略家就已經開始策畫戰爭的下一步，準備進攻英國。在西歐速戰速決是德國戰略的基本要素，儘管德軍席捲歐洲的閃擊戰術非常有效，但他們計畫的是一場海上入侵英國南岸的行動，所以德國空軍必需先取得英國南部的制空權。

一旦德軍的戰力恢復，希特勒要求以「無限制的作戰自由」對付英國，總體的空中進犯計畫亦隨之成形。西元一九四〇年六月三十日，戈林下令德國空軍於歐洲北部設立基地；藉由派出有護航的轟炸機和俯衝轟炸機小隊攻擊英國船艦，來測試英國皇家空軍戰鬥機指揮部的空防復原力；開始大規模攻擊空中與地面上的英國皇家空軍戰機；以及空中封鎖港口與海上交通，阻斷燃料、彈藥與補給的供應。

道丁的戰鬥機指揮部是以地域為基礎來組織，它的攔截武力是由一套獨特的系統運作。戰鬥機受一排遠距早期預警雷達站所指示，他們還有掃瞄距離較短的雷達站支援以截取躲避遠距雷達而低飛的敵機。這支武力的骨幹是二十六支颶風 I 型中隊，加上十九支配備噴火

↓波頓・保羅挑戰式是一款失敗的戰鬥機，因為德國空軍的飛行員很快就學會躲避該機射角有限的機槍塔。

第 11 聯隊（總部烏克斯布里基）			
基地	服役機型 / 中隊		
	布倫亨	颶風	噴火
第伯登		17	
馬特斯罕荒地	25	85	
北威爾德		151	
宏恩卻奇			41, 54, 65 & 74
格拉夫森德		501	
比根山		32	610
肯利		615	64
克羅伊登		111	
西安普奈特		145	
唐格梅爾			43, 601
曼斯頓	600		
諾索爾特		1, 257	
洛赫福德		56	

第 12 聯隊（總部瓦特那爾）			
基地	服役機型 / 中隊		
	布倫亨	挑戰	颶風	噴火
芬頓教堂區			73, 249	
里康菲爾德				616
柯頓茵林德塞		264 B		222
迪格比	29		46	611
柯提夏			242	66
威特靈			229	266
柯里威斯頓	23			
杜克斯福德				19
靈威	264 A			

第 13 聯隊（總部新城堡）			
基地	服役機型 / 中隊		
	布倫亨	挑戰	颶風	噴火
城堡鎮			504	
維克			3	
戴斯				603 A
蒙特羅斯				603 B
特恩豪斯			232, 253	
德倫			605	
艾克靈頓			79	72
烏司沃斯			607	
凱特里克	219			
普雷斯特維克		141		
奧爾德格羅夫			245	
桑伯爾			232	

圖例
● 機場
● 市鎮
------- 邊界
——————— 聯隊分界線

1940 年的英國保衛戰

道丁的戰鬥機指揮部分為幾個聯隊以保衛其所分派的英國各區域，而各個聯隊又分為幾個防區。圖中顯示 1940 年 8 月 8 日，即不列顛之役開戰之際，各中隊和各基地的所在位置。

第 10 聯隊（總部在巴克斯）			
基地	服役機型 / 中隊		
	布倫亨	格鬥士	颶風	噴火
羅伯洛		274		
潘姆布利				92
聖伊瓦爾				234
埃克塞			87, 213	
沃姆維爾				152
中瓦洛普	604		238	609

↑到了不列顛之役開戰之際，英國只剩下一支格鬥士II型雙翼機中隊。照片中的這架格鬥士戰鬥機隸屬於第 247 中隊，基地在羅伯洛（Roborough）。

IA 型、兩支配備挑戰式和六支配備布倫亨 IF 型戰鬥機的中隊。

六月五日晚，德國空軍展開夜間空襲行動，他們派出三十架 Ju 88A-1 與 He 111H-1 攻擊英國本島上的目標。次日晚間，又有相同兵力的戰機前往轟炸。六月十八日，英國的機場遇襲；其後，六十多架的德國轟炸機再度於夜晚飛越英國上空。德國戰機大多是被防空砲火擊落，儘管戰鬥機指揮部派了四十架次的戰機出擊。另外，在五月十五日／十六日晚間，「轟炸機指揮部」（Bomber Command）發動了首次戰略性的轟炸，當時九十架的威靈頓式（Wellington）、惠特利式（Whitley）與漢普敦式（Hampden）轟炸機攻擊魯爾區（Rühr），德國空軍對機場的轟炸行動也因此變本加厲。

同時，德國部署了兩個航空軍到英吉利海峽上空企圖奪取制空權，並封鎖船艦的通行。對此，他們戰術的運用包含派出戰鬥機自由掃蕩，因為 Bf 109E 的速度和機動性較占有優勢。對德國空軍來說，他們缺乏任何形式的地對空管控體制，戰鬥機與轟炸機之間的通訊並不可靠。

一九四〇年七月二日，希特勒發布了第一道關於入侵英國的指令：「元首暨最高指揮官業已決定……假若能取得制空權，登陸英國是有可能的……所有的準備工作都將立即啓動。」

德國空軍逐步升溫的行動在七月三日之際變得再明顯不過了，當時一架 Do 17Z-1 型與一架 Ju 88A-1 型轟炸機竟然於大白天出擊。次日一早，三十九架的 Ju 87B-2 攻擊了英國的船舶和波特蘭（Portland）的海軍設施，而十四點的時候轟炸機又突擊橫越多佛海峽（Strait of Dover）的護航船隊。在內陸，單獨出擊的轟炸機還突襲了奧德夏特（Aldershot）的軍營。這樣單機對護航隊與內陸目標的轟炸形成了每日固定模式。另外，德國空軍最重要的行動是在一九四〇年七月二日至九日之間對港口的襲擊：就在同一個星期，道丁還親自下令戰鬥機前往保衛海岸邊的機場設施。

一九四〇年七月十日，德國空軍發動了首次主要的攻擊：約在十點五十分的時候，一架都尼爾轟炸機即遭第 74 中隊的六架噴火式戰鬥機截擊；同時第 610 中隊噴火也在海峽上空與德軍交戰。十三點三十一分，英國的雷達掃瞄指出有大批敵機來襲，他們是由 Bf 110C-2 重型戰鬥機護航的二十六架左

右 Do 17Z-1 型轟炸機。接著，第32、第 74 與第 111 中隊前往攔截時，雙方超過一百架的戰機就在拉姆斯蓋特（Ramsgate）附近的北海岬（North Foreland）外海爆發纏鬥戰。當日的戰鬥被視為不列顛之役初始階段的第一場作戰，儘管先前已經發生過幾起空戰了。

英國皇家空軍被迫策略性地保衛較不重要的護航船隊，結果德國空軍取得了主動權：空戰的區域在海峽上空，英國皇家空軍的戰鬥機中隊處於不利之地，因為他們必須與數量較多且占有高空戰術優勢的 Bf 109E 交戰。在海峽上空的主要會戰中（七月十日至八月七日），戰鬥機指揮部損失了四十九架颶風、噴火和挑戰式戰機，三十名飛行員陣亡，但他們聲稱在戰鬥中摧毀了一百零八架敵機。

↑布里斯托布倫亨式 IF 型是在機腹配備四挺 7.7 公釐機槍的夜間戰鬥機。該型機率先採用空中攔截雷達（AI），並於 1940 年 7 月 2/3 日晚創下英國皇家空軍首次運用空中攔截雷達的勝利。

←在德國空軍轟炸肯利（Kenley）的機場期間，照片中第 64 中隊這架躲避在裝甲機欄內的噴火式戰鬥機遭到攻擊。

第十一章
霍克颶風

颶風式戰鬥機的數量龐大，而且可擔任各種角色。就戰勝敵機來說，颶風式無疑是所有英國戰鬥機中最成功的機種。

西元一九三五年十一月六日，就在噴火式出廠四個月之前，霍克 F.36/34 號規格原型機升空。在一個月內，它於飛行測試中就超越了時速三百哩（四百八十二公里）的速限。到了一九三九年九月英法對德宣戰之際，共有四百九十七架該型機產出，他們是英國皇家空軍內第一款的單翼戰鬥機。

颶風 I 型投入法國作戰以支援英國遠征軍，他們雖遭受慘重的損失，但也摧毀了不少敵機，足以證明他們是英國所打造最成功的戰鬥機。

國內與海外

颶風機經過改良，裝上了可變換齒距的羅托爾（Rotol）螺旋槳和金屬皮機翼，並於一九四〇年夏得到了好評。颶風式可派用的數量比噴火式更多，這是因為他們的構造簡單，容易再配給並禁得起德國空軍戰鬥機所施加的作戰損失。而

↓二戰開打後不久，戰鬥機的角色繁重，所以颶風式很快便裝配炸彈與火箭，投入對地攻擊任務。加裝了兩門 40 公釐維克斯加農砲的颶風機成為戰車殺手，如此改裝的 IID 型共生產了三百架，並於 1942 年中期投入西非沙漠（Western Desert）服役。

且，他們易於操縱、更允許菜鳥飛行員有犯錯的空間，即使在不佳的天候下也容易飛行。除此之外，他們還很適合於夜間作戰。

大戰中，颶風式亦比其他戰鬥機更常出現在戰場上，從東線戰場到北非、伊拉克與遠東都能見到他們的身影。由於噴火式在不列顛群島基地上的任務繁重，所以颶風機即被船艦運往海外，為盟軍提供空中掩護或支援地面部隊。

該型戰鬥機不但配備於英國皇家空軍的海外單位，還供應其他的同盟國使用。光是直接從英國船運往蘇聯的颶風機就超過了二千八百

架，其他則是來自加拿大和英國皇家空軍於中東的庫存。繼蘇聯之後，印度空軍也接收了大批的颶風機，在一九四三年就有超過二百架抵達次大陸。

噴火式缺乏發展的潛力，颶風式則由於逐步提升引擎的性能和配合新任務的需求而日益精進。颶風 II 型採用了一具隼式（Merlin）XX 型二行程內燃發動機，後繼的衍生機型還有更強大的武裝。然而颶風式作為攔截機的缺陷愈加明顯，他們難以對抗愈來愈現代化的德國飛機，因此許多衍生機型的改裝都以提升對地攻擊的性能為主，此一任務的重要性對盟軍來說有增加的趨勢。

炸彈與機砲

配備十二挺機槍的 IIB 型是第一款以掛載炸彈為主要任務的颶風機，並獲得了一個貼切的稱號，即「颶風轟炸機」（Hurribomber）。而 IIC 型與其

↑編號 L1550 的颶風 I 型是第三款量產機型，於 1938 年 1 月配給位在諾索爾特的英國皇家空軍第 111 中隊。這支中隊是第一個配備此型機的單位，並在 1940 年時協助防衛英國東南部。

←裝在首批颶風式戰鬥機上的膛線機槍對付德國空軍配備自動封閉副油箱的轟炸機時的表現差強人意。結果，英國的戰鬥機便採用了加農砲。颶風 IIC 型上的加農砲作為對地掃射武器時，事後證明也同樣有效。

↑雖然颶風式的機鼻長、起落架易損壞、急速失速的特性和飛行航程短，使它無法成為理想的艦載機；但它仍比海火式（Seafire）要堅固耐用。照片中，「艦隊航空隊」第 800 與第 880 中隊的海颶風 IB 型停放在位於獅子山（Sierra Leone）自由城（Freetown）的英國海軍航空母艦不屈號（HMS Indomitable）上，準備執行「基座行動」（Operation Pedestal）。

他的英國戰鬥機一樣裝置二十公釐機砲，IID 型甚至配備兩門四十公釐維克斯（Vickers）S 型加農砲，是理想的反戰車武器。

颶風式所採用的其他重要武裝還有火箭投射器，它出現在 IV 型上，該機專用於對地攻擊任務，機翼下能夠掛載各式武器，包括於所謂的「萬能」機翼下裝置四十公釐加農砲。他們大多在地中海和中國－緬甸－印度地區服役。

另外，在次要的任務中，適度改裝的颶風也執行夜戰／入侵作戰和戰術偵察的任務，無論在國內或海外都有派上用場。

英國皇家海軍缺乏專為他們設計的戰鬥機，所以不得不採用噴火式和颶風式作為艦載機，主要是派用於海外的護航航空母艦。然而，這兩者均非十分勝任，儘管海颶風（Sea Hurricane）證明比脆弱的噴火式還要堅固耐用。

二次大戰結束之後，颶風式戰鬥機找到了新的買主，包括葡萄牙、愛爾蘭和伊朗。英國還為伊朗設計了一款獨一無二的雙座式颶風教練機。同時，自一九四五年之後，英國皇家空軍就立即將他們剩

↑於英吉利海峽上空巡邏的颶風式戰鬥機正在等待「生意」上門。在戰鬥機指揮部中，颶風式的數目要比噴火式多，如果少了颶風式，英國皇家空軍將無法在 1940 年夏保衛英國諸島。

餘的颶風退出前線服役。

　　無可否認的，霍克颶風在英國的歷史上占有一席之地，它的重要性不亞於一次大戰時引進的戰鬥機。簡單的說，颶風機在一九四〇年拯救了英國；它是在適切的時候，由適切的飛行員所操縱之適切的飛機。

英國的救星

　　沒有人能否認超級馬林（Supermarine）噴火式是傑出的戰鬥機，也沒有人不認為它是二次大戰中最偉大的飛機之一。相形之下，颶風式或許顯得有些過時，但它的構思和操作卻是如此簡單，使它能夠在二戰開打頭三年，當戰局將同盟國捲入災難之際被派往任何如瘟疫散布的危險地帶。

　　颶風機不只參與重要的不列顛之役，還到過法國、挪威、中東、巴爾幹、馬爾他、艾拉敏（El Alamein）、新加坡和北岬（North Cape）外海，它經常比噴火式早了一、兩年上場，更襯托出它對最後的勝利有無與倫比的貢獻。分析顯

示，颶風機在二次大戰的空戰中，比其他的盟軍戰鬥機所擊毀的敵機還多出許多——事實上，比英國其他所有的飛機擊落數目加總起來還要多。

↑ 1945 年之後，大部分颶風式直接作廢。儘管他們比新型的噴火式落後，但在戰後英國皇家空軍能夠派用的飛機非常有限，所以有少數颶風存活了下來，至今仍看得到一批能飛的樣機。PZ865 號機是這批飛機當中最後製造的飛機，它屬於 IIC 型，1944 年出廠。霍克公司保留了這架飛機，並取名為「眾者之後」（Last of the Many），機號註冊 G-AMAU。1972 年，該機捐給了「英國皇家空軍不列顛之役飛行紀念館」（RAF's Battle of Britain Memorial Flight），它於 1998 年仍在飛行。

第十二章
鷹擊

德國在企圖侵略英國之前，他們需要改變戰術。為了能順利入侵，德國空軍取得制空權是主要關鍵。

德國空軍當前的任務，是在發動「海獅行動」（Operation Seelöwe）之前擊敗英國皇家空軍戰鬥機指揮部的防禦力量。一旦英國戰鬥機指揮部被消滅之後，德國即可任意地派遣本土艦隊出航，而且他們若能確保在英國南方設立空軍基地，德國空軍就可以沿著這個國家向北推進。不過，由於各個不同、甚至是相反的指令干擾了德國空軍的基本戰略任務，德國的核心目標因此變得混沌不明。

西元一九四〇年七月二十一日，戈林宣布他達成了最先的兩個目標，即在歐洲北部建立機場和測試了英國的防空力量。為了贏得制空權而全體出動的空戰即將與空襲盟軍商船隊同步展開。然而，德國空軍的戰略是由錯誤的情報所制定的，戰鬥機指揮部的戰力遭到低估，戈林甚至確信德國空軍在四天之內就能取得勝利。

稱爲「鷹擊」（Adlerangriff）的攻擊計畫出爐，進攻日期設在一九四〇年八月十三日（譯者註：鷹擊行動原訂於八月十日展開，因天候因素而延後了三天）。從斯堪地那維亞起飛的德國空軍將攻擊蘇格蘭和英國本土東部；從比利時、荷蘭和法國東北部出發的戰機則對準英國的南部與中部；而從法國西北部出發的，則襲擊英國西部。那個時候，德國空軍將部署三千五百二十八架戰鬥機來對付英國，包括八百零五架 Bf 109E-1 型戰鬥機。

一九四〇年八月八日，德國戰機飛越英吉利海峽進行的先期空戰，代表他們對近岸護航艦隊的襲擊告一段落，因爲德國空軍的注意力轉向了戰鬥機指揮部。空戰的第

↓ 1940 年夏，一架隸屬於第 52 驅逐聯隊第 1 大隊本部（Stab I/ZG 52）的 Bf 110C 戰鬥機在法國上空翱翔。雖然大型的梅塞希密特戰鬥機在歐洲大陸相當成功，但不列顛之役中英國皇家空軍敏捷的戰鬥機卻更加優越。

二階段展開時，雙方的戰機活動都達到了顛峰。另外，德國的 E 艇（E-boat）也在都尼爾 Do 17 型偵察機的協尋下襲擊護航船隊，並擊沉了三艘船；而 Ju 87 型俯衝轟炸機亦與英國皇家空軍的第 10 與第 11 聯隊交戰。

正午，五十七架的斯圖卡，還有護航的 Bf 110 型驅逐機以及在最頂空支援的 Bf 109 型戰鬥機和英國四個半中隊的颶風式戰鬥機與噴火式戰鬥機交鋒。德國護航機重新集結之後，又來了八十二架的 Ju 87 發動另一波的攻勢。英國皇家空軍派出整整七個中隊的戰鬥機作戰，第 43、64、65、145、152 與第 238 中隊都承受了最猛烈的打擊，他們損失了十九架戰機，但宣稱擊落二十四架轟炸機與三十六架戰鬥機。

德國空軍的情報部則記述英國皇家空軍受到嚴重的削弱，可是德國信號情報部也察覺到了英國雷達的防禦能力。英國戰鬥機指揮部元氣的恢復同樣造成德國空軍的不安，而且他們的 Bf 110 驅逐機的設計顯然是個失敗。再者，德國即使有最新款 E-4 型的 Bf 109 戰鬥機，也因航程的不足而無法發揮戰力。

八月十一日，由於惡劣的天候，「鷹擊」的啓動時間不得不順延，但英國的船塢與船艦仍舊遭受襲擊，而且德國也發動牽制性的進攻以擾亂雷達站。英國皇家空軍損失了三十二架戰鬥機，但聲稱擊落三十八架。到了八月十二日，德國

↑ 1940 年 9 月，英國遭到空襲之後，照片中這架 Do 17 型轟炸機迫降在科爾梅耶昂威辛（Cormeilles-en-Vexin）。

↓ 在波蘭獲得實戰經驗的 He 111 是德國空軍進犯英國之際首當其衝的轟炸機。

→圖中這架隸屬第 25 中隊的布里斯托布倫亨式 IF 型轟炸機在 1940 年初時是以北威爾德（North Weald）的機場為基地。不過，在戰役的第一階段時，他們是從馬特斯罕荒地（Martlesham Heath）出擊，由中隊長麥克艾文（K. A. K. McEwan）指揮。

空軍開始攻擊機場，雷達設施也遭到戰機的俯衝轟炸與低空掃射。

鷹擊行動一開始就出師不利。十三日的攻勢為惡劣的天候所妨礙，第一波 Do 17Z-2 型轟炸機抵達目的地時並沒有護航機相隨。當天稍晚，大規模的空戰展開，由三十架 Bf 109E-4 型戰鬥機作為先鋒。當英國皇家空軍的戰機遭遇到 Ju 88A-1、Ju 87B-2 與 Bf 110C 混合機群時，猛烈的戰鬥就此展開。

德國空軍予以南安普敦（Southampton）重擊，斯圖卡突襲機場，阿道夫·賈蘭德（Adolf Galland）的第 26 戰鬥聯隊第 3 大隊（III/JG 26）的戰機亦讓英國皇家空軍的防衛力量蒙受損失。戰鬥徹夜進行，英國轟炸機指揮部反攻米蘭（Milan）與杜林（Turin）之後，德國空軍也以牙還牙地轟炸貝爾法斯特（Belfast）。德國在一千四百三十五架次的出擊中，損失了四十五架，而英國皇家空軍則在戰鬥時折翼十三架。

第二天，由於天候不佳，鷹擊行動的規模大幅縮小，他們針對通訊設施和英國西部皇家空軍與海軍艦隊航空隊（FAA）的機場進行突擊。

一九四〇年八月十五日，德國

果斷性的作戰讓第 5 航空軍團首次，也是唯一的一次飛進了英國。它的七十二架 He 111H-1 型轟炸機在 Bf 110D-0 型驅逐機的護航下攻擊了第 13（戰鬥機）聯隊。除此之外，五十架 Ju 88A-1 也加入戰局，但所有對付戰鬥機指揮部的戰機都蒙受了慘重的損失。第 5 航空軍團派出去的飛機更折損了一半以上。總體來說，這一天，德國空軍以七十九架飛機為代價，摧毀道丁的三十四架飛機。

黑色星期二（schwarze Donnerstag）的損失證明了傾巢而出的轟炸機若要成功，就必須取得制空權。德國的牽制戰術失敗，Bf 110D 與 Ju 87B 證明不適合執行此一任務，而且轟炸行動也被迫僅在 Bf 109E 能夠提供掩護的英國南部進行。

英國皇家空軍發現，德國戰機即使擁有高空作戰的優勢，但武裝薄弱，防護力不佳，所以很容易擊落。八月十六日，英國皇家空軍回報說德國空軍改變了戰術，Bf 109E 飛在轟炸機群的前方與兩旁，留在轟炸機群裡穿梭。他們攻擊英國南部的機場，斯圖卡蹂躪了唐格梅爾（Tangmere）。同一天，德國空軍在一千七百一十五架次的

出擊中折損了四十五架飛機，而英國皇家空軍則被摧毀二十二架。

經過短暫的平息之後，八月十八日攻勢再起。都尼爾轟炸機對肯利與比根山（Biggin Hill）發動低空轟炸，斯圖卡則瞄準福特（Ford）與托爾尼島（Thorney Island），而 Ju 88 也襲擊了果斯波特（Gosport）。英國皇家空軍的第 10 與 11 聯隊在索塞克斯（Sussex）、索利（Surrey）與肯特（Kent）上空和轟炸機群交戰。戰鬥機指揮部在最艱苦的一天中失去了七十一架飛機。由於損失慘重，加上天候愈來愈惡劣，第二階段的戰鬥不得不告一段落。

在八月八日到十八日之間，英國皇家空軍失去了九十位飛行員，六十人負傷，總共五十四架噴火式戰鬥機與一百二十一架颶風機被摧毀，六十五架遭受重創，還有三十架飛機在地面上被擊毀。戰鬥機指揮部缺少一百六十名飛行員，而且還需要擴大規模。結果，飛行員從作戰訓練單位（Operational Training Unit, OTU）和第 22（訓練）聯隊的中隊裡召集。這些飛行員以及飛行時數僅有六小時經驗的人成為掠奪性戰士下的犧牲品。不過，在接下來的空戰中，飛行員人數的維持將決定戰爭的勝負。

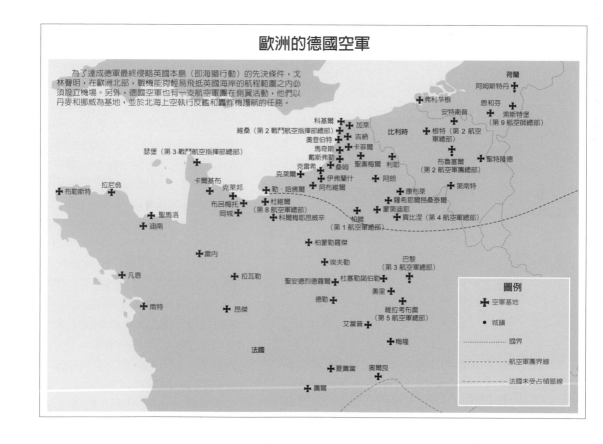

第十三章
不列顛之役：窮途末路的
戰鬥機指揮部

德國空軍在不列顛之役初期的敗北，促使戈林改變戰術。這為道丁帶來了新的威脅，而且戰鬥機指揮部很快就開始顯得筋疲力竭。

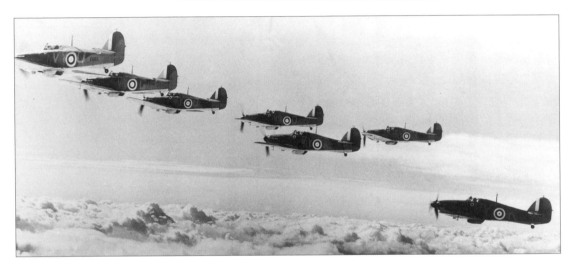

↑德國空軍所面臨的最大問題是英國成群的戰鬥機編隊，如照片中這群由颶風式組成的隊伍。該機是英國皇家空軍所擁有數目最多的戰鬥機。

↑照片中這群隸屬第 27 戰鬥聯隊第 3 大隊的 Bf 109E-4 型是以法國北部的卡爾基布（Carquebut）為基地，在不列顛之役期間是中央防線（Central Front）第 3 戰鬥航空指揮部（Jagdfliegerführer Nr 3）的一個組成份子。

德國空軍於西元一九四○年八月八日至十八日在日間大肆突襲之後，英國皇家空軍不得不考慮兩項險峻的變數：他們缺乏訓練有素的飛行員和近來機場不斷地遭受攻擊。儘管德國空軍沒有專屬的情報部門，這代表的是英軍關鍵基地受到轟炸的不多，但第 10 與第 11 聯隊的主要機場已經遇襲而受創了。

很明顯的，德國空軍業已放棄以戰鬥機對戰鬥機交戰於英吉利海峽上空確保制空權的策略，取而代之的是，他們將注意力轉向英國皇家空軍的戰鬥機和他們於內陸地區易受攻擊的基地。德國空軍似乎孤

注一擲的想要將戰鬥機指揮部引到英國東南部上空對決。

於是，英國皇家空軍的第一要務即是捍衛重要的機場地區，那裡大部分區域都在 Bf 109E 型戰鬥機的航程範圍之內。代價高昂的空對空戰鬥因此得以避免。

同時，戈林將失敗怪罪於因為缺乏進攻性的策略導致德軍戰鬥機飛行員表現不佳，並責令要打擊王牌莫德士和賈蘭德扳回一城。為了增進存活率和成功的機會，戰鬥機護航轟炸機的比例應該增加到三比一。轟炸機領隊堅持護航機定速緊鄰他們，而戰鬥機的領隊則認為如此會使 Bf 109E 的行動自由大幅降低。

不列顛之役的結果仰賴敵對雙方戰鬥機組織的表現。戰鬥機指揮部缺乏訓練有素的飛行員；德國空軍則有眾多的飛行菁英，但他們與轟炸機組員就戰術意見上有很大的隔閡。

英、德兩造的裝備水準大致相同。英國皇家空軍的挑戰式最後退出日間戰鬥後，颶風 I 型與噴火 II 型被證明是堅固耐用、可靠和容易操縱的機種，儘管在高空戰鬥中颶風式和 Bf 109E 比起來相對處於不利的地位。從八月二十四日至九月六日，德國空軍持續無情的轟炸戰鬥機指揮部的機場，大多數的飛機都是從巴‧德‧加萊（Pas de Calais）起飛，通常以三或四支大隊為單位進行攻擊，還有 Bf 109E 和 Bf 110C 戰鬥機的層層保護。而且，為了滿足戰鬥機領隊的需求，戈林也持續採用低空「自由獵殺」（frei Jagd）的戰術。

八月二十四日，德國空軍的攻勢開始逐步升級，戰鬥機指揮部損失了二十二架飛機。轟炸機指揮部突擊柏林予以回敬，好讓戈林難堪。八月二十六日，英國皇家空軍的主要機場遇襲，包括肯利、比根山和北威爾德，在激烈的戰鬥中，他們又失去了二十八架戰鬥機。

↑圖為 1940 年 7 月在亞眠基地的一架 Bf 110C 型，它隸屬於第 2 驅逐機聯隊第 1 大隊本部的飛行小隊（Stabsschwarm）。該大隊是由奧特（Ott）少校指揮，直到他在 8 月 11 日陣亡為止。這個第 3 戰鬥機指揮部旗下單位的指揮權也轉移到海蘭（Heinlen）上尉身上。

↓照片中為位在米德爾塞克斯郡（Middlesex）本特利修道院（Bentley Priory）內的小型管制中心網絡，此處有雷達與觀測團隊，可提供敵機動向給戰鬥機指揮部的作戰中心。

↑不列顛戰役期間，「輔助空軍」（Auxiliary Air Force）的中隊與正規的英國皇家空軍並肩作戰。照片中，基地位於比根山的第 610 中隊〔卻斯特郡（County of Chester）中隊〕之隊員在溫暖的陽光下休息。

↓帝國元帥赫曼‧戈林（右）是德國空軍的最高總司令，他也是一次大戰期間的空戰王牌和冷酷的政客與領導者，但在不列顛之役中，戈林並非發展德國空軍戰術的行家。

八月二十六日的損失之後，兩位戰鬥機指揮部的少將，即第 11 聯隊指揮官帕克（Park）與第 12 聯隊的李—馬洛里（Leigh-Mallory），捲入一場論戰。帕克主張以小支隊伍來對機場的空襲做出快速反應進而保留戰力，而李—馬洛里則擁護派大規模的聯隊進行截擊。實際上，大聯隊的概念雖具恫嚇力，但不符成本效益。

一九四〇年八月三十一日，戰鬥機指揮部蒙受了最慘重的損失，三十九架戰鬥機被毀（十四名飛行員陣亡），但擊落四十一

架德機。德國空軍蹂躪了泰晤士河口（Thames Estuary）、肯特、杜克斯福德（Duxford）、第伯登（Debden）和北威爾德，還使用高爆彈與燃燒彈進行轟炸。第 111 中隊擊退了他們對杜克斯福德的攻勢，但最猛烈的攻擊又於當天稍晚展開。克羅伊登（Croydon）、比根山和宏恩卻奇（Hornchurch）全都遇襲，宏恩卻奇還遭到 Ju 88A-1 與 Bf 110C-2 的低空轟炸。

接下來的六天裡，英國機場與防禦陣地不斷地遭受襲擾，晴朗的反氣旋天候讓攻擊行動能夠從早到晚持續進行。九月一日，就在必要的作戰簡報結束兩天之後，生產飛機的工廠也列入了德國空軍優先轟炸的目標。位於布魯克蘭（Brooklands）的維克斯—阿姆斯壯公司（Vickers-Armstrong，生產威靈頓式轟炸機）和羅契斯特（Rochester）的蕭特兄弟公司（Shorts）〔生產斯特林式（Stirling）轟炸機〕立刻在白天遇襲；而自八月二十九日起，利物浦（Liverpool）、伯明罕（Birmingham）、曼徹斯特（Manchester）和其他的選定目標也在夜間遭到攻擊。

德國空軍集中火力對戰鬥機基地展開轟炸為道丁的指揮部帶來危機：德國空軍的策略家們終於找到了正確的目標，並迫使英國皇家空軍的戰鬥機投入戰鬥，因而施予他們慘痛的打擊。從八月二十三日到九月六日，英國失去了二百九十五架飛機，另有一百七十一架嚴重受

創。同一時期，英國工廠生產新的飛機，再加上英國皇家空軍設法修復的飛機，總共只有二百六十九架；況且，他們還有一百零三名飛行員陣亡或失蹤，一百二十八位負傷，這對英國來說更是雪上加霜。在一千名飛行戰士當中，多達一百二十位無法出戰，包括一些身經百戰的菁英。

新的或重新整編的中隊在飛抵第 11 聯隊基地之前就遭遇猛烈的攻擊，但倖存者也因此獲得實戰經驗。像是在八月二十五日到九月二日期間，第 616 中隊從任務較不繁重的第 12 聯隊調撥到第 11 聯隊時，損失了五位飛行員和十二架飛機；而八月二十八日至九月六日，第 603 中隊也失去七名飛行員和十六架軍機。不過，幾乎在同一時間，有作戰經驗的第 53 中隊於比

根山防區僅有四人喪生，九架颶風機折翼。

作為孤注一擲的權宜之計，道丁採用了「穩定方案」（Stabilisation Scheme），對此戰鬥機中隊分為幾級：A 級是第 11 聯隊和中瓦洛普（Middle Wallop）與杜克斯福德防區內那些始終保持訓練有素飛行員數的單位；而 B 級是第 10 與第 12 聯隊，他們盡可能維持一定的兵力水準，以紓解第 11 聯隊的任務壓力。最後，C 級則是那些飛行員數不足和戰機妥善率欠佳的單位，他們的部署遠離作戰區域。八月，被打得不成形的戰鬥機指揮部藉著從作戰訓練單位裡拉人，持續苦戰下去。在他們一般編制內的二十六名飛行員當中，平均只有十人受過完全的作戰訓練。戰鬥機指揮部慢慢地被消磨殆盡。

↓ 不列顛之役高潮時分，第 56 中隊的颶風式戰鬥機從北威爾德機場緊急升空應戰。颶風式在數量上比它著名的同僚（即噴火式）多出許多，於空戰中也擊落更多架的敵機。

第十四章
不列顛之役：德國空軍進擊倫敦

隨著戰勝英國皇家空軍指日可待，政治上的需求卻迫使德國空軍
改變戰術，轉為致力轟炸倫敦；此舉為英國戰鬥機指揮部帶來了
不可多得的戰術契機。

↑ 照片中為德國的轟炸機空襲了英國的首都之後，該城的碼頭區陷入一片火海。倫敦塔（Tower of London）和塔橋（Tower Bridge）後的煙幕形成了陰沉的背景。

↓ 倫敦戰役的場景正如同這架亨克爾 He 111 型轟炸機上的機鼻機槍手之所見。正是該型轟炸機肩負起德國空軍於不列顛上空執行猛烈轟炸的重責大任。

西元一九四〇年九月，德國空軍快要達成於英國南部取得制空權的目標，儘管他們並不知道，空襲第 11 聯隊的機場已嚴重打擊了戰鬥機指揮部後續作戰的能力。英軍地面管控的戰鬥機攔截體制正處於崩潰邊緣，一九四〇年八月三十一日英國皇家空軍被迫出戰於數量上具壓倒性優勢的梅塞希密特時，他們的戰鬥機也失去了鋒芒。

自八月二十三日至九月六日期間，英國皇家空軍四百六十六架的飛機遭到摧毀或嚴重損壞，德國空軍則損失一百三十八架轟炸機和二百一十四架戰鬥機；同時，道丁麾下百分之二十五的戰鬥飛行員無法再戰（一百零三人陣亡，一百二十

八人負傷）。此外，戰鬥機指揮部三分之一的戰力還是由 C 級的中隊來撐場。

然而，在機運之下，戰事的發展將改變戰鬥機指揮部的命運。為了對德國空軍將戰火延伸到倫敦郊區做出因應，轟炸機指揮部空襲了柏林，這是戈林口口聲稱辦不到的事情。所以，九月三日，他決定全力投入德國空軍即將展開的轟炸倫敦行動。次日，希特勒還發表演說，承諾復仇。

九月七日早晨，正如英國人預料的，道丁的總部接獲了「一號入侵警訊」（Invasion Alert No. 1，也就是入侵逼近之代號），「海獅行動」即將展開。該日，戈林親自坐鎮指揮作戰，這是德國空軍首次針對倫敦的大規模空襲。

約三百四十八架 Ju 88A-1、He 111H 與 Do 17Z-2 轟炸機縱隊沿著泰晤士河口二十哩（三十二公里）的防線北上，圍繞著他們的是六百一十七架 Bf 109E 與 Bf 110C 戰鬥機。到了十六點三十分，戰鬥機指揮部約二十一支中隊升空迎擊，他們只有二百八十架左右的戰鬥機。雖然在數量上被超越許多，但英國戰鬥機指揮部的表現十分優異，儘管如此，倫敦東區還是遭受相當慘重的打擊。夜裡，烈焰沖天的火光為德國空軍指引了空襲方位，他們的攻勢直到四點三十分才結束。戰鬥機指揮部總共失去了二十八架戰機，而德方則有四十一架折翼。

次日，由於天候不佳，德國空軍的作戰行動受到阻礙，但黃昏

↓照片中為從出擊任務歸來的 He 111 型轟炸機。伴隨他們飛向目標的 Bf 109E 型護航戰鬥機在燃料不足的時候就得返航，留下轟炸機群任憑英國的防空單位擺佈。

↑戰機在肯特上空激戰時所產生的凝結雲讓人留下深刻的印象。照片中，德國空軍的轟炸機力圖穿過英國皇家空軍戰鬥機的攔截飛向倫敦。

↓照片中是出任務之前，德國的地勤人員正揭下一架第 26「獅子」（Löwen）轟炸聯隊 He 111 上的防水布。雖然 He 111 並不是如英國皇家空軍蘭開斯特（Lancaster）或斯特林式一般的重型轟炸機，但它的機身內仍可裝載八顆 551 磅（250 公斤）炸彈或一顆外掛的 4,409 磅（2,000 公斤）炸彈。

之後，他們仍向倫敦展開猛擊。九月九日，天候持續影響了德軍的攻勢，當天僅有二十六架 He 111H-4 型轟炸機企圖轟炸法茵堡（Farnborough）。在接下來的二十四小時中，德國折損了二十八架飛機，他們的飛行員還回報英國皇家空軍戰鬥機的反制活動有漸增的趨勢。

　　經過了短暫的平息，一九四〇年九月十一日，德國空軍再次向朴茨茅斯（Portsmouth）和南安普敦發動猛攻，並對倫敦進行三波的轟炸。戰鬥機指揮部損失慘重（二十

九架飛機和十七位飛行員），而且接下來的三天，天候一有改善，德國空軍還是會再襲擊倫敦。

　　九月十五日，英國的雷達站掃瞄到德國轟炸機群飛越巴·德·加萊上空與其護航機會合。德機第一波的攻勢於肯特上空展開，接著他們又揮軍飛向倫敦，轟炸機在離去之前，於倫敦投下了炸彈。戰鬥機指揮部三十一支中隊升空作戰，各個單位的戰鬥機以迄今最協調的戰技於肯特和索塞克斯上空痛擊敵人。當天的戰鬥結束之際，戰鬥機指揮部公布擊落了一百八十五架敵機的紀錄，己方僅失去二十六架戰鬥機和十三名飛行員而已，這顯然是英國皇家空軍的勝利。

　　德國空軍蒙受了慘重的損失，尤其是在九月七日與十五日，於是戈林在下一個星期的作戰中改變了戰術。他下令縮減編隊的規模、空襲倫敦的任務限制在有最多護航機可派的條件下才執行，還有逐步擴

大對飛機工廠的轟炸行動。

　　到了這個階段，海獅行動的準備工作已完成，然而，英國皇家空軍尚有能力施予德國空軍慘重的傷亡，這顯示後者無法達成取得制空權的要求。除此之外，英國轟炸機指揮部和艦隊航空隊對停泊的入侵船艦進行突擊，也使得海獅行動不得不延後。

　　九月十七日，德國空軍將注意力轉向位於泰晤士港（Thameshaven）的儲油設施，他們先派六十架左右的 Bf 109 型戰鬥機於肯特上空執行「自由獵殺」任務；對內陸發動四波空襲；還有在查坦（Chatham）投下炸彈。九月二十五日，布里斯托（Bristol）與普利茅斯（Plymouth）遭受攻擊，費爾頓（Filton）的工廠嚴重受創。次日，維克斯—超級馬林（Vickers-Supermarine）的工廠也遭 He 111H-4 型轟炸機的蹂躪，七十噸的炸彈幾乎讓該廠內噴火式戰鬥機的生產線停擺。

　　一九四〇年九月二十七日，德國空軍試用了新的戰術，但仍然蒙受相當慘重的損失。小編隊的 Ju 88A-1 快速打擊機群偕同執行自由獵殺任務的大批 Bf 109E 出擊，Ju 88 的高速飛行能力讓 Bf 109E 得以盡情發揮他們的靈敏性。不過，德國空軍的佯攻在唐格涅斯（Dungeness）遭到識破，於是他們開始分兵進擊，八十多架的戰機航向布里斯托，而另三百多架則越過海峽直擊倫敦。突襲布里斯托的機隊只有 Bf 110C-4 型戰鬥機到得了目的地，進攻倫敦的機群最遠也只不過抵達肯特而已。這一天，德國空軍有五十五架飛機被擊落。

　　到了一九四〇年九月底，德國第 2 與第 3 航空軍團內大部分的轟炸機大隊都不再進行日間轟炸行動。德國空軍在三個月又十天的奮戰中損失了一千六百五十三架飛機，但他們的犧牲卻並未換得什麼成果。

　　十月一日，倫敦、朴茨茅斯與南安普敦再度遇襲，但英國皇家空軍第 10 聯隊頑強的抵抗。英國人注意到了德國空軍的編隊裡有不少掛載炸彈的 Bf 109E 與 Bf 110C-4，這些戰鬥轟炸機（Jagdbomber）也出現在下午的空襲戰中，他們於英國南部奔馳，並在倫敦投下炸彈。不列顛之役倒數第二階段的戰鬥可說是結束了。

↑圖為 1940 年 8 月，以阿朗（Arras）為基地的一架第 2 轟炸聯隊第 4 中隊之都尼爾 Do 17Z 型轟炸機。第 4 中隊是第 2「木槌」（Holzhammer）聯隊第 2 大隊下的一個單位，大隊長（Gruppenkommandeur）與聯隊指揮官（Geschwaderkommodore）分別是保羅・懷特庫斯（Paul Weitkus）中尉和約翰尼斯・芬克上校（Oberst Johannes Fink）。

第十五章
He 111H 轟炸機

配備朱姆引擎的 He 111H 型轟炸機成為德國空軍最終版的標準轟炸機，不少次級的衍生機種也隨之開發，並從西元一九三九年起一直服役到大戰結束。

↑照片中一支 He 111H-16 型轟炸機中隊維持著緊密的編隊，他們正從轟炸聯蘇前線的任務中返航。H-16 型是第三款「標準」量產機型（先前的兩款是 H-3 型與 H-6 型），並裝配了朱姆 211F-2 型引擎。

到了不列顛之役開戰之際，He 111H 型差不多完全取代了 He 111P 型，它的機身基本上沒有改變，但換裝了朱姆 211 型發動機。打從一開始，He 111H 型的最高時速就達到二百七十哩（四百三十五公里），證明是難以擊落的轟炸機（和都尼爾 Do 17 型相比），而且它還具有承受嚴重戰損的能力。

作戰期間，德國空軍有十七支大隊配備 He 111H 型轟炸機〔相較於 He 111P 型系列中，約有四十架服役於偵察大隊（Aufklärungsgruppen）擔任偵察機的角色〕，數目平均來說共有五百架左右。經過四個月的戰鬥之後，約二百四十六架該型轟炸機折翼。在 He 111 優秀的作戰表現中，於九月二十五日攻擊布里斯托飛機工廠的第 55 轟炸聯隊最為突出，同一單位還在次日對南安普敦的超級馬林工廠施予毀滅性的打擊。

不列顛之役期間，德國空軍所採用的 He 111H 轟炸機大部分是 He 111H-1 型、2 型、3 型與 4 型，後兩者最初即採用了一千匹馬力（八十二萬一千瓦）的朱姆 211D 型引擎。或許，損失他們的最大缺憾在於其五名機組員的編

制，Ju 88 型與 Do 17 型的成員都只有四位。

下一款加入轟炸聯隊的衍生機型是 He 111H-5，它在機翼掛彈的位置整合了附加的油箱，並加裝了兩具掛架，每具可掛載二千二百零五磅（一千公斤）的炸彈；它的最大起飛重量增加至三萬零九百八十五磅（一萬四千零五十五公斤）。一九四〇年到一九四一年期間，He 111H-5 型廣泛的派用在冬季閃擊戰中，這些戰機搭載了大部分的重型炸彈和傘投水雷到英國的各大城市和水域。另外，He 111H-5 型還可外掛一顆三千九百六十八磅（一千八百公斤）的炸彈。

魚雷轟炸機

6 型成為最廣泛使用的 He 111H 轟炸機，它於一九四〇年末期開始進行量產。該型機的武裝為六挺 〇‧三一吋（七‧九公釐）MG-15 型機槍和一挺前射的二十公釐機砲，有些飛機在尾端還裝設了一挺 MG-17 型機槍或遠距操縱的榴彈發射器。另外，它也可掛載兩枚一千六百八十七磅（七百六十五公斤）的 LT F5b 型魚雷。儘管 He 111H-6 型具有掛載魚雷的能力，但他們大多數仍是用於一般的轟炸任務。

第一個飛行掛載魚雷的 He 111H-6 單位是第 26 轟炸聯隊第 1 大隊，他們自一九四二年起從北挪威

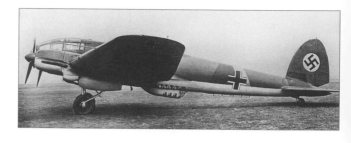

的巴都弗斯（Bardufoss）與巴拿克（Banak）起飛作戰，對付北岬（North Cape）海域的護航艦隊，並參與過突襲 PQ 17 號護航隊的行動，該支船隊幾乎是全軍覆沒。

He 111H-7 型與 9 型的命名掩飾著配備較少的 He 111H-6 型改良機種，而 He 111H-8 型的特徵則是裝置了特大的防空汽球反制器，它的設計是用來撞偏防空汽球，再以架於翼端的利剪來割斷連接汽球的纜繩。不過，德國人發覺這沒什麼效果，所以殘存的 8 型後來即改裝成為拖曳滑翔機的 He 111H-8/R2 型。He 111H-10 型與 6 型相似，但它在機腹吊艙加裝了一挺二十公釐 MG FF 型機砲和於機翼設置

↑ He 111 V19 型（D-AUKY 號）是 He 111H 轟炸機的雛型機，1938 年 1 月首次試飛。它第一次整合了圓機鼻的輪廓和朱姆 211 型引擎。

↓ 在倫敦夜間閃擊戰中所見到的是照片中這種漆成黑色的 He 111H 型轟炸機。該機後來裝上了精密的助航裝置執行導航任務，被證明是極佳的平台。

↑照片中軍械士們正為一架 He 111H-6 型轟炸機裝上兩枚訓練用的 LT F5b 型魚雷。雖然該型機主要是用於轟炸任務，但它在挪威伴隨第 26 轟炸聯隊進行反艦作戰時卻取得了相當大的成功。H-6 型也用於測試導向武器，如弗利茨 X 型（Fritz-X）炸彈和 BV 246 型冰雹（BV 246 Hagelkorn）炸彈。

↓繼 He 111H-5 型之後的機種都裝上了炸彈掛架，使該機能夠外掛大量的武器。照片中這架第 26 轟炸聯隊的 He 111H-6 型掛載了一顆 SC 1800 型 3,968 磅（1,800 公斤）炸彈。

「庫托鼻」（Kuto-Nase）割纜線器。

繼第 100 轟炸大隊（KGr 100）成功的利用 He 111H 作為導航機之後，德國人便持續發展該機的這項重要特質。He 111H-14、He 111H-16/R3 與 He 111H-18 型都特別為任務的需要而裝設了薩摩斯（FuG Samos）、派爾 GV 型（Peil-GV）、APZ 5 型和科爾夫（FuG Korfu）無線電設備。例如，一九四四年，第 40 轟炸聯隊的「拉斯泰德爾特殊指揮部」（Sonderkommando Rastedter）即

是派 He 111H-14 型執行作戰任務。

當晚期的轟炸機，像是亨克爾 He 177 型鷲面獅式（Greif）、都尼爾 Do 217 型和其他的機種加入轟炸行列之後，He 111 繼續平行的發展成運輸用途的飛機；改裝的 He 111H-20/R1 型可容納十六名傘兵，而 He 111H-20/R2 型則作為可搭載貨物的滑翔機拖曳機。儘管如此，擔任轟炸角色的 He 111 也持續在服役，尤其是於東線戰場。在那裡，可掛載一顆四千四百一十磅（二千公斤）炸彈的 He 111H-20/R3 型和裝載二十顆一百一十磅（五十公斤）破片彈的 He 111H-20/R4 型於夜間進行作戰。

或許 He 111H 轟炸機與運輸機所執行過最了不起的任務，是在一九四二年十一月至一九四三年二月間，支援「國防軍」為受困於史達林格勒（Stalingrad）的第 6 軍團解圍，儘管這項企圖根本是緣木求魚。由於所有可派的容克斯 Ju 52/3m 型運輸機部隊不適任於那裡的補給工作，所以第 27、第 55 轟炸聯隊和第 100 轟炸聯隊第 1 大隊的 He 111 加入了第 5 特種作戰轟炸大隊（KGrzb V 5）與第 20 中隊（他們飛混合搭配的 He 111D 型、F 型、P 型與 H 型運輸機），運送食物和彈藥給被包圍的軍隊。

雖然轟炸機偶爾可用來攻擊蘇聯的裝甲部隊，但惡劣的天候嚴重阻礙了補給行動。史達林格勒之役　　到了最後，德國空軍失去了一百六十五架的 He 111，而他們所做的犧牲無法讓轟炸聯隊恢復元氣。

He 111H-2 轟炸機

　　圖中所繪的是 1940 年 9 月 15 日星期天德國空軍對倫敦進行白晝大空襲即不列顛之役的最高潮時，第 53「禿鷹兵團」（Legion Condor）轟炸聯隊第 9 中隊的一架出廠編號 3340 號（Wk Nr 3340）「黃色 B」He 111H-2 型轟炸機，它的機翼上還塗著長方形的識別圖案（作為戰鬥機確認和維持空戰部署之用）。這三條白帶總有人說是某一聯隊的第 3 大隊的標誌，儘管有許多不同的例子質疑這項猜測。事實上，這架飛機於當日作戰時受損，迫降在阿蒙提爾（Armentiers）的 He 111H-2，有兩位機組員負傷。最近的電腦分析顯示，它可能是遭到英國皇家空軍第 66（戰鬥機）中隊的噴火式攻擊。

武裝：He 111H-2 型轟炸機採用了更佳的防禦武裝，它配備五挺 MG 15 型機槍，可從機側艙口、背側機槍塔、機腹吊艙後部和設置在機鼻的伊卡里亞式（Ikaria）球形機槍座開火。許多改良視野的機型還在機首鑲嵌玻璃的右上方加裝了一挺 MG 15；而 He 111H-3 型則更於機腹吊艙的前部配備一門 20 公釐 MG FF 型機砲；下一款主要機型 H-6 型則通常在機尾圓錐結構內安置一挺 MG 17 機槍。He 111H-2 型轟炸機的炸彈裝在兩個 ESAC 機身彈艙裡，彈艙中間的通道可讓機員走到機尾的隔間。它標準的裝載量是八顆 551 磅（250 公斤）炸彈，彈頭朝上垂直的裝在裡面。H-4 型和 H-5 型則採用外部掛架，如有需要，內部彈艙可用來裝載副油箱。

結構：He 111H-2 型轟炸機的機翼圍繞著雙翼樑結構打造，再延著彈艙的前、後完成機身的組裝。引擎艙內、外側的翼樑內部設有油箱。機身後部大多空無一物，提供了載貨空間讓機長運用或容納緊急救生艇。

成員：標準成員五名。駕駛員坐在鑲嵌玻璃區的左後方，領航員／投彈手於飛行時並列坐在駕駛的旁邊，但作戰時移位至機鼻。再後面的是無線電操作員／機背射手。另兩位射手則操作機側和機腹吊艙的武器。機腹吊艙又被組員稱為「死亡之床」（Stertebett）。

發動機：He 111H 型轟炸機採用了朱姆 211 型引擎，打算和裝置於 He 111P 型的戴姆勒—朋馳 DB 601 型引擎平行量產。首架 H-0/H-1 型機的朱姆 211A-1 型引擎的推力在起飛之際可達 1,010 匹馬力（753 千瓦），但 H-2 型則裝了 1,100 匹馬力（820 千瓦）的朱姆 211A-3 型引擎。

第十六章
夜空中的閃電

受到英國皇家空軍先前勝利的刺激，戈林改派轟炸機於夜間作戰，所以戰鬥中就連目視的判斷也失去了。

↑照片中為 1941 年初的夜間閃擊戰中，第 55 轟炸聯隊一架夜戰偽裝十分草率的亨克爾 He 111 型轟炸機飛越法國上空。

↓1940—1941 年冬，配備空中攔截雷達（AI）的挑戰式 II 型是英國皇家空軍最成功的夜間戰鬥機。

當不列顛之役的第四階段結束之際，德國空軍航空戰力先天不足的缺陷暴露了出來。儘管要攔截戰鬥轟炸機（Jabo）的空襲並不容易，但他們的攻擊不是很精準，只有騷擾敵方的價值而已。德國空軍日間大規模的轟炸終於在十月三十一日結束。自七月一日至十月三十一日之間，德國共損失了一千七百八十九架飛機，而英國皇家空軍則有一千六百零三架折翼。德國空軍持續進行「自由獵殺」，但策略和戰術的失當意味著他們無法取得制空權。

雖然英國皇家空軍比德國人先取得雷達輔助的防空技術，但這套系統在夜戰的運作上仍十分落後。一九四〇年夏季期間，英國開始承受夜間的空襲，他們的防禦體系完全依賴目視接觸和效能不佳的聲波定位裝置。不像英國皇家空軍，德國空軍熟諳利用無線電來輔助盲目的飛行、全天候的機場作業、引導盲目飛機的逼近與降落、地面管控和無線電導引與探照燈的輔助。

當英國皇家空軍發現德國空軍夜戰輔助設備的廣度之後，他們在一九四〇年六月召開了一場緊急委員會商討對策。結果，為了圍堵配備高頻率（VHF）電波儀器的德國轟炸機，他們編成了一支特種單位，即第 80（信號）大隊。然而，德國全天候的飛航技術仍占上風，第 80 大隊的努力沒有造成太大的影響。

德國空軍夜間作戰主要階段的初期只考慮到轟炸倫敦，目的是要

逼迫英國政府投降。德軍的攻勢於一九四〇年九月七日／八日晚間展開，並於十一月十三日／十四日晚結束。

　　九月七日／八日晚間的第一波攻勢由四十多架的戰機組成，接著又有兩波類似的攻擊。二十點三十分過後沒多久，炸彈開始落在巴特希亞（Battersea）、帕丁頓（Paddington）與漢莫斯密（Hammersmith）。兩架於唐格梅爾附近巡邏的颶風式 IA 型戰鬥機抵達現場時，德國轟炸機早已離去。

　　事實上，倫敦區的高射砲直到第一波轟炸機返航之後才開火。接著，在二十三點二十分至凌晨三點十五分之間，不斷來襲的轟炸機直朝北方向倫敦進擊。那天夜裡，德國轟炸機總共投下了三百二十七‧七四噸的高爆彈（HE）和一萬三千顆的燃燒彈，而英國皇家空軍的戰鬥機根本找不到敵機。在這個階段中，德國空軍向倫敦發動了五十七次主要的攻勢，投下約一萬三千一百四十噸的炸彈和燃燒彈。在一九四〇年九月間的夜晚，他們平均派出了二百架次的飛機攻擊，有三

十八架遭到英國的防禦火網擊落。

　　到了一九四〇年九月，道丁的戰鬥機指揮部有八支專用的夜間戰鬥機中隊，他們的核心是布倫亨式 IF 型與 IVF 型戰機，還有一小群的挑戰式與尚在試驗階段的標緻戰士式（Beaufighter）IF 型。另外，一些颶風中隊也轉投入夜戰任務。而在此之前，英國人測試了 III 型空中攔截雷達（AI Mk III，偵測範圍是二哩／三‧二公里），利用該型雷達創下的第一次擊殺紀錄發生在七月二十二日至二十三日晚間。同時，地面管控攔截系統（GCI）的測試亦著手進行以彌補 III 型空中攔截雷達（和後來的 IV 型空中

↑照片中為一群都尼爾 Do 17Z 型轟炸機於黃昏來臨之際升空作戰。於不列顛之役期間，該型飛機共配給九支轟炸機大隊。他們的過時性反映在面對敏捷的敵方戰鬥機和防空砲火時的高折損率。

↓照片中為第 55 轟炸聯隊的兩架亨克爾 He 111 型轟炸機於法國北部的作戰基地上滑行。這種防禦性不強的轟炸機被英國皇家空軍視為最有價值的目標，他們是颶風式特遣單位獵尋的對象。

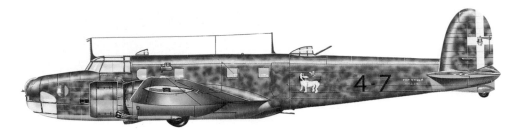

↑八十架像圖中這架基地位於比利時梅爾斯布魯克（Melsbroek）的飛雅特 BR.20M 型鸛式（Cicogna）戰機也參與了不列顛之役。1940 年 11 月 11 日，在一次主要的空襲中，六架該型轟炸機與三架 CR.42 型護航機遇上三十架颶風式之後遭到擊落。

攔截雷達）掃瞄距離短的缺陷。一旦地面管控攔截系統所屬的雷達發現了敵機，它就會指引戰鬥機找到目標。

一九四〇年十一月，戈林指示德軍，倫敦仍是轟炸機的首要目標。德國的計畫是，戰鬥轟炸機在白晝進行突擊；工業區則留予夜間轟炸；船艦航線交給水雷處置；勞斯萊斯飛機引擎工廠必須夷平；戰鬥機指揮部任憑自由獵殺的戰鬥機掃蕩；航空工業與夜間戰鬥機基地也將遭受攻擊。

德國打算以夜襲摧毀英國的工業基礎，並讓城市居民喪失鬥志，再將他們擊潰。十一月十四日／十五日晚間，倫敦遭受 He 111H-3 型轟炸機的攻擊；接著，二十點二十分，相當規模的兵力也抵達了考文垂（Coventry）。四百四十九架不斷來襲的轟炸機於這座城市投下了四百二十噸的高爆彈和燃燒彈，直到六點十分才結束空襲，無疑造成了毀滅性的破壞。英國皇家空軍雖然派出一百二十三架次的夜間戰鬥機前往攔截，但沒有取得任何成果。

主要的空襲

十一月十九日／二十日，超過七百架的轟炸機攻擊了伯明罕，到月底之前德國空軍又發動了數次夜襲。十二月，倫敦、布里斯托、普利茅斯、利物浦、南安普敦與雪菲爾（Sheffield）也遇襲。十二月二十九日／三十日的晚間，大轟炸還在倫敦引發了嚴重的火災（多達三十處主要大火），倫敦市政廳（Guildhall）更因此燒毀。

在一九四〇年十一月，英國皇家空軍的颶風式、挑戰式、標緻戰士與布倫亨式夜間戰鬥機搭配了颶風式「貓眼」（cats-eye）一同作戰，他們以無線電傳輸（R/T）導引和目視接觸來測定德國轟炸機的方位。而 IV 型空中攔截雷達和地面管控攔截系統的發展十分遲緩，儘管一架標緻戰士利用 IV 型空中攔截雷達取得了首次的空戰勝利，但到年底之時，夜間戰鬥機只擊落三架轟炸機而已。

與此同時，英國皇家空軍在夜裡也忙著對德國的城市與機場發動攻擊，以干擾他們的空襲行動。

另外，他們也試著於道格拉斯破壞式（Douglas Havoc）I 型上裝置探照燈好找出轟炸機群；還有企圖利用空用詭雷，但都沒有成功。

一九四一年初，由於天候惡劣，德國空軍縮減了夜戰行動，而且干擾開始產生全面性的影響。不過，一九四一年二月十九日／二十日晚間，德國發動新一階段的作戰，他們將注意力轉向商船隊，藉由突擊船艦和佈雷來封鎖英國，並且持續轟炸城市和工業要地。

從二月十九日至五月十二日，平均五十多架的戰機發動了六十一次的攻擊，主要是集中在英國西南部的港埠。然而，英國皇家空軍地面管控攔截站逐漸增加，到了一九四一年四月，已有十一座這樣的攔截站於關鍵的防區裡運作；三月，六支中隊的飛機也配備了 IV 型空中攔截雷達。三月期間，英國皇家空軍派一千零五架次的夜間戰鬥機出擊，創下四十八・五架的擊殺率。到了五月，他們在三千二百三十架次的出擊中，於夜裡擊落了九十六架敵機。德國空軍開始撤銷對英國的大規模夜間空襲。

早在一九四○年十二月，德國空軍的單位就移防至地中海。一九四一年四月，他們的轟炸機部署到了巴爾幹半島，而在法國與比利時的飛機也開始移往東方作戰。留下來的戰機於一九四一年五月十日／十一日向英國發動最後一次的全力攻擊，當時五百五十架的轟炸機投下了七百零五噸的高爆彈和八萬六千七百顆燃燒彈蹂躪倫敦。到一九四一年五月底，西方的德國空軍只剩下反艦與佈雷單位。德國強調藉由戰機與 U 艇來反艦，暗示出希特勒和「國防軍最高統帥部」（Oberkommando der Wehrmacht）所採取的策略：英國人將因挨餓和缺乏補給而憔悴，待德軍成功征服蘇聯之後，他們就會投降。

↑ 照片中為在英國東南部上空的都尼爾 Do 17Z 型轟炸機。轟炸機翼端上明亮的塗彩大概是為了標明他們的大隊於大批轟炸機機群裡的部署位置。

↓ 從照片中可以明瞭為何英國皇家空軍戰鬥機指揮部能於日間成功的對抗德國轟炸機群。之後德國空軍也旋即轉為夜間作戰。

第十七章
跨海峽作戰：反攻西歐

到了西元一九四○年十二月，德國和英國空軍皆在戰鬥中消磨殆盡。不過，英國皇家空軍戰鬥機指揮部開始採取攻勢，並在三年之後於西方贏得制空權。

→雖然第 22 中隊是英國皇家空軍「海岸指揮部」（Coastal Command）的一部分，但該單位於 1940—1941 年嚴峻的冬季期間仍派出他們的波福式（Beaufort）I 型轟炸機，對法國西海岸的目標執行進攻性的轟炸任務。

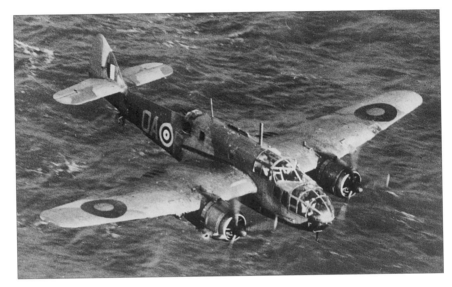

↓由布里斯托公司先行製造的標緻戰士有著明顯突出機鼻的引擎，它讓英國皇家空軍有能力在英國南部對抗德國空軍的夜間閃擊戰。

一九四○年十二月二十日，第 66 中隊的兩架噴火式戰鬥機從比根山起飛航向法國。他們低空飛行，未被發現地抵達了位在貝爾克（Berck）與勒‧圖蓋（Le Touquet）附近的目標。噴火式對那裡的變電所、軍營和交通要道進行低空掃射，這次的突襲是戰鬥機指揮部自一九四○年六月以來首次採取的攻勢行動，這代表他們業已改變作戰策略。

在上一個月裡，英國的戰鬥機還以守勢姿態對抗德國空軍徘徊攻擊的轟炸機；尚未成熟的布里斯托布倫亨式 IVF 型與布里斯托標緻戰士夜間戰鬥機部隊仍未取得成功。不過，德國空軍幾乎不再發動白晝空襲了。正當英國人等待真正的入侵威脅之際，他們決定，防禦的最佳形式即是進攻。

原先提倡進攻思維的人是空軍少將帕克（K. R. Park），他於十月的時候就請求在德軍侵略部隊尚

在集結階段之際先發制人，派戰鬥機越過多佛海峽進行掃蕩。然而，這項策略並沒有被採納，直到李—馬洛里接掌了帕克的職務。李—馬洛里宣稱，德國人此刻於法國和比利時海岸安然自若，如果英國人能不斷地騷擾他們，肯定會侵蝕德國空軍的士氣。

進攻掃蕩將由大批的英國皇家空軍戰鬥機執行，他們會於法國上空搜索敵人。二架或一支分隊的戰鬥機藉著雲層的掩護在敵人領地所進行的低空作戰稱為「大黃根」（Rhubarb），而由布倫亨式和後來的破壞式於德國空軍夜間轟炸機基地巡邏的任務稱為「入侵者」（Intruder）。其後，又有所謂的「馬戲團行動」（Operation Circus），它的目標是派出多達二百架的戰鬥機為一些轟炸機護航來挑釁德國人。在接下來幾個月，像這樣的行動就成為英國皇家空軍戰鬥機指揮部的每日例行公事。

採取主動

一九四一年一月九日，戰鬥機指揮部展開了他們的第一次掃蕩行動。第 1 與第 615 中隊的颶風式於灰鼻岬（Cap Gris-Nez）巡邏，而第 65、第 145 與第 610 中隊的噴火式則在布隆涅—聖奧梅爾（Boulogne-St Omer）一帶的上空盤旋。然而，德國空軍仍留在地面，並沒有落入圈套。於是，英國決定派轟炸機伴隨戰鬥機，好誘使德國的戰鬥機出擊，希望英國皇家空軍的戰機能耗損他們的戰力。

↑第 185 中隊是轟炸機指揮部第 5「普爾」（Pool）聯隊旗下的一個單位，他們操作漢普敦式（如照片）轟炸機作戰。另外，該中隊還有一支配備赫里福德式（Hereford）轟炸機的飛行小隊，這種戰機裝置了「短劍」（Dagger）引擎，但性能並不可靠。第 185 中隊名義上是一個訓練單位，他們的漢普敦式和赫里福德式在作戰期間並未取得什麼成效。

首次的馬戲團行動於一月十日展開，當時由戰鬥機護航的第 2 聯隊布倫亨式 IV 型升空突襲敵方的軍營，並騷擾巴·德·加萊區吉納森林（Forêt de Guines）的潛艇停泊港。布倫亨式轟炸機有颶風式的貼身護航，還有噴火式的高空掩護。馬戲團行動依照計畫進行，且成功的轟炸了森林地區。隨後，轟炸機即揚長而去，一小群 Bf 109E 型戰鬥機前往追擊。在短暫的交戰中，英國宣稱擊落了數架敵機，己方則損失一架颶風。此外，一些英國皇家空軍的戰鬥機也脫隊貼近地面尋找打擊目標的機會。這次作戰的要點是引出德國戰鬥機，因為他們在起飛、集結和整隊與降落的時候最為脆弱。

雖然在第一起的馬戲團行動中，英國皇家空軍的戰鬥機少有機會施展攻擊，但在高、中、低三個空層執行侵略性的戰術對未來而言是一個好兆頭。然而，由於高空作戰人員的怯懦，他們請求終止任務，並聲稱「……我們應該放聰明點慢慢來，滿足於企圖讓敵人感到意外與驚慌失措。」儘管如此，英國在計畫第二起馬戲團行動時，並

不打算使位於法國的德軍戰鬥機大隊感到意外與驚慌失措，他們讓英國皇家空軍的戰鬥機留在高空對決。該道命令直到一九四三年底依舊有效，所以德國空軍的戰鬥機能夠不受傷害的起降。

隨著英國皇家空軍在一九四一年二月二日對布隆涅的兩起掃蕩和一場轟炸，德國空軍不得不予以反擊。第二起馬戲團行動於二月五日展開，十二架布倫亨式前往轟炸聖奧梅爾—偉澤納〔Wizernes，即隆格涅塞（Longuenesse）〕的機場，那裡是空戰王牌莫德士第51戰鬥聯隊的基地。

然而，作戰進行得並不順遂，有一些中隊找不到他們的會合地點。此外，當轟炸機抵達敵方機場時，那裡降下了大雪，這代表他們很難確認目標。轟炸機繞了兩趟才投下炸彈。雖然不是什麼重大的戰役，但第3與第51戰鬥聯隊的五十架Bf 109E仍與英國皇家空軍中隊展開一連串猛烈的交鋒。最後，任務被認定失敗，目標僅有微小的損害，還失去了八架戰鬥機。

進攻的問題

儘管戰鬥機在敵方領空作戰明顯的不利，戰鬥機指揮部的中隊還面臨戰術上的問題。作戰半徑小的噴火式和颶風式得為飛行速度緩慢的轟炸機護航，而且他們仍要對抗性能優異的德國戰鬥機。此外，他們也少了出奇制勝的元素。

英國皇家空軍為了提升空戰的凝聚力，自一九四一年三月初起，便將中隊以大隊為基礎來進行整編，三支或以上的中隊組成一支大隊，並由能力受到肯定的戰鬥機隊長來領導作戰。大隊的編制並沒有專門化，他們可輪流執行護航、高空掩護和護航掩護任務。另外，噴火式IIA型與IIB型的量產彌補了高空戰鬥時與Bf 109E-4型某程度上的不對稱性，但飛行航程不足仍是令人頭痛的問題。此時，戰鬥機只能裝置不可拋棄式的副油箱，這又讓設計為短程防禦之用的噴火式與颶風式無法發揮實力：戰鬥機只能深入巴·德·加萊七十至八十哩（一百一十三至一百二十九公里）的內地，而那裡僅有少數具經濟和軍事價值的目標。

至一九四一年六月的作戰行動

德國空軍的日間突襲雖於一九四〇年十二月告一段落，但他們仍在西歐留下龐大的戰鬥機部隊，主要是Bf 109E-4型和Bf 110C型。當德國的戰鬥巡洋艦沙恩霍斯特號（Scharnhorst）與格奈森瑙號（Gneisenau）停泊於布勒斯特（Brest）港時，他們又奉命承擔防禦性的職責，防範兩艘戰艦遭英國皇家空軍轟炸機的攻擊。一九四一年二月，德國空軍的戰力有了Bf 109F-1型與F-2型戰鬥機的支撐，他們的飛行速度更快，但武裝較差。另外，德國人此時亦沿著占領的海岸線一帶建立了一連串的雷達防禦系統。

二月五日英國馬戲團行動的失敗，為戰鬥機指揮部的新策略帶來

了問題，邱吉爾本人即質疑侵略的威脅尚未解除，不應浪費他們的戰鬥機。然而，任務仍持續進行，而且除了「馬戲團」、「大黃根」和戰鬥機的掃蕩之外，還多了稱作「拋錨處」（Roadstead）的反艦行動。

第三與第四號馬戲團行動於二月十日展開，莫德士的第 51 戰鬥聯隊是主要的對手。這位偉大的空戰王牌在當天創下了他的第五十六架擊殺紀錄，但首架 Bf 109F-1 型也於戰鬥中折翼。戰果對戰鬥機指揮部來說並不理想，他們失去十一名飛行員，而只摧毀了八架德國軍機。

接下來的幾個月裡，馬戲團行動持續進行，第十號是這個階段最後一次任務。直到一九四一年六月十三日，英國皇家空軍聲稱摧毀了三十九架德機，但也有五十名英國皇家空軍飛行員失蹤或陣亡。反之，德國空軍在一九四一年一月一日至六月十三日間損失了五十八架 Bf 109 戰鬥機，雙方大致扯平。不過，隨著德軍準備入侵蘇聯，德國空軍向東移防，西部的作戰即將進入新一階段。

1940－1941 年英國皇家空軍的戰鬥機

在這段期間，英國皇家空軍所操縱的戰鬥機扮演著各種不同的角色。噴火式和颶風式戰鬥機，在白晝的防禦和進攻性的掃蕩任務中占有重要地位；像標緻戰士和破壞式的戰機則於夜裡挑戰德國空軍而有不同的戰果。有些颶風式單位，如第 85 中隊也重新安排成為夜間戰鬥機單位，並為飛機塗上不反光的黑色偽裝迷彩。

←標緻戰士 Mk I
圖中這架飛機是最早量產的標緻戰士 I 型夜間戰鬥機之一，它於 1940 年 9 月交貨時還未裝上雷達，並在 1940—1941 年冬天分配至第 25 中隊服役。這些早期型飛機大多數都被翻新，他們不是在基地內進行 IV 型空中攔截雷達（AI Mk IV）或其他裝置的組裝作業，就是於福特或聖亞森（St Athan）進行。

→噴火式
第 66 中隊是操作這種在左翼（超級馬林 343 型機翼）上，裝置一具不可拋棄式 40 英加侖（182 公升）副油箱的噴火式單位之一。這架特別的噴火式是 IIA 型，1940 年製造於布蘭威治堡（Castle Bromwich）。

→道格拉斯破壞式
這架飛機交付給英國皇家空軍時原是波士頓式（Boston）I 型轟炸機，但後來被改裝為破壞式 I 型，作為第 23 中隊的夜間入侵戰鬥機。

第十八章
戰鬥機大反攻

希特勒揮軍蘇聯讓英國空軍參謀部有明確的理由可展開一場大規模的行動來牽制德國空軍。

↑配備噴火式 VB 型戰鬥機的第 81 中隊成為宏恩卻奇大隊的一部分。於 1941 年整個夏季期間，該中隊頻繁地參與法國上空的戰鬥。

↓照片中這些 Bf 109F-2 型戰鬥機是在交貨之前所拍攝，他們的水平尾翼沒有支撐架，而且尾輪可收起。該型改良的 Bf 109 新式戰鬥機，加上修正的戰術運用，讓德國的飛行員能與英國皇家空軍一較高下。

　　儘管德軍祕密調動大批單位到蘇聯前線，但英國一直透過解碼電文「極」（Ultra）來掌握情資。不過，除了供給蘇聯武器與物資之外，遭圍困的英國人幾乎無計可施。希特勒業已指出，一旦在蘇聯的征戰結束，國防軍將會再回去對付英國，隨入侵而來的轟炸將會於西元一九四二年春之際展開。

　　這項因素解釋了英國皇家空軍參謀部之所以不願意調派以英國為基地的飛行中隊至海外服役的原因。空軍參謀部雖以防禦至上為原則，但他們還是批准了即將展開的大規模攻擊行動，由綽號「蕭爾托」的道格拉斯（"Sholto" Douglas）中將的戰鬥機指揮部主導作戰。進攻的首要擁護者就是善變且野心勃勃的第 11（戰鬥機）聯隊空軍司令特拉福德・李─馬洛里（Trafford Leigh-Mallory）少將。

　　一九四一年六月十四日，經過三個星期左右的中斷之後，天候已經好到可以重啟第十二號的「馬戲團行動」，英國皇家空軍的目標是聖奧梅爾機場。他們派出第 105 與第 110 中隊（第 2 聯隊）的十二架布里斯托布倫亨式 IV 型轟炸機，由九支中隊的霍克颶風式與超級馬林噴火式戰鬥機護航和支援。

　　自一九四一年一月馬戲團行動展開以來，英國人已經推出不少戰術。他們的目標仍是驅使德國空軍的戰鬥機升空應戰，但過去的經驗證明，德國人面對英國皇家空軍戰鬥機的掃蕩時，其戰鬥機依舊停留在地面不為所動，所以英國的轟炸機必須打擊「夠分量」的目標來激發他們的反擊。不過，當天，德國第 26 戰鬥聯隊第 1 大隊遭受措手

不及的突襲，第 92 中隊的中隊長詹姆士·蘭金（James E. Rankin）於馬吉塞（Marquise）附近擊斃德國空戰英雄羅伯特·曼格中士（Robert Menge）。曼格在陣亡之前共締造十八架的擊殺紀錄。

持續進攻

三天之後，英國皇家空軍戰鬥機指揮部發動了迄今最大規模的進攻行動。他們將「零時」（Z 時，從會合點開始的時間進程）設在十九點十五分，位於秋睽（Chocques）的「庫曼暨席耶公司」（Kuhlmann et Cie）化學苯廠將是第 2 聯隊十八架布倫亨式轟炸機的主要目標（譯者註：工業用苯一般是作爲內燃機的燃料）。

距離轟炸機約一萬二千呎（三千六百六十公尺）會有一支大隊（第 56、第 542 與第 306 中隊）的颶風 IIA 型護航；距一萬八千呎（五千四百八十五公尺）也有一支高空掩護的噴火式大隊（第 74、第 92 與第 609 中隊）；而另五支大隊則執行自由掃蕩與巡邏任務。這場第十三號的馬戲團行動從曼斯頓上空開始集結，共約一百二十架的布倫亨式、噴火式和颶風式將會保持無線電靜默，繞行至作戰崗位。

然而，德國的雷達早已偵測到這批機隊的成形。正當英國編隊飛越海峽的時候，第 26 戰鬥聯隊於勒·圖蓋附近與英國皇家空軍的戰鬥機爆發一連串的追逐戰，幾場纏鬥戰也隨之而起。由於噴火式與颶風式的迴旋能夠脫離 Bf 109F 的追擊，所以德國飛行員也採取了因應的戰術。

疾速、背離太陽加速俯衝、突然開火的 ○·三一吋（七·九二公釐）MG 17 型機槍與十五公釐毛瑟（Mauser）MG 151 型機砲和翻滾半圈然後脫離，都是他們所慣用的戰術，英國皇家空軍的飛行員因此稱呼德國中隊爲「阿布維爾傢伙」（Abbeville Boys）和「聖奧梅爾小子」（St Omer Kids）。英國皇家空軍總共被擊落了十一架戰鬥機（九名飛行員沒有歸來），他們雖聲稱摧毀十五架敵機，七架可能被毀，十一架受創，但事實上，只有兩架 Bf 109 遭擊落，一架 Bf 109F-2 負傷。

進入戰場

六月二十一日，戰鬥機指揮部派出三百九十六架次的戰機，於十二點發動第十六號馬戲團行動（突襲聖奧梅爾—偉澤納），而第十七號〔攻擊戴斯弗（Desvers）〕則在十六點進行。雙方爆發多起戰鬥，英國皇家空軍宣稱擊落十七架

↓像照片中的蕭特斯特林式 I 型轟炸機於 1941 年 2 月執行第一次轟炸任務。雖然斯特林式轟炸機較爲靈敏，但滿載時的推力卻不足。

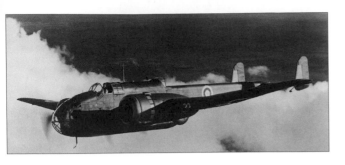

↑少了動力推動的機槍塔，雙引擎的漢普敦式轟炸機的火力無法抵擋住德國的戰鬥機。在英國皇家空軍的早期轟炸作戰期間，許多架漢普敦式都遭 Bf 109 戰鬥機的機槍擊落。

↓在旋風式戰鬥機的極盛時期和低空作戰中，很少有機型能敵得過它的速度和武裝。照片中的這架旋風在兩翼下還掛著 250 磅（113 公斤）的炸彈。

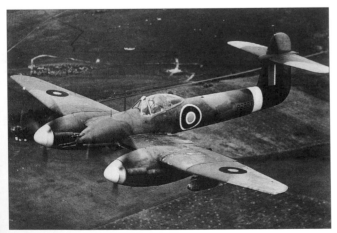

敵機，己方損失六架和兩名飛行員。在最後一次的馬戲團行動中，英國人享受了非常成功的一天，他們所使用的戰術更爲未來的作戰指引了方向。

英國皇家空軍將德國空軍引到空中，儘管是在敵人的地盤作戰，但持續戰鬥下去的局勢證明對他們有利。自一九四一年六月十九日起，馬戲團行動獲得了空軍參謀部的支持，那時英國決定必須給予蘇聯公開的協助，而且他們應於夜間轟炸魯爾的交通網絡，還有攻擊越過多佛海峽的敵艦。

在戰鬥機的進攻作戰中，布倫亨式轟炸機的不足是由亨德利・佩奇漢普敦式（Handley Page Hampden）轟炸機來彌補，有些場合則派蕭特斯特林式（Short Stirling）I 型。英國的目的是在西方爲德國空軍帶來壓力，迫使他們從蘇聯調離一些單位。就這點來說，英國皇家空軍的行動逐步升級到幾乎是每日皆對法國占領區發動掃蕩攻擊。

英國人發現，Bf 109F-2 型的速度極快，性能比得上他們迅速投入服役的新噴火式 Mk V 系列戰鬥機。然而，英國皇家空軍還不知道的是，更具戰力的 Bf 109F-4 型即將登場，他們在一九四一年七月上場作戰。

七月間，英國再次展開馬戲團行動，總共發動三十五起，英國皇家空軍也失去了九十九架左右的噴火式、颶風式和威斯特蘭旋風式（Westland Whirlwind）戰鬥機。斯特林式轟炸機從七月五日起加入戰局，參與了對勒・特雷（Le Trait）的突襲。當月，英國皇家空軍在法國的掃蕩共折損了約一百一十架的飛機，這個數據遠超過上一個月的損失（五十六架），類似一九四〇年夏令人氣餒的慘況。

反攻失敗

在一九四一年七月二十九日「英國空軍部」（Air Ministry）內所召開的會議中，整起馬戲團行動的構想遭到質疑，不少人表達出對於浪費如此多戰機卻收不到多少效益的疑問。轟炸機指揮部更指出，戰鬥機指揮部正犯下德國空軍於不列顛之役中同樣的錯誤。他們

相信，除非能獲得戰略利益，不然執行一整天的轟炸攻擊都是徒勞無功的；而且，航程範圍有限的噴火VB型應排除在反攻作戰之外。

其後，馬戲團行動允許繼續進行，但到了這個時候，實力平衡卻轉為對德國空軍有利。八月間，英、德雙方都有損失，但英國皇家空軍失去了更多的戰鬥機，尤其是一九四一年七月德國派出配備星形發動機的新式福克─沃爾夫（Focke-Wulf）Fw 190A-1型戰鬥機，讓壓力沉重的英國飛行員感到訝異且不悅。

八月底時，戰鬥機指揮部的進攻策略再度遭受質疑：他們付出的代價高昂，戰果卻頗令人失望，而且英國皇家空軍此刻被迫投入大批的戰機到北非和地中海作戰。九月，英國只進行十二起的馬戲團行動，戰果依舊不理想。到下一個月之間，進攻持續進行，但經常以悲劇收場；十月十三日，在一次的行動中就有十架噴火被擊落，許多是

Fw 190的槍下亡魂。那次是當月最後一起的馬戲團行動，可是對抗德國船艦的作戰持續進行。

在最後一次證明馬戲團行動價值的豪賭中，布倫亨式轟炸機偕同噴火式的護航，於十一月八日越過海峽突襲位在法國的德軍部隊集結地。由於飛行方位有誤，布倫亨沒能找到目標，而且十六架遭德國戰鬥機攔截的噴火很快被擊落。英國皇家空軍英勇的執行反攻任務，卻以不幸告終。

一九四一年十一月十三日，戰鬥機指揮部和轟炸機指揮部都接獲一道空軍部的指令，奉命終止一切除最必要之外的攻擊行動以保留戰力。在一九四一年六月十三日至十二月三十一日期間，英國皇家空軍戰鬥機指揮部的中隊宣稱摧毀七百三十一架的敵機（大多是 Bf 109），而他們失去了六百多架飛機和四百一十一位飛行員，但事實上，德國空軍的損失只有一百三十五架戰鬥機。

←威斯特蘭旋風式戰鬥機是英國皇家空軍第一架為特定目的而製造的雙引擎戰機。它於1940年7月進入第263中隊服役，9月時第137中隊也配備了該型機。旋風式在低空作戰時的表現出色，但於高空纏鬥戰中明顯不利。隨後，它的作戰行動便限制在低空的轟炸攻擊。

偽裝迷彩

旋風式在1941─1942年冬偕同第263中隊作戰，照片中所展示的是它早期暗綠色與暗土色的偽裝迷彩，底部則為天藍色。暗土色後來為海灰色所取代。

不可靠的引擎

在整個服役期間，旋風式戰鬥機極受其勞斯萊斯遊隼式（Peregrine）直線排列活塞引擎問題的困擾，他們在戰鬥中非常的不可靠，導致許多飛行員駕機螺旋下降，少數還能恢復正常運作。旋風式總共僅生產了一百二十二架，在英國皇家空軍的兩支中隊裡服役。

第十九章
福克─沃爾夫的優勢

儘管德軍不太可能在西元一九四二年發動侵略，但英國皇家空軍大部分的戰力仍致力於保衛英國。

↑ Fw 190 型戰鬥機立即展現其高超性能，讓英國皇家空軍不得不承認它是最優越的機種，並對盟軍指揮官帶來很大的衝擊。照片中這架早期的 A 型是從一架 Fw 189 貓頭鷹式（Uhu）機內所拍攝。

→ Bf 109F 型戰鬥機的武裝雖比 Bf 109E 型輕，但由於它的靈敏性而逐漸受到德國飛行員的歡迎。英國這些皇家空軍連拍的照片顯示一架不幸的 Bf 109F 正遭受攻擊。

一九四一年十一月十三日，英國空軍部指示，除了最重要的任務之外，撤銷英國皇家空軍於歐洲北部的作戰行動，這讓戰鬥機指揮部和轟炸機指揮部得到十分需要的喘息機會。一九四〇年至一九四一年間轟炸機指揮部的戰果不佳和缺乏精確性，使得大批轟炸機武力的可信度受到質疑，還有人請求轟炸機指揮部減少轟炸任務，並調派他們的轟炸機到大西洋對抗 U 艇。而德國第 2 與第 26 戰鬥聯隊在巴·德·加萊施予戰鬥機指揮部不成比例的損失，也使他們不得不奉命終止大規模的行動。

寧靜的海峽防線上只有轟炸機指揮部所執行的「貪食」（Voracity）行動，打算攔截德國的戰艦沙恩霍斯特號、格奈森瑙號與尤金親王號（Prinz Eugen）。由於戰艦在一九四一年初就抵達那裡，所以他們面臨反覆的突襲。希特勒爲了保護他的主力艦，還有害怕來自挪威的攻擊，因而在一九四二年二月決定將戰艦調回德國。

雷霆行動

調戰艦回基爾（Kiel）的任務有德國空軍的掩護支援，其代號爲「雷霆」（Donnerkeil）行動，由

賈蘭德將軍指揮。他們的戰力包括
Bf 109F-4 型戰鬥機和超強的 Fw
190A-2 型戰鬥機。由於戰艦越過
多佛海峽必定十分危險，所以賈蘭
德將軍還向訓練學校請求 Bf 109E-
7 型的支援。德國戰艦在夜裡航行
時將會有 Ju 88C-6 型與 Bf 110F-4
型夜間戰鬥機的掩護；總共投入二
百八十架的戰鬥機。另外，他們也
計畫在白晝時部署十六架戰機於船
艦上空，每二十五分鐘接替一次。
戰機必須低飛以躲避英國的雷達，
且保持無線電的靜默。

夜間航行

　　一九四二年二月十一日晚，德
國戰艦啓航，他們並沒有被英國海
軍的潛艇海獅號（HMS Sealion）
和哈德森式（Hudson）V 型偵察
機發現。接著，儘管 Fw 190 遭英
國雷達探測到，卻誤以爲他們是執
行營救任務的一部分而排除行動，
德國護航艦隊因此未被識破地繼續
航行。費爾萊（Fairlight）雷達和
第 91 中隊雖也目擊了這支船隊，
但卻不知道它的重要性，所以又過
了一個小時之後反制的「富勒行
動」（Operation Fuller）才展開。
　　英國海軍「艦隊航空隊」的旗
魚式（Swordfish）轟炸機從曼斯
頓（Manston）起飛，英國皇家空
軍第 72 中隊的噴火式戰鬥機亦予
以護航。他們貼近海面飛行，在迪
爾（Deal）東南方二十哩（三十二
公里）處發現了德國船艦，護衛的
噴火也旋即與 Fw 190 開戰。更多
的 Fw 190 戰鬥機放下襟翼與起落

架，飛下來對付旗魚機，將他們全
數殲滅。最後，三艘主力艦成功返
回德國，只損失六架護航的戰鬥
機。對德國人來說，這次行動是場
勝利；但對英國人而言是場悲劇，
戰鬥機指揮部又折損了十七架飛
機。

新攻勢—舊思維

　　一九四二年三月，英國皇家空
軍再次展開攻勢作戰，重啓「馬戲
團」、「大黃根」、「拋錨處」與
「通條」（Ramrod，該任務著重
於摧毀目標而非敵方戰鬥機）行
動。同時，由於德國空軍自開戰以
來所蒙受的耗損和飛機產量低，英

↑由於精巧、極堅固，
且具有十分先進的設計
（次級系統幾乎全採用
電動），使 Fw 190 取
代了 Ju 87，成為德國
空軍主要的戰術攻擊
機。

↓　直　到　蚊　式
（Mosquito）轟炸機誕
生之前，波士頓 III 型是
英國皇家空軍最具高速
飛行能力的轟炸機，它
幾乎和颶風 IA 型戰鬥機
一樣快。

↑英國皇家空軍的布里斯托布倫亨式轟炸機有時顯得無可救藥的過時，但仍以 IV 型強撐下去。照片中，這架第 105 中隊的布倫亨正要到歐洲的德軍占領區執行轟炸突擊。

↓配備特殊輻射狀引擎的 Fw 190 型戰鬥機首先在 1941 年 9 月的英國皇家空軍影片裡露面。先前，該型戰鬥機不為人知，但很快就在英國皇家空軍中建立了它的權勢（ascendancy）。

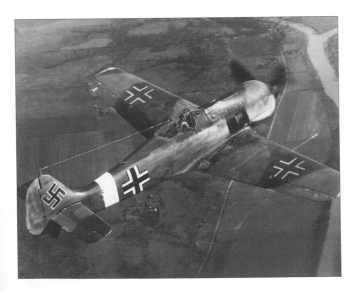

國人推測他們已經來到了最衰弱的臨界點。為了趁機打擊──這是一九四一年六月計畫中反覆進行的──英國皇家空軍開始在西部發動日間攻勢，打算迫使德國撤出東線戰場上的戰鬥機，重新部署到法國和低地國家。

戰鬥機指揮部的戰力維持在一千一百三十架的飛機，包括噴火 V 型、颶風 IIB/C 型、標緻戰士、旋風與破壞式。由於英國皇家空軍的焦點是捍衛英國，所以一九四二年的海外戰區只派了少數的增援。

一九四二年三月起，第 2 聯隊的波士頓式 III 型轟炸機，還有第 10、第 11 與第 12 聯隊的戰機開始在噴火 VB 型的航程半徑內執行前導攻擊任務，他們突襲法國、比利時與荷蘭境內的化學廠、鐵路調車場和小型工業設施時僅遭受輕微的抵抗。

遇上麻煩

在進攻展開的第一個月裡，英國皇家空軍宣稱共擊落了五十三架敵機，己方損失三十二架。但實際上，德國只失去了十二架而已。一九四二年四月，德國空軍的抵抗更加頑強，還有一小批的 Bf 109F-4/B 型戰鬥機低飛躲過雷達，對英國海岸進行閃電攻擊。除此之外，更多的單位換裝了 Fw 190 戰鬥機，而且他們新的雷達網和攔截系統近乎完成。在法國上空，英國皇家空軍是為了自己的生存而戰。

改變想法

　　Fw 190 的速度比噴火 VB 型還快，它在各形式的空戰中都占了上風。四月的馬戲團行動裡，英國皇家空軍就損失了一百零三架噴火式；而同一個月，德國空軍僅失去二十一架的飛機。由於天候惡劣的影響，下一個月裡德國只宣稱擊落了六十一架飛機，他們則有十三架戰鬥機折翼。一九四二年六月十三日，在 Fw 190 的優勢之下，直接導致英國皇家空軍終止行動。

海峽上空的戰鬥機

　　到了 1942 年中，福克—沃爾夫 Fw 190 型戰鬥機的可怕氣勢已不容英國皇家空軍質疑。在此之前，它的存在還是個疑問，甚至有好幾次被誤以為是遭擄獲的鷹式 75 型戰鬥機。Fw 190 的優勢導致了噴火 IX 型的開發，意欲全力反制其威脅性。Fw 190 於德國空軍服役原是打算汰換 Bf 109 戰鬥機，但這兩款飛機仍相互配合作戰，後者也不斷地升級。

↓ 超級馬林噴火 Mk VB

第 317「波蘭」中隊的史坦伊斯勞・布里捷斯基（Stanislaw Brzeski）在 1941 年於埃克塞（Exeter）操縱這架巴濟里・庫伊克號（Bazyli Kuick）超級馬林噴火式 VB 型戰鬥機。先前服役於波蘭空軍的布里捷斯基，在一場馬戲團行動中就擊落一架 Bf 109F 且打傷了一架 Fw 190。他在大戰結束前創下了七次勝利。

↑ 福克—沃爾夫 Fw 190A-2

這架 A-2 型是最早投入服役的 Fw 190 戰鬥機之一。它由第 26 戰鬥聯隊第 2 大隊的副官駕駛，該聯隊於 1941 年底以摩瑟爾（Moorseele）為基地，接著移防至威弗廉（Wevelghem），1942 年初又調到阿布維爾。1942 年 2 月 12 日，這架戰機掩護「海峽衝刺」（Channel Dash）行動中的戰艦，它也曾在八月的第厄普（Dieppe）登陸作戰時進行猛烈的戰鬥。

↑ 梅塞希密特 Bf 109E-3

身具魅力的第 26 戰鬥聯隊指揮官阿道夫・賈蘭德於 1941 年秋天駕著圖中這架 Bf 109E-3 型戰鬥機締造八十二架的擊殺紀錄。其後，賈蘭德改操作 Bf 109F 型（1941 年 3 月起第 26 戰鬥聯隊的配備），他在 1942 年底晉升為將軍。

第二十章
福克—沃爾夫 Fw 190

福克—沃爾夫 Fw 190 於西元一九四一年夏第一次出現在法國北海岸上空的時候，無疑是世界上於前線服役最先進的戰鬥機。

↑照片中為 1941 年夏在福克—沃爾夫測試場上的 Fw 190A-0 型，其中包括一架短翼機（照片左）和兩架長翼機。結果，是長翼的機型投入了量產。

←照片中為第 1 打擊聯隊（Schlachtgeschwader I）整齊劃一的 Fw 190F-2 型戰鬥機，拍攝於波蘭的德比林·伊蕾娜（Deblin Irena），他們正等待移往前線。有些飛機還漆著「米老鼠」（Mickey Mouse）的塗鴉。

　　福克—沃爾夫 Fw 190 有好一段時間被稱為「伯勞鳥」（Würger），它比任何的盟軍戰機還快且機動性強。Fw 190 型戰鬥機構思於一九三七年，與霍克颱風式（Hawker Typhoon）的開發屬同一時期，它是為取代第一代的單翼攔截機而設計（在德國空軍的例子是取代梅塞希密特 Bf 109）。製造廠商原提出了兩款發動機，即戴姆勒—朋馳 DB 601 型直線形引擎和 BMW 139 型星形引擎，由於

BMW 的引擎據信有較高的推力，所以它被選爲原型機的發動機。首架原型機於一九三九年六月一日試飛。

　　Fw 190 是一款小型、低翼的單翼機，配備可收回式起落架。它看似體積龐大的星形發動機適切地裝置在纖細的機身裡，而且駕駛座艙罩內的視野清晰，讓飛行員能夠極佳地眺望一切。該機以全金屬打造，附有強化的鋁合金外殼，起落架的間距也很寬闊，在地面上的行進比 Bf 109 易於操控。

　　BMW 139 型引擎遭到放棄之後，投入生產的 Fw 190A 型採用了十四汽缸的 BMW 801 星形發動機，配有風扇輔助的冷卻系統。首批前量產型的九架 Fw 190A-0 型的機翼小到只有一百六十一‧四六平方呎（十五平方公尺），但最後形式的機翼則加大到一百九十六‧九九平方呎（十八‧三平方公尺）。

　　該型戰鬥機在一九四〇年於雷希林（Rechlin）繼續進行測試，雖然沒有遇上不適的問題，但飛行員卻建議，它的武裝（四挺 ○‧三一吋 / 七‧九二公釐 MG 17 型機槍）在戰鬥時並不夠用。

　　一九四一年五月底，一百架 Fw 190A-1 於漢堡（Hamburg）與不來梅（Bremen）的生產線上組裝完成，他們配備了一千六百匹馬力（一百一十九萬四千瓦）的 BMW 801C 型引擎，使其速度可以飆到每小時三百八十八哩（六百二十四公里）。在下一個月的作戰中，英國皇家空軍超級馬林噴火 V 型的前幾次戰鬥回報皆指出，德國的戰鬥機明顯占盡上風，儘管它缺少了火力。

加農砲

　　不過，早期的批評導致了 Fw 190A-2 型的誕生，它在機翼上同時固定了兩挺二十公釐 MG FF 型加農砲和兩挺 MG 17 型機槍。時速三百八十二哩（六百一十四公里）的這款改良型機仍凌駕噴火 V 型戰鬥機。

↑ Fw 190 很快即擔任戰鬥轟炸機的角色，最先是在法國，然後是於北非和東線戰場。這群第 1 打擊聯隊第 2 大隊的 Fw 190F 已配備了炸彈掛架。

↑照片中是為了向福克－沃爾夫的設計師庫特‧坦克致敬而命名的Ta 152 型戰鬥機（照片中的是 Ta 152H 型）。它在大戰的尾聲中注定成不了大器。

正當英國皇家空軍不顧一切地力求能夠反制 Fw 190 的武器時，德國戰鬥機的產量也開始攀升。到了一九四二年八月的第厄普（Dieppe）登陸作戰之際，英國皇家空軍已經準備好投入他們的新型噴火 IX 型和颱風式戰鬥機，但德國空軍亦可部署二百架左右的 Fw 190A 與之對抗。

然而，英國皇家空軍卻低估了 Fw 190 的可用數量，英國人還不知道，最高時速可達四百一十六哩（六百七十公里）的新型 Fw 190A-4 已經問世，而且可攜行炸彈的 Fw 190A-3/U1 亦已投入服役。另外，偵察型的 Fw 190A-3 於一九四二年三月首次出現在蘇聯戰線上，Fw 190A-4 熱帶對地攻擊型戰鬥轟炸機也在一九四二年間於北非上空翱翔。在同年年底之前，A-3/U1 與 A-4/U8 型戰鬥轟炸機展開一連串「打帶跑」（tip and run）的日間低空攻擊，他們轟炸英國南部的城市和港埠，迫使戰鬥機指揮部派出不相稱的大量資源來抗衡其威脅。

之後，更多的衍生機型陸續出現，包括配備火箭發射器以對

抗「美國陸軍航空隊」（US Army Air Force, USAAF）愈來愈多的轟炸機群。其他的機型還有武裝改良型、附加油箱型與魚雷轟炸機型等。

接著，德國又推出新的戰鬥機型，即 Fw 190A-6 型，該機的標準形式縮減了機翼結構的寬度；武裝除了機鼻的兩挺 MG 17 型機槍外，機翼內還裝了四挺二十公釐快砲。英國戰鬥機指揮部採用了噴火 IX 型之後，使得 Fw 190A 型的制空能力備受威脅，因而導致 Fw 190B 型與 C 型系列的研發。B 型裝配了 GM-1 後燃發動機的 BMW 801D-2 型引擎和壓力艙；而 Fw 190C 型則配備 DB 603 型引擎，但由於意想不到的障礙使得這兩款機型的發展遭到放棄。

Fw 190D 型在加長的機鼻內配備了一千七百七十匹馬力（一百三十二萬瓦）的容克斯朱姆 213A-1 直線形引擎和環狀散熱器，它於一九四四年五月首度試飛時證明相當的成功。第一批量產型的 Fw 190D-9 型〔德國空軍內部廣泛的稱為「朵拉」（Dora）9 型〕於一九四四年九月加入了第 54 戰鬥聯隊第 3 大隊。在第三帝國（Third Reich）最後的歲月裡，當德國力抗盟軍的壓境之際，朵拉 9 型已配給了大部分的德國空軍戰鬥機單位，來做最後的一搏。

戰鬥轟炸機

德國於一九四四年春採用了 Fw 190F 型〔裝甲閃電（Panzer

Blitz）〕反戰車攻擊機，而 Fw 190G 型戰鬥轟炸機也早在 Fw 190F 之前投入服役。首批 G 型戰機於一九四二年十一月的「火炬」（Torch）登陸行動後被派往北非，儘管他們大多數是在東線作戰。

另外，還值得一提的是 Ta 152 型〔它的命名終於反映庫特·坦克（Kurt Tank）負責設計的全系列 Fw 190 戰機〕。這款長鼻的 Fw 190D 衍生型推出了各種不同的原型機。其中，Ta 152H-1 型配備了一門三十公釐機砲與兩挺二十公釐機槍，它在四萬一千零一十呎（一萬二千五百公尺）的高空最大飛行時速可達四百七十二哩（七百六十公里），是雀屏中選投入作戰的機型，但大戰結束之前只有少數幾架完成組裝而已。

生產超過二萬架

Fw 190 的產量推估，他們在一九三九年至一九四五年之間至少生產了二萬零八十七架（包括八十六架原型機），這是非常令人欽佩的數據。而且，一九四四年初時，日產量的高峰達到平均每天生產二十二架的比率。

德國空軍的許多飛行員皆是操作這款戰鬥機而締造輝煌的功績，其中最引以為傲的是奧圖·吉特爾（Otto Kittel）中尉，他是德國空軍第四強的打擊王牌，在他二百六十七次的空戰勝利中，約有二百二十次是駕駛 Fw 190A-4 型與 Fw 190A-5 型所創下的。

其他駕控 Fw 190 戰鬥機的高分打者還包括沃爾特·諾沃特尼（Walter Nowotny）、漢茲·貝爾（Heinz Bär）、赫曼·葛拉夫（Hermann Graf）與庫特·布里根（Kurt Buhligen），他們都是用這種被適切稱為「伯勞鳥」戰鬥機的機槍，立下了超過一百次勝利的汗馬功勞。

↓ 照片中這架飛機〔現在收入倫敦漢頓（Hendon）「英國皇家空軍博物館」（RAF Museum）之中〕是 Fw 190F-8/U1 雙座教練機，是一小批為訓練目的而改裝的機型之一。

第二十一章
從第厄普到羅米利

在西元一九四一年夏至一九四二年春之間，英國皇家空軍的戰鬥機發動了兩期攻勢，但皆以失敗收場。

↑照片中的戰機是一架第 2（陸軍協同作戰）中隊的野馬式（Mustang）I 型。「陸軍協同作戰指揮部」（Army Co-operation Command）的艾利森引擎（Allison）野馬戰鬥機的低空性能優越，且被用來執行跨海峽的戰術偵察任務。

第二次攻勢損失慘重，主要是由於他們在法國北部遇上可畏的 Fw 190A 型戰鬥機，所以不得不終止行動。因此，對英國皇家空軍戰鬥機指揮部來說，在英國的戰鬥機發展能趕上 Fw 190 之前，他們幾乎是莫可奈何。

早先，當盟軍決定從法國北部而不是從北非攻擊德國國防軍的時候，各方同意派一支大規模的武力登陸第厄普的小型海港以試探德國的防禦力量。該任務的主要目的是推動英國和大英國協的部隊靠岸，同時伴有戰車和接連的空中支援。這次作戰的代號起初是「魯特爾」（Rutter），後來改為「禧年」（Jubilee），於一九四二年八月展開。

到了一九四二年中，盟軍希望能召集六十支戰鬥機與戰鬥轟炸機中隊，加上十支的偵察與輕型轟炸機中隊來抗衡位在法國和低地國家的德國空軍，他們的戰力估計有二百五十架戰鬥機與二百二十架轟炸機。更重要的是，盟軍希望能部署一打新型的颱風式與噴火式中隊好反制 Fw 190A 的威脅。

展開行動

在數次延期之後，盟軍的攻擊行動終於展開，但由於任務的延宕也給了德國人線索，讓他們知道即將遭受攻擊。黎明之前，大批的噴火式 V 型戰鬥機起飛，他們在登陸地區上空執行掩護，並為沙灘上的部隊提供密接支援，而布倫亨式與波士頓式轟炸機則突擊第厄普市內和周遭的目標。

在該處戰場之外，挑戰式搭載了干擾設備好讓德國的雷達失去作用，美軍的 B-17 型空中堡壘式（Flying Fortress）轟炸機也對阿布維爾的德國空軍戰鬥機基地發動突襲。

一開始，德國空軍的反應並不熱絡，但早晨過了一半之後，敵機的活動增加，Do 217 型轟炸機和一些 Fw 190A-4 型戰鬥機也出現，他們設法突破盟軍戰鬥機的掩護，進行低空轟炸攻擊。

在地面上，戰事每況愈下，加拿大與英軍部隊未能攻占可眺望整

個第厄普的關鍵敵軍陣地，而新型邱吉爾式（Churchill）戰車的裝甲也不夠厚重，無法擊破德軍的防禦據點。盟軍通訊聯絡的疏失，代表颶風式戰鬥轟炸機在作戰的關鍵時刻不克前來，所以導致一支加拿大分遣部隊的傷亡相當慘重。

不過，盟軍的掩護戰鬥機在為支援船艦護航的任務上表現亮麗，只有兩艘船遭到敵方炸彈命中。而既然噴火 V 型的飛行員在作戰簡報時依指示不得飛離第厄普上空太久，所以噴火 IX 型與颶風式戰鬥機可隨心所欲地進行戰鬥。然而，由於颶風式的初期問題，在攻擊行動展開之際僅有一支颶風戰鬥機大隊可用，即便如此，他們的行動也限制在一支支的飛行小隊裡。事實上，颶風式被目擊到真正參與的戰鬥，是當他們意外遭受加拿大飛行員所操縱的噴火 IX 型誤擊的時候。

下午快結束時，突擊的軍艦越過海峽撤退，船艦仍有噴火 V 型的支援。英國皇家空軍起先參閱了飛行員的戰況回報之後，還以為他們接近成功。初期的評估指出，多達一百架的德國戰機被摧毀，而英國皇家空軍則在空戰中損失了一百零六架飛機。然而，德國的紀錄在日後揭露，德國空軍只有四十八架遭到擊落。

記取教訓

盟軍在第厄普作戰中學得了嚴峻的戰術教訓：戰鬥機和輕型轟炸機並不足以支援地面部隊，而且地

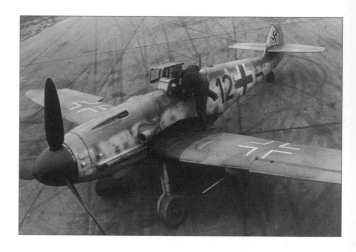

面和空中單位的聯繫也不怎麼有效率；支援各機的戰鬥機比例過高，英國皇家空軍戰機被高估的優越性亦被證實毫無根據；由雷達基地來主導戰鬥機作戰也距離實際戰鬥地點太遠而不切實際。事實證明，盟軍部隊想要在一九四二年反攻歐洲大陸，無論其裝備、戰術和訓練都遠不及作戰所需的標準。

第 8 航空隊的進駐

一九四一年十二月，邱吉爾和羅斯福（Roosevelt）於阿卡地亞（Arcadia）會晤，並決定調派美軍第 8 航空隊（8th Air Force）進駐英國。然而，由於太平洋和遠東的問題急迫，使得第一批 B-17 型轟炸機的抵達受到耽擱，他們是直至一九四二年七月「波列羅集結行動」（Operation Bolero Round-up）的一環。

盟軍計畫在英國設立一支三千五百架轟炸機與戰鬥機的武力，其目的是於一九四三年時支援反攻歐洲的作戰行動，但這項計畫從未

↑ 照片中的這架 Bf 109G-6/R6 型服役於第 26 戰鬥聯隊第 2 大隊，該大隊是頂尖的戰鬥機單位，他們於 1943 年夏季期間駐守在法國。

↑ Fw 190 戰鬥機於
1941 年中期首次出現
在法國北部上空，立刻
贏得了盟軍飛行員的敬
重。它幾乎在各方面都
比 Bf 109 戰鬥機優越，
並在第厄普之役中對盟
軍造成莫大的衝擊。

實行。經過許久的延誤與爭論之後，英國人說服了美國人派兵進攻法屬北非〔即火炬行動（Operation Torch）〕。原先於英國設立第 8 航空隊的計畫全都因此變更。

飛往英國的空軍單位最後在一九四二年八月陸續抵達目的地，這些單位包括 B-17E 型、P-39D 型空中眼鏡蛇式（Airacobra）、P-38F 型和噴火 VB 型。然而，大多數的戰鬥機很快就調到了地中海。「美軍第 8 轟炸機指揮部」（US VIII Bomber Command）開始執行轟炸任務，儘管他們的日間轟炸計畫嚇壞了英國皇家空軍，認為如此戰術等同於自殺。不過，英國皇家空軍也沒有領教過全能的 B-17 型轟炸機，或甚至是改良的 B-24D 型轟炸機的實力。

對德國的戰鬥機駕手（Jagdflieger）和英國皇家空軍戰鬥機指揮部的飛行員來說，第厄普之役宣示了海峽作戰時期的結束。兩年以來，德國空軍受制於西歐，但此時形勢有了轉變，因為他們配備更新的 Bf 109G-1 型和 Fw 190A-4 型戰鬥機，飛行員的訓練也更紮實

且更具有經驗，再加上更有效的雷達偵測系統。至於英國皇家空軍方面，武裝不足的波士頓式轟炸機構成不了多大的威脅，而新型噴火的航程也相對有限。

美國第 8 轟炸機指揮部的首次任務，是在一九四二年八月十七日於盧騰─索特維爾（Routen-Sotteville）進行，由於他們派出了配備「心軸」（Mandrel）雷達干擾裝置的波頓·保羅挑戰式機群，所以作戰行動相對成功。接下來的任務和猛烈的戰鬥繼續越過法國上空執行，九月六日的時候第一次有 B-17 折翼。但一般來說，重武裝且高空飛行的空中堡壘是德國空軍可畏的對手。

此刻，進攻北非的準備已經完成，第 8 轟炸機指揮部的戰機也被賦予了轟炸布勒斯特、羅隆（Lorient）、聖納澤爾（St Nazaire）、拉·帕利斯（La Pallice）與波爾多（Bordeaux）等地 U 艇基地之任務。然而，那裡的基地固若金湯：U 艇船塢的屋頂有四·五公尺（十四呎）厚，就算投下了五百磅（二百二十七公斤）或一千磅（四百五十四公斤）的炸彈都對它莫可奈何。除此之外，基地被嚴密的防衛著，而且處於英國皇家空軍噴火式戰鬥機的航程以外，這代表轟炸機得獨自執行任務。盟軍對 U 艇的作戰從一九四二年十月二十一日一直持續到一九四三年七月，並普遍的被認為是在浪費人力與物力，何況「英國海軍部」還提出了不少謬誤的需求。

　　火炬行動的準備在北非如火如荼的進行，代表著許多德國空軍的戰鬥機大隊得從法國北部推向南方，以反制任何對馬賽（Marseilles）的攻擊。這雖讓德國的北部兵力吃緊，但盟軍也面臨了同樣的問題。

　　一九四二年十一月二十三日，在對聖納澤爾的突擊期間，美軍轟炸機遭遇了四十多架 Fw 190 的正面來襲。這顯然是德國空軍針對美國轟炸機的新戰術，因為他們的前方裝甲相對的薄弱，而且二十公釐加農砲子彈射入駕駛艙通常即表示 B-17 或 B-24 的壽終正寢。這項戰術雖然需要相當大的膽量，但非常的成功，當天美軍就損失了四架 B-17。

　　盟軍的日間戰鬥機中隊繼續盡其所能的遠距飛行好為轟炸機護航。他們投入作戰的機種包括噴火 VB 型、VC 型、IX 型與 VI 型，颶風 IB 型及旋風 IB 型。

　　特別值得一提的是，盟軍曾派遣第 2（轟炸機）聯隊對飛利浦（Phillips）的水閘和位於恩和芬（Eindhoven）的無線電發報站進行低空攻擊，由波士頓

式、凡圖拉式（Ventura）與蚊式（Mosquito）B.Mk IV 來執行任務〔牡蠣行動（Operation Oyster）〕，而噴火式則發動牽制性的伴攻。不過，敵方的防空砲火和 Fw 190 摧毀了十四架轟炸機，並重創另外二十架飛機。

　　十二月突襲的高潮發生在二十日的時候，當時八十架 B-17 與二十一架 B-24 轟炸了位在巴黎東方塞納河畔的羅米利（Romilly-sur-Seine）的小型機場。這次突擊的戰況異常激烈，「西部高級戰鬥機指揮部」（Höhrer Jafü West）的武力傾巢而出（約一百七十架的 Fw 190 戰鬥機），有些飛行員甚至飛了兩趟任務。護航的噴火幾乎全都離開了戰場，六架 B-17 遭到擊落，但他們的機槍手聲稱摧毀六架 Fw 190，另有十架負傷。德國空軍也逐漸被推向東方。

↑第 107 中隊在 1942 年 1 月至 1943 年 1 月之間操作波士頓 III 型與 IIIA 型輕型轟炸機。他們參與了第厄普戰役，企圖支援部隊登岸，但沒有成功。當時，波士頓轟炸機的任務是摧毀海岸砲台，在作戰過程中有九架遭受重創。

↓照片中是第 263（戰鬥機）中隊的一架威斯特蘭旋風式戰鬥機，它的機翼下尚未裝置炸彈掛架。這架第 263 中隊的旋風從多塞特郡（Dorset）的沃姆維爾（Warmwell）起飛作戰，並參與在法國上空的掃蕩行動。

第二十二章
進攻挑戰

兩年以來，英國皇家空軍戰鬥機指揮部和第 2（轟炸機）聯隊的攻勢作戰並未成功，主要是因為德國戰鬥機具有技術優勢而噴火式戰鬥機航程不足。

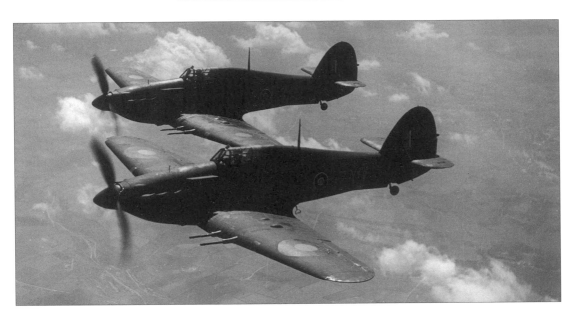

↑即使到了一九四三年年底，颶風式戰鬥機仍在歐洲上空勇敢地執行夜間入侵任務。戰鬥機指揮部的夜間防禦戰鬥機僅有少數裝備了雷達。照片中這批颶風 IIC 型塗上了全黑的偽裝迷彩。

西元一九四二年八月，美國第 8 航空隊的到來讓戰鬥機指揮部有了新的開始，儘管在感受第 8 航空隊的威力之前，還有一段時間得撐下去。

空軍中將特拉福德・李—馬洛里在一九四二年十一月二十八日從蕭爾托・道格拉斯手中接管了英國皇家空軍戰鬥機指揮部。就是他堅持對德國空軍採取攻勢策略，並透過各種不同的任務，尤其是「通條」、「馬戲團」、「拋錨處」與「大黃根」行動對位在法國北部和比利時的德軍基地發動攻擊。

這樣的策略，如同一九四二年三月所制訂的初期指令，有賴於對敵人施予傷亡的滿意損益比，但戰事的發展並不如預期。盟軍在一九四二年春、夏所展開的攻勢作戰極缺乏想像力，而這個元素正是此時英國皇家空軍的戰鬥機，尤其是超級馬林噴火式迫切需要的。一九四二年六月的時候，上級下令縮減行動，但隨即又在八月發動備受爭議的第厄普之役。不過，波音（Boeing）B-17F 型轟炸機隨著美國第 8 航空隊的到來給了戰鬥機指揮部一些新的動力。

一九四三年一月間，盟軍領袖在卡薩布蘭加（Casablanca）依各戰線戰局有所改善的前提來商討日後的作戰對策。按照會中的決議，他們在一九四三年一月二十一日時發布了一道新的轟炸指令。美軍轟炸機奉命將對下列的選定目標優先展開攻擊：U 艇造船廠與船塢；德國的飛機工業；交通運輸網絡；煉油廠；及第三帝國內的其他軍事工業目標。英國皇家空軍轟炸機指揮部能夠自由的採取進攻策略，而美國第 8 航空隊則以該指令為其指導原則。

德國空軍為了因應盟軍日益增加的攻擊，他們在比利時與法國的戰鬥機部隊交由駐守在利耶─維特里（Lille-Vitry）防區的第 26 戰鬥聯隊本部、第 2 大隊與第 3 大隊和第 54 戰鬥聯隊第 3 大隊的 Bf 109G-4 型擔當。以法國和比利時為基地的德國中隊在一九四三春之際或許達到了他們的戰力巔峰，而且 Fw 190A-5 型戰鬥機也很明顯地能夠持續其可怕優勢。這點事實不言可喻，在一九四三年二月三日，便有八架噴火式於第 258 號「馬戲團行動」中遭到擊落。其他的戰鬥機行動也是如此，經常都是盟軍飛行員遇上實戰經驗豐富的德國空戰王牌而成為旗下亡魂。

打帶跑的突襲

接下來的歲月裡，戰鬥機指揮部遭受了極大的壓力，他們經常在一整天之內僅剩少數幾支中隊還能保持警戒。不過，德國戰鬥轟炸機

單位的損失也逐漸攀升，主要是因為飛行速度快的颶風式 IB 型與噴火式 XI 型於一九四三年四月投入服役；儘管他們一開始的數量有限。這批改良的英國戰鬥機伴隨著美國提供的飛機作戰，他們包括北美野馬式（North American Mustang）IA 型和寇蒂斯戰斧式（Tomahawk）戰鬥機。

↑ 在低空中，配備單行程、低氣爆隼式 45 型、46 型或 50 型發動機的噴火式 VB 型的作戰表現，與噴火 IX 型一樣優越。照片中這架 VB 型展現了它突出的 20 公釐加農砲。

↑ 儘管繭式（Cocoon）噴霧燃料裝置的技術還在初期研發階段，但數千架越過大西洋（如果他們沒有隨船沉沒的話）抵達英國的美軍戰鬥機，都能夠立即投入戰場。照片中這架在機翼掛架下安裝了新型可拋棄式副油箱的 P-38F 型戰鬥機，於 1943 年 1 月 9 日抵達了利物浦的皇后碼頭（Queen's Dock）。

↑到了 1943 年末期，蚊式的戰鬥機型讓皇家空軍有了長程空中格鬥的能力。這群第 605 中隊的 NF.Mk II（特殊作戰機型）蚊式戰鬥機並沒有裝備雷達，而且塗上的是日間偽裝迷彩，作為入侵攻擊機之用。其後，第 605 中隊配備了用途更廣的 FB.Mk IV 縱橫整個歐洲。（譯者註：NF 代表夜間戰鬥型；FB 則為戰鬥轟炸型）

五月的磨難

↓照片中這架編號 R6923/QJ-S 的噴火式戰鬥機是首批 VB 型機之一，它由一架 IB 型改裝而成，並在 1941 年初配發給第 92 中隊。第 92 中隊在整個攻勢作戰期間十分活躍。

一九四三年五月間的戰況由於天候開始好轉，加上美國第 8 轟炸機指揮部的增援到來而日益激烈。到了該月底，第 8 轟炸機指揮部的戰力由四支飛行大隊擴充至十支大隊，包括解放者式（Liberator）轟炸機中隊。另外，美軍的戰鬥機大隊現在也配備了 P-47 型雷霆式（Thunderbolt），儘管因缺乏足夠的可拋棄式副油箱使得戰鬥機的作戰範圍有限。

五月四日，B-17 的轟炸任務首次有戰鬥機的護航，七十九架轟炸機在噴火與雷霆的層層護衛之下作戰。儘管遭到第 26 戰鬥聯隊七十多架的戰機攔截，但他們善加運用戰術和防禦火力，所以沒有損失任何一架轟炸機。

春季的戰役

對德國空軍來說，盟軍不斷增加的行動開始造成影響。一段晴朗的天候讓盟軍能夠發動旨在引出德國戰機的小規模戰役。一九四三年五月十三日，另一起馬戲團行動啟動，當時 B-17 對位於艾伯特—梅烏爾特（Albert-Meaulte）的「法國國營北部航空器公司」（SNCA du Nord）進行轟炸。英國皇家空軍和美國的戰鬥機這時由一套新的雷達系統（16 型 Mk III）來管制

作戰，它所監控的區域幾乎遠至巴黎。次日，即有十架德國戰鬥機遭雷霆與噴火擊落。

儘管取得了這些勝利，盟軍仍然遭受慘重損失。其中最慘烈的事件之一發生在一九四三年五月十七日的美國陸軍航空隊身上。當時羅伯特‧史提爾曼（Robert M. Stillman）中校率領第 322 大隊的馬丁（Martin）B-26 型掠奪者式（Marauder）轟炸機前往哈勒姆（Haarlem）與艾默伊登（Ijmuiden）執行任務，但這次的低空攻擊最後以悲劇收場。輕型防空砲火和梅塞希密特 Bf 109G 型共擊落了十一架 B-26 型轟炸機之中的十架（其中一架是由於機械的問題而返回基地）。

一九四三年五月盟軍在西歐上空對德國空軍的優勢提出嚴峻的挑戰，轟炸機與戰鬥機皆對第三帝國和法國的目標展開攻擊。德國空軍自一九四〇年不列顛之役以來蒙受了最大比率的損失，並失去許多空戰王牌，而這樣的局勢將在未來持續下去。

致命的敵手

大戰初期，英國皇家空軍在空戰中首當其衝，美國陸軍航空隊的到來又使得戰況更加猛烈。第 8 轟炸機指揮部的 B-17 型轟炸機於白晝的轟炸突襲，最能代表這個時期的作戰處境。接近目標的時候，B-17 總是得不到戰鬥機的護航，很容易成為德國空軍的獵物。不過，隨著攻勢作戰持續下去，德國空軍終究無法承受其飛行員和戰機的損失。

↑ B-17 型空中堡壘
這架編號 42-5177 號的波音 B-17F-40-BO 型轟炸機隸屬於第 359 轟炸中隊。1943 年夏季時，第 303 轟炸大隊至少派了三百架次的這款轟炸機出擊。該機的識別徽章使用於 1942 年 7 月至 1943 年 7 月之間，後來加上了紅色的長方形邊飾。

↑ 福克—沃爾夫 Fw 190A-4
雖然武裝遠不及梅塞希密特 Bf 109F 型與先前的 Bf 109G 型，但福克—沃爾夫 Fw 190A-4 型與其他的近期衍生型機在 1942 年裡投入了大批的數量作戰，並由第 2 與第 26 戰鬥聯隊中技術高超和實戰經驗豐富的飛行員操縱。他們在對付英國皇家空軍時的擊殺率平均維持在一比五。這架 Fw 190A-4 型在 1943 年 5 月服役於阿布維爾的第 2 戰鬥聯隊第 2 大隊。

第二十三章
法國上空的勝利

西元一九四二年，德國國防軍於艾拉敏挫敗，接著史達林格勒與突尼西亞，還有一九四三年夏庫斯克和入侵西西里的戰事也接連失利。

↑照片中這架 P-47D-11 型服役於第 9 航空隊第 362 戰鬥機大隊第 379 戰鬥機中隊，它掛載了一對 150 美加侖（568 公升）的可拋棄式副油箱以增加其航程。

到了一九四三年八月，德國空軍的首要任務變成捍衛帝國對抗英國皇家空軍的夜間攻擊和第 8 航空隊的白晝轟炸。

直到一九四三年四月，以法國北部、比利時、德國與荷蘭為基地的德軍戰鬥機奉命捍衛領空，但自一九四三年一月以來，威廉港（Wilhelmshaven）仍不斷遭受美國第 8 航空隊 B-17 型空中堡壘式與 B-24 型解放者式轟炸機的突襲。儘管這群轟炸機的編隊很少超過六十至七十架，又缺乏戰鬥機的護航，但他們的防禦火力強大且堅固，因此很難被擊落。

起初，德國的問題是兵力吃緊，他們僅有一支聯隊（下轄四支大隊的第 1 戰鬥聯隊）散佈於西北歐的各個基地上。一九四三年四月，這支聯隊有了增援，他們匯集一批具有作戰經驗的戰鬥機領隊，並拆分為第 1 與第 11 戰鬥聯隊，各有四支大隊。然而，很快的，防衛帝國領空開始成為當務之急，德國空軍的飛行員從法國單位撤回德國，這讓尚留在法國與比利時的戰鬥機大隊在面臨不斷增加的盟軍進攻行動時更加脆弱。

德國第 3 航空軍團所蒙受的戰鬥機損失從四月的二十七架攀升到下一個月的六十一架；對英國皇家空軍戰鬥機指揮部來說，這是自一九四〇年起的跨海峽作戰中首次當月的傷亡數少過它的敵手。不過，德國空軍的配備仍具有技術上的優勢，如 Fw 190A-5 與 A-6 的機動性高、戰力強大，作戰紀錄無瑕的 Bf 109G-6 亦令人畏懼，而盟軍的戰機由於加裝額外的武裝和可拋棄式副油箱使得他們的速度減緩，而無法發揮實力。

但到了一九四三年六月，由於德國空軍的戰機與飛行員不斷撤回德國對抗美軍第 8 轟炸機指揮部的威脅，位於法國北部的單位只剩下二百五十架左右的單引擎戰鬥機可用。

「單刀直入」指令

一九四三年四月，盟軍開始關心他們在德國領空所遭遇的敵方戰鬥機數量。所以，在「單刀直入行動」（Operation Pointblank）的支持下，他們計畫讓英軍和美軍的轟炸機指揮官打擊德國的日、夜間戰鬥機部隊，還有其賴以為生的工廠。

除此之外，B-17 型與 B-24 型轟炸機尚有其他的任務，尤其是轟炸位在比斯開灣（Bay of Biscay）的 U 艇基地、石油目標、滾珠軸承工廠和飛機零件工廠。不過，盟軍的首要任務還是擊敗第三帝國領空和鄰近空域的德國戰鬥機武力，他們的最後目標是確保西部戰線上的制空權，以作為進攻法國的前提，也就是為「大君主行動」（Operation Overlord）鋪路。

一九四三年六月間，英國皇家空軍戰鬥機指揮部開始為大君主行動進行重組。六月一日，第 2 聯隊的作戰行動與管理交由戰鬥機指揮部掌控，「陸軍協同作戰指揮部」（Army Co-operation Command）也遭到裁撤。六月十四日，英國皇家空軍「第 2 戰術航空隊」（2nd Tactical Air Force, TAF）成軍，他們嚴加訓練好在大君主行動中為飛行中隊進行戰術性的密接支援。

霍克颶風式 IB 型裝配了炸彈與火箭，漸漸取代颶風 IV 型密接支援機；而第 2 戰術航空隊的其他武力還包括噴火 LF.Mk VB（譯者註：LF 代表低空戰鬥型）、VC 型、IXB 型，以及數量愈來愈多的 LF.Mk IX，它裝置了更有效率的隼式 66 型引擎。然而，飛行航程仍是揮之不去的陰影，唯一的解決之道僅有在機翼下加裝一系列的副油箱，但通常不怎麼有效。

一九四三年六月，是美國第 8 航空隊聽命於英國皇家空軍戰鬥機指揮部的最後一個月。此時，美國人最迫切的需求是為 P-47 戰鬥機單位開發可拋棄式的副油箱。從戰術上來說，P-47D 型可與德國空軍的 Bf 109G-6 型和 Fw 190A-5 型戰鬥機匹敵，但德國人在作戰經驗方面略勝一籌。雖然一九四三年六月十二日時第 56 大隊宣稱他們旗開得勝，但在六月與七月間，P-47 仍被像是阿道夫·賈蘭德這樣的空

↓颶風式 IB 型戰鬥機被證明在低空的戰鬥與攻擊角色中極具價值性，但由於該機水平尾翼／升降舵航空動力學上的瑕疵導致機身劇烈震動，這個結構性的缺陷有損它的聲譽。照片中的颶風式戰鬥機是早期裝置著車式艙門的 IB 型，它隸屬於第 56 中隊。

↑在二次大戰的早期階段，阿拉度（Arado）Ar 196A-3 型在一些前線戰區裡的服役表現優異。然而，自 1943 年以來，他們在執行海峽作戰任務時，發現那裡的空域愈來愈危險。

戰王牌玩弄於指掌之間。

然而，到了八月，美國的戰鬥機飛行員已能漸漸掌握德國戰機駕手的技巧，並獲得了無價的寶貴經驗。八月十六日，在對勒·布爾蓋（Le Bourget）進行的第 203 號「通條行動」中，第 4、第 78 與第 56 大隊，在第 353 戰鬥機大隊的首次協助之下，聲稱他們以一比十七，「小勝」德國空軍。

V 型武器

有鑒於大批的盟軍戰鬥機此刻在法國北部和比利時上空遊蕩（roaming），所以盟軍預期剩下來的德國空軍戰鬥機單位都會撤回德國。然而，德國的戰機仍留在那裡防衛著新武器 V 型飛彈〔V 是德文復仇（Verweltung）的縮寫〕的建造場。V-1 與 V-2 的發展尚在祕密進行，但早在一九四三年八月的時候，英國皇家空軍的蘭開斯特就猛烈轟炸過他們位於波羅的海海岸潘納河口（Peenemünde）的主要測試場。

當德國人繼續跨過法國建造發射場時，引起了盟軍更多的注意，他們首次在「星鑰行動」（Operation Starkey）下，派遣一部分戰機攻擊了瓦騰（Watten）的發射場。八月二十五日至九月九日間，英國皇家空軍戰鬥機指揮部全軍和轟炸機指揮部與美國第 8 航空隊的部分單位再次轟炸了發射場，並企圖戰勝德國空軍取得制空權。然而，盟軍的損失高昂，作戰行動相對失敗。德國空軍沒有任何一個單位撤回德國或從前線後撤，因此，任務的終止對盟軍的空軍指揮官來說反倒是個解脫。

一九四三年十月，美國第 9 航空隊（9th Air Force）於英國重新設立，而且美軍第 9 轟炸機指揮部（IX Bomber Command）接管了配備 B-26 型轟炸機的第 322、第 323、第 386 與第 387 大隊。另外，第 9 戰鬥機指揮部（IX Fighter Command）也合併了第 354 戰鬥機大隊，這支大隊是第一個配備 P-51B-1-NA 型野馬式（Mustang）戰鬥機的單位。

德國空軍的戰鬥機部隊也經過改組，一支新的第 1 戰鬥航空軍（I Jagdkorps）〔下轄第 1、第 2、第 3 與第 7 戰鬥航空師（Jagdivision）〕成立，由約瑟夫·史密德（Josef Schmid）少將領軍。在法國北部，不列塔尼高級戰鬥機指揮部的本部（Stab/Höhrer Jafü Brittany）也組成了第 2 戰鬥航空軍，而且第 2 與第 26 戰鬥聯隊的戰力亦予以提升，每支大隊都

補足了四支中隊。

空戰持續下去，小規模戰鬥在天候允許的時候不斷進行。敏捷的噴火 XII 型從唐格梅爾起飛作戰，是最成功的打擊者之一，他們宣稱於十月二十日摧毀第 2 戰鬥聯隊第 1 與第 2 大隊的九架 Bf 109G。當天的另一處，德國戰鬥機遭受 P-47 型與 P-38H 型閃電式（Lightning）的攻擊，而且他們也感受到實戰經驗富豐的飛行員正迅速流失。

法國北部神祕的「滑雪板場」亦持續的在建造當中。十月二十八日盟軍的空拍偵察揭露了位於卡瑞森林（Bois Carré）內的滑坡軌道軸正對準倫敦，所以他們勢必得採取行動。作為「石弓行動」（Operation Crossbow）的一部分，美國第 9 轟炸機指揮部開始對位在科騰丁半島（Cotentin Peninsular）索特瓦斯（Sottevast）與馬丁瓦斯（Martinvaast），這些綽號為「犯規球」（Noball）的發射場進行攻擊。

與此同時，「英國皇家空軍戰鬥機指揮部」解散，它的兵力則分給「英國防空軍」（Air Defence of Great Britain, ADGB）和「盟軍遠征軍空軍」（Allied Expeditionary Air Force, AEAF），後者還掌控英國皇家空軍第 2 戰術航空隊和美國第 9 陸軍航空隊。盟軍的武力不斷集結，德國也一直遭受英國皇家空軍轟炸機指揮部的夜間突襲，儘管十月時德國空軍的戰鬥機大隊於施韋因福特（Schweinfurt）暫時挫

敗了美國第 8 轟炸機指揮部的日間轟炸而得以喘一口氣。不過，新的威脅接踵而至，美國第 15 航空隊已壓迫到巴爾幹與普洛什提（Ploesti）的油田，還有位於義大利福吉亞（Foggia）附近基地的戰機也步步向帝國南部逼近。

在法國北部和比利時的天空，兵力不足的德國空軍戰鬥機大隊此刻承受愈來愈重的壓力。一九四三年十二月時，第 2 與第 26 戰鬥聯隊競相阻撓盟軍對 V-1 發射場的轟炸，卻都遭受慘重的損失。他們接獲的增援不多，而且為了保衛帝國領空，其最頂尖的中隊都被召回。第 2 與第 26 戰鬥聯隊在英國皇家空軍的進攻下首當其衝，先是在一九四一年，然後是在一九四二年。

同年，他們開發出對抗第 8 航空隊 B-17 型與 B-24 型轟炸機的戰技，並守住防線至一九四三年七月，直到力有未殆為止。到了一九四三年十二月，第 2 與第 26 戰鬥聯隊不得不保留戰力專抵擋第 8 航空隊的威脅。現在，自一九四〇年以來，盟軍首度在法國北部的天空面對德國的戰鬥機時能相對感到安全。

↑ 都尼爾 Do 217 型始終不是成功的夜間戰鬥機，為此任務而生產的數量也只有三百六十四架而已。該機在 1943 年的產量正好超過了二百架，幾乎包括所有配備液冷式 DB 603A 引擎的 Do 217N-2 型夜間戰鬥機。

第二十四章
為大君主鋪路

西元一九四三年底，盟軍開始準備在一九四四年夏初大規模進攻法國。「大君主行動」的組織策畫勢在必行。

↑美國陸軍航空隊的第 9 航空隊規模與第 8 航空隊相當，他們為 D 日作戰鋪路而執行了一萬次以上的戰鬥任務。這群第 416 轟炸大隊第 671 轟炸中隊的 A-20G 型破壞式攻擊轟炸機在 1944 年春越過了英吉利海峽準備發動突擊。

↓英國皇家空軍的蚊式 FB.Mk VI 與颱風式戰機的飛行員辨認出他們的目標，他們擊出了一陣加農砲彈，然後發射火箭。照片中，颱風式左翼火箭的投射跟隨在 20 公釐機槍彈之後，射向西須耳德河（Wester Schelde）上的一艘大型平底船。

於此同時，英國皇家空軍轟炸機指揮部和美國第 8 陸軍航空隊也展開對第三帝國的轟炸行動。李－馬洛里中將自一九四三年十一月起指揮「盟軍遠征軍空軍」，並掌控一九四四年六月盟軍突襲諾曼第（Normandy）空中支援武力的分派。

盟軍遠征軍空軍的武力包括噴火式、野馬式空拍偵察機和第 2 戰術航空隊的颱風式戰鬥機；配備米契爾式（Mitchell）、蚊式與波士頓式轟炸機的第 2（輕型轟炸機）聯隊，他們同型戰機的數量與日俱增，還有米契爾式 II 型；美國第 9 航空隊的 B-26 型轟炸機，以及新配給的 P-51B 型戰鬥機，他們將為美國第 8 航空隊護航。

經過了下一個月之後，第 9 航空隊的戰力提升，增派的 B-26 型與 A-20 型聯合了 P-47D 型一同作戰。其他的單位還包括英國皇家空軍的第 38 聯隊，它奉命為進攻部隊擔任運輸的角色；以及配備噴火與野馬的第 34（偵察）大隊。另外，仍肩負英國空防任務的戰鬥機指揮部也重新分派給「英國防空軍」指揮。

一九四四年一月的第一個星期，英國防空軍的武力湊出到九支

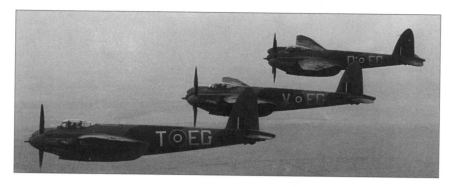

←蚊式 FB.Mk VI 與 NF.Mk II 是產量最多的衍生機型，NF.Mk II 還在機鼻架設了火砲，而且機身內部與機翼下皆可掛載武器。照片中的這群蚊式隸屬於「紐西蘭皇家空軍」（RNZAF）第 487 中隊，以格拉夫森德（Gravesend）為基地。

噴火 VB 型中隊、兩支噴火 VII 型中隊、十支 LF.Mk V 中隊、兩支 XII 型中隊；十支颱風 IB 型；及三支配備偵察野馬 I 型的中隊。

德國空軍在哪裡？

第 2（輕型轟炸機）聯隊忙著在中間空層對「石弓行動」的目標（鐵道調車場和機場）展開轟炸攻擊，蚊式戰機也專注於超低空的作戰行動上。同時，德國空軍正忙於和美國「第 8 轟炸機指揮部」的 B-17 型與 B-24 型轟炸機對戰，西部的單位，即第 2 與第 26 戰鬥聯隊組成了反制轟炸機突襲的先鋒，他們也有配備可拋棄式副油箱的戰鬥機從南方基地起飛支援。

德國第 3 航空軍團的戰鬥機部隊可能擁有二百五十架飛機，包括一百九十架的 Bf 109G 型與 Fw 190 型，但他們對縱橫在法國和比利時上空尋機獵殺的盟軍戰機構成不了威脅。第 2 戰鬥航空軍對海峽戰線上的爭鬥毫無興趣，而只攻擊盟軍的重型轟炸機。

冬季戰鬥

盟軍在一九四四年初期的典型機動作戰包括美國第 8 轟炸機指揮部的戰機在 P-47 型、P-51 型與 P-38 型護航機的掩護下對德國工業中心與城市進行突襲。同時，第 1 戰鬥機掃蕩中隊（1st Fighter Sweep）的颱風式亦於低地國家巡

↓令人印象深刻的亨克爾 He 177 型駕面獅式轟炸機，雖在服役期間不斷遭遇問題，但仍是德國空軍重型轟炸機部隊的主要支柱。1941 年初，第 40 轟炸聯隊即決定採用 He 177，但直到 1943 年 11 月第 40 轟炸聯隊第 2 大隊裡的該型機才能夠上場作戰。照片中這群飛機是 1944 年於波爾多—馬里南（Bordeaux-Merignac）的 He 177A-5/R-6 型。

邏，而執行「通條行動」的 B-26
則伴隨噴火式的護航，轟炸德國的
軍事設施，包括位在法國北部的
V-1 型飛彈發射地。

一九四四年一月，「通條行
動」是由美國第 9 航空隊的 B-26
型轟炸機執行，還有颱風式俯衝轟
炸機和配備火箭的颶風 IV 型，他
們都得面對二十公釐和三十七公釐
防空機砲的反擊。另外，「犯規
球」的位置也遭受颱風式、米契爾
式、波士頓式和蚊式 FB.Mk VI 的
精確轟炸。

傑利科行動

一九四四年二月十八日，
在一場代號為「傑利科行動」
（Operation Jericho）的低空精確
轟炸中，第 2 聯隊的蚊式 FB.Mk
VI 對位在亞眠的平民監獄進行攻
擊。他們炸穿了監獄的護牆好讓關
在裡面的法國反抗份子得以逃脫。
儘管能見度不佳，第 487 與第 464
中隊的戰機還是找到了他們的目
標，而颱風式則和 Fw 190 於亞眠
附近的空域交戰以提供掩護。在這
場行動中總共有二百五十八名人犯

脫逃，驗證了第 2 聯隊蚊式戰機的
轟炸準確性。

一九四四年二月

二月之際，「盟軍遠征軍空
軍」和「英國防空軍」完成了九
十二次的戰鬥機護衛任務，主
要是在「爭論行動」（Operation
Argument）下支援攻擊德國的工
廠。在一九四四年二月二十日至二
十五日的戰鬥期間，德國航空軍團
的單位平均每日折損了三十二架左
右的 Fw 190、Bf 109G 與 Bf 110G
戰鬥機。隨著盟軍掌握了制空權，
大君主行動的前置作業也開始進
行。在行動展開之前，他們轉移了
注意力的作戰還包括美國第 9 航空
隊向「犯規球」V-1 飛彈發射場和
對鐵道軍需站、交會點與調車場的
攻擊。

大君主行動的倒數

二月間，美軍第 9 戰鬥機指揮
部接收了另幾批的 P-47D 型飛行
大隊，而第 8 戰鬥機指揮部也有了
另一支 P-51B 型大隊的增援。第
11 轟炸機指揮部的戰力隨著 B-26
與 A-20 的到來而提升，並且因為
配備特殊 A-20 型戰機的第 1 導航
中隊（暫時性）之成軍而得到全天
候的作戰能力。一九四四年二月
時，第 11 轟炸機指揮部就執行了
二千一百八十七架次的出擊。

一九四四年三月間，第 8 航空
隊在帝國上空與德國戰鬥機部隊
（Jagdwaffe）打了一場延長賽，
而第 9 航空隊則趁機突擊鐵道目標

↓第 91 轟炸機大隊的
B-17 型空中堡壘式轟炸
機，正返回位在巴辛伯
恩（Bassingbourn）的
基地。照片裡有一架停
在杜克斯福德基地內的
P-47 型雷霆式戰鬥機，
它隸屬於第 78 戰鬥機
大隊。在任務結束之
後，這架雷霆機的引擎
逐漸冷卻，不過它的彈
藥已重新裝填，可拋棄
式副油箱也裝了上去。

與機場。另外，英國皇家空軍也展開戰鬥機支援和「牛仔競技」（Rodeo）的任務。大部分的擊殺功績皆是由美國第 8 航空隊的護航戰鬥機所為。

像是三月十五日在康布萊（Cambrai）附近爆發的空中纏鬥戰愈來愈少見，德軍大多數的抵抗皆來自防空砲的反擊。第 2 戰鬥航空軍的戰鬥機不斷遭受英國皇家空軍的威脅，當然還有第 8 戰鬥機指揮部的 P-47。四月期間，第 2 與第 26 戰鬥聯隊就損失了六十二架

的戰機，而第 3 航空軍團也有一百一十四架飛機在法國和比利時的機場遭到摧毀。

這時，德國空軍與它的敵手相比可算是一支小型的部隊，並被迫在戰況有利的條件下出擊對抗日間的轟炸機群。由於在西部少了德國戰鬥機的干擾，盟軍遠征軍空軍便可自由地為大君主行動做準備，並攻擊海岸的砲台、雷達設施與機場。到六月時，德國空軍的一百七十三架戰鬥機將得面對一支超過一萬架戰機的聯合武力。

帝國領空的敵手

↓ Fw 190A-3 型

這架是約瑟夫・普里勒（Josef Priller）上尉的「雙黑山形」（Black Double Chevron）座機。綽號「皮普斯」（Pips）的普里勒是第 26 戰鬥聯隊第 3 大隊的隊長，1942 年以威弗廉（Wevelghem）為基地，後來又移防至利耶（Lille），他在那裡駕駛 Fw 190A-8 型。1944 年 6 月的大君主行動中，普里勒率領戰力不足的第 26 戰鬥聯隊作戰，但他只剩下第 1 大隊可供差遣，而且各小單位散佈於法國四處。他們以理姆斯（Reims）附近為主要基地。

↓ P-51B-5NA 野馬

這架「邪風號」（Ill Wind）P-51B-5NA 型野馬式戰鬥機是綽號為牛仔的尼可拉斯・梅古拉（Nicholas "Cowboy" Megura）中尉的座機，在 1944 年 4 月時隸屬於第 4 戰鬥機大隊第 344 戰鬥中隊。梅古拉是前幾位抵達英國的野馬飛行員之一，他最後累計了十一・八三架空對空與三・七五架空對地的打擊紀錄。1944 年 5 月，梅古拉的座機遭到一架 P-38 型閃電式的誤擊而墜毀在瑞典。

第二十五章
德·哈維蘭 DH.98 蚊式

蚊式戰機在二次大戰初期誕生時，只有少數的支持者，然而僅僅過了五年，蚊式卻成為英國皇家空軍裡最多用途且最有價值的資產之一。

↑ 蚊式 B.Mk XVI 配備了壓力艙，可在 40,000 呎（12,192 公尺）的高空飛行。照片中這架蚊式隸屬於第 571 中隊，該中隊在 1944 年 4 月於多姆漢市場（Downham Market）成立，作為第 8（導航）聯隊的輕型轟炸機單位。

↓ 第一架蚊式機（W4050 號）於哈福德郡（Hertfordshire）附近的哈特菲爾德（Hatfield）工廠祕密打造。W4050 號機按計畫漆上了全黃的顏色，照片中還可見到它用防水布掩蓋，以免被徘徊獵尋的德國空軍戰機發現。

全木製的德·哈維蘭（de Havilland）蚊式戰機或許是二次大戰中盟軍所生產最有用的單一款式軍機，而且它是在官僚的極力反對下創造出來的。

即使是在雛型機接獲訂單之後，生產方案的限制（只有五十架）導致蚊式於敦克爾克大撤退以後三度從未來的量產計畫中全部撤銷，但每次都是由一位大膽、對蚊式有信心的人將計畫又放了回去，他就是派崔克·亨納希（Patrick Hennessy，後來封為爵士）。亨納希由畢佛布魯克爵士

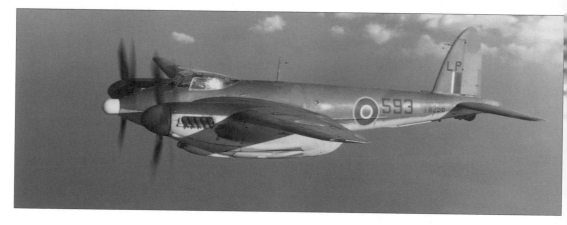

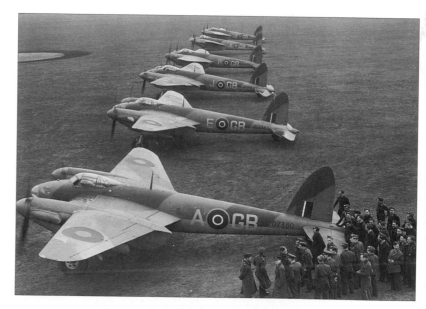

（Lord Beaverbrook）從「福特汽車公司」（Ford Motors）提拔而來，協助英國飛機的生產。最後在一九四〇年十一月，一架蚊式原型機終於升空。

　　一旦試飛之後，德‧哈維蘭蚊式了不起的表現立刻讓誹謗者緘默。「德‧哈維蘭飛機公司」（de Havilland Aircraft Company）主要是以輕航機以及非常早期的混合結構輕型運輸機而聞名，但一九三六年時該公司設計出在航空動力學上堪稱一流（儘管在技術上的不幸）的 DH.91 型信天翁（Albatross）客機，它的結構全是由木頭打造。數個月之後，軍事用途衍生機型的工程開始進行，它為了 P.13/36 號的規格需求而裝上了兩具「隼式」發動機。不過，德‧哈維蘭飛機公司的軍用機並沒有被採用，主要是因

↑英國皇家海軍的海蚊式 TR.Mk 33 可以掛載各式各樣的攻擊武器，包括一枚 18 吋（457 公釐）口徑的魚雷。它也裝置了雷達、四挺加農砲和所有艦載機的配備。在這款完全發展型的「勒弗斯登廠」（Leavesden）製蚊式系列交機之前，英國「艦隊航空隊」所使用的是「鈎廠」（hooked）製的 IV 型。

為木造結構不被認真的考慮。然而，計畫人員仍未受阻地繼續在畢夏普（R. E. Bishop）、克拉克森（R. M. Clarkson）與威金斯（C. T. Wilkins）的主導下研究一款新型、能夠避開敵方戰鬥機攻擊的高速轟炸機，也因此它省略掉了砲塔。

↓照片中是在 1942 年底的英國皇家空軍馬爾罕基地裡，一群飛行員與地勤人員聚在排成一列的蚊式 B.Mk IV 戰機旁邊。這批第 105 中隊的輕型轟炸機自 1941 年 11 月起成為該單位的主力，並用來執行高速、長程的轟炸突擊任務。他們的速度夠快，所以不需要戰鬥機的護航。

→戰後，挪威皇家空軍是眾多使用蚊式戰機的外國空軍單位之一。照片中這架 FB.Mk IV 服役於英國皇家海軍或空軍第 334 中隊，基地位在斯塔凡格／索拉。這個單位原先是第 333 中隊的 B 飛行小隊，他們在 1943 年時操縱同型戰機於格蘭皮恩郡（Grampian）的班夫（Banff）與英國皇家空軍的打擊大隊一同作戰。

這樣的設計概念看似合理，去除砲塔之後機組員可從六名減少至兩名，僅有一位飛行員坐在左座，而一位領航員／投彈手坐在右座，兩者皆可操作無線電。多虧磅秤技術的效果大大減少了飛機的重量，使其體積更小，也節省更多的燃料。依據估算，配備雙隼式引擎的無武裝轟炸機可攜帶一千磅（四百五十四公斤）的炸彈，以正好過一萬五千磅（六千八百公斤）的重量飛行一千五百哩（二千四百公里）。除此之外，它精心設計的流線外形，可讓其時速達到四百哩（六百五十五公里／小時），幾乎是其他英國轟炸機的兩倍。

二次大戰爆發之後，蚊式 B.Mk IV 系列的 II 型開始大量投入英國皇家空軍服役，該型是第一架被定義為轟炸機的蚊式機型，並在一九四一年十一月進入位於斯萬頓·莫爾利（Swanton Morley）的第 2 聯隊第 105 中隊；接著，馬爾罕（Marham）的第 139 中隊也收到了蚊式轟炸機。蚊式首次的轟炸任務只有派一架出擊而已（第 105 中隊的 W4072 號），它在一九四二年五月三十日至三十一日突襲科隆（Cologne）的作戰中跟在「千架轟炸機」之末。

經過了幾次不成功的行動後，蚊式又對奧斯陸的「蓋世太保」（Gestapo）總部發動一場大膽的突襲，但卻因為炸彈失靈而挫敗；一顆砸進建築物裡的炸彈未能引爆，而另外三顆在爆炸之前滾到遙遠的牆外。在二次大戰剩下的日子裡，原先的 B.Mk IV 從高、中、低三個空層繼續對整個歐洲進行勇敢的精確轟炸任務。

特殊任務

蚊式在空拍偵察任務中也證明有很高的效率，PR.Mk IV 是 B.Mk IV 系列 II 型的空拍機種；而 FB.Mk IV 戰鬥轟炸機則為產量最多的機型，共生產了二千五百八十四架。FB.Mk IV 配備二行程隼式引擎，機翼下可掛載拋棄式副油箱和兩顆或更多的二百五十磅（一

←蚊式戰機在正規單位的最後化身是照片中這架為英國皇家海軍改裝的靶機拖曳機。該機稱作 TT.Mk 39，它裝置了「溫室」（glasshouse）玻璃機首，可容納一名攝影師，而炸彈艙內則改裝了一具電動絞盤。

百一十三公斤）炸彈，後來改掛八枚火箭。這款多用途蚊式的航程可跨越歐洲，突擊像是亞眠監獄外牆和海牙與哥本哈根蓋世太保總部及眾多 V 型飛彈發射場等的小型目標。

如蚊式這樣適應能力強的戰機並不受限於日間的作戰行動，不少夜戰的衍生機型也製造了出來，他們配備魚叉狀的天線或垂直的機鼻雷達整流罩。

海外的操縱者

盟軍各國部隊都以蚊式戰機立下了許多汗馬功勞，包括蘇聯紅軍與美國陸軍航空隊，後者所使用的是加拿大製的蚊式偵察機，即 F-8 型。除了十架「英國海外航空公司」（BOAC）的民用蚊式機之外，還有許多不同的晚期機型，但在大戰期間並沒有見到他們服役。英國海外航空公司的蚊式機大多往來英國與瑞典之間（偶爾會飛其他地方），作為貨運和客機之用。

蚊式所有機型當中最重且性能最高的，是它的近親 PR.Mk 34、B.Mk 35 與 NF.Mk 36，他們全都裝配高空用的隼式發動機和寬闊的螺旋槳葉片。PR.Mk 34 是所有蚊式機中飛行航程最遠的，一架 PR.Mk 34A 在一九五五年十二月十五日飛了英國皇家空軍蚊式機的最後一趟任務。他們還有許多海蚊式（Sea Mosquito）衍生型，而最重要的則是配備雷達的 TR.Mk 33。

七千六百一十九架蚊式機中的最後一架編號為 VX916 號，是夜戰用的 NF.Mk 38，一九五○年十一月二十八日從卻斯特（Chester）交機。英國總共生產了六千三百三十一架的蚊式，而加拿大也製造一千零七十六架，澳大利亞則為二百一十二架。戰後仍使用蚊式戰機的國家包括比利時、中國、捷克斯洛伐克、丹麥、多明尼加、法國、以色列、挪威、南非、瑞典、土耳其和南斯拉夫。

第二十六章
南歐的閃電

西元一九四〇年六月十日，法國淪陷前夕，墨索里尼向英、法宣戰。他選擇揮軍進攻希臘，地中海因此成為主要衝突的戰場。

↑照片中為一架早期型的馬奇（Macchi）MC.200 型雷電式戰鬥機，它裝配的是馬力相對不足的飛雅特 A.74 RC.38 型引擎。義大利空軍一開始使用 MC.200 型對抗馬爾他和希臘，但它無法與新型的戰鬥機匹敵。

怒，並決定實現義大利人素來已久的欲望，即併吞希臘。一九四〇年十月二十八日，義大利軍隊越過希臘—阿爾巴尼亞（Greco-Albanian）邊界發動侵略，他們由一批頂尖的阿爾卑斯山地團組成，還有二百五十架到三百架的轟炸機支援。人們普遍認為希臘軍隊將會措手不及，而且難以招架義大利軍。「希臘皇家空軍」（Royal Hellenic Air Force）僅有一百六十架至一百八十架過時的法國與波蘭戰機，還有一些霍克霍斯利式（Hawker Horsley）魚雷轟炸機。

「義大利空軍」（Regia Aeronautica）擁有出色的薩伏亞馬奇蒂（Savoia Marchetti）SM.79-II 型轟炸機作為主力，它有標準型和反艦型。其他的轟炸機武力尚有飛雅特 BR.20M 型和卡普羅尼（Caproni）Ca.135 型雙引擎轟炸

德國與蘇聯間的關係惡化，率先促使希特勒確保羅馬尼亞普洛什提油田的安全以維持石油的供給。德國人壓迫羅馬尼亞引起軍事政變，讓親納粹的伊翁・安東涅斯古（Ion Antonescu）將軍接管政權，並迫卡洛爾國王（King Carol）退位。德國人很快地又下了一步棋，且以訓練羅馬尼亞軍隊為託辭，占領了羅馬尼亞。

同時，墨索里尼（Benito Mussolini）對德國沒有和他商討義大利勢力範圍內所發生的事感到憤

←戰爭一開始時，希臘
的四支戰鬥機中隊共只
有三十一架飛機。第
21、第 22 與第 23 中
隊（Mira）配備二十五
架 P.24F 型（如照片）
與 P.24G 型，而第 24
中隊則有六架布洛赫
MB.151 型戰鬥機。

機以及坎特（Cant）Z.506B 型海軍轟炸機。而義大利的戰鬥機單位一開始則配備六支中隊的飛雅特 CR.32 型與 CR.42 型隼式雙翼機。

展開攻擊

　　義大利軍以三叉攻勢入侵希臘，他們的部隊分別沿著維約索河（Vijosë）朝沃烏薩（Vovoúsa）、科尼斯波爾（Konispol）海岸和從科里薩（Koritsa）北部突進。然而，義大利人低估了希臘軍隊的實力，在科里薩與海岸遭到擊退。更悲慘的是，五千名義大利部隊在十一月二日於沃烏薩被俘。到了十一月二十二日，最後一支義大利部隊被逐出希臘的土地。

　　為了對巴爾幹半島的侵略事件做出回應，英國承諾會保衛該區域，並從亞歷山卓（Alexandria）派了一支艦隊，至克里特島（Crete）的蘇達灣（Suda Bay）建立基地。接著，英國皇家空軍也駛向那裡以平衡希臘與義大利的戰力差距。他們派遣第 30 中隊到克里特島，該中隊包括一支布倫亨 I 型轟炸機小隊與布倫亨 IF 型戰鬥機小隊。第 84 與第 211（轟炸機）中隊跟在第 30 中隊之後而來，他們有布倫亨 I 型與格鬥士 I 型戰機。然而，英國的單位並沒有什麼做為，而且最後格洛斯特格鬥士還讓給希臘空軍操縱。

　　布倫亨式轟炸機不時攻擊義大利部隊，但由於天候狀況不佳而受到阻礙。一九四○年十一月與十二月間，英國轟炸機總共出擊了二百三十五次，但有七十六次因天候因素而折返。除此之外，從埃及與馬爾他起飛的威靈頓式亦突擊了亞得里亞海（Adriatic）海岸的港口。小規模的英國皇家空軍戰鬥機隊善加利用他們的格鬥士，宣稱擊落了數架 CR.32 型、SM.79 型與 Ro.37 型戰機。

　　一九四一年一月三日，義大利部隊向科里薩的北部與西部發動一場逆襲；兩個新投入的義大利師進攻位在法羅那（Valona）的克里索拉（Klissoura）防區，企圖重新取

義大利轟炸機

衝突一開始之際，義大利擁有一支適切的轟炸機部隊，他們在技術上遠勝於希臘所操縱的任何機型。然而，當英國加入了戰局後，義大利轟炸機開始淪為英國皇家空軍戰鬥機的獵物，尤其是霍克颶風。

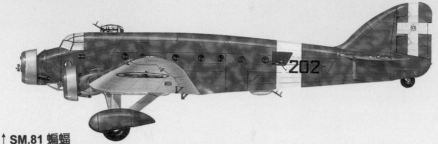

↑ SM.81 蝙蝠
第 202 中隊（202° Squadriglia）〔第 38 聯隊（38° Stormo）旗下第 40 陸上轟炸大隊（40° Gruppo Bombardamento Terrestre）的一支）的蝙蝠式（Pipistrello）轟炸機／運輸機在 1941 年初於希臘戰線上作戰。儘管它的型號較後，但 SM.81 型早於 SM.79 型問世。在 1941 年 6 月時約有一百多架的蝙蝠式投入服役。

↓ 飛雅特 BR.20M
這架第 277 中隊（第 37 聯隊第 116 陸上轟炸大隊的一支）的 BR.20M 型鸛式（Cicogna）轟炸機在 1940—1941 年從格羅塔葛里（Grottaglie）的基地飛越希臘—阿爾巴尼亞邊界作戰。儘管它的載彈量大，但表現不是很突出。

得主動權。不過，義大利的逆襲失敗，一月十日，恢復戰力的希臘軍再次奪回克里索拉。儘管如此，義大利空軍仍保留住制空權，且因增援的到來而更加強大，他們包括 SM.79 型與 81 型、飛雅特 G.50 型和 CR.32 型與 42 型戰機。所以，毫無意外的，希臘立即請求英國皇家空軍的協助。

英國空軍參謀總長查爾斯·波爾托爵士（Sir Charles Portal）於是下令增派更多的英國皇家空軍中隊至該區，這批增援中隊也因為英軍在西非沙漠（Western Desert of Africa）的反攻勝利而得以成功

抵達。然而，地中海的補給情況卻由於德國蓋斯勒（Geisler）的第 10 航空軍（X Fliegerkorps）突然出現在西西里島而惡化，那裡接近英國護航船隊行經的西西里海峽（Sicilian Narrows）。同時，德國從北部進軍巴爾幹地區亦是一大威脅。

盟軍在希臘的伊翁阿尼那（Ioánnina）建立了一個戰術總部，第 80（戰鬥機）中隊還有第 11（轟炸機）中隊的布倫亨式移防到那裡，而格鬥士與威靈頓也移往該區予以支援。那時，英國皇家空軍奉命為挺進法羅那的希臘陸軍提

供戰術支援。在天候良好的情況下，布倫亨式會對克爾塞熱—貝拉特（Kelcyre-Berat）的道路和位在杜卡耶（Dukaj）、貝拉特與艾爾巴桑（Elbasan）的義大利軍集結點進行低空轟炸；從二月十一日至十八日，天候持續晴朗，所以布倫亨式出擊了一百零八架次，支援希臘軍對捷帕雷諾（Tepelenë）的攻擊。

軸心國的 MC.200 型雷電式（Saetta）、Bf 109E 型與 Bf 110 型戰鬥機讓英國皇家空軍「古董級」格鬥士的飛行員聞風喪膽，所以颶風式 IA 型於該區的出現是盟軍轉運的重要轉捩點。颶風機的首次出擊就摧毀了四架義大利戰機。霍克颶風的登場導致義大利空軍撤回他們的飛雅特 CR.42，並由 MC.200 雷電式取代，他們的性能足以對抗颶風式戰鬥機。

義大利的最後努力

一九四一年三月九日，七個義大利師沿著維約索河發動攻擊，由二十六架 SM.79 轟炸機和一百零五架飛雅特 G.50 與 CR.42 戰鬥機支援；除此之外，義大利又派了一百九十八架戰機。作戰一直持續到一九四一年三月十九日。英國皇家空軍的布倫亨式從三月九日至十四日之間飛了四十三趟任務，他們轟炸布濟—葛拉夫尤（Buzi-Gllavë）的道路，而颶風與格鬥士也分別出動十五架次和一百二十二架次予以支援。另外，威靈頓轟炸機亦出擊了四次，布倫亨則又對法

羅那外海發動三十起的反艦攻擊，並轟炸萊希（Lecce）與布林迪西（Brindisi）的其他目標。英國皇家空軍的戰鬥機不遑多讓，儘管義大利人的戰術改善，他們仍摧毀了一百一十九架的敵機，且英國只損失八架而已。

到了這個時候，希特勒對墨索里尼在希臘的敗北感到怒火中燒，這不但讓英國人能夠固守該區，並容許英國皇家空軍的轟炸機在重要的羅馬尼亞油田上撒野，更嚴重威脅到他入侵蘇聯的計畫。所以，一九四○年十二月十三日，希特勒發布了「第二十號元首指令」（Führerweisung Nr 20），簡述了「馬里塔行動」（Operation Marita）。該項行動命令二十四個師於羅馬尼亞集結，一旦天候適宜立刻揮軍南下進攻希臘。地面部隊將有德國空軍第 2 與第 3 航空軍團的單位支援，他們是從英吉利海峽前線調回，並在德國整裝的單位。

↓在戰爭爆發之際，義大利最優秀的轟炸機是 SM.79-II 型。該機配發給四支中隊，對付希臘部隊時很有效率。

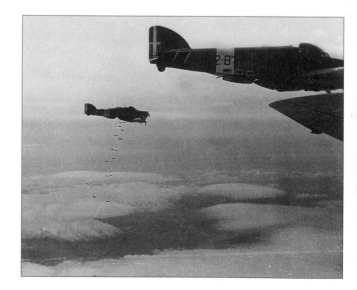

第二十七章
馬里塔行動

西元一九四一年春，希特勒入侵蘇聯的計畫開始落後。五個月以來，義大利人在希臘和利比亞的軍事行動挫敗。

↑身為裝甲師之眼的 Hs 126 型在嚴密的飛航或空對空戰中有很大的行動自由，它主要執行戰術偵察任務，還有與陸軍協同作戰，包括為火砲的射擊測定方位。

此刻，德國人為了挽回希臘的戰局不得不承諾提供協助。同時，他們也得派兵入侵巴爾幹的南斯拉夫。

到了一九四二年二月底，出現在羅馬尼亞的德軍部隊總數將近達到六十八萬人，他們自伊翁·安東涅斯古將軍與希特勒在一九四○年十月取得協議之後，就陸陸續續進駐這個國家。德國人的目的是鞏固和匈牙利與羅馬尼亞的聯繫，

依計畫於一九四一年五月十五日發動「巴巴羅沙行動」（Operation Barbarossa）之前確保軸心國勢力南側的安全。然而，早在一九四○年十二月，義大利無力贏取希臘之役的勝利迫使希特勒承諾予以協助，一旦天候改善即刻進兵。因此，一九四○年十二月十三日，希特勒批准了以武力擺平頑固希臘的「馬里塔行動」。

協助義大利

　　既然如此，德國人也得提供額外的空中與地面部隊，強化義大利軍在北非和地中海的作戰行動：二月，隆美爾（Rommel）的「非洲軍」（Afrika Korps）於利比亞成軍，而漢斯・蓋斯勒（Hans Geisler）的「第10航空軍」亦開始在西西里海峽活動，對付英國皇家海軍及協助位於利比亞的軸心國部隊。

　　巴爾幹錯綜複雜局勢的下一階段是保加利亞的併吞，德軍若占領這個國家便可直接穿越該國的領土執行馬里塔行動。一九四一年二月八日，德軍第12軍團指揮官威廉・李斯特陸軍元帥（Feldmarschall Wilhelm List）與保加利亞參謀部的將領在會議上取得協議；兩個星期之後，德軍部隊便從羅馬尼亞跨過多瑙河（Danube），占領了保加利亞的戰略要地。接下來，一九四一年二月二十八日，保加利亞簽署了「三國同盟公約」（Tripartite Pact），成為軸心國的一份子。儘管有所耽擱，但一切對德國國防軍在巴爾幹建立據點來說都是好兆頭。

　　不過，德國人還有未了的任務，亦即將鄰近的南斯拉夫拉進軸心國的勢力裡。英國人早已搶先一步唆使南斯拉夫加入希臘與阿爾巴尼亞的行列，共同對抗義大利軍。可是，希特勒向保羅親王（Prince Paul）施壓，南斯拉夫也識時務地在一九四一年三月二十五日簽署

「三國同盟公約」。

　　當這項暗地進行的聯盟法案被承認的時候，貝爾格勒（Belgrade）的空軍高層將領立刻在三月二十六日／二十七日晚間發動叛變。希特勒對此感到盛怒，他為貝爾格勒暴動所造成局勢的變化下了一段論述，他斷言：「南斯拉夫，儘管她鄭重地聲明忠誠，但目前必須把她視為敵人，所以要盡快將之粉碎。」

　　羅馬尼亞於一九四〇年十一月二十三日成為軸心國三國同盟公約的簽署國之後，德國空軍的單位隨即在布加勒斯特（Bucharest）建立根據地以訓練羅馬尼亞的空軍；而防空砲營也被派去防衛普洛什提的石油設施。

　　一九四一年的最初幾個月裡，在羅馬尼亞境內的德國空軍之戰力大幅提升，而且到了一九四一年三月，約有四百架第一線與第二線的戰機進駐到普洛什提、阿

↑希臘空軍有三十架波蘭製的 PZL P-24F/G 型戰鬥轟炸機，他們服役於三支中隊，即第21、第22與第23戰鬥機中隊（Mira Dixeos）。不過，這款戰機根本無法與 Bf 109 匹敵。照片中是 1941 年遺棄在拉里薩（Larissa）的 PZL P-24F/G。

拉德（Arad）、戴塔（Deta）、福克沙尼（Focsani）與克拉約瓦（Craiova）。許多單位在保加利亞向軸心國輸誠之後，於一九四一年三月一日調往南方，這批德國空軍的飛行大隊，包括戰鬥機與轟炸機，部署在索菲亞（Sofia）、普洛夫迪夫（Plovdiv）、庫魯莫弗（Krumovo）、克雷尼茨（Krainitzi）與貝里薩（Belitza）的機場；他們已經準備好立即投入希臘戰役。

德國的壯大

貝爾格勒發生政變之後，促使希特勒決定除打垮希臘之外再進兵南斯拉夫，德國空軍的單位也旋即從法國、德國與地中海調至巴爾幹半島。參與行動的戰機數目依照指令為六百架。

一九四一年三月二十七日，希特勒在柏林與將領們開會，他指示不對南斯拉夫發出最後通牒：德軍將徹底摧毀南斯拉夫，尤其是首都貝爾格勒。希特勒還賦予戈林發動大規模空襲這座城市的任務。

一九四一年四月六日五點，貝爾格勒接獲第一起空襲警報時上空晴朗無雲。一位南斯拉夫的觀察員報告，約在貝爾格勒北方八十哩（一百三十公里）處目擊了五十多架第2、第3和第51轟炸聯隊的都尼爾 Do 17Z-2 型與 Ju 88A-4 型轟炸機編隊從匈牙利的邊境方向飛來；第一批駕到的德軍戰機是一個大隊的 Ju 87B-2 型俯衝轟炸機，他們先在城市上空盤旋，然後脫離

航道，從一萬三千九百四十五呎（四千二百五十公尺）的高空進行俯衝，對市郊的吉姆恩（Zemun）機場展開攻擊。接來下的幾波攻勢轟炸了市中心，包括皇室宮殿與火車調車場。德軍的轟炸一直持續了三天三夜，貝爾格勒遭到夷平，約一萬七千名市民在德國空軍所謂的「懲罰行動」（Operation Punishment）中喪生。

小規模的南斯拉夫空軍英勇的反擊，但很快就被壓制；他們在吉姆恩的五十架戰鬥機於第一日早晨即遭到俯衝轟炸與低空掃射摧毀。德國空軍戰鬥機大隊和霍克颶風與一九三九年至一九四○年間輸入的梅塞希密特 Bf 109E-1 型交戰，還有南斯拉夫第3轟炸機聯隊的都尼爾 Do 17 型。南斯拉夫空軍不少的戰機都在地面上被毀，但他們仍試著發動數次反攻，轟炸索菲亞與布加勒斯特的德軍和周圍的機場。

一九四一年四月八日，艾瓦德·馮·克萊斯特（Ewald von Kleist）將軍的第14裝甲軍（XIV Panzerkorps）攻向尼士（Nis），並朝西北挺進貝爾格勒。馬里波（Maribor）和札格拉布（Zagreb）分別在一九四一年四月九日與十日失守；次日，德軍即接獲貝爾格勒的投降。最後的雙叉攻勢從奧地利與匈牙利南部突進克羅埃西亞（Croatia）和斯洛文尼亞（Slovenia）。一九四一年四月十七日，南斯拉夫政府即簽下了投降書。

入侵希臘與南斯拉夫：希特勒進擊南歐

　　進攻南斯拉夫的德軍主力是李斯特的第 12 軍團，他們早已駐守在保加利亞，亦將負責入侵希臘。德軍從北方、東方與東南方挺進，加上義大利軍隊由達爾馬提亞（Dalmatian）海岸南下朝杜布羅夫尼克（Dubrovnik）進擊；這場戰役總計只持續了十天。德軍入侵之際，大部分的希臘部隊都部署在阿爾巴尼亞前線抵抗義大利軍，他們和由埃及派來的大英國協部隊守住梅塔克薩斯（Metaxas）與阿利亞克蒙（Aliakmon）防線。不過，德軍穿過莫納斯提爾山谷（Monastir Gap）挺進，迫使東部的希臘軍投降，並逼英軍退到色摩比亞（Thermopylae），再從卡拉馬塔（Kalamata）撤軍。德國空軍掌握了制空權，這代表德軍部隊與裝備能夠自由地來往沙場。他們首要的運輸機是俗稱「容克斯阿姨」（Tante Ju）的 Ju 52 型，該型運輸機在日後入侵克里特島時有 DFS 230 型滑翔機的支援，他們載送第 2 傘兵團（Fallschirmjägerregiment 2, FJR 2）的士兵。

第二十八章
入侵克里特島

盟軍持續從克里特島攻擊德軍，直到德國空軍與國防軍發動大規模的聯合行動空降突擊該島，迫使英軍和大英國協的部隊撤離為止。

水星行動

克里特島的空降突擊行動在初期階段是以跳傘、搭乘滑翔翼與運輸機著陸的方式進行。然而，德國空降部隊在馬里門、卡尼亞、瑞辛姆農和希拉克里翁陷入意想不到的苦戰，他們付出了高昂的代價之後才在馬里門站穩腳跟。

戰機損失：儘管德軍強力壓制克里特島的防空力量，突襲的 Ju 52 運輸機與 DFS 滑翔機仍蒙受慘重的損失。這是一場勢均力敵的戰鬥，只要運氣稍微改變，戰局就很容易改觀。

人員傷亡：4,000 多名德軍陣亡或失蹤，希特勒遭到非議，日後大規模的傘兵行動都不受歡迎。

德軍空降地點
城鎮
撤退路線
道路

卡斯特里　馬里門　蘇達　卡尼亞
帕拉伊歐霍拉
斯發基亞
瑞辛姆農
希拉克里翁　涅阿波里斯
卡斯特里翁
希提亞
莫伊瑞斯
皮爾果斯
伊拉佩特拉

西元一九四○年十一月，英軍部隊開始陸續抵達克里特島，並在蘇達灣設立「海軍陸戰隊基地防衛組織」（Marine Naval Base Defence Organisation, MNBDO），包括部隊和防空設施。該島雖沒有成立常設的英國皇家空軍中隊，但英國海軍「艦隊航空隊」派了第805 中隊到那裡，還有戰力欠佳的費雷海燕式（Fairey Fulmar）、格洛斯特海格鬥士（Gloster Sea Gladiator）與布羅斯特 F2A 型水牛式（Brewster F2A Buffalo）戰鬥機。

到了一九四一年四月，英國皇家空軍的參謀推斷，防衛克里特島的領空已不可為。儘管「英國皇家空軍中東指揮部」（RAF Middle East Command）在利比亞、希臘與馬爾他的戰果輝煌，但他們無法再繼續打贏下去。戰火很快便蔓延到希臘、敘利亞、伊拉克、阿比西尼亞（Abyssinia）與西非沙漠的索馬里蘭（Somaliland），英國皇家海軍「地中海艦隊」（Mediterranean Fleet）亦請求協助。這個時候也是中東指揮部僅稀稀落落地從英國接收轟炸機和戰鬥

↓1941 年 5 月，基地位在柯林斯（Corinth）與梅加拉（Megara）一帶，隸屬第 1 特種作戰轟炸聯隊第 4 大隊（IV/KGzbV 1）本部飛行小隊的容克斯 Ju 52/3mg4e 型戰機由布赫霍茲上校（Oberst Buchholz）指揮。第 1 特種作戰轟炸聯隊從沙灘機場起降作戰，在戰術上來說極為不利，導致該機發生許多不幸。

機之際，其中許多戰機如颶風 I 型和 P-40B 型（即戰斧式 I 型）都是保留在英國本土噴火式 VB 型的次級替代品。同時，中東指揮部的任務愈來愈繁重，英倫諸島面臨十分嚴峻的侵略威脅。

到了四月底，盟軍決定派駐一些英國皇家空軍的戰機到克里特島以騷擾軸心國位在羅德斯（Rhodes）與史卡潘托（Scarpanto）的機場，並執行護航任務。布倫亨式 IF 型、颶風式與格鬥士都能夠派上用場，他們也旋即與德軍展開戰鬥。

結果，德國空軍很快就將注意力從突襲盟軍護航船隊轉為攻擊克里特島上的機場。一群 Bf

109E 型、Bf 110C 型、Do 17Z-2 型與 He 111H-3 型猛攻盟軍基地，傷亡迅速攀升。到了五月十九日，在增援毫無指望的情況下，盟軍決定撤出所有在克里特島上的戰機。

德軍入侵

到了一九四一年四月，德軍的參謀開始計畫如何拿下克里特島，儘管有些高層人士反對。他們決

↓照片中地勤人員準備將一具 Rb 50/30 偵察照相機裝進一架 Bf 110C-5 型裡。像這樣的偵察機從希臘起飛執行任務，卻沒有發現克里特島特殊地形可能產生的影響。

克里特島上空的德國空軍

德軍部署了他們最新的轟炸機來對抗克里特島上圍以戰壕的盟軍。這項任務被視為至關重要，因此他們還從其他歐洲附近的單位調來戰機。

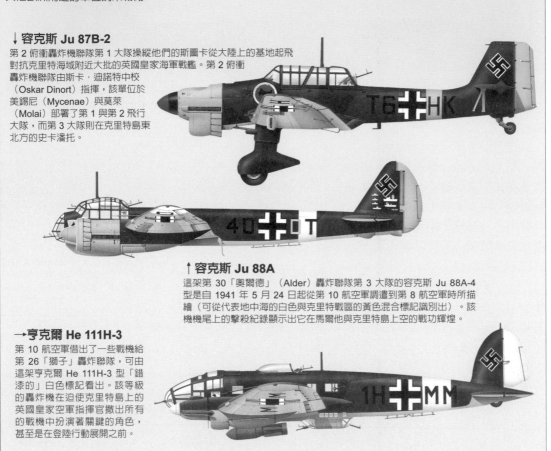

↓ 容克斯 Ju 87B-2

第 2 俯衝轟炸機聯隊第 1 大隊操縱他們的斯圖卡從大陸上的基地起飛對抗克里特海域附近大批的英國皇家海軍戰艦。第 2 俯衝轟炸機聯隊由斯卡‧迪諾特中校（Oskar Dinort）指揮，該單位於美錫尼（Mycenae）與莫萊（Molai）部署了第 1 與第 2 飛行大隊，而第 3 大隊則在克里特島東北方的史卡潘托。

↑ 容克斯 Ju 88A

這架第 30「奧爾德」（Alder）轟炸聯隊第 3 大隊的容克斯 Ju 88A-4型是自 1941 年 5 月 24 日起從第 10 航空軍調遣到第 8 航空軍時所描繪（可從代表地中海的白色與克里特戰區的黃色混合標記識別出）。該機機尾上的擊殺紀錄顯示出它在馬爾他與克里特島上空的戰功輝煌。

→亨克爾 He 111H-3

第 10 航空軍借出了一些戰機給第 26「獅子」轟炸聯隊，可由這架亨克爾 He 111H-3 型「錯漆的」白色標記看出。該等級的轟炸機在迫使克里特島上的英國皇家空軍指揮官撤出所有的戰機中扮演著關鍵的角色，甚至是在登陸行動展開之前。

定，入侵將以大規模空降部隊突襲的方式進行，約派二萬二千七百五十名士兵參與。部隊將透過空降傘兵、由突擊滑翔機或運輸機載運，或經由海路進行登陸。像這樣的作戰會是前所未見的大工程。這場「水星行動」（Operation Merkur）的首要目的為奪取馬里門（Máleme）、卡尼亞（Canea）與蘇達的機場，以確保後續部隊登陸的安全。攻擊行動計畫在五月底展開。然而，德國的情報部門未能掌握該島的地勢，那裡有迷宮般的岩石丘陵和懸崖峭壁，對防衛者較有利。其次，他們也嚴重低估了克里特島上的英國、希臘和大英國協部隊的強大戰力。

德軍在五月二十日所發動的初步轟炸終止之後，對馬里門與卡尼亞的空降突擊行動旋即展開。然

而，DFS 230 型滑翔機抵達目的地時的飛行高度太高，因此錯過了他們預定的降落地點，正巧著陸在第107 號丘陵，即第 5 紐西蘭旅（5th NZ Brigade）所設置好的防禦陣地附近，德軍的戰力因而被削弱。

　　類似的命運也降臨在傘兵突擊團第 3 營（III/FJStR）的身上，一轉眼間，六百名的部隊就折損了四百名。其他空降卡尼亞與加拉塔斯（Galatas）的傘兵按預定計畫進行著陸，但空降瑞辛姆農（Réthimnon）與希拉克里翁（Héraklion）的傘兵卻遭受極大的傷亡。到日落時，德軍部隊已是在為他們的生存而戰。不過，在晚間，德軍發現紐西蘭部隊撤退了，這代表丘陵要地已落入他們手中，德國空軍即可由空中增派援軍而來。

　　傘兵單位有了林戈爾（Ringel）中將第 5 山地師（5th Gebirgsdivision）的支援而逐漸壯大，並鞏固了他們占據的陣地。經過五月二十五日的一場激烈戰鬥之後，盟軍承受的壓力迫使他們除撤退外別無選擇。盟軍部隊湧向斯發基亞（Sfakía），撤離行動最後於一九四一年五月三十一日結束。

　　儘管德軍勝利，但他們的死傷十分慘重：一千九百九十人陣亡，一千九百九十五人失蹤，還有三百二十七人在海上溺斃。這麼可怕的代價讓希特勒感到震驚，德國傘兵部隊亦從此不再進行大規模的空降突襲行動。

↑寇蒂斯戰斧式戰鬥機在克里特島之役期間，開始派到北非進入英國皇家空軍的中隊裡服役，但他們登場的時機太晚而無法強化該島的航空力量。

海上之戰

　　在克里特島之役期間，英國地中海艦隊持續執行支援、補給，還有稍後的撤離任務。然而，他們少有空中支援，英國海軍可畏號（HMS Formidable）航空母艦僅有十八架海燕 I 型戰鬥機，而英國皇家空軍的颶風 IA 型、標緻戰士、布倫亨與馬里蘭式（Maryland）則予以協助。缺乏空中的掩護讓盟軍付出慘重的代價，德國空軍為他們敲了喪鐘：英國皇家空軍除了三十八架戰機遭擊落之外，英國皇家海軍也失去了三艘巡洋艦和六艘驅逐艦，加上一艘戰鬥艦、一艘航空母艦、六艘巡洋艦與八艘驅逐艦受創。約有一萬五千名大英帝國的部隊陣亡或被俘。

　　不過，整場作戰中德國空軍亦損失了二百多架的飛機，其中大半數是珍貴的 Ju 52/3m 型運輸機。其所造成的後果是巴爾幹戰役比預期的計畫多花了六個星期，並嚴重耽誤了「巴巴羅沙行動」的啟動。

第二十九章
馬爾他與地中海

由於墨索里尼宣戰，地中海成了另一個戰場，義大利人與英國皇家海軍爆發激烈的衝突。在地中海的中央，躺著一座重要的小島，即馬爾他。

↑馬爾他的地理位置就在地中海交通航線的交叉點，使該島成為關鍵的戰略要地，卻也容易遭受攻擊。盟軍在那裡的損失十分慘重，這架蕭特桑德蘭式（Short Sunderland）水上飛機燃燒的殘骸即是例證。

西元一九四〇年，安吉利歐·伊阿金諾（Angelo Iachino）上將所率領的強大義大利艦隊成為英軍的威脅。從英國本土到中東與遠東區域的帝國和國協成員國的海上重要航線都得經過地中海，即從直布羅陀（Gibraltar）到蘇伊士運河（Suez Canal）。另一條替代航線就得繞道好望角（Good Hope），穿過印度洋。英國負責守衛地中海航道的是安德魯·康寧漢（Andrew B. Cunningham）上將，他的總部設在亞歷山卓。由於

法國投降，所以英國皇家海軍就得再派一支分遣艦隊至地中海西部，這支艦隊就是「H 艦隊」（Force H）。

地中海上的權力平衡傾向英國皇家海軍，在一九四〇年六月地中海艦隊和 H 艦隊旗下共有四艘戰鬥艦、一艘戰鬥巡洋艦、兩艘航空母艦和一些巡洋艦與驅逐艦。不過，兩支艦隊相隔約二千哩（三千二百二十公里）遠，他們將要面對義大利海軍的六艘戰鬥艦、二十一艘巡洋艦和五十多艘的驅逐艦。除

此之外，義大利艦隊的基地就在本土，這代表的是他們能夠得到義大利空軍轟炸機與魚雷轟炸機的空中掩護。

英國艦隊的任務為支援護航船隊，並截斷來往阿爾巴尼亞與北非之間的義大利補給線，義大利人正對利比亞境內羅多弗·格拉齊亞尼元帥（Marshal Rodolfo Graziani）的部隊進行援助。這些利比亞部隊所仰賴的補給航線唯有透過馬爾他的基地發動空中與海上攻擊，才能有效地攔截。

在一九三八年至一九四〇年之間，英國缺乏偶發事件應變能力與忽視馬爾他空防力量的事實，很快就證明是場災難。馬爾他這座小島，儘管建立了簡易的防禦工事，卻座落在西西里島十五分鐘的飛行航程之內，意味著它很容易遭受空中的攻擊。

與義大利開戰之際，英國皇家空軍「地中海指揮部」（Mediterranean Command）的空軍總部位於瓦勒塔港（Valletta），那裡是馬爾他唯一的空防基地，依賴非正式的四支海格鬥士 I 型戰鬥機飛行小隊和一批 AMES 6 型 Mk I 雷達的防禦。這群海格鬥士在一九四〇年六月十一日迎戰義大利 SM.79 型、CR.42 型與 MC.200 型戰機的攻擊。SM.79 型一開始轟炸偉大港（Grand Harbour），而且沒有其他戰鬥機的護航，但他們瞧見了海格鬥士之後，進一步的攻勢就需要 CR.42 與 MC.200 在高空予以掩護。

馬爾他的第一批攻擊機在六月二十四日抵達，他們是新成軍的第 830 中隊，配備費雷旗魚式（Fairey Swordfish）魚雷轟炸機。這個單位是由英國海軍百眼巨人號（HMS Argus）航空母艦駛離地中海後所留下來的戰機組成。第 830 中隊在接下來三十三個月裡於夜間突襲軸心國船艦締造的輝煌功績成為那時的傳奇。他們裝備二百五十磅（一百一十三公斤）的 IV 型一般用途（GP）炸彈或致命的十八吋 XII 型魚雷。

儘管義大利空軍和海軍不時出沒，但馬爾他的補給與增援對盟軍參謀長來說並不構成太大的問題。一九四〇年八月二日，百眼巨人號重返馬爾他，載送了十二架颶風 IA 型過去。迫切需要的颶風機編進了位在魯卡（Luqa）的第 261（戰鬥機）中隊，但那裡的機場很快遭受 Ju 87 的攻擊。不過，在冬季期間，颶風機仍持續進行補給。

一九四〇年十二月十四日，第 148（轟炸機）中隊成軍，其目的是增進馬爾他的攻擊能力，他們配備了十六架的威靈頓式 IC 型轟炸機。然而，到了一月，馬爾他島上英國皇家空軍的戰力仍相當軟弱，他們僅有九架旗魚 I 型、十六架威靈頓 IC 型、七架馬里蘭和十六架颶風 IA 型戰機。

艦隊航空隊的進攻

一九四〇年六月至一九四一年三月期間，地中海艦隊與 H 艦隊的航空母艦成功執行了數次作戰任

軸心國的突擊

　　義大利空軍的飛行員駕著德製的容克斯 Ju 87B-2 型俯衝轟炸機攻擊馬爾他。雖然戰機大多是由實戰經驗豐富的飛行員來操縱，但許多 Ju 87 仍遭防衛的戰鬥機擊落。容克斯 Ju 88A-5 型由德國空軍的人員駕駛，他們每日從西西里島出擊，在白晝與夜間突襲中有效打擊馬爾他的戰略目標和地中海上的護航船艦。

→容克斯 Ju 87B-1 熱帶型
義大利空軍皮奇阿他（Pichiata）第 97 轟炸機大隊（97° Gruppo Bombardiei）第 209 中隊（209ª Squadriglia）的基地位在西西里島的科米索（Comiso）。義大利對地攻擊單位的這架德製戰機，自 1940 年夏末起擔任義大利軍對馬爾他進行戰術攻擊的先鋒。

↓梅塞希密特 Bf 109E-7
以 Bf 109E-4 型為基礎而開發的 E-7 型，是相當具有潛力的戰鬥轟炸機。該機在機腹下的附加掛點裝置了可拋棄式的副油箱，它在對馬爾他進行掃蕩攻擊時是不可或缺的裝備。圖中的 Bf 109E-7 隸屬於第 26「施拉葛特」（Schlageter）戰鬥聯隊第 3 大隊。

↓容克斯 Ju 88A-5
德國第 10 航空軍旗下第 3 大隊對抗馬爾他的作戰基地位在卡塔尼亞（Catania），該單位原本配備 Ju 88A-1 型，但起落架較堅固的 A-5 型證明更適合在西西里島上的機場運作。

　　務。一九四〇年七月九日至十日，英國海軍老鷹號（HMS Eagle）航空母艦上的海格鬥士與旗魚機還參與了卡拉布里亞（Calabria）和奧古斯塔（Augusta）外海的攻擊行動。

　　八月，地中海艦隊的戰力由於最新型航空母艦光輝號（Illustrious）的到來而提升，光輝號擁有厚重的裝甲與強大的武裝，也是第一艘配備海燕式 I 型戰鬥機的航空母艦。海燕式編成了第 806 中隊，此外光輝號還有兩支旗魚式魚雷轟炸機中隊。有了老鷹號與光輝號的支援，康寧漢的分遣艦隊便可大搖大擺的在地中海航行，並突擊羅德斯、雷若斯（Leros）與利比亞的機場。海燕機一登場就旗開得勝，他們擊落十一架敵機，而己方則只損失一架。

光輝號的服役生涯在一九四○年十一月十一日至十二日的突擊塔蘭托（Taranto）海軍基地之際達到高峰，該次行動由十二架旗魚式來執行，他們投擲了水雷和魚雷，結果大獲全勝。義大利三艘戰鬥艦遭受重創：康提‧迪‧加富爾號（Conti di Cavour）從此退出戰場，而卡歐‧杜伊里奧號（Caio Duilio）與利托里奧號（Littorio）六個月無法航行。英軍僅以兩架旗魚機爲代價，卻造成義大利海軍毀滅性的影響。義大利人撤回他們部署在南方的戰鬥艦隊，讓 H 艦隊和地中海艦隊能夠重啓航向馬爾他與希臘的護航船隊補給任務。

德國空軍登場

然而，英國皇家海軍的優勢很快就遭受新的挑戰。由於義大利軍隊在一九四○年十月二十八日入侵希臘之際遇上挫折，很明顯的，希特勒必會派德軍干涉地中海和北非，好恢復義大利的威信。他們計畫好的作戰方略包括入侵直布羅陀，還有派德國空軍對抗地中海上的英國皇家空軍與皇家海軍。德國空軍奉命封鎖蘇伊士運河、占領馬爾他作爲基地、支援利比亞的軸心國部隊、確保義大利與北非之間軸心國海運航線的安全，以及攻擊英國的護航船隊。

一九四○年六月，德國空軍第 10 航空軍成立；到了一九四一年一月，它的戰力達到二百二十五架飛機，其中一百七十九架可供差遣。一月十日，六十架的 Ju 87 與 He 111 轟炸機攻擊了西西里海峽上的英國護航船隊，重創航空母艦光輝號和巡洋艦南安普敦號（Southampton）與格勞斯特號（Gloucester）。航空母艦跛行回到了馬爾他的港口，那裡也成爲德國空軍和義大利空軍長達一個多星期猛烈轟炸的目標。颶風機的損失攀升，德國空軍幾乎取得了該島的制空權。威靈頓轟炸機此時不得不撤回北非，馬爾他的武裝力量大幅下滑。德國將能夠派一半第 10 航空軍的戰機到昔蘭尼加（Cyrenaica），支援隆美爾在西非沙漠的反攻。

↓海燕式戰鬥機配備一具 1,080 匹馬力（805 千瓦）的勞斯─萊斯引擎，最高時速可達 284 哩（458 公里）。它的首次出戰是偕同英國皇家海軍艦隊航空隊爲馬爾他的護航船隊護航，以對抗義大利空軍。雖然海燕式很能夠與義大利的戰鬥機匹敵，但仍敵不過德國空軍，日後逐爲海火式戰鬥機取代。

第三十章
沙漠之戰

西元一九四○年六月，戰火蔓延到了西非沙漠，義大利人在那裡面對大英國協的部隊。在接下來的三年，沙漠中的爭鬥將由補給線與交通線來決定勝負。

↑英國皇家空軍中東指揮部雖然統率非洲大陸廣闊區域的天際，但旗下許多戰機都是屬於很早期的機型。照片中這架飛越埃及赫利歐波里斯（Heliopolis）上空的維克斯瓦倫提亞式（Vickers Valentia）轟炸機，幾乎等於大英帝國沒落的象徵。

墨索里尼相信，在德軍入侵法國北部之際，他能夠趁勢取得好處，所以便於一九四○年六月十日跟著希特勒的腳步捲入大戰。一轉眼間，地中海的海上權力平衡擺向軸心國一方，當法國拒絕繼續跟隨盟軍作戰後更是如此。北非的法軍港口亦因此遭受英國皇家海軍的攻擊。

由於義大利加入戰局，英國戰略利益的三個威脅立即浮現：馬爾他基地將會受到西西里島上的義大利空軍威脅；昔蘭尼加上的義大利部隊靠近至關重要的蘇伊士運河和亞歷山卓的英國海軍基地；大批的義大利殖民地陸軍和航空部隊威脅到東非和阿拉伯半島的英軍基地。

此時，盟軍無法立刻加強馬爾他的防禦力量，因此馬爾他只得自食其力。這座小島依賴著一批過時的海格鬥士和少數幾架颶風式戰鬥機作為其防空武器。

不過，在西非沙漠的情勢更加嚴峻。面對在數量上占盡優勢的義大利航空部隊，英國皇家空軍所擁有的僅剩一批快報廢的混合機群和一望無際的遼闊土地。然而，他們憑藉著巧妙的部署並謹慎運用可派的資源，兩支格鬥士中隊在西非沙漠之役的初期設法耗損義大利軍機；魏菲爾（Wavell）將軍則展開他輝煌的戰役，率領軍隊直搗昔蘭尼加。漸漸地，英國皇家空軍得以派出一小支的增援到中東，一開始是由護航船隊穿過地中海運送，後來是先運到黃金海岸（Gold Coast）的塔柯拉第（Takoradi），再經由陸路飛行到運河區。維克斯威靈頓式和洛克希德哈德森式（Lockheed Hudson）轟炸機可直接從英國飛去，而颶風式和布里斯托布倫亨式是經由塔柯拉第路線抵至；其他的飛機則為船舶繞過好望角運送。

在東非，入侵的義大利人橫行了英屬的索馬里蘭（Somaliland），

並取得初步的勝利。如此一來，他們即威脅到了亞丁（Aden）。然而，在支援大英國協部隊發動另一場壯烈的反攻行動中，英國皇家空軍的維克斯威靈頓式和格鬥士於南非空軍戰機的並肩作戰之下，成功的擊敗了東非的義大利航空部隊。不久，義大利軍隊在非洲一角的出沒就此消失。

此刻也是魏菲爾的部隊贏得勝利的時候，他們在第一起的北非沙漠進攻中抵達了班加西（Benghazi）。不過，英國皇家空軍的單位被號召去援助希臘，而一九四一年在伊拉克爆發的事件又使得英軍的戰況雪上加霜。

在伊拉克親軸心國的拉希德·阿里（Rashid Ali）發動叛亂之後，英國皇家空軍位於伊拉克哈班尼亞（Habbaniyah）的基地隨即遭受攻擊。來襲者有德國和義大利軍機的支援，但最後他們仍被基地上防禦的威靈頓式、布倫亨式、格鬥士與颶風式壓制。

因為義大利無能在北非取得決定性的勝利，於是德軍在一九四一年初調離了航空部隊主力的攻擊單位到地中海（尤其是第 27 戰鬥聯隊的 Bf 109E 型）；不久，Ju 87 與 Ju 88 也調了過去。就是這支調往馬爾他戰區的德國航空軍首度對該島造成強大的威脅。一瞬間，此處英國海軍基地的運用倍受限制，盟軍也開始不斷派遣航空母艦到地中海，載送大批的颶風式戰鬥機，讓他們飛往馬爾他，並降落在島上的機場。

一九四一年二月六日，先前在法國指揮第 7 裝甲師的傑出指揮官艾爾文·隆美爾（Erwin Rommel）中將被指派去率領德軍的分遣隊，該部隊在二月二日時命名為「德意志非洲軍」（Deutsches Afrika Korps）。

自二月十日起，德國空軍在北非的行動愈來愈頻繁，Bf 110 型戰鬥機對阿蓋拉／貝南（El Agheila/Benin）區路上的英軍部隊與引擎運輸車輛進行低空掃射；而 Ju 88A-1 型轟炸機則從卡塔尼亞（Catania）與蓋爾比尼（Gerbini）升空作戰，每日例行攻擊港口的設施，使其無法運作。二月二十三日，第 1 教導聯隊第 1 與第 2 大隊的 Ju 88 轟炸機還擊沉了英國海軍的恐怖號（Terror），她是一艘從班加西航向托布魯克（Tobruk）的淺水重砲艦，當時並沒有英國皇家空軍戰鬥機的護航。

到了一九四一年三月，大英國協部隊的兵力已嚴重短缺，隆美爾因此在三月三十一日發動第一次大

↑照片中是英國皇家空軍的軍械士準備為第 113 中隊的一架布里斯托布倫亨式 I 型輕型轟炸機填裝彈藥好讓它出擊作戰。大批的輕型轟炸機經常掛載少量的大型武器，對付無裝甲防護的目標特別有效率。

↑第 27 戰鬥聯隊第 1 大隊的梅塞希密特 Bf 109E-4 熱帶型戰鬥機為北非上空的行動帶來了新的戰術面貌。在 1941 年春的北非戰區中，很顯然的，這款戰鬥機遠勝過英軍所有可用的機型。

反攻。約兩百輛輕型戰車和裝甲運兵車（APC）駛向東方，迫使英軍撤退。Ju 87 型轟炸機痛擊了英國部隊，而少數英國皇家空軍與澳大利亞皇家空軍（RAAF）的颶風式也宣稱摧毀了數架敵機。

到了四月四日，隆美爾拿下了班加西與摩蘇斯（Msus），英軍因而決定撤到埃及。德國空軍的轟炸機遭受英國皇家空軍的打擊，所以 Bf 109E-4 型與 E-7 熱帶型被派去爲他們護航。德軍繼續向東方進擊，繞過托布魯克的守軍，並使該城陷入被包圍狀態。四月二十五日，非洲軍再度發動猛烈的攻勢，迫使英國人退回蘇法非—布格（Sofafi-Buq）防線。四個月之前，英軍就是從這裡反擊。

過氣的敵手

在戰爭爆發之際，盟軍和軸心國部隊都還有數年前開發的飛機。這些飛機無法和現代化的戰機匹敵，他們也很快從戰場上消失。

→**格洛斯特鐵手套 Mk II**
雖然鐵手套式戰鬥機以歐洲的標準來說是該淘汰的機種，但在北非之役初期它仍配發給一支澳大利亞中隊（如圖第 3 中隊的該型機）和三支英國皇家空軍中隊。直到 1942 年，南非空軍也還在東非戰場上操縱這款戰機。

↑**飛雅特 CR.32**
義大利空軍第 50 突擊聯隊（50° Stormo Assalto）第 12 大隊第 160 中隊配備 CR.32 型與布瑞達（Breda）Ba.65 型戰機作爲對地攻擊機。這兩款飛機在戰鬥中的表現都差強人意。

第三十一章

梅塞希密特 Bf 110 驅逐機

閃擊戰期間所向無敵的梅塞希密特 Bf 110 型驅逐機在不列顛之役時遭受英國皇家空軍戰鬥機重創；但它很快又成為夜戰中轟炸機指揮部的剋星。

西元一九一八年第一次大戰結束之後，所有國家的戰鬥機設計師皆以攔截的速度、加速率與高機動性和纏鬥戰的推力為目標，因此，當時世界上最出色的戰鬥機形式都是單座、高推重比和翼面荷量相對低的雙翼機。

到了一九三〇年代，單翼機的革命應運而生，單體結構的機身、可收回的起落架、懸臂樑式的機尾組件和強化的單一或雙層翼樑機翼成為主流；戰鬥機的外形基本上仍舊不變，武裝與燃料箱也謹慎的約束以免降低了速度和機動性。然而，一九一七年至一九一八年西線戰場上空的行動突顯出擴大戰鬥機航程和續航力的必要性，尤其是那些作戰半徑夠遠、可伴隨轟炸機深入敵軍領空執行任務的飛機，無論是護航機或是為了在特定區域取得制空權的戰機。

要設計出這樣的飛機原本被認為是不可能的事情，但在一九三四年，此一構想再度受到注意。長程戰略戰鬥機的概念究竟是用於侵略性或防禦性的任務仍是具有爭議的問題，但至少，德國空軍需要這種他們稱為「驅逐機」（Zerstörer）的戰機，來追擊並摧毀於帝國領空的敵軍轟炸機，況且該機還有能力在轟炸機撤退時騷擾他們好長一陣子。

纖細的設計

德國「巴伐利亞飛機製造廠股份公司」（Bayerische Flugzeugwerke

↑儘管高速、重武裝的 Bf 110 型戰鬥機在大戰初期階段十分成功，但它於英倫諸島上空仍敵不過優越的噴火式與颶風式戰鬥機。

→梅塞希密特 Bf 110 V1 型原型機在 1939 年 5 月 21 日從奧古斯堡—豪恩斯泰騰（Augsburg-Haunstetten）進行首飛，它由魯道夫·歐皮茲（Rudolf Opitz）操縱。Bf 110 量產前的機型只製造了四架，他們雅緻的設計在當時算是相當的先進。

↓為了殲滅大批盟軍轟炸機群和對地實施攻擊，這架 Bf 110 戰機裝了數具火箭發射器進行試驗。照片中的例機正測試 RZ65 型火箭彈，他們由裝置於機身下方的十二支 2.875 吋（73 公釐）火箭發射管來投射。如此的安裝後來證明不符合要求，最後遭到拆除。

AG）〔即後來的梅塞希密特股份公司（Messerschmitt AG）〕的研發小組致力於帝國航空部重型戰略戰鬥機規格的開發，他們在一九三五年夏天展開這項計畫的發展工作。研究人員忽略許多規格數據上的要求，並將精力集中在一架纖細、全金屬的雙引擎單翼機。由兩具戴姆勒—朋馳 DB 600A 型引擎發動的 Bf 110 V1 雛型機於一萬零四百一十五呎（三千一百七十五公尺）的高空時速可達三百一十四哩（五百零五公里），大大超越了梅塞希密特自產的 Bf 109B-2 型戰鬥機。

當然，如測試飛行員和往後測試部門（Erprobungsstelle）所注意到的一樣，這款飛機和接下來發展原型的加速率與機動性都無法和輕型戰鬥機相提並論。不過，赫曼·戈林無視德國空軍對此事的擔憂，他肯定梅塞希密特 Bf 110 的潛力，並下令繼續生產該型機。第一架量產前的原型機 Bf 110B-01 由兩具容克斯朱姆 210Ga 型引擎來推動，於一九三八年四月十九日，就在德國空軍單位大規模改組之後進行首飛。

戴姆勒—朋馳發動機的瑕疵和朱姆 210Ga 型引擎的滯留性使得奧古斯堡（Augsburg）工廠於夏季所生產的 Bf 110B-1 系列戰機的性能差強人意。Bf 110B-1 配備了兩挺二十公釐奧利崗（Oerlikon）MG FF 型加農砲和四挺○·三一吋（七·九二公釐）MG 17 型機槍，它在一萬三千一百二十五呎（四千公尺）預定高度的最快飛行速度可達每小時二百八十三哩（四百五十五公里）；而其實用升限（譯者註：實用升限指飛機以每分鐘一百呎／三十公尺的爬升率所能達到的最高高度）為二萬六

千二百四十五呎（八千公尺）。Bf 110B-1 型是首批投入服役的機型，他們在一九三八年秋天時配給了一些重型戰鬥機大隊（schweren Jagdgruppen）。

　　一九三九年初，梅塞希密特 Bf 110C-0 量產前的機型配發至新成立的驅逐機大隊（Zerstörergruppen，即先前的重型戰鬥機大隊），這批戰機改良了機身結構以延長飛機的壽命，而且它還裝置了十二汽缸、倒 V 字型直接加壓燃料的戴姆勒—朋馳 DB 601A-1 型引擎，它在一萬二千一百四十呎（三千七百公尺）的高空可輸出一千一百匹的馬力（八十二萬瓦）。Bf 110C-1 量產型是續航力相當不錯的戰鬥機，而且操縱這款新式戰機的第 1 教導聯隊第 1（驅逐機）大隊〔I（Zerst）/Lehrgeschwader Nr 1〕、第 1 驅逐機聯隊第 1 大隊（I/Zerstörergeschwader Nr 1）與第 76 驅逐機聯隊第 1 大隊的飛行員都是德國空軍戰鬥機部隊裡的菁英。大戰剛爆發之前，在一九三九年九月，每支大隊都配備了兩支中隊的 Bf 110C-1 型和一個 Bf 110B-3 型改裝教練機的單位。

大戰中的驅逐機

　　九月間，重型戰鬥機的駕手在短暫的波蘭之役中，飛在亨克爾和都尼爾轟炸機的最上空予以掩護，並於一萬九千六百八十五呎（六千公尺）以上的高空進行掃蕩任務。不過，Bf 110 的飛行員很快就意識

到和敏捷的波蘭 PZL P.11c 型戰鬥機做迴旋較勁是愚蠢的行為，所以他們便採取爬升—俯衝戰術，一直維持高速飛行。沃爾特·葛拉伯曼（Walter Grabmann）上校的第 1 教導聯隊第 1（驅逐機）大隊〔由史萊夫上尉（Hauptmann Schleif）率領〕在九月一日傍晚為第 1 轟炸聯隊第 2 大隊的亨克爾 He 111P 型護航時，就於華沙上空一舉擊落了五架 PZL P.11 戰鬥機。

　　顯然的，驅逐機大隊的派用已經偏離了它原來的角色而用於護航任務和對付單引擎的敵軍戰鬥機以取得制空權。理論上，Bf 110C-1 的性能參數並沒有什麼問題：從尺寸和外形來考量，它是最佳的重型戰鬥機。Bf 110C-1 的作戰重量為一萬三千零七磅（五千九百公斤），在預設的一萬九千八百五十呎（六千零五十公尺）高空時速可達三百三十六哩（五百四十公里），快過盟軍最新式的戰鬥機，而且只比它的下一批競爭者，即法國的迪瓦丁 D.520 型與超級馬林噴火 I 型慢了二十至三十哩／小時（三十二至四十三公里／小時）而

↓ Bf 110 最後以夜間戰鬥機的形式造就了它的傳奇。總共發展出一打以上配備雷達的衍生機型，而且其武裝也不斷的改良和升級。其中一型成功地架設了傾斜射擊的 30 公釐 MK 108 加農砲，這種裝置於駕駛艙後部的武器又稱為「傾斜音樂」（schräge Musik）或「爵士樂」。

↑照片中是一架遭到第 8 軍團「蒙哥馬利將軍的沙漠之鼠」（Desert Rats of General Montgomery）擄獲的 Bf 110C-4b 型戰機。該機在西非沙漠中扮演著相當重要的角色，它作為戰鬥轟炸機支援隆美爾的非洲軍。

轟炸機型和超長程的戰鬥機型，他們亦出現在英國、地中海和北非上空。接著，Bf 110 戰機單位解除了第一線作戰的束縛，並派去對付蘇聯，他們在那裡獲得不少成功。隨著戰爭持續下去，Bf 110 發現自己愈來愈無法與其他最新的盟軍戰機匹敵，並逐漸退出大部分的戰區。

夜戰型

然而，Bf 110 戰鬥機在一個領域上的表現極為出色，那就是夜間作戰，他們防衛帝國的領空對抗敵軍轟炸機。後繼的機型都配備了非常優異的雷達，尤其是 FuG 212 型列支敦斯登（Lichtenstein）C-1 雷達與 FuG 220 型列支敦斯登 SN-2 雷達。許多飛行員都創下一些擊殺紀錄，特別是海因茨—沃夫岡·施瑙佛（Heinz-Wolfgang Schnaufer）少校。施瑙佛是第 4 夜間戰鬥聯隊（NJG 4）的最後一位飛行聯隊隊長（Kommodore），獲頒過數枚鑽石勳章（Diamond）及騎士十字勳章（Knight's Cross），他本人宣稱於大戰期間在夜裡擊落至少一百二十一架的敵機。

或許該提醒的是，很少雙引擎戰鬥機能夠與當時的單引擎戰鬥機匹敵，即使是傳奇性的蚊式、川崎二式複座戰鬥機（即 Ki-45）型或洛克希德 P-38 閃電式戰機。儘管 Bf 110 型在纏鬥戰中失敗了，但它仍是高效率和多用途的全能戰機。況且，Bf 110 原本作為轟炸機驅逐者的角色已證明非常成功，尤其是在夜晚。

已。不過，在戰鬥機對戰鬥機戰中，敏捷的翻滾率、立即的加速度，還有最高的迴旋率才是致勝的關鍵，這些因素都受制於飛機的動力、翼面荷量和飛行員的體力。

Bf 110 型戰鬥機的飛行員在波蘭和斯堪地那維亞上空沒有遭遇什麼問題，而早期作戰的勝利也讓他們對重型戰鬥機的性能深具信心。然而，一九四〇年期間，德國空軍在法國與英國南部上空面臨到強硬的抵抗，很快粉碎了 Bf 110 戰機的許多迷思。該機於高空戰鬥中雖能夠相對地不受傷害，但當他們飛下來到中間空層（通常是為轟炸機護航）和敏捷的噴火式與颶風式格鬥時，飛行員察覺 Bf 110 的迴旋能力簡直是望塵莫及，結果容易遭到擊落。

到了這個時候，Bf 110 的其他衍生機型也發展了出來，包括戰鬥

第三十二章
北非之役

西元一九四一年四月，隆美爾的首次進攻就迫使大英國協的部隊退回埃及。接下來奪回領土和為托布魯克解圍的戰鬥將會是既漫長又痛苦的歷程。

　　義大利軍隊於一九四○年末期在西非沙漠無力阻擋魏菲爾將軍的攻勢，導致德國派隆美爾中將指揮「德意志非洲軍」前往干預。一開始，這支部隊的規模很小，只擁有少數幾架飛機，但他們初期取得的勝利卻是引人注目。到了一九四一年四月三十日，魏菲爾的部隊已退回了埃及，而托布魯克的澳大利亞游擊隊亦遭圍困，不過由於隆美爾此時的補給鏈拖得太長，所以盟軍暫時守住了托布魯克。

　　其後，盟軍發動了兩個階段的反擊，代號分別為「簡短」（Brevity）與「戰斧」（Battleaxe）。簡短行動於一九四一年五月十五日展開，空中掩護主要由颶風式和布倫亨式 IV 型擔當。其他參與作戰的大英國協戰機還包括威斯特蘭萊桑德式與馬丁馬里蘭式，以及四支中隊的威靈頓式轟炸機。對抗這支武力的是「非洲航空指揮部」（Fliegerführer Afrika）〔由史泰芬‧弗洛里希少將（Generalmajor Stefan Frölich）指揮〕旗下約一百五十架的戰機，包含 Bf 110 型、Hs 126 型、Ju 87 型與 Bf 109E 型，加上義大利的第 5 分隊（V. Squadra），他們

配備 SM.79 型、SM.84 型、飛雅特 CR.42 型與 G.50 型，還有馬奇 MC.200 型戰機。在空戰中，大英國協的颶風式飛行員發現他們戰機的作戰能力大略和德國「艾米爾型」（Emil）與義大利佬的戰鬥機旗鼓相當，低空戰鬥的性質奪走了 Bf 109 凌駕颶風機的優勢。簡短行動在非洲軍兩個星期的頑強抵抗之下，由於油料嚴重匱乏而結束。

　　戰斧行動的主要目的為解放托布魯克，它於一九四一年六月十四

↑照片中是第 208 中隊的三架威斯特蘭萊桑德式戰機於蘇伊士運河上空巡邏。為了能有效的發動攻擊，這群「利吉」（Lizzie，譯者註：萊桑德式的暱稱）需要戰鬥機的掩護，因而從更重要的任務中調來珍貴的戰鬥機。它在沙漠中的偵察任務大多轉交給颶風式執行。

↑薩伏亞馬奇蒂 SM.79 型轟炸機的速度雖比布倫亨式慢，但武裝較優，並在利比亞成為義大利空軍轟炸機的主力。照片中的 SM.79 型隸屬於第 10 中隊。

日展開。在三天的激戰中，德軍部署了火力強大的○‧三五吋（八十八公釐）砲，撕開了大英國協戰車的裝甲，接著隆美爾反攻，迫使盟軍部隊再次退回埃及。

戰斧加入戰局

到了這個時候，寇蒂斯戰斧式登場，它是一架性能在低空格鬥中讓大英國協飛行員感到驚喜的戰鬥機。不過，盟軍主要的對手是第 27 戰鬥聯隊第 1 大隊實戰經歷豐富的行家（Experten）。對付相對無經驗的敵人，這群行家連續取得了令人刮目相看的勝利，尤其是布倫亨式轟炸機的損失十分慘重。然

而，北非被認為是不必優先配給新式裝備的戰區，從盟軍眼裡來看，戰斧行動的失敗也或許是整場戰爭中最低層級的問題。

一九四一年七月，亞瑟‧科寧漢（Arthur Coningham）少將來到北非接掌盟軍航空部隊的指揮權，隨他一同而至的是飛機裝備的大幅改善，無論數量與質量都有提升。大批的戰斧式與馬里蘭式戰機抵達北非，九月的時候首次出現優越的道格拉斯波士頓 III 型。接著，他們收到了波福式戰機用來執行海岸巡邏和反艦任務，而兩支標緻戰士中隊也跟著入列。另外，英國海軍「艦隊航空隊」亦在海邊部署了一支中隊的格魯曼岩燕式（Grumman Martlet）戰鬥機。

不過，軸心國部隊也補給了新的裝備，新型的 Bf 109F 是這一段日子裡戰場上的霸主。第 27 戰鬥聯隊第 2 大隊於九月抵達了北非，隨之而來的是他們「佛瑞德里希型」（Friedrich）戰鬥機，而第 27 戰鬥聯隊第 1 大隊則調回德國進行換裝。新型的 Bf 109F-2 型與 F-4 型（適合在熱帶地區作戰）是出色的戰鬥機，在如漢斯—約阿辛‧馬賽勒（Hans-Joachim Marseille）〔綽號「沙漠之星」（Star of Afrika）〕這樣的高手操作下，他們很快就在沙漠上空取得了制空權。

↓這張具有戲劇性的照片是由一架盟軍戰鬥機所拍攝，它顯示這架 Ju 52/3m 型運輸機遭到低空掃射攻擊之後，引發右舷油箱起火燃燒。

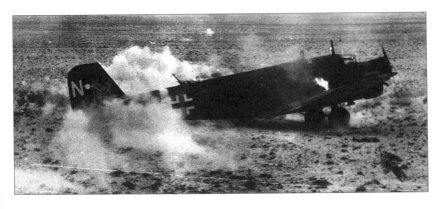

然而，德國空軍幾乎沒有足夠的戰鬥機可奪取盟軍所掌握的天空，大英國協的地面部隊還是能夠得到有效的空中支援。一九四一年十一月，另一支軸心國航空部隊駕到，他們是馬奇 MC.202 型閃電式（Folgore）戰鬥機。這批戰機的到來使得原先仰賴 G.50 型、MC.200 型和一些飛雅特 CR.42 型雙翼機的義大利航空部隊戰力大增。

一九四一年秋，大英國協部隊建立了一支具有規模的空中武力，並在十月之際準備發動下一場弱化敵軍的重要攻擊。他們的目標大部分是軸心國的機場，而且雖然盟軍許多飛機都栽在 Bf 109F 手裡，但這次突襲仍重創了軸心國的航空部隊，尤其施了斯圖卡機群嚴屬的打擊。

一九四一年十一月十八日／十九日晚，克勞德·奧欽列克（Sir Claude Auchinleck）將軍指揮第 8 軍團發動「十字軍行動」（Operation Crusader）。在空中的層層掩護之下，盟軍繞過了軸心國嚴密防禦的哈法亞隘口（Halfaya Pass），直攻托布魯克。儘管盟軍在西迪·雷茲（Sidi Rezegh）遭遇強力的抵抗，但他們還是贏得勝利，並於十二月七日解放托布魯克。盟軍繼續進擊，並在十二月十八日拿下密切里（Mechili），十二月二十三日攻克班加西。到了一月六日，隆美爾已退到他原來的起始地，即阿蓋拉。

在十字軍行動的空戰中，事實證明數量優勢勝過質量優勢：第

27 戰鬥聯隊的飛行員無可爭論地仍是空中的主宰者，但他們的人數與戰機太少而無法在作戰中徹底瓦解盟軍的空中支援。德國空軍認知到這樣的結果，於是派遣了更多的「佛瑞德里希型」戰鬥機，他們編成了第 53 戰鬥聯隊第 3 大隊。然而，盟軍於推進時占領了數座軸心國機場，因此許多戰機不得不退回的黎波里塔尼亞（Tripolitania），甚至是西西里島起降。

↑在戰爭爆發之際，馬丁馬里蘭式伴隨布里斯托布倫亨式於輕型轟炸機中隊裡一同作戰。他們大多由南非空軍的飛行員操作，儘管照片中的是一架英國皇家空軍第 39 中隊的馬里蘭偵察機。

戰鬥轟炸機

盟軍的空中掩護力量包括了颶

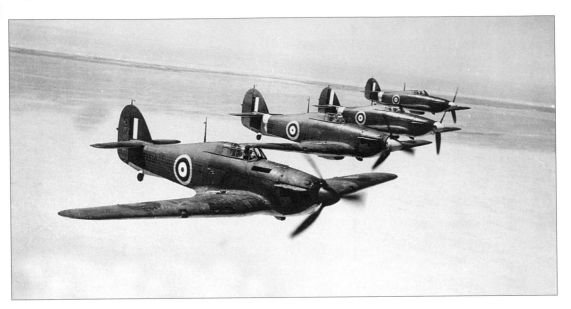

↑大戰初期盟軍最有價值的武器是颶風式戰鬥機。照片中這幾架 I 型正從黃金海岸的塔柯拉第（Takoradi）飛運至前線，他們的佛克斯（Vokes）沙塵濾清器尚未裝設。

風式和戰斧式戰鬥機，而颶風式也逐漸運用在對地攻擊的任務上。英國人後知後覺地領悟到，戰鬥機是密接支援陸軍的最佳工具，而傳統形式的密接支援機如萊桑德式就只能任憑敵軍戰鬥機宰割。颶風式成為極佳的戰鬥轟炸機，並可視為盟軍於北非之役中最重要的武器。布倫亨式與波士頓式輕型轟炸機徘徊在地面部隊前鋒，攻擊經常掩蔽在地坑裡的軸心國部隊。致命的八十八公釐防空砲（Flak 88）能夠有效用來對付馬提達式（Matilda）與十字軍式（Crusader）輕型戰車，所以是攻擊機的首要目標。另外，威靈頓式於夜裡持續對軸心國陣地發動轟炸，而空拍偵察則交由特別改裝的颶風式和標緻戰士執行。

盟軍與軸心國雙方都蒙受相當慘重的損失。一九四一年十一月十八日至一九四二年一月二十日之間，非洲航空指揮部在各種因素下失去了二百三十二架飛機，而義大利的第 5 分隊則少一百架。大英國協的中隊於一萬二千架次的出擊中也折損了三百架飛機。

十字軍行動的勝利歸功於許多因素，尤其是馬爾他基地上一小群的英國皇家空軍反艦單位之努力。他們成功的截斷並摧毀了軸心國護航隊的補給，使得非洲軍總是缺乏燃料與彈藥，並讓他們深長且脆弱的補給線終止運作。

在很短暫的日子裡，十字軍行動似乎是盟軍重大的勝利。不過，隆美爾不是一位可以被低估的人。英國的情報單位不認為隆美爾會再從他的阿蓋拉據點突圍，並認定他的撤退只是時間的問題。然而，一九四二年一月二十日，隆美爾再度出擊，到了六月，他便占領了托布魯克，而且似乎沒有什麼能夠阻止他取得他的戰利品：蘇伊士運河。

第三十三章
馬爾他的考驗

西元一九四一年夏季期間，馬爾他的一小批盟軍航空部隊打擊了軸心國從義大利到北非的補給線，其所施予的破壞相當可觀。

到了一九四一年五月底，當軸心國確保了克里特島、巴爾幹與希臘的安全之後，漢斯—斐迪南・蓋斯勒（Hans-Ferdinand Geisler）將軍「第 10 航空軍」的總部，也從西西里島移往雅典（Athens）的「不列塔尼旅館」（Hotel Bretagne）。曾在西西里島第 10 航空軍旗下服役的戰鬥單位，不是調回了德國準備入侵蘇聯，就是到了希臘的艾洛西斯（Eleusis）、塔托伊（Tatoi）與卡拉馬基（Kalamaki）機場，或是克里特島的馬里門與希拉克里翁。

德國空軍位在希臘和克里特島基地的打擊部隊主要是反艦單位，包括配備亨克爾 He 111H-6 型的第 26 轟炸聯隊第 2 大隊和配備容克斯 Ju 88A-4 型的第 1 教導聯隊的幾支大隊。這些單位持續對英國皇家海軍造成壓力，並不斷攻擊蘇伊士和尼羅河三角洲（Nile Delta）附近的目標。由於德國人離開西西里島，英軍駐守的馬爾他便得以免受自一九四一年一月至三月間頻繁的空中突襲。而義大利空軍的戰機，尤其是有了第 10 聯

↑照片中，正當一位艦隊航空隊的飛行員跑向他的戰機之際，海軍的地勤人員準備轉動格洛斯特廠製颶風 IIA 型 BG766 號戰鬥機的螺旋槳。這架戰機掛載了兩顆 250 磅（113 公斤）的炸彈，準備進行另一次掃蕩。

隊增援的第 30 聯隊和第 279 中隊之 SM.79 型，以及第 9 聯隊的坎特 Z.1007-II 型，他們從薩丁尼亞（Sardinia）和西西里島的基地出擊，仍舊是馬爾他補給護航船隊迫切的威脅。

不過，在馬爾他的上空，那裡相對的安全：雖然經常遭受突襲，但新來的颶風式 IIA 型能夠輕易的擋下敵方轟炸機和護航的飛雅特 CR.42 型隼式和 MC.200 型雷電式戰鬥機。顯然的，此刻是馬爾他進攻的時候了。

島上的補給

馬爾他上空相對的平靜，使得護航船隊能夠不受阻礙的對該島進行補給。一九四一年七月二十日，

↑魯卡基地上的第
223 中隊之巴爾的摩
（Baltimore）轟炸機正
在「陳列」炸彈，他們
準備對撤出西西里島的
軸心國部隊發動突襲。
雖然這批飛機對軸心國
的轟炸機來說是誘人的
目標，但他們停留在馬
爾他的時機（1943 年 7
月 20 日至 8 月 10 日）
與盟軍主宰馬爾他制空
權的時間點一致。

行動代號「物質」（Substance）
下的護航船隊，包括六艘貨輪和
一艘運兵艦，穿過直布羅陀海峽
航向馬爾他。這支船隊有 H 艦隊
戰艦的護航，由希弗瑞特（E. N.
Syfret）少將指揮；而空中的掩護
則是英國海軍皇家方舟號（HMS
Ark Royal）航空母艦上的海燕式
I 型來擔當，還有派去馬爾他的第
252 中隊與第 272 中隊的標緻戰士
IF 型支援。他們在行經西西里島
與薩丁尼亞時遭遇了義大利空軍一
百五十架 SM.79 型與 SM.84 型戰
機的威脅。

軸心國對「物質」護航隊的
首次攻擊在七月二十三日展開，當
時護航隊正位於薩丁尼亞西南方一
百四十哩（二百二十五公里）處。
敵機來襲，十架 SM.79-I 型從一萬
一千八百呎（三千六百公尺）的高
空進行轟炸，而「義大利空軍魚雷
轟炸機特遣隊」（Aerosiluranti）的
SM.79-II 型則掛載魚雷從北方進擊。

攻擊期間，英國海軍「艦隊航
空隊」的海燕式迎戰高空的轟炸
機，但義大利的魚雷轟炸機擊沉了
驅逐艦無懼號（HMS Fearless），

並重創巡洋艦曼徹斯特號
（Manchester）。夜裡，護航隊又
遭受義大利潛艇和 E 艇（E-boat）
的攻擊，不過他們還是在七月二十
四日抵達了瓦勒塔港：除了補給品
之外，皇家方舟號上的六架費雷旗
魚式 I 型也轉交給了馬爾他的艦隊
航空隊第 830 中隊。

穩健的建設

護航船隊持續航向馬爾他。
「風格」（Style）行動中的補給
品與部隊於八月二日在瓦勒塔港登
陸：馬爾他的守軍此時已超過了二
萬二千名部隊，那裡的十三個營
中包含「皇家馬爾他團」（Royal
Malta Regiment）的三個營，而防
空力量則包括約一百一十二門的重
型和一百一十八門輕型火砲。

一九四一年八月初期，「馬
爾他空軍總部」（AHQ Malta）
〔當前由洛伊德（H. P. Lloyd）空
軍少將指揮〕擁有十五架颶風 II
型與六十架 IIA/B 型隨時待命出
擊，而所謂的「馬爾他夜間戰鬥機
單位」（Malta Night Fighter Unit,
MNFU）也成軍以反制義大利愈來

愈頻繁的夜間突襲。

「戟」護航船隊

　　一九四一年八月二十八日，盟軍參謀總部決定派另一支護航船隊前往馬爾他，而且同意調派第 252 中隊與第 272 中隊的標誌戰士過去，使該島的此型機增加至二十二架。另外，第 2 聯隊的五架布里斯托布倫亨式 B.Mk IV 也將部署到馬爾他執行反艦任務。這次增援行動將由 H 艦隊與 X 艦隊的戰艦護航，而地中海艦隊的單位亦會展開轉移敵方注意的牽制行動。

　　九月二十四日／二十五日晚間，九艘貨輪，包括布林肯郡號（Breconshire），穿過了直布羅陀海峽。二十七日，英國海軍戰鬥艦納爾遜號（HMS Nelson）於薩丁尼亞西南方遭到一架 SM.79-II 型轟炸機的命中。馬爾他第 69（對地攻擊／偵察）中隊的馬丁馬里蘭式持續監視義大利艦隊的動向，但這支隊伍鮮少發動突襲。

　　夜裡，SM.79 型與 SM.84 型展開了優異的魚雷協同攻擊，在作戰中商輪帝國之星號（SS Empire Star）嚴重癱瘓，後來不得不讓她沉沒。九月二十八日一大早，第 272 中隊的標緻戰士即執行護航任務，他們在護航船隊於中午剛過不久駛進瓦勒塔港時依然嚴守崗位。這場代號為「戟」（Halberd）的行動裡，護航船隊運送了五萬噸的燃料與補給，理論上可讓馬爾他的駐軍支撐到一九四二年五月。

　　馬爾他的反艦主力由英國皇家海軍第 10 潛艇隊（10th Submarine Flotilla）組成，他們有時會有以亞歷山卓為基地的第 1 艇隊的支援。從馬爾他出擊的潛艇證明如他們大無畏的勇氣一樣成功：或許最壯觀的擊沉紀錄是一九四一年九月十八日時，英國海軍擁護者號（HMS Upholder）於前往的黎波里（Tripoli）途中擊沉了班輪海神號（Neptunia）與大洋洲號（Oceania），這兩艘船的噸位都是一萬九千五百噸，而且載著大批的軸心國部隊。與潛艇攜手作戰的還有馬爾他的反艦飛行中隊，他們的表現亦不遑多讓。

　　第 2（轟炸機）聯隊的布里斯托布倫亨式 IV 型輕型轟炸機自四月底已組成了一小支的分遣隊至馬爾他。這批第 2 聯隊的布倫亨式在該年剩下的日子裡就於「馬爾他空軍總部」旗下服役：一九四一年六月四日，第 82 中隊抵達；接著分別在七月和八月又來了第 105 中隊與第 107 中隊，而第 18 中隊則在十月入列。他們首要的任務是配備四顆二百五十磅（一百一十三公斤）的 IV 型一般用途炸彈（GP Mk IV）或半穿甲／高爆彈（SAP/HE）對船艦進行低空攻擊，第 2 聯隊先前於北海與英吉利海峽上空作戰，對這項任務已相當純熟了。

　　到了一九四一年八月，平均來說，盟軍在魯卡有二十架的布倫亨 IV 型可用；除此之外，十二架主要用於夜間作戰的威靈頓 IC 型轟炸機的其中九架也投入了反艦任務，而艦隊航空隊在哈爾·法

↑照片中三架艦隊航空隊的金槍魚式魚雷轟炸機於馬爾他的郊外上空巡弋。第 828 與第 830 中隊的金槍魚在 1942 年 3 月聯合起來為「馬爾他海軍航空中隊」（Naval Air Squadron Malta）執行任務。到了 1943 年中期，這兩支中隊已擊沉了三十艘的敵艦，並重創另外五十艘。

（Hal Far）亦維持二十架的旗魚機予以支援。偵察行動則由第 69 中隊的十架馬丁馬里蘭式執行，他們有更具進攻性的六架標緻戰士 IC 型協助，而七十五架左右的颶風 I 型與 II 型也能夠用來為他們護航。

擊沉補給船

在接下來的幾個月裡，馬爾他的反艦部隊有了更強大的生力軍：秋季的時候，來了三架配備空對海（ASV）II 型雷達的威靈頓式戰機。他們偵測敵艦的最大範圍可達六十哩（九十七公里）。另外，旗魚式也配備了這種空對海雷達，而導航裝置則安裝在一些威靈頓式機上，讓他們能夠緊密的協同裝配收發報機的金槍魚式（Albacore）與旗魚式作戰。十一架掛載長程副油箱的金槍魚式 II 型魚雷轟炸機是專為打擊遠洋敵艦而派來的。

盟軍反艦單位對軸心國北非補給航線的影響是立即見效的：在六月，馬爾他基地的戰機就擊沉了兩艘總噸位一萬二千二百四十九噸的船舶。軸心國每一次派遣的補給船隊都損失了百分之三十左右，而沉船總噸位（一九四一年六月至十月）也達到了十七萬八千五百七十七噸。

由於補給船隊的損失限制了德軍在北非的行動，希特勒因此同意派 U 艇前往地中海作戰的要求。接著，德國空軍也奉命增派航空部隊斬除棘手的馬爾他島。一九四一年十月二十九日，凱賽林元帥麾下第 11 航空軍團的參謀接獲命令，他們將偕同布魯諾‧羅徹（Bruno Loerzer）將軍指揮的第 2 航空軍，從蘇聯戰線的中央防區調至西西里島作戰。

一九四一年十二月，德國空軍對馬爾他逐步擴大的攻擊愈來愈明顯；同時，由於天候轉為惡劣，英國皇家空軍從馬爾他出擊的頻率亦愈來愈縮減。此時，軸心國趁機將部隊與補給由戰艦渡運至的黎波里和班加西，沉船的發生率開始下滑。十一月是英國皇家空軍與皇家海軍對付補給航線上的船隻而取得顯著勝利的最後一個月：共十四艘船沉沒，總噸位五萬九千零五十二噸。

U 艇抵達地中海之後造成了英國皇家海軍災難性的影響，數艘戰艦遭到魚雷擊沉，包括航空母艦皇家方舟號和戰鬥艦巴漢號（HMS Barham）。北非的軸心國部隊獲得了備用品和六萬六千噸的油料，讓隆美爾得以在一九四二年一月二十一日從阿蓋拉發動進攻。此刻，馬爾他已失去威嚇力了。

第三十四章
隆美爾的最後勝利

馬爾他干擾隆美爾的補給線造就了「十字軍行動」的成功，非洲軍被迫退回阿蓋拉。不過，謎樣的隆美爾再度反擊，看起來似乎無人能敵。

　　儘管「德意志非洲軍」幾度成功地拖延住盟軍的攻勢，但他們仍在西元一九四二年一月中旬退到了阿蓋拉附近的防線。然而，曾困擾軸心國部隊的補給與燃料之短缺和聯絡線延伸過長的處境此刻也降臨到第 8 軍團身上。在十字軍行動的激烈戰鬥之後，英軍部隊已十分虛弱，而且部署極為鬆散，英國皇家空軍「中東指揮部」的航空兵力更是不足。

　　到了一九四二年一月二十四日，德國第 2 航空軍團擁有六百五十七架的戰機，包括一百七十八架Bf 109F-4 型與七十一架斯圖卡，另外還有二百架的飛機也進駐到了西西里島與希臘附近的基地。再者，利比亞、西西里島、薩丁尼亞與愛琴海（Aegean）基地上的義大利空軍，約有三百九十六架的飛機可以派用。軸心國部隊從埃及撤退的時候，多虧新下達的優先指令而能夠同時恢復德國空軍在地中海區的戰力平衡，該道指令為：補充戰機與人員以維持第 2 航空軍團執行任務。這批新的部隊將從蘇聯戰線與德國調派菁英單位過去。

　　英國皇家空軍中東指揮部約有三百六十一架飛機可供差遣，包括颶風 I 型、II 型、戰斧 IIB 型、小鷹（Kittyhawk）I 型與布里斯托標緻戰士，而陸軍也有五支中隊的颶風 I 型戰鬥機。布倫亨式與波士頓式仍作為輕型轟炸機，威靈頓式和一些測試的空中堡壘與解放者式則擔任中型或重型轟炸機武力。

　　不過，英國皇家空軍中東指揮部仍無法取得最好的裝備；由於擔憂另一場不列顛之役會發生，所以

↑在機背裝置實用機槍座的馬丁巴爾的摩 II 型戰機於1942 年初在北非戰區對於盟軍而言是一大資產。操作這款戰機的兩個單位是英國皇家空軍第 55 與第 223 中隊，他們通常有十二至十八架該型戰機可用。

噴火式和重型轟炸機依舊留在英國。況且，太平洋和蘇聯所爆發的新戰事也不得不抽離一批裝備到東方戰區。

在空中，德國人絕對占了上風。他們 Bf 109F-4 熱帶型的性能勝過該戰區的所有盟軍戰機。盟軍能夠派出最好的戰鬥機與之匹敵的是小鷹式，它雖比戰斧式與颶風式 II 型出色，但對抗「佛瑞德里希型」戰鬥機仍得加把勁。同時，義大利佬也部署了他們在大戰中最好的戰鬥機，即馬奇 MC.202 型閃電式，它與許多義大利製的飛機一樣輕巧、機動性高，但速度卻快上許多。

隆美爾的回擊

儘管英國情報部門做了相反的分析，但隆美爾的非洲裝甲軍團（Panzerarmee Afrika）於一九四二年一月二十一日還是發動了反攻。三支縱隊的三號戰車（Pzkpfw III）沿著瓦迪‧法瑞格（Wadi Faregh）北側挺進，威脅到英軍的陣地。惡劣的天候讓英國「沙漠航空隊」（Desert Air Force, DAF）的機場陷入一灘泥濘，前方的安塔勒（Antelat）基地也幾乎無法使用，但一些中隊設法及時升空作戰。第一天時，軸心國部隊發動了二百六十架次的出擊，Bf 109F 型與 MC.202 型戰鬥機於頂空掩護 CR.42 型與 Ju 87 型對盟軍陣地進行轟炸。天候不佳代表英國沙漠航空隊於一月二十一日時無法迎戰敵機，但幾天之後，在沙漠上空，敵對的戰鬥機群爆發了一連串的小規模空戰。

到了一月二十八日，德軍第 15 與第 21 裝甲師的先鋒部隊抵達了班加西。一路上，他們不斷遭受英國皇家空軍戰機的騷擾，尤其是第 272 中隊的布里斯托標緻戰士，該機以其配備的四門加農砲與六挺機槍來回掃蕩。雖然軸心國空軍單位的進展落後於地面部隊，但裝甲車仍繼續挺進，壓碎所有的抵抗。至一九四二年二月六日，第 8 軍團已失去了一千三百九十人和一百一十輛戰車與火砲。隆美爾轉敗為勝，並讓盟軍在一九四二年推進到

↑1942 年夏季期間於北非為基地，和西方單翼戰鬥機相比顯得過時的 CR.42 型，被廣泛的用作輕型對地攻擊機。它在機翼下裝有兩挺機槍，並可掛載兩顆 220 磅（100 公斤）的炸彈。

突尼西亞的希望破滅。

　　一九四二年春的地面活動相對的平靜，雙方都在重整他們的武力。此時也是空中爆發一連串衝突的時期，沙漠航空隊的戰鬥機與 Bf 109 進行纏鬥。二月十四日，一場激烈的空戰開打，當時十八架澳大利亞皇家空軍的小鷹式攥走了一支飛行小隊的馬奇 MC.200 型戰機。接著，Bf 109 型、飛雅特 G.50 型、Ju 87 型與 Ju 88 型也加入了戰局，但超過二十架的軸心國戰機遭到擊落。

　　由於十字軍行動中的高耗損率，沙漠航空隊發覺他們的戰力嚴重衰弱；颶風 I 型無法匹敵，戰斧式的供應也已窮盡，颶風 II 型的數量不足，而小鷹式很難適應沙漠

的環境。輕型轟炸機也同樣面臨零件短缺與兵力補充困難的問題。盟軍在中東成立八十支中隊的計畫雖然失敗，但重型轟炸機的請求則幸運的得到回應。盟軍編列了兩支哈利法克斯式（Halifax）轟炸機中隊，一支 B-24D 型轟炸機分遣隊也送往該區。另外，他們還開始研究反制 MC.202 型與 Bf 109F-4 型

↑ 在西非沙漠上，維克斯威靈頓式轟炸機是英國轟炸機部隊的主力。該戰區共有六個配備威靈頓式的單位，照片中的這架為第 37 中隊的 IC 型。這種中型轟炸機在深入敵境突擊軸心國的交通線、船艦和臨時補給堆置所中扮演著非常重要的角色。

←在空戰中，颶風式的性能遠不及他們的軸心國對手，有不少颶風式都遭 Bf 109F 型擊落。直到噴火式到來之後（他們在頂空掩護），颶風機才能夠專注於攻擊任務。

的戰術，並引進了地面管控攔截雷達系統。

三月十四日，德軍對西馬土巴（Martuba West）發動猛烈的攻擊，護衛的盟軍力戰第 27 戰鬥聯隊和一批 MC.202 型戰機。然而，這個時候，軸心國也決定再派戰鬥機掃除沙漠航空隊，並在他們基地上空取得制空權。這導致盟軍轟炸機的損失攀升，其陣地不斷遭致 Ju 87 與 Ju 88 的轟炸，第 89（戰鬥機）中隊的標緻戰士亦經常在夜裡忙於應付敵機的來襲。

到了一九四二年五月，很明顯的，德軍必在進行某些事情。軸心國的航空部隊正靜悄悄地建立起他們的儲備力量，至五月的第三個星期，他們的行動突然變得密集，Ju 88 還轟炸了盟軍的陣地。沙漠航空隊以一百六十噸左右的炸彈攻擊第 27 戰鬥聯隊的陣地作為回敬。這一天，非洲裝甲軍團展開他們的新一波攻勢。

德軍的攻勢大獲全勝，第 8 軍團很快便退到了埃及的邊界一帶。在作戰剛開打之際，沙漠航空隊派了許多戰機執行低空戰術掃蕩任務，尤其是針對不斷挺進的德軍裝甲師，但他們卻遭受非常可怕的損

失（二百五十架飛機中的五十架被摧毀）。

沙漠航空隊雖無法取得另一批的小鷹式戰鬥機，不過他們的戰力由於第 145 中隊噴火式 VC 型的到來而大幅提升。他們有能力對抗 Bf 109F 戰機，並在頂空為颶風式與小鷹式提供掩護。

接近六月的時候，戰鬥達到白熱化的程度，隆美爾與柯尼希（Koenig）將軍指揮的第 1 自由法國旅（1st Free French Brigade）在加查拉（Gazala）防線打得難分難解。軸心國的攻勢持續有空中的支援，斯圖卡和戰鬥機大隊每天都派了三百至三百五十架次的戰機出擊。最後，六月十日／十一日晚間，柯尼希的部隊被迫撤退。

德國空軍現在轉向托布魯克，並不斷予以重擊。六月二十日，盟軍的陣地遭到低空掃射與轟炸；次日，德軍潛入要塞迫使盟軍投降。總共，三萬二千二百二十名英軍和大英國協的部隊被俘，而且由於盟軍的士氣崩潰，似乎沒有什麼能夠阻止隆美爾傾巢而出的部隊開進埃及、蘇伊士運河，甚至還有更遠的地方。

↓圖中這架第 13 陸上轟炸聯隊（13º Stormo Bombardamento Terrestre）的飛雅特 BR.20M 型在 1942 年 2 月是以利比亞的比爾‧杜芳（Bir Dufan）為基地。該年初，第 13 聯隊遭受非常慘重的損失，並被調回義大利進行整裝，再配給卡普羅尼 Ca 313 型輕型偵察轟炸機。

第三十五章
馬爾他的最後戰役

儘管缺乏補給、戰機與飛行員，馬爾他的盟軍部隊仍全力防範德軍可能的入侵，並確保在大戰期間馬爾他依舊由英國掌握。

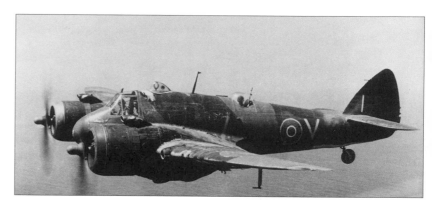

西元一九四一年春，兩個因素拯救了馬爾他，亦即昔蘭尼加的激戰和德軍入侵巴爾幹導致許多第 10 航空軍的單位從西西里島調離，重新部署到更遠的基地。軸心國在地中海中央施加的壓力緩和了下來，激發「英國海軍部」於四月三日派遣皇家方舟號航空母艦載運十二架的颶風機到馬爾他，全都平安抵達。在當月結束之前，皇家方舟號又重返了該島，這一次是載送二十四架的颶風 IIB 型過去。

隨著轟炸機駛離，軸心國相信馬爾他的威嚇力量終會消失殆盡，所以地中海上的義大利空軍和剩餘的德國空軍單位便放任該島自生自滅，認定大量的增援將是不可能的事情。然而，此一信念事後證明是個錯誤。五月的時候，四十六架配備加農砲的颶風 IIC 型抵達馬爾他，六月又來了一百四十三架的颶風 IIB 型與 IIC 型。

四次的增援行動過程中還有皇家方舟號、狂怒號（HMS Furious）和勝利號（HMS Victorious）航空母艦的參與。到了七月初，颶風 II 型戰鬥轟炸機開始重新取得了主攻權，並對西西里島進行掃蕩。七月二十六日，六艘義大利的 E 艇由 MC.200 型戰機護航企圖攻擊停泊在瓦勒塔偉大港的船艦，第 126 中隊與第 185 中隊的颶風機緊急升空應戰，他們攻擊 E 艇，擊沉了四艘並迫使另外兩艘投降。

馬爾他有了防禦戰鬥機的增援而鼓起勇氣，在新任馬爾他空軍指揮官休·普格·洛伊德（Hugh Pughe Lloyd）少將的帶領下準備重新部署轟炸機部隊。十月底，布倫亨式 IV 型與威靈頓式，加上空拍偵察的颶風式和馬里蘭式都已蓄勢待發，隨時可以出擊。

在軸心國部隊向東穿越昔蘭尼加期間，德軍與義大利部隊策畫經

↑以馬爾他為基地的戰機，是二次大戰期間英國皇家空軍負擔最沉重的單位之一。從照片中這架第 272 中隊的標緻戰士 VIC 型可看出其飽受風霜與折磨。

↑1943 年位在魯卡的英國皇家空軍基地裡，照片中這架完成了機鼻畫作的第 69（對地攻擊／偵察）中隊編號 FA353 的巴爾的摩式 IIIA 型戰機正在護牆內進行保養。

由海路進行補給。就是在他們船運之際，盟軍的轟炸機（還有以馬爾他為基地的艦隊航空隊旗魚機）不斷向港口和公海上的軸心國護航船隊發動攻擊。在一九四一年夏季與秋初，盟軍戰機和艦隊對地中海軸心國護航隊的攻擊就導致他們約四分之三的補給船艦遭到擊沉或被毀。在六月一日至十月三十一日期間，共有二十二萬噸（二十二萬三千五百二十公噸）的船舶沉沒，其中八萬五千噸（八萬六千三百六十公噸）算在馬爾他基地的皇家空軍與艦隊航空隊之戰機頭上。

一九四二年一月初，德國空軍迅速增加對馬爾他的攻擊行動，幾乎沒有一天瓦勒塔港的空襲警報沒有響過，有時甚至達六次之多。不過，到了這個時候，盟軍對空中的來襲也有了兩座遠程搜索 CO 型雷達與四座 COL 型雷達的預警。德軍的突擊多是由凱賽林元帥指揮的第 2 航空軍團，還有布魯諾·羅徹將軍第 2 航空軍的單位執行。數個星期過後，光是後者的戰力就增加到四百多架飛機。

雖然第 21 與第 107 中隊的布倫亨式轟炸機，設法攻擊敵軍基地以減少他們的戰機數目，甚至在一月四日於卡斯特維特拉諾（Castelvetrano）摧毀了十一架軸心國運輸機，但很明顯的，大量的補給與增援仍不斷地抵達北非，他們經常沒被發現，而且鮮少遭到攻擊。德國空軍決定再次大規模鎮壓該島的轟炸機武力，並迫使布倫亨式於二月二十二日飛往埃及，僅留下第 40 與第 221 中隊的威靈頓式轟炸機。

垂死邊緣

到了二月底，洛伊德很少能再派二十架以上的戰鬥機反制敵人對馬爾他的突擊，而且驅逐德國戰鬥

↑照片中，艦隊航空隊第 828 中隊的三架金槍魚式 I 型正在馬爾他上空巡邏，並進行攝影任務。到了 1943 年中期，第 828 中隊與其僚隊第 830 中隊已擊沉了三十艘敵艦，並重創另外五十艘。

機的低空掃蕩也變得極其危險。自
十一月起就再也沒有載運食物、油
料、彈藥或增援戰機的護航船隊來
到馬爾他；幸好，該島的防禦力量
於三月七日再度補強。英國海軍的
老鷹號航空母艦派了十五架的噴火
VB 型至馬爾他，這是第一批抵達
地中海的該型戰鬥機。當月下旬，
另十六架噴火式加入他們的行列。

　　雖然新型戰鬥機的到來鼓舞了
壓力沉重的島上守軍士氣，但他們
還是無法抵擋成群的敵機幾乎每日
對馬爾他的突擊。然而，此刻美國
人加入了戰局對抗德軍，他們能夠
派出胡蜂號（USS Wasp）航空母
艦支援地中海的老鷹號與百眼巨人
號。四月與五月之間，這批航空母
艦就載運了一百二十架的噴火 V
型到馬爾他。他們的增援毫無疑問
的拯救了這座小島，而且在某種程
度上，使五月中旬之後敵軍的空中
進犯次數減少。不過，德軍開始策
畫於秋季對該島發動入侵，作為一
場全力將盟軍逐出地中海攻勢的一
部分。

　　六月間，兩支護航船隊共十七
艘商船分別從東方與西方啓航前往
馬爾他，但只有兩艘商船抵達目的
地，而且還以一艘巡洋艦和四艘驅
逐艦的沉沒爲代價，儘管他們有兩
艘航空母艦、一艘戰鬥艦、十二艘
巡洋艦和至少四十三艘驅逐艦的護
航。七月上半，德國與義大利戰機
出動了一千架次攻擊馬爾他，期
間，四十二架遭到擊落，但颶風式
與噴火式也被摧毀了三十九架。此
時，也是馬爾他的空軍指揮權移交

給戰鬥機最高擁護者凱斯‧帕克
（Keith Park）少將的時候。

　　馬爾他若要存活下來作爲盟軍
於一九四二年秋末發動大規模進
攻的基地的話，他們就需要再費
盡心思派遣補給護航船隊航向這
座小島。於是，在「基座行動」
（Operation Pedestal）之下，十四
艘商船於八月穿過了直布羅陀海
峽；此外，約一百架的飛機（包括
四架解放者式轟炸機和一支中隊的
標緻戰士，還有另一支附加的威靈
頓式中隊）也飛抵了馬爾他，使得
帕克的航空戰力提升到二百五十架
左右的戰機，在護航船隊靠近小島
之際能夠予以護航，她們幾乎一進
入地中海時就被敵人發現。從八月
十一日起，護航船隊就不斷遭受空
中與海上的攻擊，他們以一艘航空
母艦（老鷹號）、兩艘巡洋艦、一
艘驅逐艦和十八架英國皇家空軍與

↓照片中是1942 年 4 月
19 日，在「日曆行動」
（Operation Calendar）
下，美國海軍的胡蜂號
航空母艦在她擁擠的甲
板上載運了四十七架噴
火式 VC 型到馬爾他。
這艘航空母艦還配備著
美國海軍第 71 戰鬥機中
隊（VF-71）的 F4F-3
型戰機。

↑1942 年 5 月，第 126 中隊從塔‧卡里（Ta Kali）調往魯卡基地，並重新配備了噴火式戰鬥機。照片中這架噴火 VB 型相信應是該中隊的戰機，它在一處沒有鋪砌的跑道上被引領著滑行。

艦隊航空隊的飛機爲代價，讓五艘商船成功的抵達了目的地。

在基座行動下，五萬五千噸（五萬五千八百八十公噸）的物資讓島上的防禦力量大幅的提升，尤其狂怒號航空母艦又趁機載送了三十七架的噴火式過去。此刻，當帕克開始穩健增強他的攻擊力量之際，盟軍也得以安全地在魯卡長期部署一支配備魚雷的波福式中隊和一支標緻戰士中隊。

到了一九四二年至一九四三年冬，馬爾他的戰機取得了主動權，而德軍入侵該島的計畫則成爲泡影。此時，以埃及爲基地的長程戰機能夠穿梭在地中海東部與中央，轟炸敵方的港口，而馬爾他飛機的任務則專注於搜索、跟蹤並攻擊海上船艦。就在這個嚴峻的時期，帕克的戰機爲截斷軸心國通往北非的海上交通做出了重大貢獻。再者，在盟軍登陸阿爾及利亞（即火炬行動）的脆弱階段，馬爾他基地的戰機，尤其是噴火式，亦對西西里島的機場進行掃蕩，以防範軸心國的軍機企圖干擾盟軍部隊的登陸。

切斷補給線

在突尼西亞戰役的最後階段，當敵軍的船艦發狂似的奮力航向如斯法克斯（Sfax）與索塞（Sousse）這樣的小港遞送補給予非洲軍時，盟軍的戰機，包括馬爾他的轟炸機至少擊沉了二十艘的補給艦。而當德軍最後求助於運輸機，如易受攻擊的 Ju 52/3m 型與 Me 323 型，載送燃料補給予愈來愈虛弱的軸心國部隊之際，馬爾他的噴火式也很適任地加入這場屠殺。

多年來馬爾他的居民承受了大火與爆破的煎熬，這時敵人終於得到報應。馬爾他正爲盟軍進攻西西里島而做準備。一九四三年六月，空軍上將亞瑟‧泰德（Sir Arthur Tedder）開始部署一支特別集結的盟軍航空部隊到這個彈丸之地。六月中，除了兩支艦隊航空隊中隊和南非空軍的兩支中隊以外，英國皇家空軍部署了十六支噴火式中隊、一支蚊式中隊、一支標緻戰士中隊和兩支空拍偵察中隊；四個星期後，他們又有一支加拿大皇家空軍（RCAF）的噴火式 VC 型中隊、四支小鷹式中隊、一支巴爾的摩式中隊、一支蚊式夜戰型中隊和一批海象式（Walrus）海上救援機的增援。

早在七月十日，第一批的盟軍部隊登陸了西西里島南岸。黃昏降臨之際，噴火式與小鷹式從馬爾他起飛，掩護這場首次進攻歐洲的大規模海空聯合行動。

第三十六章
超級馬林噴火

結合了優越的航空動力學和至今最好的飛行引擎，米契爾和他的噴火式研發小組創造了第一流的戰鬥機，成為當代的傳奇。

若問到二次大戰的英國戰鬥機名，許多人都會回答噴火式。於二次大戰期間生產與在前線服役，還有經過不斷的發展，超級馬林所設計的噴火式發展得愈來愈成熟，並成爲全時期最偉大的戰鬥機之一。

超級馬林的研究主席雷金納德·約瑟夫·米契爾（Reginald Joseph Mitchell）於一九三〇年代初期曾設計過單翼的戰鬥機，即224型（Type 224），但卻沒有贏得訂單，英國皇家空軍較屬意的是格洛斯特格鬥士雙翼機。於是，米契爾著手研發新的300型機（Type 300），這一次純粹是私人的冒險。300型爲一架全金屬的設計（除了它的控制面），附有特殊的橢圓形機翼平面，裝配了勞斯—萊斯最新的十二汽缸引擎，它也是另一具私下冒險設計的發動機，適切的稱爲PV.12型（PV爲private venture的縮寫）。

這具引擎原先預定的輸出功率爲一千匹馬力（七十四萬六千瓦），提供了非常出色的推重比，並讓米契爾設計的飛機有很大的發展潛力，在即將到來的戰爭裡開拓至極。事實上，PV.12型引擎（它很快就被稱爲隼式引擎）的發展，還有後來替換的鶯面獅（Griffon）

引擎，或許才是噴火式研發最重要的催化劑，因爲這種引擎因應了對該機的不同作戰需求而不斷的精進。

在德國，設計師迅速發展單翼的戰鬥機，對英國皇家空軍來說，他們急需要一款能夠防衛本土的新

↑第一款裝置了鶯面獅引擎而投入服役的噴火式XII型，是唯一一配備單行程引擎、非對稱散熱器和四葉片螺旋槳的噴火戰鬥機。照片中的這架XII型是在遞交給空軍中隊之前，進行飛航測試期間所拍攝。

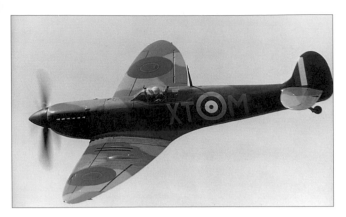

↑在 1936 年至 1948 年所生產的兩萬架噴火式當中（包括所有的衍生型），超過兩百架存活了下來，至今約有五十架仍能夠飛翔。照片中這架英國皇家空軍所有的噴火式 VB 型正在做表演，以追憶先前參與過不列顛之役的飛行員。

↑在 1941 年，迫切需要現代化艦載戰鬥機的英國海軍艦隊航空隊得到了海軍型的噴火式戰鬥機，即海火式，它最初是由陸基型改裝而來。照片中的是一架降落在不屈號（HMS Indomitable）航空母艦上的海火式 IIC 型，它是第一款專為海軍打造的艦載機，而不是機翼無法摺疊的改裝型。

↑噴火式的原型機，K5054 號機，於 1936 年 5 月 5 日在南安普敦附近的伊斯特力（Eastleigh）機場進行首飛，由首席測試飛行員樓特・桑莫爾斯（Mutt Summers）駕駛。在接下來的三年裡，這架飛機共累積了二百六十小時左右的飛行時數。它的飛行生涯最後在 1939 年 9 月 4 日結束，當時在一起降落失事中該機斷成兩節，它的機鼻幾乎翻到了機背。飛行員史賓勒・懷特（Spinner White）上尉當場死亡。這架飛機也不再修復。

型攔截機。由於 300 型的表現令人印象深刻，它也很快得到了噴火式的稱號（但對備受推崇的米契爾來說，他曾評論道：「他們稱呼的名字是既血腥又愚蠢！」）。英國「空軍部」依這樣的設計制定出一項特殊規格要求（即 F.37/34 號規格），並在一九三六年六月訂購了三百一十架的該型機。一架原型機於一九三六年三月首次試飛，而第一批量產型 I 型則配備了隼式 II 型引擎，它預定的輸出功率為一千零六十匹馬力（七十九萬一千瓦），武裝為八挺 〇・三〇三吋（七・七公釐）口徑的白朗寧（Browning）機槍。一九三八年八月，他們配發到了杜克斯福德的皇家空軍第 19 中隊服役。

到了戰爭爆發之際，英國皇家空軍所訂購的一千九百六十架噴火式已有三百零六架 I 型交貨。一九三九年十月十六日，噴火式首次出擊，第 602 中隊與第 603 中隊於蘇格蘭外海迎戰德國空軍的轟炸機。兩個單位都成功的擊落了德國戰機，這是噴火式第一次取得的勝利。到了一九四〇年中期，有十九支中隊配給了該型的戰鬥機；不過，五月期間，這批飛機在掩護敦克爾克撤退時幾乎有三分之一遭到德國空軍摧毀。

此後，噴火式開始了大量生產的生涯，一直延續了十年，並伴隨著五花八門的改良，約有二十二款衍生機型。他們不只有攔截的角色，還有戰鬥轟炸機型、偵察型，甚至是艦載型的海火式戰鬥機。

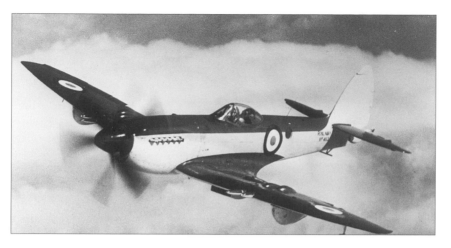

←照片中為噴火式的最終型，即海火 FR.Mk 47，它在韓戰中服役於英國艦隊航空隊的幾支中隊，包括第 800 中隊。該型戰機配備了火箭，主要用於對地攻擊任務。

噴火式總共生產了二萬零四百架，從 I 型到 F.Mk 24，服役年齡超過二十年。他們不只是由英國皇家空軍操縱〔他們在一九五四年讓最後一款的噴火式退出第一線，並於一九五七年「正式」除役，但又讓 XIX 型復役直到一九六三年，用以訓練閃電式（Lightning）與標槍式（Javelin）的飛行員如何和印尼的野馬式進行纏鬥戰〕，而且至少還有二十個國家的空軍使用。噴火式並非只服役於二次大戰。緬甸、埃及、法國、印度、以色列與荷蘭於一九五〇年代都仍在操作這種戰鬥機。

若硬要給噴火式挑毛病的話，那就是它的設計是以本土基地起降作戰的攔截機，雖然快速、敏捷和擁有優異的爬升率，但它的航程範圍就是不足。這項缺點是英國皇家空軍必須忍受的，超級馬林公司也花了很多的心血試圖加以改善。（當長程的衍生機型製造出來之後，由於事過境遷，他們主要用在偵察任務；一旦部署到海外，噴火式戰鬥機和戰鬥轟炸機就依作戰任務的需要於機腹掛載副油箱即可。）

一九四〇年代，噴火式經過不斷的改良，但也遭遇了各種的困難。不過，由於其傑出的機身設計和引擎，促使它持續精進，這確保了噴火式戰鬥機能夠永續的生產與服役。

↓ 照片中是噴火式 PR.Mk 19 在高空執行偵察拍攝任務，該機是皇家空軍裡依然活躍的最後一款噴火衍生型。直到 1957 年 7 月，這架存留下來的 PS853 號機才除役。

第三十七章
艾拉敏與火炬

托布魯克失守之後，軸心國部隊隨即向艾拉敏挺進。非洲的權力平衡此刻處於鐘擺效應的支點上，隨時倒向一方。

↑儘管颶風式 IID 型「戰車破壞者」較慢而不易操縱，但他們能夠掛載高達 500 磅（227 公斤）的炸彈或兩門維克斯 40 公釐加農砲，並在北非之役中締造了輝煌的功績。

隆美爾似乎準備好進攻蘇伊士運河與更遠的地方，然而，他的補給線已延伸過長，這個問題最後導致挫敗。

西元一九四一年，英國皇家空軍從北非調離了重要的單位到巴爾幹，魏菲爾將軍在光榮地挺進利比亞之後卻不幸地暴露在危險當中。隨著「德意志非洲軍」的駕到，且伴隨德國空軍戰鬥機與俯衝轟炸機的支援，西非沙漠的英軍部隊幾乎被迫退回到埃及的邊界。不過，風水輪流轉，盟軍於發動「十字軍行動」的大反攻之後（由奧欽列克將軍指揮），托布魯克解圍，第8軍團也再度向西越過了班加西。在這場攻勢中，英國皇家空軍、加拿大皇家空軍、澳大利亞皇家空軍和南非空軍（SAAF）的颶風式、戰斧式與布倫亨式戰機不斷地出擊，而威靈頓式與巴爾的摩式則去對付敵軍的港口和機場，他們在德國空軍及義大利空軍數量相對較少的基礎上維持最低限度、但極其重要的空優。

然而，奧欽列克犯下了致命的錯誤，他先集中兵力肅清敵人的抵抗並鞏固他的陣地，而不是在敵軍能夠發動反攻之前進擊阿蓋拉。隆美爾於是靠著較短的補給線率先攻擊，很快就又迫使第8軍團撤軍，這一次是一路退過了埃及的邊界。儘管如此，由於盟軍英勇的拖延戰術，尤其是一九四二年五月期間托布魯克的南非部隊和比爾·哈金（Bir Hakim）的自由法軍所做的反抗，他們爭取到了寶貴的時間，並在開羅（Cairo）前端的艾拉敏建立了「最後防線」。

六月六日於比爾·哈金，新型

的颶風式 IID 型「戰車破壞者」首
次派來對付敵軍的裝甲車。後來被
稱爲「飛行開罐器」（Flying Can-
Opener）的第 6 中隊，是第一個操
縱配備雙門四十公釐維克斯 S 型
加農砲的颶風 IID 型單位。它雖讓
颶風機的最高航速下滑，但其反裝
甲能力卻是極具破壞性。在一天之
內，第 6 中隊就摧毀了十六輛軸心
國的戰車。

最後一搏

　　就這樣，在北非經過了兩年的
攻防戰之後，著名的第 8 軍團最後
被逼到了蘇伊士運河，取得勝利的
非洲軍似乎準備好發動最後一擊。
然而，在軸心國部隊兵臨艾拉敏城
下之際，盟軍也盡最大的努力完成
了大規模的防禦工事。自泰德就任
中東戰區指揮官的十八個月以來，
他的航空部隊進行了轉型，此刻他
們擁有九十六支的飛行中隊，其
中六十支爲英國、十三支美國、
十三支南非、五支澳大利亞、兩
支希臘，而自由法國、羅德西亞
（Rhodesia）與南斯拉夫各一支中
隊。這些單位總共有一千五百架的
第一線戰機，其中一千二百架部署
在西非沙漠。他們現代化的戰機則
有噴火式 V 型、小鷹式、標緻戰
士、波福式、掠奪者式與哈利法克
斯式，另外還有十支中隊的威靈頓
式和五支中隊的解放者式。對抗他
們的武力爲三千架的軸心國戰機，
不過只有七百架部署在北非，且妥
善率僅有一半而已。

　　在地面上，伯納德‧蒙哥馬利

（Bernard Montgomery）將軍集結
了一批龐大的優勢兵力，他們的人
員、戰車與火砲和軸心國相比幾乎
達到了二比一。一九四二年十月二
十三日，蒙哥馬利已準備好從艾拉
敏反擊，他以大批的重砲猛轟德軍
與義大利的陣地；而六支威靈頓式
中隊亦從空中展開轟炸。次日，戰
鬥轟炸機加入戰局，英國皇家空軍
和南非空軍的颶風 IID 型「戰車破
壞者」瞄準了敵軍裝甲車。這場偉
大的戰鬥持續了一個星期，德國
Ju 87 試圖阻擋英軍戰車的突進之
際戰況變得更加猛烈，可是他們幾

↑ 難熬的工作環境對改
善 Ju 87 的問題以反制
英軍裝甲車於艾拉敏的
突進一點都沒有幫助。
飛行速度緩慢使他們容
易遭到小鷹式戰鬥機的
獵殺。

↓ 僅有少數的梅塞希密
特 Bf 110E 型被派往北
非，他們主要是爲船艦
護航和執行防禦任務。
照片中這架位於貝爾卡
（Berka）第 26 驅逐機
聯隊第 7 中隊的 Bf 110
裝置了 66 英加侖（300
公升）的副油箱和翼下
炸彈掛架。

↑一般噴火式雅緻的曲線有些遭到裝置於機首的重型佛克斯濾淨器破壞，它是為了因應惡劣的沙塵環境而設計。照片中這批第 417 中隊的噴火 VC 型正在西非沙漠上空巡邏，由於天候悶熱，他們的座艙罩都被打開。

乎全遭掩護的英國與美國 P-40 型戰鬥機攔了下來。十一月四日，第 1 裝甲師突破了敵軍的防線，軸心國部隊再退回遙遠的西邊。在海上，軸心國的補給船艦孤注一擲地企圖將補給品帶進昔蘭尼加的港口，但那裡也已陷入盟軍無止盡的攻擊，至少十八艘的滿載貨輪沉沒或因受損而駛向義大利或希臘。

消逝的傳奇

此時，漢斯—約阿辛·馬賽勒上尉的陣亡幾乎是德國空軍遭致惡運的象徵。馬賽勒是西非沙漠廣為推崇與締造了輝煌擊殺紀錄的戰鬥機飛行員；他在取得了非凡的一百五十八次勝利之後，由於其 Bf 109 座機的引擎故障而遇難。

第 27 戰鬥聯隊的馬賽勒是二十二歲的柏林人，他在英吉利海峽

上空操縱 Bf 109E 型作戰時就宣稱擊落了七架噴火式戰鬥機。當德國空軍的高級指揮官從東線戰場調派第 27 戰鬥聯隊的兩支大隊至利比亞之際，他們已換裝了「佛瑞德里希型」戰機；而且到了一九四二年初，馬賽勒創下的戰績約在五十架，並迅速地累進當中。例如，六月三日，他的中隊在為 Ju 87 護航的時候遭遇英國皇家空軍的小鷹式攻擊，馬賽勒於十一分鐘內只以最少的彈藥就摧毀了六架。兩個星期後，他又擊落六架，這次僅花了六分鐘。翌日，他的紀錄達到一百零一架，馬賽勒的騎士十字勳章也因此多了一副寶劍陪襯。

早在一九四二年九月的第一天，第 27 戰鬥聯隊的成就達到了頂峰。當隆美爾向艾拉敏挺進之際，Ju 87 例行對托布魯克守軍的攻擊在第 27 戰鬥聯隊的護航下取得勝利。當天，泰德的「中東指揮部」共派了六百七十四架次的戰機護衛第 8 軍團；而馬賽勒也出擊了三次。傍晚快結束時，第 27 戰鬥聯隊宣稱擊落二十六架飛機（二十架 P-40 型、四架颶風和兩架噴火），而己方則僅有一名飛行員陣亡，一名被俘，一名於戰鬥中失蹤。馬賽勒自己亦至少摧毀了十七架。凱賽林元帥立刻向他們表達恭賀之意，並在次日帶來了搭配寶石的騎士十字勳章。九月十五日，馬賽勒的勝利達到一百五十架；這天他在十一分鐘內擊落七架。然而，三十日黃昏的時候，他駕著一架 Bf 109G-2 喪生，肇因於引擎故

障，還有他的降落傘不幸糾纏住飛機尾翼。

正當反敗爲勝的第 8 軍團最後一次東向掃蕩之際，英國的戰鬥機於十一月十七日降落到昔蘭尼加一百哩（一百六十公里）內的加查拉；兩天後，他們又繼續挺進五十哩（八十公里），到了馬土巴（Martuba）。

就在軸心國部隊絕望地企圖於的黎波里塔尼亞站穩腳跟的時候，盟軍也在十一月八日發動大規模的攻勢。龐大的美軍和英軍部隊乘船（包括二百五十艘商船與一百六十艘軍艦）從西方而來，並在航空母艦艦載機和從直布羅陀升空的戰機掩護下，於摩洛哥與阿爾及利亞海岸進行登陸（約十萬七千名盟軍部隊）。這項行動甚爲保密，即使是德國人最後得知了這項行動，他們仍對意圖的登陸點一無所知。盟軍遭遇的抵抗十分輕微，只有一些維琪法國（Vichy-French）的部隊設法展開防禦。

這項代號爲「火炬」的登陸行動立刻威脅到了軸心國位在北非的所有據點。德軍馬上占據突尼西亞，作爲義大利和西西里島從空中進行增援的基地。英國皇家空軍和美國陸軍航空隊的戰鬥機與轟炸機，還有載運部隊的 C-47 型運輸機不斷從阿爾及利亞的機場湧入海岸地區。北非的最後一役即將展開。

北非的敵手

在沙漠大部分的戰鬥中，軸心國部隊與盟軍都得勉強使用那些比在歐洲大陸上空作戰的戰機性能差的次級品。然而，那裡的戰況依舊猛烈，而且一些飛行員，大多數是軸心國一方的飛行員，仍創下令人嘆爲觀止的擊殺紀錄。

→F4F-4 野貓（Wildcat）
美國海軍遊騎兵號（Ranger）航空母艦上第 9 戰鬥機中隊的約翰‧雷比（John Raby）少校在進攻北非期間駕駛著這架野貓式戰鬥機。當時它漆著標準的美國海軍標誌，但環著國徽之外還塗上了一圈黃色的圓環，這是所有參與火炬行動的飛機所採用的標記。

↓ Bf 109F-4/Z 熱帶型
顯眼的「紅色一號」漆在這架外號爲「菲斐」的史導施密德（"Fiffi" Stahlschmidt）的座機上，他是馬賽勒的好友，也是德國空軍在西非沙漠的空戰英雄之一。圖中機尾所展示的四十八架擊殺紀錄已讓他贏得了騎士十字勳章，但到了 1942 年 9 月 7 日，他又累積了十一架的打擊紀錄之後，在艾拉敏東南方遭遇一群噴火式的攻擊而宣告失蹤。

第三十八章
突尼西亞的反擊

由於盟軍在火炬行動中成功地登陸，北非的權力平衡又從軸心國
倒向盟軍一方。

↑照片中為三支於第340 轟炸大隊服役的 B-25C 型米契爾式中隊。這批中隊在 1943 年 4 月是美國第 12 航空隊的一部分，他們在阻止軸心國補給船隊航向北非的作戰中扮演著重要的角色。

↓照片中一架六引擎的 Me 323D-2 型運輸機降落在北非沙漠的機場，它從塔帕尼（Trapani）載著彈藥與燃料而來。Me 323 服役於第 323 特種作戰轟炸聯隊（後來的第 5 運輸機聯隊），他們在盟軍戰鬥機與轟炸機的打擊下損失十分慘重。

然而，英、美部隊的聯合作戰一開始就出師不利，所以迅速、有效率的德軍便趁盟軍猶豫之際採取反制行動。德軍在突尼西亞的迅速行動使得盟軍想在非洲速戰速決的目標無法實現。早在十一月八日時，一名聯絡官許麥爾（Schümeyer）上尉就抵達了突尼斯—奧伊那（Tunis-Aouina）機場監督第一批人員與物資的進駐：第 53 戰鬥聯隊第 1 大隊的二十七架 Bf 109G-2 型戰鬥機和第 3 俯衝轟炸機聯隊第 2 大隊的二十四架 Ju 87D-1 型斯圖卡，他們於次日從西西里島駛抵目的地。

那裡的各座機場條件不錯，有混凝土的跑道和護牆，但

德國空軍得先設立地勤組織。於是，Ju 52/3m 型運輸機送來了新的物資，還有一批部隊：他們包括第 5 傘兵團第 1 營的兩個連，以及第 104 裝甲擲彈兵團（Panzergrenadierregiment Nr 104）的一個連。第一批抵達的陸軍完整單位是沃夫岡・費雪（Wolfgang Fischer）中將領軍的第 10 裝甲師。而指揮該戰區的航空部隊，「突尼斯航空指揮部」（Fliegerführer Tunis）的則是哈林格豪森（Harlinghausen）少將，但此刻他的武力頂多只是一支戰術航空部隊罷了。

無疑的，來到這裡最重要的是可畏的 Fw 190A-4 型戰鬥機，他們隨阿道夫・迪克菲爾德（Adolf Dickfield）上尉的第 2「李希霍芬」（Richthofen）戰鬥聯隊第 2 大隊而來。第 2 戰鬥聯隊第 2 大隊的第一個基地位於南亭迪亞（Tindja South）。突尼斯航空指揮部其他的戰鬥機單位一開始還包括第 51「莫德士」（Mölders）戰鬥聯隊第 2 大隊與本部，及第 53 戰鬥聯隊第 1 與第 2 大隊，他們配備 Bf 109G-4 型戰機。而戰鬥機／俯衝轟炸機單位則為畢塞大—西迪・阿梅德（Bizerta-Sidi

Ahmed）基地配備 Fw 190 的第 10 快速轟炸聯隊第 3 大隊（III/ Schnellkampfgeschwader 10）；奧伊那（El Aouina）基地同樣配備 Fw 190 的第 1 打擊聯隊第 5 中隊（5/ Schlachtgeschwader 1）；及塞巴拉（Sebala）基地第 3 俯衝轟炸機聯隊第 2 大隊的轟炸機。突尼斯航空指揮部的目標有兩個層面：首先是拖延盟軍從西邊的推進，好讓隆美爾恢復元氣；其次為確保通往北非海上與空中補給線的安全。

起初，隆美爾在艾拉敏失利之後，「非洲裝甲軍團」便兵敗如山倒：到了一九四二年十一月十五日，隆美爾已退到班加西—德爾納（Derna）一帶，從那裡「非洲航空指揮部」的殘餘部隊，第 12 大隊第 4（陸軍）中隊（4(H)./12）和偵察的第 121 大隊（長程偵察）教導中隊（L(F)./121）才施展出有效的做為。不過，至十一月二十日時，惡劣的天候又迫使他們再退至塔門特（Tamet）、阿爾可（Arco）與諾費里亞（Nofilia）的基地。

突尼斯空戰

一開始，相較於盟軍緩慢的進展，軸心國部隊的反應充滿活力。德軍在突尼斯建立橋頭堡之後，他們擋下了英國第 1 軍團從波恩（Bône）沿海岸線朝畢塞大的挺進；而盟軍向西迪·尼希爾（Sidi Nsir）、提包巴（Tebourba）與梅傑茲·艾爾·巴布（Medjez el Bab）的攻勢也遭遇強大的摩托化步兵、

戰車和非洲航空指揮部戰術支援機出色的掩護而停了下來。這場戰役是漫長的一役。

從十一月八日至二十一日期間，英國「東方航空指揮部」（Eastern Air Command）與「西方航空指揮部」（Western Air Command）在突尼西亞邊界和敵軍有了接觸。戰鬥（包括火炬行動）導致艦隊航空隊於七百零二架次的出擊中折損三十四架，而英國皇家空軍也在五百四十架次的出擊中損失了十二架；另外，美國第 12 航空隊則至少被摧毀了八架。

抵達波恩的東方航空指揮部下轄第 225 中隊的颶風機，還有位於飛利浦維爾（Philippeville）第 253 中隊的戰術偵察機；蘇克·艾爾·阿巴（Souk el Arba）基地第 72 與第 93 中隊的噴火式 VB 型；以及從約克·勒·拜恩（Youk les Bains）起飛作戰的美國第 14 戰鬥機大隊的 P-38F-1LO 型戰機。此外，美軍第 12 航空隊新來的生力軍則包括 P-39D 型空中眼鏡蛇式、B-26C 型掠奪者式與 C-47 型

↑1942 年 11 月間，閃電式抵達戰場，它是第一架出現在北非的 P-38 型雙引擎戰機。這種戰機的航程與性能評價甚高，但由於操縱他們的美國飛行員經驗不足，一開始就在空戰中慘遭突尼西亞基地的戰鬥機高手痛宰。

↑照片中，1943 年突尼亞西基地內一架第 3 俯衝轟炸機聯隊的 Ju 87D 熱帶型正在做最後的準備。在它的機身掛架下還可見到一顆大型炸彈的輪廓，而其四顆小型炸彈的其中兩顆也可看見裝置於右翼之下。到了 1943 年斯圖卡的作戰是極冒險的行動。

運輸機。

在一九四二年十二月與一九四三年一月期間，惡劣的天候使得空中的作戰活動大為縮減。蒙哥馬利的第 8 軍團迫使隆美爾的裝甲軍團撤過利比亞進入的黎波里塔尼亞；一九四三年一月二十三日，盟軍部隊開進的黎波里，至二月四日即從東南方穿過了突尼西亞的邊界。盟軍的推進在米地尼（Medenine）停了下來以為攻擊馬雷斯防線（Mareth Line）做準備。推進期間，「西非沙漠航空隊」（Western Desert Air Force）與「美國沙漠航空特遣隊」（US Desert Air Task Force）使勁跟上進度，兩者並同時予以地面部隊支援。相較於南方的迅速挺進，第 1 軍團在突尼西亞西側的進程卻遭遇頑強的抵抗，尤其在包·阿拉達（Bou Arada）、梅傑茲·艾爾·巴布與馮杜克（Fondouk）的戰況格外激烈，軸心國部隊在那裡占盡上風。

新組織

一月時，蕭爾托·道格拉斯（Sir W. Sholto Douglas）上將接掌了英國皇家空軍的中東指揮部，而亞瑟·泰德上將則成為「地中海航空指揮部」（Mediterranean Air Command, MAC）的總司令（二月十七日），負責一切的空中作戰行動。一九四三年二月十八日，在地中海航空指揮部之下又成立了「西北非航空隊」（North West African Air Force, NWAAF），由卡爾·史巴茲（Carl A. Spaatz）少將指揮。

由於敵對雙方的機場愈來愈相近，戰鬥亦愈來愈頻繁。隸屬於第 2 打擊聯隊第 4 與第 8 中隊的亨舍爾 Hs 129B-1 型反戰車攻擊機剛抵達了前線，而第 3 俯衝轟炸機聯隊的 Ju 87D 型也經常出擊對付盟軍的裝甲車及陣地。於頂空掩護的 Bf 109G 型與 Fw 190A-4 型亦和盟軍的戰鬥機交鋒，他們在各作戰區域上展開了激烈的纏鬥。「西北非戰略航空隊」（North West African Strategic Air Force, NWASAF）的轟炸機向畢塞大、突尼斯、加貝斯（Gabes）與西西里島的機場發動攻擊，但德國戰鬥機迅速迎戰 B-17 型、B-24 型與 B-26 型轟炸機。

在一九四三年一月十八日至二月十三日這段時期，英國皇家空軍共出擊了五千架次（損失三十四架），美國陸軍航空隊則出擊六千二百五十架次（損失八十五架）；而「突尼斯航空軍」（Fliegerkorps

Tunis）至少於作戰中被摧毀了一百架飛機。

一九四三年二月十四日，軸心國在加夫薩—斯拜特拉（Gafsa-Sbeitla）防區發動了一場大反攻，尤根·馮·阿爾寧（Jürgen von Arnim）上將指揮第 10 與第 12 裝甲師和「德意志非洲軍」的部分兵力展開行動。斯圖卡、Fw 190 與 Hs 129B-1 在戰鬥機的掩護下支援地面部隊突進：約三百六十架次至三百七十五架次的出擊中，他們支援陸軍朝費里亞那（Fériana）與斯拜特拉推進，但在下一個星期裡每日又跌回了二百五十架次左右。二月十四日至二十二日之間，美軍試圖每天發動二百架次的攻擊，他們損失了五十八架〔包括在泰勒普特（Thelepte）於地面遭炸毀的飛機〕。在凱塞林隘口（Kasserine Pass）的快速包圍戰後，軸心國部隊的挺進成功的俘虜了大批的美軍戰俘和裝備。

盟軍突破馬雷斯防線之際（一九四三年三月十六日至二十三日），突尼斯航空軍的兵力仍超過三百架戰機，但盟軍的包圍戰術逐漸從畢塞大和突尼斯的南方與西方封閉。而且，隨著美國飛行員的實戰經驗愈來愈豐富，德軍的損失也逐步攀升。

非洲之役的結束

到了一九四三年三月底，第 1 與第 8 軍團大會師，迫使軸心國部隊撤退。四月期間，盟軍全力攻打梅德傑達（Medjerda）山谷，企圖粉碎軸心國部隊的最後防線。一九四三年四月五日，盟軍的航空部隊在「亞麻行動」（Operation Flax）中，對西西里島的德國「空橋」發動一連串的封鎖攻擊。此一行動很可能摧毀了超過四百架的軸心國運輸機或護航戰鬥機；而盟軍的損失則僅有三十五架。

這個時候，每日約有二百架的運輸機從西西里島飛抵突尼斯與畢塞大的機場；他們主要是 Ju 52/3m 型、Ju 90 型、Ju 290 型、Go 242 型、DFS 230 型與 S.M.82 型機。另外，第 323 特種作戰轟炸聯隊（KGzbV 323）〔後來再改名為第 5 運輸機聯隊（TG 5）〕第 1 與第 3 大隊二十架左右的六引擎 Me 323D-1 型巨人式（Gigant）也派上了用場。

最後一擊

盟軍的最後一擊於一九四三年四月二十二日展開，他們的裝甲車從西迪·尼希爾、梅傑茲與彭·都·法（Pont du Fahs）出擊：只有在恩費達維里（Enfidaville）的突進被擋了下來。然而，德軍的抵抗依舊猛烈，德國人與義大利人相當專業的應戰。不過，德國空軍的單位已經開始撤出愈來愈小的周邊陣地和頻繁的戰鬥。一九四三年五月十三日，指揮突尼西亞軸心國部隊的指揮官吉歐凡尼·梅塞（Giovanni Messe）元帥與馮·阿爾寧終於向盟軍投降。

第三十九章
地中海

盟軍在北非取得勝利之後，美國人原打算集中兵力進攻法國，但英國人成功地說服他們繼續向地中海進擊。

↑照片中為1944年中期在地中海的上空，英國皇家空軍第94中隊的中隊長羅素·弗斯凱特（Russell Foskett），正操縱一架早期出產的噴火式 LF.Mk IX 戰鬥機為轟炸機護航。

到了西元一九四三年四月底，北非之役實際上已接近尾聲，德國空軍和殘餘的義大利空軍離開了突尼西亞，撤到西西里島、薩丁尼亞與義大利本島。就在北非的軸心國部隊停止反抗之前，盟軍繼續準備進攻西西里島，他們將這次作戰稱為「哈士奇行動」（Operation Husky），預定於一九四三年七月初展開。

到了一九四三年五月，亞瑟·泰德上將的「地中海航空指揮部」掌控從直布羅陀至亞丁灣（Gulf of Aden）各機種基地的三千五百一十六架飛機。而地中海航空指揮部的先鋒為卡爾·史巴茲少將的「西北非航空隊」，它在利比亞、昔蘭尼加、埃及與突尼西亞基地的戰機

有二千二百八十六架。

「西北非航空隊」的打擊武力是以「西北非戰略航空隊」為中心，由杜立德（J. H. Doolittle）准將率領，他們擁有重型、中型與輕型轟炸機，加上護航戰鬥機。而西北非航空隊和一支於突尼西亞作戰的單位之戰術與密接支援則由亞瑟·科寧漢中將的「西北非戰術航空隊」（North West African Tactical Air Force, NWATAF）來擔當。另外，由哈利·布羅霍斯特（Harry Broadhurst）少將領軍的著名「西非沙漠航空隊」，還有從屬的第211聯隊（英國皇家空軍）也在科寧漢的指揮之下。戰鬥機部隊主要是由第211聯隊第7大隊（南非空軍）和第239、第244與第285大

隊（英國皇家空軍）組成。最後，西北非戰略航空隊還掌控兩個強大的戰鬥機單位，但他們獨立行動，其中一個即為約翰‧肯農（John K. Cannon）准將的「美國第 12 空中支援指揮部」（US XII Air Support Command），它旗下有第 31、第 33 與第 52 戰鬥機大隊。

西北非航空隊的其他支援單位還包括「西北非海岸航空隊」（North West African Coastal Air Force），他們配備海上巡邏轟炸機、反潛機與防衛戰鬥機。另外，「美國第 51 部隊運輸聯隊」（US 51st Troop Carrier Wing）也在「西北非部隊運輸指揮部」（North West African Troop Carrier Command）下運作。

集結武力

在西西里島戰役中，西北非航空隊的戰鬥機與轟炸機將會是對抗德國空軍的主力，而「馬爾他航空指揮部」（Malta Air Command）和美國第 9 航空隊也將扮演重要的角色。馬爾他的航空單位在凱斯‧帕克中將的全權指揮下，擁有十五支偵察、反艦與戰鬥機中隊。另外，包括兩支聯合（Consolidated）B-24 型轟炸機大隊與一支皇家空軍中隊的美國第 9 轟炸機指揮部也進駐了班加西。這批武力於白晝密切地與西北非航空隊協同作戰，攻擊西西里島、義大利、薩丁尼亞、希臘與克里特島的軸心國部隊。馬爾他的戰機編制有二百一十八架，中東指揮部也有一

千零一十二架的飛機予以支援。

哈士奇行動計畫於七月十日以海上入侵的方式進行，不過在此之前，盟軍將早於一個月先發動「螺絲錐行動」（Operation Corkscrew），占領軸心國駐守的島嶼，即潘特勒里亞島（Pantelleria）與蘭帕杜沙島（Lampedusa）。在突尼西亞的軸心國部隊投降以前，泰德的指揮重心就已轉移到對義大利、薩丁尼亞、西西里島與希臘的航空站、設施和通訊網絡進行戰略轟炸；與這些作戰相關的還有於整個地中海戰區上空的廣泛偵察、戰鬥機的日間掃蕩、蚊式與標緻戰士夜間戰鬥機的闖入，以及西北非海岸航空隊戰機的反艦攻擊。在進攻西西里島之前擊敗軸心國的航空戰力是盟軍的首要目標，所以必須謹慎的規畫，這項任務交由西北非戰略航空隊和美國第 9 轟炸機指揮部的轟炸機執行。

於是，泰德指示轟炸機間歇性的攻擊西西里島，他們的行動在一九四三年五月十六日至六月五日期間逐步的升級；西北非戰術航空隊的戰鬥轟炸機支援也將於六月六日至十二日用以對抗潘特勒里亞島與蘭帕杜沙島；六月十三日到七月二日，盟軍的戰機將傾巢而出掃蕩軸心國的作戰機場；至此之後，他們又會對西西里島的機場與設施進行有系統的轟炸。

攻擊機場

在五月的最後一個星期，盟軍的轟炸機將他們的注意力轉向

福吉亞（Foggia）區的機場和那不勒斯（Naples）附近的波米格利阿諾（Pomigliano）與卡波迪奇諾（Capodichino）運輸基地；而馬爾他和果佐（Gozo）的噴火式 VC 型與 P-40L 型戰鬥機的頻繁掃蕩亦對西西里島的第 2 航空軍造成壓力。

一九四三年六月一日，盟軍對潘特勒里亞島的防禦工事發動了最大規模的空中攻擊，西北非戰略航空隊的波音 B-17F 型轟炸機在 B-25 型與 B-26 型的支援下展開轟炸，而 P-40 型戰鷹式（Warhawk）也執行戰鬥轟炸與低空掃射任務。六月六日至十一日期間，地中海航空指揮部派出了三千七百一十二架次的轟炸機與戰鬥轟炸機對付潘特勒里亞島，他們共投下五千二百三十四噸的炸彈。德國空軍保留戰力直到六月六日，當時第 27 與第 53 戰鬥聯隊的梅塞希密特 Bf 109G-6 型戰鬥機企圖削弱盟軍頻繁的突襲。六月十日，雙方爆發了激烈空戰，在戰鬥中，第 27 戰鬥聯隊第 3 大隊失去了九架梅塞希密特戰鬥機與六名飛行員。

儘管軸心國在史達林格勒與突尼西亞的慘敗，德國空軍仍致力於重建航空戰力的平衡，他們原期望在一九四三年春末達成。德國空軍在蘇聯和地中海戰區擁有同樣從蓬勃生長的航空工廠取得戰機的優先權利，他們的工業在一九四三年六月達到了二千三百一十六架飛機的產出，其中一千一百三十四架是梅塞希密特與福克—沃爾夫戰鬥機。

所以突尼西亞的損失很快得到了彌補，除了強大的運輸機部隊之外，德國空軍在地中海戰場的兵力於五月的八百二十架戰機成長到一九四三年七月三日的一千二百八十架，是全盛時期的頂峰，而其中有九百七十五架是以義大利、薩丁尼亞與西西里島為基地。總計，軸心國的航空部隊約有一千七百五十架戰機能夠用來對抗泰德的武力，其他的單位是來自於義大利空軍。軸心國反制盟軍入侵西西里島的空中力量似乎是勢均力敵，但紙上的數據仍無法動搖地中海航空指揮部在發動哈士奇作戰之前，繼續削弱軸心國部隊戰力的行動。

重型轟炸機

一九四三年六月十八日至七月二日之間，西北非航空隊蹂躪了敵軍的港口與機場以封鎖西西里島的補給和增援；西北非戰略航空隊派了三百一十七架次的 B-17 型執行任務，他們還有 P-38 型閃電式的支援；美國第 9 轟炸機指揮部則派了一百零七架次的 B-24 型解放者式轟炸機；此外，中型轟炸機也有五百六十六架次的出擊。德國第 2 航空軍的戰鬥機大隊每日平均有五十至一百架次的戰機升空抵抗，但他們的傷亡十分慘重，無論是在空戰中或於地面上遭受轟炸：B-17 型與 B-24 型利用五百磅（二百二十七公斤）炸彈與二百五十磅（一百一十三公斤）炸彈，還有新型的二十磅（九公斤）破片彈摧毀了停靠在機場上的飛機。六月十五日時，第 53 戰鬥聯隊第 3 大隊就於

希亞卡（Sciacca）基地的地面上損失了八架 Bf 109G-6 型。

西北非戰略航空隊每日突擊西西里島、薩丁尼亞與義大利的機場，但軸心國也並非一味的挨打：六月二十六日，超過一百架的 Ju 88 型、He 111 型、Fw 190 型與坎特 Z.1007 型戰機向盟軍的護航船隊發動轟炸，而且他們也對盟軍入侵艦隊的集結點畢塞大、波恩與阿爾及爾（Algiers）持續進行夜間襲擊。盟軍最後階段的轟炸行動於七月二日展開，B-17 型突擊了蓋爾比尼，而 B-24 型則前往格羅塔葛里（Grottaglie）、萊希與聖潘卡拉吉歐（San Pancrazio）進行掃蕩。

德國空軍的反應不時的變化，其中一天他們無所做為，但另一天他們又參與了激烈的戰鬥，不過 P-38 型戰機總是占了上風。像是在一九四三年七月五日突襲蓋爾比尼時，第 53 與第 77 戰鬥聯隊超過一百架的 Bf 109G-6 型聯合第 10 打擊轟炸聯隊第 3 大隊（III/SKG 10）的 Fw 190 和義大利第 4 聯隊的馬奇 MC.202 型展開了一場英烈的空戰。除了西北非戰略航空隊和美國第 9 轟炸機指揮部的貢獻之外，馬爾他基地的 P-40 型與噴火 VC 型亦持續進行巡邏和戰鬥機掃蕩，這讓西西里島的德國空軍於突尼西亞的創傷之後絲毫沒有喘息的空間。

盟軍航空部隊連續兩個多星期的猛攻和騷擾之效果可以在進攻西西里島期間軸心國沒出現多少戰機看出。德國空軍於哈士奇行動前已在嚴峻的戰鬥中喪失了空中優勢，共三百二十三架飛機於空中或地面上遭到摧毀；而義大利空軍也在地面轟炸中失去一百五十架的飛機。地中海航空指揮部自一九四三年五月十六日到七月九日黃昏已派出了四萬二千二百二十七架次的戰機，共折損二百五十架英國與美國軍機，但他們對盟軍成功登陸西西里島和義大利之貢獻永不可磨滅。

義大利防衛者

→戰利品

這架擄獲的布雷蓋（Breguet）Br.693 型是眾多強迫徵收服役於軸心國部隊的第二線飛機之一。這款特別的飛機在 1943 年 3 月服役於義大利空軍的奧倫治－卡拉提（Orange-Caratit）機場，該處位於隆河山谷（Rhône Valley）附近。

←夜襲者

這架坎特 Z.1007bis 型轟炸機塗上了夜戰的偽裝，它在 1943 年初突襲北非盟軍港口和設施之際隸屬於第 47 陸上轟炸聯隊第 260 中隊。注意裝置於機背的是布瑞達（Breda）V 型砲塔而非一般的蘭西亞那型（Lanciana）砲塔。

第四十章
進攻西西里島

儘管德國空軍不斷遭受「地中海航空指揮部」轟炸機的騷擾，但他們不屈不撓的作戰，讓軸心國的指揮官們得以解救他們的大批地面部隊。

↑馬丁掠奪者式 I 型轟炸機在 1942 年 8 月首次進入英國皇家空軍伴隨第 14 中隊服役。這群以埃及為基地的掠奪者式 I 型在西西里島與義大利海岸外執行轟炸和海上攻擊任務。

代號「哈士奇行動」的西西里島海上登陸作戰，於一九四三年七月十日按預定計畫展開；在新型兩棲登陸艇的輔助之下，二千五百艘船艦與登陸艦，載運著十六萬名英國第 8 軍團和美國第 7 軍團的戰鬥人員開赴西西里島南岸。他們有七百五十艘英國皇家海軍與美國海軍的戰艦掩護，還有二千五百架地中

海航空指揮部的戰機支援。

第 8 軍團的部隊登陸於敘拉古（Syracuse）南岸的阿弗拉（Avola）、諾托（Noto）、帕基諾（Pachino）與波札洛（Pozallo），沿著四十五哩（七十二公里）長的海岸線進行搶灘；而第 7 軍團則在更西邊的灘頭上岸，介於斯科格里阿提（Scogliatti）與利卡塔（Licata）

之間。由於天候不佳的影響，盟軍遭遇了不少意外，但登陸的師級與旅級部隊卻也出乎意料地只遇上輕微的反抗。然而，數百艘停泊於綿延八十五哩（一百三十七公里）海岸外的船艦亦成了西西里島、鄰近的薩丁尼亞與義大利南部軸心國航空單位誘人的目標。

　　事實上，在盟軍進犯西西里島之際，軸心國的部隊並不強大：德國空軍僅在那裡部署了二百八十九架的飛機，且妥善率只有一百四十三架；此外，那裡還有一百四十五架的義大利軍機（妥善率六十三架）。不過，德國第 2 航空軍團約七百七十五架的戰機乃在西西里島的航程範圍之內，它旗下還有第 2 航空軍的支援。西西里島上軸心國空軍單位戰力不足的情況直接導因於「西北非航空隊」和美國第 9 轟炸機指揮部的解放者式轟炸機數星期以來格外猛烈的轟炸行動。

　　在哈士奇行動中，盟軍的目標是奪取帕勒摩（Palermo）與墨西拿（Messina）的海港：英軍部隊將挺進卡塔尼亞，占領蓋爾比尼區極其重要的機場，並拿下墨西拿機場阻撓軸心國部隊的撤軍；而美國第 7 軍團則被賦予橫越該島切斷其防禦力量的任務，並占據帕勒摩補給港。在這兩支部隊之間的是崎嶇的地勢，由二十萬名義大利部隊駐守，許多單位的水準不佳，但他們有三萬二千名的德軍撐腰。

　　大批的傘兵與空降部隊是盟軍作戰初期的先鋒。然而，傘兵部隊的突擊進行得很不順遂。七

月九日晚間，二千零七十五名英國第 1 空降旅的士兵在「拉德伯克行動」（Operation Ladbroke）中搭乘一百三十七架空速霍沙式（Airspeed Horsa）與瓦科哈德里安式（Waco Hadrian）滑翔機從凱魯恩（Kairouan）出發，他們的目標是奪取敘拉古南部的邦特大橋（Ponte Grande Bridge），但不幸接踵而來。當天是沒有月光的夜晚，培沙洛岬（Cape Pessaro）空降區在強烈的海風擾亂下使領航員無法做出精確的定位。由於太早脫離拖曳的飛機，有六十九架滑翔機墜落在海上，而另外五十九架則散落於自培沙洛岬至穆洛‧迪‧波爾可岬（Cape Murro di Porco）之間，距離長達二十五哩（四〇公里）的大片土地上。

　　美國的第 82 空降師第 505 傘兵團亦遭遇了類似的問題而淪落至可恥的下場，並使得第 52 部隊運輸聯隊的二百二十六架 C-47 型運

↑ 第 90 空拍偵察聯隊的洛克希德 F-5E 型閃電式（該型機並未配備武裝，而是架設了照相機）於 1943 年進攻西西里島前夕被派去執行當地的偵察任務。

↑義大利的戰鬥機單位在盟軍空襲西西里島和義大利初期即陷入苦戰。這架馬奇 MC.202 型閃電式戰鬥機隸屬於第 22 陸上獵殺聯隊（22° Stormo CT）第 369 中隊，1943 年 7 月以那不勒斯─卡波迪奇諾為基地。

輪機在導航錯誤的情況下讓倒楣的人員與物質散落在蓋拉（Gela）與敘拉古間的廣大區域上。由於信賴英國與美國傘兵部隊能夠順利完成任務，盟軍指揮官還預設了許多目標。

德軍的成功

第一天的夜裡，Fw 190A 型戰鬥轟炸機、Ju 88A-4 型轟炸機與 Bf 109G-6 型戰鬥機即展開間歇性的攻擊。英軍的進攻區內一大早也有敵機來襲，午後又發生了數起攻擊，並導致醫護船塔蘭巴號（SS Talamba）沉沒。在美國的進攻區中引來了德國空軍更多的注目，一艘美國海軍的定期郵輪哨兵號（USS Sentinel）於摩拉（Molla）外海遭一架 Fw 190 的 SC250 型炸彈命中，不久沉沒；拂曉之際，驅逐艦馬多克斯號（USS Maddox）也遭俯衝轟炸攻擊，兩分鐘內葬送海底。

另外，在同一天裡，德國戰機還擊中了墨菲號（USS Murphy），並擊沉戰車登陸艦 313 號（LST-313）。顯然的，美國海軍缺乏空中的掩護才會造成如此的損失。儘管美國海軍巡洋艦薩凡納號（USS Savannah）與波伊斯號（Boise）派出了寇蒂斯 SO3C-1 型浮筒水上飛機，但他們慘遭性能敏銳的梅塞希密特戰機猛擊，一名組員陣亡，並很快迫使其他的飛機逃之夭夭。

盟軍戰鬥機的掩護直到七月十日太陽升起的二十分鐘後才抵達現場，馬爾他基地的五支噴火式 VC 型中隊於阿弗拉、帕基諾與斯科格里阿提上空提供遲來的保護，而美軍第 31 戰鬥機大隊的噴火則從果佐前去護衛蓋拉戰區，P-40L 型則從潘特勒里亞島掩護利卡塔區域。這群戰鬥機很快就得到了岸外戰鬥機指揮艦的協助，但從果佐與潘特勒里亞島而來的美軍戰鬥機只攔截到一起突襲。馬爾他基地的噴火 VC 型就幸運得多，他們展開了數次的戰鬥：在當日最後一起空戰中，第 229 中隊的噴火擊落了八架馬奇 MC.202 型戰機的其中三架。

德國空軍大部分的戰力都派去對抗「西北非戰術航空隊」、「西北非戰術轟炸部隊」（North West African Tactial Bombing Force）和美國第 9 轟炸機指部的轟炸機。早晨時，五十一架 B-17 空中堡壘蹂躪了蓋爾比尼；三十五架的 B-25 型米契爾式攻擊希亞卡，三十六架掃蕩塔帕尼─米羅（Trapani-Milo），六十架則對卡塔尼亞的鐵道調車場與帕拉佐洛（Palazzolo）的通訊設備發動轟炸；還有維波·瓦倫帝亞（Vibo Valentia）機場亦

遭受二十一架 B-24D 型解放者式的突擊。美軍總共只有四架轟炸機遭到防空砲火與戰鬥機擊落，而德國空軍在七月十日有十六架戰機被摧毀或失蹤。不過，根據軸心國的資料，德國空軍派了三百七十架次的戰機出擊，義大利空軍為一百四十一架次，他們在空戰中僅損失了十一架馬奇戰機。

到了七月十二日，在某種程度上，盟軍於西西里島南部已建立了根據地。當他們占領了機場之後，缺乏密接支援和空中掩護的窘境有了改善，先前的處境讓盟軍多次面臨到嚴重的危機。七月十三日，「西非沙漠航空隊」（沙漠航空隊自七月二十一日更名為西非沙漠航空隊）的總部在帕基諾開始運作，那裡有三支噴火式 VC 型中隊護衛，而第四支中隊則於七月十四日由進駐科米索（Comiso）的第 324 大隊調派噴火 V 型與 IX 型而來。

一九四三年七月十日至十二日之間，德國空軍每日約派二百七十五到三百架次的戰機出擊，但面對盟軍航空部隊壓倒性的優勢，他們的作戰行動立即銳減為每日一百五十架次，這主要是因為機場被蹂躪和維修單位遭受轟炸的結果。德國空軍在西西里島的損失很快就無法補救：到了七月十六日，該島只剩下一百二十架的飛機（其中不超過三十架能用），七月十八日時總數更僅剩二十五架。西西里島上德國空軍與義大利空軍殘存的飛機約有一千一百架被毀或受創而留在各座機場：其中，約有六百架左右是德國的軍機。

西西里島的德國空軍差不多在地面作戰中遭到殲滅，但還有一小支的戰鬥轟炸機部隊坐鎮於義大利的腳趾尖執行戰術任務，他們約有五十架的 Fw 190 與 Bf 110G-2 和六十五架左右的 Bf 109G-6 型戰機。與此同時，盟軍的重型轟炸機幾乎已能任意遊蕩，他們於七月十九日對羅馬的鐵路調車場發動首次攻擊，百分之六十通往南方的交通運輸線都得經過那裡。一九四三年七月十七日至二十三日，西北非戰略航空隊和美國第 9 轟炸機指揮部持續對格羅塔葛里、聖潘卡拉吉歐、維泰博（Viterbo）、波米格利阿諾、蒙特卡維諾（Montecorvino）、阿基諾

↓第 9 航空隊第 376 重型轟炸機大隊的綽號為「利布蘭多」（Liberando），他們以北非為基地，並對軸心國的機場與設施執行轟炸任務。這個單位後來移往義大利繼續對德國的目標發動攻擊。

（Aquino）、維波・瓦倫帝亞、克羅托內（Crotone）與勒維拉諾（Leverano）的德國空軍機場發動突襲，迫使殘餘的第 2 航空軍撤離。七月二十五日，第 27 戰鬥聯隊第 2 與第 3 大隊在撤退進行整編

之前又蒙受了損失。而在七月三十日，於薩丁尼亞外海作戰的寇蒂斯 P-40 型和 P-38 型戰鬥機則宣稱擊落二十一架敵方運輸機，還有第 77 戰鬥聯隊第 3 大隊的五名飛行員也在狂暴的戰鬥中喪命。

西西里上空的軸心國戰鬥機

　　西西里島之役期間，軸心國部隊承受了盟軍空中掃蕩與轟炸突襲的巨大壓力。在五個星期的戰鬥中，德國與義大利空軍損失了一千八百五十架的飛機，而英國與美國僅有不到四百架的戰機折翼。

→迪瓦丁 D.520
德國空軍與義大利空軍中皆有優異的法國戰機服役。這架義大利空軍「第 160 自由獵殺大隊」（160º Gruppo Autonomo Caccia）第 164 中隊的迪瓦丁 D.520 型戰鬥機在 1943 年 5 月是以雷卓・迪・卡拉布里亞（Reggio di Calabria）為基地。

→梅塞希密特 Bf 109G
這架「薩丁尼亞航空指揮部」（Fliegerführer Sardinia）旗下第 51「莫德士」戰鬥聯隊第 2 大隊第 6 中隊的 Bf 109G-2 熱帶型戰鬥機在 1943 年 6 月是以卡薩・札佩拉（Casa Zeppera）為基地。在抵達地中海戰區之前，第 51 戰鬥聯隊第 2 大隊在蘇聯戰線上服役，後來這個單位又到了德國、奧地利、巴爾幹半島和匈牙利作戰。

↑雷吉安（Reggiane）Re 2001 CN2
這架 Re 2001 型戰鬥機隸屬於第 51 陸上獵殺聯隊（51º Stormo CT）第 21 大隊第 82 中隊。第 21 大隊先前在西西里島與義大利服役，不過義大利於 1943 年 9 月投降之後，該單位即是眾多向盟軍靠攏的單位之一。

第四十一章

海嘯行動：突襲普洛什提

西西里島之役後，當代輿論紛紛讚揚美國空軍決定性的勝利，但
是對普洛什提的突襲無論是在戰術上或戰略方面都是代價高昂的
挫敗，美國戰機和飛行員的損失十分慘重。

普洛什提油田生產的提煉油約
占世界的百分之三，它座落於羅馬
尼亞布加勒斯特北方三十五哩（五
十公里）處：到了一九四三年，許
多羅馬尼亞的煉油廠皆對德軍持續
作戰的動力有極大的助益，他們超
過百分之六十的煉油都是輸出到第
三帝國。美國對普洛什提油田的突
擊行動可回溯到一九四二年六月，
當時他們在那裡發動了一場失敗的
空襲。那次的作戰反而強化了德軍
對普洛什提油田的防禦，而且到了
一九四三年春天，重型高射砲亦有
了德國空軍日、夜間戰鬥機單位以
及羅馬尼亞配備 IAR 80 型與阿維
亞（Avia）B.534 型戰鬥機單位的
守護。

一九四三年四月，盟軍再次策
畫空襲行動，打算一勞永逸的解決
普洛什提問題。這一次的作戰將
由美國第 9 轟炸機指揮部的 B-24D
型轟炸機展開大規模的低空攻擊，
並稱其為「海嘯行動」（Operation
Tidalwave）。

參與這次作戰的解放者式轟炸
機單位為第 44 和第 93 大隊（他們
隸屬於第 8 轟炸機指揮部），以
及第 98、第 376 與第 389 轟炸大
隊。海嘯行動的計畫非常周密，而

且任務於一九四三年八月一日清晨
展開之前，各單位都進行了多次的
低空飛行技巧與導航演練。一百七
十七架解放者裝載了五百磅（二百
二十七公斤）與二百五十磅（一百
一十三磅）的一般炸彈，還有大部
分裝載的是燃燒彈。

他們從班加西基地起飛，為
了達到最大的奇襲效果，飛行航
線謹慎的規畫，所以轟炸機得繞
行一千五百五十哩（二千五百公
里）才會抵達目的地。此外，每
一支大隊都分配了固定的目標：
作為領隊的第 376 轟炸大隊的目

↑1944 年，在連續對
普洛什提油田發動突襲
期間，第 449 轟炸大隊
第 718 轟炸中隊高飛的
B-24D 型解放者式對奧
斯特拉羅馬尼亞煉油廠
投下炸彈之後，捲狀煙
直沖雲霄。

↑盟軍付出極大的努力訓練飛行員和領航員於低空中執行任務。照片中這群雷鳴飛越班加西平原上空的 B-24D 型正在進行作戰演練。

標是「羅馬尼亞—美國煉油廠」（Romana Americana）；第93轟炸大隊則為「剛果迪亞·維加廠」（Concordia Vega）、「標準石油廠」（Standard Petrol）與「聯合史佩蘭他廠」（Unirea Speranta）；第98轟炸大隊為「奧斯特拉羅馬尼亞煉油廠」（Astra Romana）與「聯合奧利恩廠」（Unirea Orion）；第44轟炸大隊為「哥倫比亞奧奎拉廠」（Colombia Aquila）與「克雷迪托·密尼爾廠」（Crédital Minier）；而第389大隊的目標則是其餘位在北邊康比納（Campina）的煉油廠。

代價高昂的錯誤

一開始，任務按照計畫進行，轟炸機沿著第勒尼安海（Tyrrhenian Sea）行進。然而，當機隊轉向越過阿爾巴尼亞山脈時，大雷雨漸漸破壞了他們集中的隊形，而且突襲的時間進度開始錯亂。普洛什提西北方的小鎮佛洛瑞斯提（Floresti）被選定為突襲行動的起始點，因為那裡的鐵道直接通往油田區。可是，由於低空導航極其困難，一有什麼閃失就很難補救回來。兩支領航的大隊（第376與第93大隊）錯認塔果利斯特（Tagoriste）為佛洛瑞斯提而轉向，這條航線將他們直接帶往布加勒斯特的郊外，當領航員發覺錯誤時便向北大迴轉。此時，第389轟炸大隊已在飛往康比納的航線上，而第44與第98大隊也在正確的航道上飛向普洛什提。不過，整體的作戰氣勢都因喪失了奇襲效果而瓦解。

德軍防空砲和戰鬥機及時做出反應，許多解放者式在接近目標不到四十呎（十二公尺）的距離遭到擊落。海嘯行動招致的損失極高：只有九十二架解放者返回班加西，十九架降落到其他的機場，七架飛至中立的土耳其，還有三架於海上墜毀。總共五十四架解放者沒能返航，五百三十二名機組員喪命。而德國空軍的損失只有四架 Bf 109G，加上四架負傷，以及兩架 Bf 110，另有五架受創。儘管盟軍

宣稱這次作戰非常成功，但普洛什提的破壞很容易修復，它的綜合設施在幾星期之內就能正常的運作。

增強防禦

不到兩個星期之後，在八月十三日，同樣的五支 B-24 大隊被派往突擊奧地利維也納—新城（Wiener-Neustadt）的梅塞希密特戰機組裝廠。由於天候惡劣，只有六十五架解放者抵達目的地。不過，他們沒遇上什麼防空火砲或戰鬥機的反擊，而且僅失去了兩架戰機。這起突襲行動讓德國空軍不得不強化他們的防禦力量以對抗地中海戰區的盟軍空襲。

為了支援戰場上的部隊，「沙漠航空隊」持續盡最大的努力派機飛越卡塔尼亞支撐英國第 8 軍團。同時，「美國第 12 空中支援指揮部」（US XII Air Support Command）亦在支撐美軍部隊開赴馬爾薩拉（Marsala）、塔帕尼與帕勒摩，並穩健的向東挺進。在七月的最後一個星期，德軍開始越過墨西拿海峽（Straits of Messina）撤出西西里島，他們的撤退非常有效率，是井然有序的典範，每日平均都有一萬七千名士兵離開該島。

第 8 軍團最後在八月五日占領卡塔尼亞，然後再橫越埃特納火山

（Mount Etna）與從西面逼近的美軍會合。日間，盟軍的戰術航空部隊不斷派戰機轟炸敵軍的陣地：噴火式 VC 型、小鷹式 III 型與 A-26 型入侵者式（Invader）低空投下五百磅（二百二十七公斤）與二百五十磅（一百一十三磅）的一般炸彈，掃射敵軍要塞；而巴爾的摩式、波士頓式與 A-20B 型則在中間空層作戰以避開密集的輕型防空砲火。七月十七日至十八日之後，白天就很少見到德國空軍於前線出沒，除了 Fw 190A-5 型戰鬥轟炸機有時會向港口發動突襲，而 Bf 109G-6 型戰鬥機每二十四小時平均也有約六十架次的出擊。

空襲羅馬

一些德國空軍的戰鬥機單位仍會從義大利南部的基地出擊，他們大部分是去對抗「西北非戰略航空隊」與美國第 9 轟炸機指揮部的日間突襲。八月十三日，羅馬附近的

↑「羅馬尼亞空軍」（Jafü Rumanien）戰鬥機的反應十分迅速，像照片中這群前去攔截盟軍編隊的 IAR 80 型戰鬥機宣稱予了入侵者慘痛的打擊。

羅倫佐（Lorenzo）鐵路調車場遭到一百零六架的 B-17 型、六十六架 B-25 型與一百零二架 B-26 型轟炸機的痛擊，他們還有一百四十架 P-38 型閃電式戰鬥機的護航。

此刻，義大利空軍的反應十分活躍，至少派了七十五架 MC.202 型與 Re 2001 型，還有少數最新的 G.55 型和 Re 2005 型，以及數架 Bf 109G-6 型戰鬥機捍衛領空。鐵路調車場遭受嚴重的破壞，盟軍失去了兩架 B-26C 型，義大利也有五架戰機與 P-38 格鬥時折翼。

不久，盟軍又針對羅馬的周邊機場與鐵道設施展開第二起的大規模空襲行動，但這場轟炸的主要用意在於宣傳，其目的是讓義大利人民知道法西斯咎由自取的下場。到了此時，墨索里尼遭到逮捕，而且新上台的巴多格里奧（Badoglio）政府也開始和盟軍展開祕密談判以爭取有利的投降條件。

在對羅馬的四天突襲裡，英軍與美軍部隊業已完全占據西西里島，而德軍也十分有條理的撤出了他們的最後一批部隊和裝備。在最末四個星期的戰鬥當中，盟軍已取得了完全的制空權，德國第 2 航空軍團曾經引以為傲的部隊除了偶爾在日間發動突襲和數次的夜間攻擊之外，並沒有什麼作為。

「古斯塔夫」（Gustav）守護者

德軍由墨西拿港撤出西西里島期間，德國空軍一小批 Bf 109G-6 型戰鬥機部隊孤注一擲地出擊掃蕩，防範盟軍的突襲。他們每日派出一百五十架次的戰機，大部分是約翰尼斯·史坦霍夫（Johannes Steinhoff）少校的第 77 戰鬥聯隊。另外，1943 年春季與夏季之間，四支義大利的飛行大隊也在地中海戰區操作 Bf 109G 型。這批戰機於西西里島和南義大利上空執行防衛任務。

→Bf 109G-6「白色一號」

西西里島保衛戰期間，第 77 戰鬥聯隊是德國空軍最活躍的單位之一。這架戰鬥機是恩斯特－威廉·萊納特（Ernst-Wilhem Reinert）中尉的座機，他在 8 月時晉升為第 1 中隊的中隊長。萊納特於先前的突尼西亞之役中是頂尖的擊殺王牌，他持續作戰，宣稱擊落了一百七十四架敵機。

←Bf 109G-6 熱帶型

這架特別的戰鬥機在 1943 年 7 月間是由西西里島科米索基地的吉塞佩·魯吉恩少尉（Sottotenente Giuseppe Ruzzin）駕駛。該機附屬於第 3 陸上獵殺大隊（3° Gruppo CT）第 154 中隊，它的引擎整流罩上漆有「紅魔鬼」（Diavolo Rossi）的大隊徽章，機尾也有清楚的白色薩伏亞（Savoia）十字標誌。

第四十二章
梅塞希密特 Bf 109

二次大戰德國最著名的戰鬥機毫無疑問的是 Bf 109 型。Bf 109 型的存在同時也象徵了德國空軍的時運：從早期時的戰無不勝，到漫長、艱辛的維持空中優勢，直至最後面臨壓倒性數量的敵機而遭擊敗。

西元一九三五年五月，當德國首席測試飛行員漢斯·克努切上尉（Flugkapitän Hans "Bubi" Knötsch）從梅塞希密特公司的奧古斯堡—豪恩斯泰騰（Augsburg-Haunstetten）機場跑道上，駕著全新的第一款原型戰鬥機升空之際，他肯定知道，他手中操縱的機器代表著戰鬥機設計技術的躍進。不過，他沒有預見的是，十年之後，儘管徹底潰敗，但 Bf 109 型和噴火式與野馬式並列在一起，都成為航空界的不朽傳奇。

雖然最初命名為 Bf 109A 型的戰鬥機並非第一款單座、結合全金屬強化外殼、一體成形結構和低翼懸臂單翼輪廓的飛機，但它是首架融合所有改良的特徵，如全罩式座艙、可收回式起落架和完全結合前緣機械翼縫與後緣有溝槽的襟翼之設計。

首創的設計

梅塞希密特公司生產的這一款一流的戰鬥機是他們首次取得的重大成就。人們經常拿 Bf 109 和近乎同時期誕生的噴火式戰鬥機來做比較，不過，後者大部分是從早期「施奈德飛行大獎賽」（Schneider Trophy）的高速競賽用機取得製造

↑二次大戰期間，梅塞希密特 Bf 109 型戰鬥機總共生產了三萬多架，但迄今沒有任何一架仍能夠繼續飛翔，儘管有幾架正著手改裝讓他們恢復到可飛行狀態。照片中這架英國皇家空軍所擁有的 Bf 109G 型目前存放在英國杜克斯福德的「帝國戰爭博物館」（Imperial War Museum）內，它在 1997 年的一場降落意外之後就一直留在地面上無法再飛。

經驗，而 Bf 109 則沒有這樣的先
輩傳授技術，況且它最近的先驅還
只是一架四人座的輕型民用旅行飛
機。

作戰測試

Bf 109 無疑是當代服役與作戰
機種裡最先進的戰鬥機。一九三
六年晚期，四架原型機（V3 號至
V6 號）被派往西班牙偕同「禿鷹
兵團」進行實戰測試，接著，該型
機即生產了一百二十四架。雙翼戰
鬥機的設計始祖與戰術運用顯然可
回溯到一次大戰時期，在雙翼機尚
存的時代，Bf 109 的飛行員因此改
寫了戰鬥機的教戰守則。在這群先
鋒最前端的是未來的打擊王牌，魏
納‧莫德士（Werner Mölders），
他的飛行小隊（Schwarm）或「四

號手指」（finger-four）陣形後來
廣泛地為世界各國空軍所採用。

第一款主要的量產型，即經
典的 Bf 109E 型或所謂的「艾米爾
型」（Emil）或許是全 Bf 109 系
列生產線的極致，它不只將永遠與
不列顛之役聯想在一起，還受到德
國空軍飛行員的普遍歡迎。E 型將
首席設計師，威利‧梅塞希密特
（Willy Messerschmitt）的一切構
想結合為一體，他在接獲軍事需求
規格之前就試圖整合各種不同的槍
砲與器材，還有加裝額外的武器與
裝備，甚至還有會減弱飛行性能的
螺栓固定式武器。

若艾米爾型有所缺陷的話（除
了它的起落架間距過窄，這是三
萬多架 Bf 109 的共同弱點），那
就是它的火力不足：它最多只能

在機翼裝載兩挺二十公釐 MG FF 型加農砲和機鼻兩挺 ○‧三一吋（七‧九公釐）MG 17 型機槍。Bf 109F 型配備了升級的 DB 601N 型引擎，它在航空動力學上大有改進，但仍無法解決武裝薄弱的問題。而且，許多飛行員雖有幸使用裝設在引擎艙內單挺高射擊初速與高射率的 MG 151 型加農砲，它是取代艾米爾型機翼加農砲的武器，但只要情況允許，其他飛行員還是寧願繼續飛 E 型戰鬥機。

各戰線上的戰鬥機

大戰中期的 F 型或所謂的「佛瑞德里希型」（Friedrich）在各大戰線上都看得到它的身影：英吉利海峽、地中海與蘇聯。而駕駛其後繼者 Bf 109G 型的飛行員則因為德國空軍大規模生產計畫的失敗和無能汰換過了高峰期的機種而付出代價。在 Bf 109 所有的衍生機型當中，最富創造力的 G 型「古斯塔夫型」（Gustav）將承受不斷增加的壓力直到最後全面的潰敗。

Bf 109G 型的發展導致 Bf 109K-4 型於一九四四年十月誕生，它是最後一款的量產型。K-4

↑ 二次大戰初期，Bf 109 在與過時的法國與波蘭戰鬥機格鬥之際證明是可畏的敵手，他們大部分的損失都是遭到地面的砲火擊落。

↓ Bf 109 戰鬥機大部分的作戰行動皆是於白晝進行，但照片中的這架卻投入夜間戰鬥。這架 Bf 109F 型隸屬於第 54 戰鬥聯隊第 2 大隊，在早期的蘇聯戰役中活動。注意方向舵上的十九條擊殺紀錄。

型由大爲增強動力的 DB 605D 型引擎驅動，速度雖快，但到了這個時候，該機的設計已不再像它的前輩一樣能夠穩操勝算。Bf 109K-4 型還是一具富有潛力的武器，不過這款戰鬥機最需要的是推動它的燃料和駕駛它的有經驗飛行員，而這兩者在大戰的最後幾個月裡正是德國空軍極其缺乏的東西。

戰後的服役

二次大戰雖然結束，但 Bf 109 的作戰史並未就此寫下句點。西班牙在戰爭期間便獲准研究組裝該型戰鬥機，其後他們也利用自產的「西班牙—瑞士廠」（Hispano-Suiza）引擎完成了幾架 Bf 109，但後來則改用英國的勞斯—萊斯隼式引擎（大戰時期的前敵手，即超級馬林噴火式戰鬥機也裝配此型發動機）。這批命名爲「西班牙 HA-1112-M1L 型」的西班牙製 Bf 109 戰鬥機一直服役到一九六〇年代中期。

戰後其他使用 Bf 109 的空軍單位還包括以色列部隊，他們擁有一些 S-199 型「梅塞克」（Mezec）戰鬥機（即配備朱姆 211F 型引擎的捷克製古斯塔夫型機），並在一九四八年至一九四九年間派去對抗埃及空軍。不過，飛行員們已經不喜歡這種戰鬥機，因爲它很難駕馭。那些倒楣又非得使用他們作戰的飛行員還給它取了綽號，稱之爲「小型拖拉機」。

↓照片中這架 Bf 109G 型戰鬥機是由德國「梅塞希密特—波考—布洛姆飛機公司／南德航空聯盟」（MBB Aircraft/ Flugzeug-Union Süd）所保留，但事實上它是一架裝置德國戴姆勒—朋馳引擎的西班牙 HA-1112 型「風信子」（Buchón）混種機。

第四十三章
踏上義大利

盟軍在地中海的強大戰力代表著，即使西西里島戰役尚未結束之前，他們已經在計畫對義大利本島發動進攻。

盟軍在西元一九四三年九月登陸計畫的三個目標，是迫使義大利退出大戰；在那裡建立轟炸機基地以便能夠對德國南部和巴爾幹半島發動攻擊；還有將德軍的師團拉進保衛羅馬的消耗戰中。他們的計畫，即「灣鎮行動」（Operation Baytown），將於九月三日展開，盟軍會派英國第 8 軍團越過狹窄的墨西拿海峽到義大利的「腳趾」，即雷卓·卡拉布里亞（Reggio Calabria）。

而另一項更具雄心的作戰，「雪崩行動」（Operation Avalanche），則是派美國第 5 軍團登陸羅馬南部的薩萊諾灣（Gulf of Salerno），切斷軸心國部隊的退路。雪崩行動將在一九四三年九月九日進行，與第 8 軍團於「鬧劇行動」（Opertion Slapstick）中從塔蘭托進擊同步展開。

在九月三日的作戰中，空軍單位所貢獻的力量為「西北非航空隊」的三千五百四十六架戰機，加上「中東航空指揮部」（Middle East Air Command, MEAC）的八百四十架，以及「馬爾他航空指揮部」的一百八十四架。這批武力還包括了三百五十架運輸機和四百架滑翔機。而薩萊諾的登陸作戰和相關行動至少會有三千二百八十架的飛機投入；除此之外，英國也從本土派了幾支 B-24 型轟炸機大隊前往支援。

進攻前的轟炸

早在一九四三年八月十八日，西北非航空隊的中型與重型轟炸機即為了雷卓和薩萊諾的登陸作戰而展開廣泛的突襲轟炸。八月二十二日至九月二日期間，七十架的 B-25 型與 B-26 型攻擊了薩萊諾、巴提帕格里亞（Battipaglia）、貝納芬托（Benevento）、卡塞塔

↑在 1943 年夏的西西里島科米索機場旁，一架配備二十公釐加農砲的「黃色十四號」Bf 109G-6/R6 熱帶型遭到第 53 戰鬥聯隊的遺棄，它旁邊停的是一架噴火 VC 型。當盟軍占領西西里島並向北挺進義大利本島之際，他們善加利用了那裡的機場進行攻擊。

↑當福吉亞機場的情勢變得難以防守之際，第 2 航空軍即移往北方，包括照片中這架第 54「骷髏頭」（Totenkopf）轟炸聯隊第 1 大隊的 Ju 88A-4 型，它飛向貝爾加莫（Bergamo）。

↓照片中，1943 年義大利登陸戰期間，一架第 807 中隊的海火式 L.Mk IIC 戰鬥機正吊上英國海軍的航空母艦戰鬥者號。在登陸薩萊諾之際，艦隊航空隊的岩燕式與海火式提供了至關重要的空中掩護，讓臨時飛機跑道得以建立。

（Caserta）、康瑟羅（Cancello）、阿佛塞（Averse）、阿諾吉亞托塔（Torre Annunziato）與希威塔維齊亞（Civitavecchia）的鐵道目標。八月二十五日，「西北非戰略航空隊」亦對加普亞（Capua）與福吉亞機場發動猛轟。那不勒斯的機場設施則在次日被攻擊，同時數波的 B-17 型、B-25 型與 B-26 型轟炸機也對格拉薩尼塞（Grazzanise）和加普亞進行掃蕩。他們雖遇上 Bf 109G-6 型戰鬥機頑強的抵抗，但仍對目標區內的飛機予以嚴重的破壞。

八月三十日，另一處重要機場，即維泰博轟炸機基地同樣遭受突襲。在此期間，西北非戰略航空隊仍持續對軍需品運補站施加壓力，並轟炸蘇爾蒙（Sulmone）、特爾尼（Terni）、弗利（Forli）與比薩（Pisa），而且於九月二日，波察諾（Bolzano）、特蘭托（Trento）與波隆那（Bologna）的鐵路調車場甚至在 B-17 型沒有戰鬥機護航的情況下遭到轟炸。

盟軍戰鬥機在義大利腳趾上空的武裝偵察亦在進行，他們於斯卡累亞（Scalea）、杉特拉羅（Centraro）、科森薩（Cosenza）和斯帕里（Spari）區域巡邏，並低空掃射運輸車輛與鐵道車輛。九月七日，就在緊要關頭的時候爆發了激烈的空對空戰，當時約有一百二十架的 B-17 型前去轟炸福吉亞機場，德國空軍一支六十至七十架戰機的部隊抱著必死的決心升空作戰，可是護航的 P-38 型戰鬥機太過強大了，戰鬥中僅有兩架 B-17

折翼，而且有三十七架左右的德軍戰機遭到擊落。這場壯麗的空戰見證了德國戰鬥機於義大利南部大規模抵抗的結束。

薩萊諾之役

盟軍在準備進攻的過程中，地中海航空指揮部從八月十七日至九月二日之間發動了一萬三千三百架次的空中攻擊，行動中約有一百八十架盟軍戰機和八十五架德國戰機被摧毀。盟軍航空部隊的出擊有三千八百架次左右是針對敵方鐵道系統進行轟炸，以阻斷南部那不勒斯─福吉亞的交通線流通。九月三日三點四十五分，第 8 軍團登陸雷卓·卡拉布里亞，而黎明之際，噴火式與小鷹式也在部隊上空巡邏。無論在地面或空中遭遇的抵抗都十分微弱，到了十一點四十五分，加拿大部隊亦駛進了雷卓的港口。

九月二日至八日期間，亞瑟·泰德上將的戰機出動了七千一百四十五架次，他們僅失去二十五架飛機；德國第 2 航空軍的損失則為十六架左右。

在雪崩行動中，盟軍空軍指揮官面臨的最大問題是戰鬥機的航程範圍有限，無法提供完全的掩護：從蓋爾比尼機場至薩萊諾的距離為二百二十哩（三百五十四公里），這對美國第 1、第 14 與第 82 大隊的 P-38 型戰鬥機來說是很大的壓力，所以海軍戰鬥機的掩護就變得十分重要。在 H 艦隊之下，英國海軍航空母艦光輝號與可畏號可提供岩燕式 IV 型與

↑義大利的夏季氣候造成意想不到的困境。在聖潘卡拉吉歐機場的這架第 376 轟炸大隊的 B-24D 型解放者式轟炸機正奮力駛過氾濫的水窪。

海火式 LF.Mk IIC 戰鬥機；而 V 艦隊的輕型航空母艦〔英國海軍獨角獸號（Unicorn）、潛行者號（Stalker）、獵人號（Hunter）、攻擊者號（Attacker）和戰鬥者號（Battler）〕也能夠派出更多的海火式戰機。

盟軍可以分派到薩萊諾上空提供保護傘的航空武力包括一百一十架的海火與岩燕、九支中隊的 P-38G 型、七支 A-36 型中隊和十三支美國與英國的噴火中隊。雪崩行動的登陸時間設在九月九日三點三十分，到時英國的第 10 軍和美國第 5 軍團旗下的第 6 軍將會登陸在薩萊諾灣，介於亞馬菲（Amalfi）與帕斯圖恩（Paestum）之間長約二十五哩（四十公里）的海岸線上。

不過，義大利內陸地區的反抗力量迅速強化，到了當天傍晚（義大利政府也正式向世人宣告投降）德軍在最緊張的時刻抵達現場。薩萊諾登陸所遭遇的抵抗格外猛烈，從九月九日至十六日之間，盟軍還差點被驅逐到海上。後來，

盟軍在鋌而走險的情況下奉陪到底，還有希特勒同意凱賽林將軍於九月十七日進行戰略性的撤退才挽回了一局。德國「H 航空軍團」（Luftflotte H）的戰機果敢地對停泊在外海的盟軍船艦發動攻擊，而第 2 航空軍的 Fw 190A-5 型戰鬥轟炸機每日也平均出動了一百七十架次予以支援。在九月八日至十六日間，地中海航空指揮部派出了二萬一千六百九十六架次的戰機，損失六十架；德國第 2 航空軍的損失則為八十一架，還有「德國空軍東南指揮部」（Luftwaffenkommando Süd-Ost）的八架。

相對於薩萊諾登陸戰的慘烈，塔蘭托之役就順遂許多，遭遇的抵抗也比較少。到了九月二十日，「沙漠航空隊」的總部已在義大利南部的克羅托內成立，而德國空軍大部分的戰力則分散到薩萊諾作戰，他們還調離一些單位掩護德國國防軍在薩丁尼亞與科西嘉島（Corsica）的撤退行動，九月九日時德國才剛決定撤離薩丁尼亞的戰機和部隊至科西嘉島。德軍的任務於十月三日完成之後，約有二萬一千一百零七名士兵和三百五十噸的軍需品空運走，但他們損失了五十五架運輸機，那些運輸機大多數是在義大利機場內葬送於盟軍轟炸機的手裡。

↓1943 年 8 月，那不勒斯的鐵路調車場、工廠和儲油設施在 B-25 型、B-26 型與 P-38 型的掃蕩之後，又遭一波威靈頓式轟炸機的突擊。

第四十四章
冷酷的冬天

德國不計一切代價在沃爾圖諾河、桑格羅河與卡西諾進行了數場消耗戰。於是，在德軍地面部隊的頑強抵抗之下，盟軍的空中優勢變得一無是處。

西元一九四三年秋初對盟軍地中海戰區的部隊來說是多事之秋，薩萊諾的硬仗結束後，美國第 5 軍團繼續向內陸挺進與英國第 8 軍團會合，他們已穿過卡拉布里亞，在一九四三年九月二十日抵達奧里塔（Auletta）；在東方，第 8 軍團的部分單位拿下了巴里（Bari），然後於十月一日占據福吉亞機場。同日，那不勒斯的港口亦淪陷入美國人手中。

自從義大利人在九月投降之後，德軍毅然決定堅守義大利本島。於是，凱賽林元帥奉希特勒的指令在羅馬南方建立強大的防禦工事，而不是原先計畫的撤退至羅馬城。這道防線橫跨險峻的亞平寧山脈（Apennines），沿途到處都有縱深的谿壑，一眼望去，義大利的地形特徵對德國守軍相當有利。凱賽林在一九四三年十一月二十一日被任命為西南軍區的總司令（Oberbefelshaber Süd West），他握有「C 集團軍」

↑盟軍的戰術轟炸機部隊持續不斷地攻擊軸心國的交通聯絡網。照片中這架第 12 航空隊 B-26 型掠奪者式轟炸機成功的命中了阿那斯塔希亞（Anastasia）的鐵道橋樑。

（Heeresgruppe C）的指揮權，義大利南部和北部分別由第 10 軍團與第 14 軍團坐鎮。凱賽林的任務是要讓在義大利的盟軍部隊元氣大傷，以妨礙他們西歐登陸作戰之準備，還有防範任何入侵巴爾幹半島的企圖。

正當德軍緩慢地退向沃爾圖諾河（Volturno）防線之際，盟軍的戰術航空部隊也在義大利南部設立了根據地。不過，本質上，這個支援武力小於西西里島戰役時的編制。艾德文・豪斯（Edwin J. House）少將指揮的「美國第 12

↑在執行戰鬥轟炸任務之前，軍械士們正將500磅（227公斤）的一般炸彈裝上一架美國陸軍航空隊第1戰鬥機大隊第94戰鬥機中隊的P-38L型閃電式。

空中支援指揮部」派去支援美軍第5軍團，而「沙漠航空隊」（哈利·布羅霍斯特少將指揮）則掩護英國第8軍團的活動，他們正從義大利東部海岸北上進擊。此外，「西北非戰術轟炸部隊」將戰機分配給這兩個戰術空軍單位：由亞瑟·科寧漢中將領軍的「西北非戰術航空隊」則於一九四三年十一月四日展現了他們的實力與戰術彈性。

在沙漠航空隊〔總部設在魯塞拉（Lucera）—福吉亞〕旗下的是：米廉伊（Mileni）基地的第239（英國皇家空軍）大隊，他們配備六支小鷹式III型中隊；特里歐羅（Triolo）基地的第244（英國皇家空軍）大隊，他們有一些噴火式VC型與VIII型中隊；第79戰鬥機大隊，其中包括沙爾索拉（Salsola）—福吉亞基地的第99戰鬥機中隊，配備P-40N型；帕拉塔（Palata）的第7（南非空軍）大隊，他們有三支噴火中隊；以及卡佩里—福吉亞一號機場

（Capelli-Foggia No. 1）的第285（英國皇家空軍）大隊，其中包含第40、第255與第682中隊，他們還配備夜間戰鬥機和偵察機。

在美國第12空中支援指揮部（總部卡塞塔）旗下的是：波米格利阿諾與帕斯圖恩基地的第64戰鬥機聯隊，他們包括美軍第31與第33戰鬥機大隊（配備噴火式和P-40型）；卡帕奇諾（Capacchino）與塞雷特里（Serretelle）基地的美軍第27與第86戰鬥機大隊，配備A-36A型；那不勒斯—卡波迪奇諾的第324（英國皇家空軍）大隊，他們擁有五支噴火VC型與VIII型中隊，還有專執行戰術偵察任務的第225中隊；波米格利阿諾的美國第111觀察中隊，配備標緻戰士和A-36型；以及塞爾可拉（Cercola）基地的美軍第324戰鬥機大隊，配備P-40L型戰鷹式。另外，西北非戰術航空隊的裝備清單上有四十六支中隊的戰鬥機、戰鬥轟炸機、戰術偵察機和一些夜間戰鬥機，所以他們擁有超過五百五十架的戰機。

西北非戰術轟炸部隊的總部設在色貝吉亞（Sebezia），它所配給的輕型轟炸機是以福吉亞區域為基地：美國第47（輕型）轟炸大隊位於文森吉歐（Vincenzio），擁有A-20C型；第3（南非空軍）大隊則在托爾特雷拉（Torterella），配備巴爾的摩式與波士頓式；第232（英國皇家空軍）大隊在塞廉（Celene），

分派較小型的轟炸機；美國第 12（中型）與第 13 大隊皆於福吉亞─曼恩（Main）基地，配發 B-25C 型；第 340（中型）轟炸大隊在聖潘卡拉吉歐，B-25 型；以及位在格羅塔葛里的第 31（中型）大隊，擁有四支 B-25 中隊。除此之外，在義大利南部，於「西北非海岸航空隊」旗下的第 322 大隊還有三支噴火 VC 型中隊，他們的基地是在吉歐亞‧德爾‧科勒（Gioia del Colle）。

作戰中的盟軍航空部隊

一九四三年九月，美國第 9 航空隊起程前往英國，他們將在西北歐上空作戰，而其第 98 與第 376 轟炸大隊的 B-24 型轟炸機也轉移給「西北非戰略航空隊」，好讓他們繼續在地中海戰區（MTO）執行任務。另外，西北非戰略航空隊〔詹姆士‧杜立德（James H. Doolittle）少將指揮〕此刻還掌控了英國皇家空軍第 205 聯隊的九支威靈頓式 B.Mk III 與 B.Mk X 轟炸機，他們是於夜間作戰。美國第 5（重型）轟炸機聯隊的第 2、第 97、第 99 與第 301 大隊編成了西北非戰略航空隊的首要打擊武力，共有一百九十二架的 B-17F 型空中堡壘轟炸機。此外，他們還有配備 B-26C 型掠奪者式與 B-25C 型米契爾式的第 42 與第 47（中型）轟炸大隊。

美國第 1、第 14 與第 82 戰鬥機大隊的 P-38 型及第 325 大隊的 P-40N 型戰鬥機則為轟炸機大隊提供掩護。在西西里島和義大利上空，西北非戰略航空隊的閃電式已成為德國空軍的瘟神。閃電式戰鬥機的飛行員在他們首次於突尼西亞與德國空軍梅塞希密特的高手長期磨鍊之後，都已經成為實戰經驗豐富的老手。這時，這群 P-38 的飛行員身懷進攻性的作戰本領，而且都能善加利用他們一萬五千八百磅（七千一百六十五公斤）重型戰鬥機不可思議的加速度和俯衝─爬升性能。不過，他們在德國上空的同伴卻因為凜冽的天候和經常遇上捍衛帝國的德國空軍王牌而遭受摧殘。

儘管如此，於義大利上空，德國訓練有素的飛行員愈來愈少，且那裡的天候對盟軍戰機挑剔的引擎構成不了太大的問題。更何況，閃電式的航程範圍（飛行半徑四百五

↑一群 B-25 型米契爾式轟炸機停在薩丁尼亞機場的護牆裡，等候執行另一次任務。照片中這架艾薇‧瑪莉亞號（Ave Maria）在地中海作戰區的一百零三次戰鬥任務中存活了下來，那裡防空砲的威脅較戰鬥機猛烈。

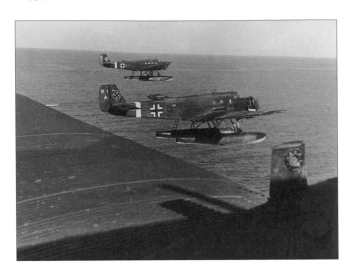

↑1943 年秋，第 10 航空軍旗下的第 1 海上運輸中隊（Seetransportstaffel）的一支 Ju 52/3m5e 型運輸機小隊正在愛琴海上空執行補給任務。他們的基地位在斯卡拉曼加（Skaramanga）〔即皮拉埃烏斯（Piraeus）〕。

十哩／七百二十五公里）足以找出德國戰鬥機大隊，這是沙漠航空隊和美國第 12 空中支援指揮部的 P-40 與噴火式辦不到的。

薩萊諾的作戰行動結束之後，德國空軍將他們的注意力轉向愛琴海，當前義大利戰線已沒什麼優先任務得執行。第 53 戰鬥聯隊第 2 與第 3 大隊受到重創，聯隊不得不將他們撤至盧加（Lucca，位於比薩）進行整編換裝；而第 53 戰鬥聯隊第 1 大隊則接收了這兩支大隊及調回德國的第 3 戰鬥聯隊第 4 大隊所剩餘的 Bf 109G-6 型戰鬥機。

到了九月十六日，第 53 戰鬥聯隊第 1 大隊進駐羅馬—桑托塞勒（Centocelle）；第 77 戰鬥聯隊第 1 大隊飛抵維泰博；第 10 打擊轟炸聯隊第 2 與第 3 大隊的 Fw 190A-5 型戰鬥轟炸機則以阿基諾為基地。這一支武力在胡伯圖斯·希切霍德（Hubertus Hitschhold）上校〔第 2 航空指揮部（Fliegerführer Nr 2）〕的指揮

下，是德國空軍在義大利僅存的戰術組織，他們將對抗盟軍陸軍和西北非戰術航空隊的單位。

九月三十日，在義大利的德國空軍元帥，即沃夫蘭·馮·李希霍芬男爵（Wolfram Freiherr von Richthofen）麾下的第 2 航空軍團只剩四百三十二架德國軍機，他們面臨的武力是西西里島入侵之前，部署在地中海各區的一千零八架戰機。同樣的，德國轟炸機部隊的戰力也在銳減，他們還調離了第 76 轟炸聯隊第 1 與第 2 大隊至法國南部的伊斯垂（Istres）及第 1 轟炸聯隊的大隊返回德國。只有皮亞桑薩（Piacenza）與維拉法蘭卡（Villafranca）基地的第 30 轟炸聯隊第 1 與第 2 大隊；還有貝爾加莫的第 54 轟炸聯隊第 3 大隊仍留在義大利北部。

西北非戰略航空隊的轟炸機針對羅馬的攻勢於九月十六日至十七日展開，當夜，交通設施與通訊線路遭受猛烈的攻擊。一九四三年十月一日，美軍部隊占領了那不勒斯，而關鍵的機場福吉亞也落入英國第 8 軍團手中。這個時候，總共有八百三十二架軸心國飛機（包括四百一十架德國軍機）被隨地棄置於那裡的各座機場。地中海航空指揮部在九月十六日至十月一日之間共發動了一萬三千三百八十三架次的出擊，損失一百二十架戰機；同一時期，德國空軍在義大利戰場失去了一百一十三架，地中海東部則為十二架。

第四十五章
向哥德防線挺進

正當盟軍陸軍於義大利奮戰不懈之際，其空軍單位也不斷地對德軍的交通聯絡線施壓，並進一步向巴爾幹半島、奧地利和德國的機場發動攻擊。

西元一九四三年十月，雲層低飄，開始下起了大雨，這宣告著義大利惹人厭的多天降臨，空中行動將大受阻礙。在海因里希‧魏廷霍夫（Heinrich Vietinghoff）上將的第 10 軍團旗下，第 14 裝甲軍正抵擋美國第 5 軍團的攻勢，他們從那不勒斯沿義大利西岸挺進，而第 76 裝甲軍則在東部沿著亞得里亞海海岸對抗英國的第 8 軍團。

在德軍地面部隊緩慢地撤向「古斯塔夫防線」（Gustav Line）之際，每一哩都是激烈的爭奪戰。美國第 5 軍團在跨過沃爾圖諾河，還有東部的第 8 軍團在突破桑格羅河防線以前都已遭遇過苦戰。因此，盟軍的進度在惡劣的天候和德軍迅速回擊下相當的蹣跚。西部的第 5 軍團於一連串的猛烈戰鬥中逼近卡西諾（Cassino），但卻無法突破利里（Liri）山谷，然後向北繼續挺進羅馬；第 8 軍團同樣於帕摩里（Palmoli）遇上頑強的抵抗，並在奧索格納（Orsogna）與奧托納（Ortona）的消耗戰中被擋了下來。

一九四三年十月的第一個星期，西北非戰術航空隊派出了二千六百架次的戰機支援地面部隊，德軍前線的防禦則仰賴大量和各種口徑的防空火砲。在那裡，對盟軍的戰鬥轟炸機來說，四管的二十公釐防空機槍（Flakvierling）和三十七公釐的 18 型防空機砲（Flak 18）才是他們由兩側陡峭的山谷向下俯衝時的最大威脅。德國的戰鬥機不常出沒，偶爾才會成群的出動反擊。

十一月與十二月間，第 2 航空師的轟炸聯隊，還有少數情況中的第 2 航空軍的戰機也會間歇性的對港口和船艦發動突襲。

一九四三年十二月二日／三日晚，德國的轟炸機向義大利南部的

↑ P-47 型戰鬥機的出現進一步確保了盟軍轟炸機攻擊軸心國戰略目標時的安全。照片中的這架「酷熱泰西號」（Torrid Tessie）在 1945 年 4 月 27 日於波河山谷遭到防空砲火擊落。飛行員為義大利游擊隊拯救，但酷熱泰西號卻落入德國人手裡。

↑照片中，一架 Me 410A-3 型偵察機的殘骸躺在義大利桑格羅河的河畔。這架飛機的編號為 F6+QK，機身帶有灰藍色的斑點，它隸屬於第 122 遠程偵察大隊（122nd Fernaufklärungsgruppe）第 2 中隊，基地位在佛羅希諾尼（Frosinone）。

巴里進行了一場毀滅性的打擊，該區的港口被沉船所堵塞，還不時地遭到 Me 410A-4 型的勘察。在那附近沒有部署任何一架夜間戰鬥機，港區也僅由防空砲和英國皇家空軍團（RAF Regiment）的第 2862 與 2856 中隊來防守，而第 548 特殊作戰單位（No. 518 MSU）的雷達機則尚未能應戰。八十八架的 Ju 88 型與 Do 217E-5 型在金屬片（Düppel）的干擾作戰下執行攻擊，兩艘彈藥船的爆炸波及到了周遭的區域：十七艘船艦被毀，總噸位約爲六萬二千噸。

第 15 航空隊的成軍

一九四三年九月的象限會議（Quadrant）上，阿諾德（H. H. Arnold）將軍提出了一份報告，建議將美國第 12 航空隊劃分爲兩個單位：一支全新的戰略轟炸部隊，即第 15 航空隊，其目的是執行「單刀直入指令」（Pointblank），從福吉亞機場起飛突襲第三帝國；而第 12 航空隊則重新整編爲戰術支援單位，於美國第 12 空中支援指揮部和第 12 戰鬥機指揮部的僞裝下作戰。儘管遭受反對，但阿諾德的計畫仍繼續執行。

一九四三年十一月一日，美國第 15 航空隊成軍，由杜立德少將率領，總部設在突尼斯。它旗下的第 5 轟炸聯隊（重型）由六支 B-17F 型空中堡壘與 B-24H 型解放者式大隊組成，還包括第 14 戰鬥機大隊（P-38H 型）與第 325 戰鬥機大隊。此外，B-26 型掠奪者式和 B-25 型米契爾式也從福吉亞機場調至薩丁尼亞，歸第 12 航空隊指揮。到了一九四四年一月，配備 B-24 型的美國第 449、第 450 與第 451 轟炸大隊抵達當地，而第 1 與第 82 大隊的閃電式亦已安置於第 15 航空隊的第 5 與第 47 聯隊之下。

德國的戰鬥機防禦力量是以波河山谷（Po Valley）爲基地。在「上義大利戰鬥機部隊」（Jafü Oberitalien）旗下包含了第 77 戰鬥聯隊第 2 大隊與第 3 大隊和第 53 戰鬥聯隊第 2 大隊與第 3 大隊的 Bf 109G-6 型。接下來的數月裡，新成軍的美國第 15 航空隊將不時遭遇這群梅塞希密特戰機，還有愈來愈多法西斯「義大利社會共和國空軍」（ARSI）飛行員駕駛的戰鬥機攻擊。

第 15 航空隊首次發動的主要攻勢是於十一月二日時對維也納—新城的空襲，戰鬥過程中有十一架 B-17 與 B-24 遭到第 7 戰鬥航空師（7. Jagddivision）和東德戰鬥航空指揮部（Jafü Ostmark）的戰機

義大利的敵手

1943 年 9 月 5 日，義大利簽署了投降協定之後，大多數尚存活的義大利空軍飛行員不是解甲歸田，就是加入「共同交戰國空軍」（Co-Belligerent Air Force），在他們的座機上塗上圓形的徽章，和新盟友並肩作戰。不過，也有不少的法西斯飛行員站在墨索里尼一邊，為「義大利社會共和國空軍」（Aviazione delle Reppublica Sociale Italiana, ARSI）效勞。然而，這兩支部隊依舊和盟軍與軸心國劃清界線，以避免可能的內戰。

→G.55/1 人馬座（Centauro）

1944—1945 年間，「蒙特弗斯克後備獵殺中隊」（Squadriglia Complementare Caccia Montefuscq）成軍，他們偕同義大利社會共和國空軍飛行員駕駛的 Bf 109G-6 型戰鬥機守衛米蘭與杜林。這架飛雅特的戰機是相當令人畏懼的武器，它配備兩挺 12.7 公釐布瑞達 SAFAT 型機砲和三挺 20 公釐毛瑟 MG 151/20 型加農砲。不過，他們總共只生產了一百零五架而已。

→P-39N-1 空中眼鏡蛇

隨著義大利人加入了盟軍，他們也取得了盟軍的裝備和這架 P-39 型戰鬥機。它隸屬於義大利共同交戰國空軍第 4 聯隊，該單位在亞得里亞海上空執行偵察和空中支援任務。

擊落。十二月六日，艾洛西斯與塔托伊也被轟炸，而且十二月十四日針對當地機場的反覆蹂躪摧毀了不少德國飛機。其後，第 15 航空隊的 P-47 型亦開始執行長程的作戰任務。

在義大利上空，德國空軍證明他們仍有施予敵人痛擊的能力。在十二月二十八日空襲文森薩（Vincenza）期間，第 376 轟炸大隊於六十多架 Bf 109G-6 型的獵殺下損失了一整支中隊的轟炸機（十架 B-24 型）。到了該月底，第 15 航空隊移往福吉亞機場區的單位調度業已完成，第 5 與第 47 轟炸聯隊的總部也在阿普里亞（Apulia）平原上的福吉亞與馬杜里亞（Maduria）設立。

進攻安齊奧—內圖諾

一九四三年十二月和一九四四年一月的激烈戰鬥主要是因盟軍企圖突破位在卡西諾的古斯塔夫防線，而且為了包圍德軍防禦工事的側翼和切斷他們所占據的利里山谷，盟軍還從安齊奧（Anzio）與內圖諾（Nettuno）進行兩棲登陸。美國第 5 軍團於一月十二日不顧嫌惡的天候展開他們對古斯塔夫防線的攻勢，美國的第 2 軍在三天之後即拿下了特羅齊奧峰（Mount Trocchio）；同時，英國第 10 軍在一月十日越過了加里格里亞諾河（Garigliano），但之後，德軍的反抗愈來愈頑強，攻勢亦因此被擋了下來。

↑長尾的標緻戰士 X 型讓「中東航空指揮部」的第 201 大隊能夠深入巴爾幹半島和希臘進行冒險。照片中，一支飛行小隊的標緻戰士 X 型在一場「大黃根」長程突襲任務中飛越了普里維薩（Preveza）水上飛機基地內的一架坎特 Z.501 型戰機，它的引擎已遭到拆除。

一月二十二日二點二十分，約五萬五千名的美國第 6 軍，加上英國第 1 師與美國第 3 師的部隊在「沙礫行動」（Operation Shingle）中未受阻礙地登陸了安齊奧與內圖諾的海岸。他們的目標，羅馬，就在北方三十三哩（五十二公里）處。這場登陸作戰完全出乎德軍的意料之外，在該區他們僅有幾個後備營駐守而已。然而，凱賽林還是能夠利用盟軍的謹慎與遲鈍，集結了足夠的軍隊形成權宜性的防禦力量：德軍部隊疾馳南下，在登陸沒幾天之內，美國第 6 軍便遭到包圍，並在狹窄的周邊陣地內承受強大的壓力。在接下來的六個星期中，德國第 14 軍團不斷發動突擊，打算消滅他們的灘頭堡。

為了支援沙礫行動，盟軍的航空部隊能夠召集二千六百架至二千九百架的戰機對抗德國空軍目前投入安齊奧反擊戰中的四百五十架至四百七十五架飛機。可是，儘管擁有空中優勢，盟軍的空中行動卻持續受到惡劣天候的妨礙，這讓德國空軍占了一些便宜。

德國航空部隊的主要重擔是由反艦的 Ju 88A-4 型與都尼爾轟炸機所肩負，他們擁有一百五十架的兵力，並於夜間行動。白晝的時候，沙漠航空隊和美國第 12 空中支援指揮部經常得面對為數眾多的 Fw 190 型戰鬥轟炸機的來襲，他們伴隨 Bf 109G-6 型戰鬥機的護航，企圖擊沉躺在岸外的船艦。不過，相對於薩萊諾的經歷，盟軍船舶遭敵機襲擊的損失較沒那麼嚴重：及至二月十九日，海軍失去了三艘船，五艘重創，還有一艘商船沉沒，七艘戰車登陸艦（LST）毀損。既然凱賽林決定堅守下去，在安齊奧─內圖諾地區將近七萬五千名的盟軍部隊便依舊存在著不確定性，而於南方的卡西諾戰線亦面臨同樣的困境。

由於盟軍無法在地中海戰區迅速取得勝利，因此他們轉移了焦點到英國，準備發動「大君主行動」，它預計在一九四四年六月的第一個星期展開。同樣的，一旦安齊奧的情勢於三月一日穩定之後，德國空軍也得將他們大批的部隊調離義大利戰場。此刻，德國空軍首要的任務是維持「帝國航空軍團」（Luftflotte Reich）捍衛祖國的能力，他們需要在日、夜間對抗美國的第 8 航空隊和英國轟炸機指揮部的攻擊。況且，他們還得保留所有可用的戰機反制大君主行動以及蘇聯不為人後的進攻。

第四十六章
共和 P-47 雷霆

P-47 型是重量最重的單引擎活塞式戰鬥機,而且能夠大量投入服役,它被公認為是二次大戰中最偉大的對地攻擊機。

大型、寬敞、強而有力的共和(Republic)P-47型雷霆式是美國產量最多的戰鬥機(一萬五千六百八十三架)。不過,它的服役生涯在一九四五年初就接近尾聲。雷霆式是大戰中頂尖的戰鬥機之一,志願飛行員和擁護者都對它讚譽有佳。然而,P-47型總是背負著自相矛盾的評論,它是一款大型、配備氣冷式引擎的飛機,儘管「美國陸軍航空隊」對線形排列的引擎深信不疑;它是屬於高空作戰的機種,在低一點的空層戰鬥時經常會被其他的戰機比下去,但雷霆式仍是吃苦耐勞、堅固耐用的空對地攻擊機,非常適合執行低空掃射與轟炸任務。

P-47 型能夠以不可思議的速率進行俯衝(它的俯衝速度接近音速或超音速只是不實的傳言),但爬升性能卻有些遲鈍。在未掛載炸彈或其他裝備的條件下,它的纏鬥戰性能不差,但 P-47 的駕手卻經常得攜帶惹人厭的炸彈作戰,使得戰機的速度減慢,更妨礙了它的機動性。

雷霆式的其他特質,是它舒適的座艙、內部噪音低、震動不大和出色的操縱反應。不過,它水桶般的機鼻太突出飛行員的座位,導致在空戰中或對地攻擊時前方與向下的視野受到阻擋。P-47 的火力嘆為觀止,在美國的戰鬥機中被推崇為「最佳的掃蕩者」。這款戰機還能夠承受相當大的戰鬥損傷,而且沒

↑大部分早期型的 P-47 戰鬥機都是有「背脊」(razorback)的設計,如照片中這六架 P-47B 型一樣。這支編隊在 1942 年 10 月是隸屬於第 56 戰鬥機大隊,他們的領隊正是 P-47 的王牌,胡伯特·查克。

↑配備八挺 0.5 吋（12.7 公釐）機槍和能掛載大量炸彈與火箭發射器的 P-47N 型戰機是對地攻擊任務中理想的武器平台。

↓照片中是在 1945 年 7 月的伊江島（Ie Shima），第 318 戰鬥機大隊的軍械士正為一架「珍號」（Jane）P-47 型雷霆式戰鬥機裝填彈藥和清理砲管。在對日本本島的突襲中，長程的 P-47N 衍生機型使它成為 B-29 型超級堡壘（Superfortress）轟炸機的理想護航機。

有什麼能比一架 P-47 在被數百發砲彈打得滿窟窿之後，還能安然無恙地返回基地更令人拍案叫絕的了。

法蘭西斯‧加布雷斯基（Franics Gabreski）、羅伯特‧詹森（Robert Johnson）、胡伯特‧岑克（Hubert Zemke）與尼爾‧基爾白（Neal Kearby）都是駕駛 P-47 型雷霆式的王牌，而且對它的性能深具信心。德國的空戰王牌阿道夫‧賈蘭德曾飛過一架 P-47 型，他還說過他一開始就覺得這架飛機的座艙大到能讓他在裡面走路。然而，就它內部的燃料槽來說，雷霆式幾乎沒有「腳」可以進入戰場，即使裝置了可拋棄式的副油箱，它還是沒能與苗條、外形優美的競爭者，即 P-51 型野馬的航程相比。

在歐洲的一些美國軍官還認為，雷霆式需要很長的跑道才能夠起飛、向下俯衝之後也難以拉回機首，而且它的起落架也不夠堅固。儘管如此，在太平洋，第 5 航空隊的將領，喬治‧肯尼（George C. Kenney），仍偏愛雷霆式的性能，並要求更多的戰鬥機大隊配備這種大型的戰機。

人們對 P-47 有太多的誤解，相對於那些迷思，雷霆式並不是那麼難飛，也沒那麼難降落，儘管訓練有素的飛行員還是得小心翼翼地別讓機身外傾，並將飛機水平、穩健、呼然巨響地與地面接觸。此外，有關 P-47 僅有高空性能優異的傳聞也非事實，雖然它的空對空本領於接近同溫層時最為高超。

重武裝

P-47 之所以會有「水壺」（Jug）的稱號是來自於它的機身有點像自家產的威士忌容器。

位於長島（Long Island）生產雷霆式的公司有時被稱為「共和鐵工廠」（Republic Iron Works），它是由俄國的移民亞歷山大‧德‧塞維斯基（Alexander P. de Seversky）少校創立（他自頒少校的軍銜，而且刊登了有關他在空戰中的突出角色）。當第一架 P-47 誕生之際，該公司即拿掉了塞維斯基的姓，而成為「共和公司」。另一位俄國的移居者亞歷山大‧卡特維利（Alexander Kartveli）則領導工程設計小組。卡特維利與他的公司相信尺寸與力量是飛機的主要元素，所以他們的飛機也依此信念來製造。據說，若 P-47 的飛行員無論如何都沒法擊敗他的對手的話，他能夠滑行到敵機的上方，縮回戰機的起落架，一萬一千六百磅（五

↑美國陸軍航空隊的 P-47 型戰機擁有嚴懲和痛擊敵人的能力，他們在癱瘓德國的補給與聯絡線中扮演著相當重要的角色。1944 年 6 月，照片中這架第 406 戰鬥機大隊的 P-47 從爆炸的火光裡飛出，那是一輛裝載彈藥的路面車輛。

千二百六十一公斤）「水壺」的偏航慣性就會解決掉他的敵人。

直到最近在一九九○年，一篇來自美國空軍的歷史文摘陳述：「雷霆式的設計草圖最早在一封信的背面上成形，由卡特維利設計。那是在一九四○年一場陸軍戰鬥機規格需求會議上的事情。」

↓ 在「租借法案」（Lend-Lease）中，超過八百架的 P-47D 型也發配給了英國皇家空軍到遠東作戰。照片中這架飛機是四架雷霆式 II 型的其中一架，此刻他們尚在英國進行操作測試。

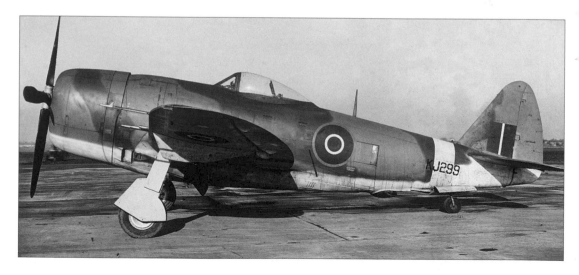

這個說法令人感到中聽，但忽略了雷霆式是經過循序漸進、無數次的製造障礙和改進了同一廠房所生產的早期機種才問世的。了無生氣的 P-43 型槍騎兵式（Lancer）即是雷霆式的早期機型之一，它的作戰活動僅出現在中國—緬甸—印度戰區而已。

為了開拓 P-47 體積龐大的 R-2800 型超強力引擎之性能，它裝設了堅實的十二吋（三‧六五公尺）四葉可控制齒距的螺旋槳，後期型還採用更寬闊的葉面以強化其表現。該引擎的內燃增壓系統是其成功的關鍵，它裝置在機身駕駛艙的後部，排氣管則再導入渦輪機，然後從後方排出，如此一來，導入

的空氣在壓力之下即會回流到引擎內。儘管初期的問題，這套系統的運作成效良好，確保了「水壺」在高空中的一流聲譽。

在日本宣布投降五年之後，當美軍需要一款螺旋槳推進的戰鬥機到朝鮮半島執行空對地作戰時，五角大廈曾試圖找出足夠的雷霆式來承接任務。然而，到了那個時候，這款美國最廣泛製造的戰鬥機已不在他們的存貨清單之上，所以美國空軍只好將此一工作交給較不耐用且更不穩定的野馬式執行。

無論過去或現在，P-47 型雷霆式的飛行員都會說他們的戰鬥機是一流的，有時，他們的評語確實是無可爭論。

↓ P-47 在大戰中最快與最重的衍生型機為 N 型，它的特徵是機翼的翼端呈現直角形，兩翼的基部還有四個新設的燃料室。P-47N 型的淨重為 20,700 磅（9,389 公斤），是單座式活塞引擎戰鬥機中最重的飛機。

第四十七章
最後一回合

盟軍在義大利遭遇頑強的抵抗，這證明從該區挺進第三帝國不是
輕而易舉之事。不過，德國空軍也持續奮鬥，為捍衛石油而戰。

↑ P-38 型閃電式戰鬥轟炸機在義大利戰場上的表現十分出色，其雙機尾的設計
並不會拖慢速度，反而使它成為大戰中最快的戰機之一。

↓ 德軍設立了一套壯觀的防禦網來對抗盟軍的轟炸機。照片中這架第 301 轟炸大
隊的波音 B-17 型空中堡壘式，在被防空砲火直接命中之後，仍幸運地回到基地。

到了西元一九四四年初，盟軍在福吉亞與巴里周邊的複合機場建立了空軍的根據地，第 15 航空隊的 B-17 型與 B-24 型轟炸機被派往義大利前線執行戰術轟炸，以及針對羅馬尼亞、保加利亞、南斯拉夫、奧地利、法國南部與德國南部的鐵道場、機場與工業目標的大量突襲任務：一九四四年期間，德國空軍對抗第 15 航空隊的戰役正要開打。

在巴爾幹半島上，普洛什提油田的煉油廠仍是防禦最嚴密的目標，他們由第 5 防空砲師（5. Flakdivision），加上一百至一百五十架左右的戰鬥機守護。那裡有八

十八公釐至一百零五公釐各種口徑的防空火砲還有雷達的預警,而戰鬥機管控雷達的覆蓋範圍也將巴爾幹和阿爾卑斯山南部適切地籠罩起來。

「沙礫行動」前夕,第 15 航空隊的 B-17 在伊斯垂與沙隆(Salon)痛宰了第 2 航空師的飛機。但大批 Bf 109G-6 型戰鬥機與 Ju 88A-4 型轟炸機於烏丁(Udine)地區的出沒促使特文寧(Twining)在一月二十八日派送他的轟炸機至阿維亞諾(Aviano),並於一月三十日,同步掃蕩與轟炸位在維拉歐伯拉(Villaobra)、曼尼亞哥(Maniago)、拉瓦利安諾(Lavariano)與烏丁的德國空軍基地:那裡的地面遭受毀滅性的破壞,美軍也宣稱擊落了不少敵機。

而在盟軍的地面作戰方面,他們進攻卡西諾周邊的行動在遭受反覆的挫敗之後,於一九四四年三月二十二日被擋了下來。直到四月十五日,盟軍的第 15 集團軍才集結了足夠的兵力再度發動主要攻勢,向羅馬進軍。同時,「地中海盟軍航空隊」(MAAF)的戰術部隊持續盡最大的努力突擊敵軍的聯絡線,以便讓沙礫行動在一九四四年三月十九日順利進行。

到了四月,烏克蘭南部的蘇聯紅軍已對羅馬尼亞形成威脅,所以盟軍有必要趁勢盡一切努力在該戰區的廣大交通聯絡網上進一步地施予敵人壓力。

與此同時,第 15 航空隊的戰力不斷提升,特文寧這時能夠掌握二十一支轟炸機與七支戰鬥機大隊。四月,第 31 與第 52 戰鬥機中隊換裝了性能優異的 P-51B 型戰機;而第 325 戰鬥機大隊亦在次月換裝;第 332 戰鬥機大隊則繼續飛雷霆式直到六月,然後再騎野馬。P-51B 型野馬式非凡的作戰半徑讓轟炸機得以在其護航下執行任務。

四月四日,布加勒斯特在熱烈「歡迎」五十多架盟軍的戰鬥機之際,第 15 航空隊則派出九十架的 B-17 與一百三十五架的 B-24 前去空襲普洛什提的鐵路調車場,他們在那裡投下了五百八十七噸的炸彈,僅損失十三架轟炸機。普洛什提綜合設施的石油產出很快的銳減,四月的產量從二十七萬噸一下就掉至十三萬七千噸。

地面的進展

盟軍於一九四四年五月再度發

↓1944 年末期,美國第 15 航空隊的「緬甸邊界號」(Burma Bound)聯合 B-24 型解放者式轟炸機,在突擊慕尼黑(Munich)附近的鐵路調車場之後遭受重創,該機的一號引擎起火冒煙,而四號引擎已停止轉動。

動進攻以前，德國的一小支戰術與偵察機部隊進駐到了羅馬，但盟軍的攻勢於五月十一日展開之際，他們對強大的「地中海盟軍戰術航空隊」（MATAF）根本莫可奈何。五月十日，艾伯特·凱賽林元帥已下令鎮守卡西諾的德軍撤退；到了六月四日，美國的第 5 軍團抵達羅馬，其後再朝北方推進。與此同時，原先為進攻法國南部之部隊提供掩護的地中海盟軍航空隊亦全力投入巴爾幹戰區，並為遠在華沙遭受圍困的波爾—柯莫羅夫斯基（Bor-Komorowski）將軍進行補給，儘管地中海盟軍航空隊的行動是不抱任何希望的，但他們仍積極參與任務。

　　進攻法國南部的「鐵砧行動」（Operation Anvil）於八月十四日至十五日晚間展開，四百名傘兵先鋒部隊空降到坎城（Cannes）的大後方，滑翔機空降部隊亦隨後而至；到了八點時，美國第 6 軍登陸了卡瓦里埃爾（Cavaliére）、聖特羅佩（St Tropez）、阿蓋（Agay）與坎城的海灘。盟軍的登陸行動並未遭受太大的阻礙，空中也沒見到多少德國空軍的戰機。他們在隆河山谷的進展迅速，而且到了九月十二日，美國第 7 軍團的登陸部隊於塞納河畔的夏錫隆（Châtillon-sur-Seine）會合了法國第 2 裝甲師。

　　另一方面，地中海盟軍航空隊對巴爾幹的突襲早在一九四三年十月展開，當時他們定期派機掃蕩亞得里亞海海岸外與南斯拉夫諸島之間的軸心國船艦。狄托（Tito）

的游擊隊在布林迪西從皇家空軍那兒得到補給，「美國第 62 部隊運輸指揮部」（US 62nd TCC）大隊的 C-47 型運輸機亦空運物資過去。一九四四年六月七日，艾略特（W. Elliot）少將掌管了新成軍的「巴爾幹航空隊」（Balkan Air Force）之指揮權，它剛開始僅由一小批的戰鬥機與運輸機單位組成，但到了該年底，艾略特的部隊就已包含「希臘空軍總部」（AHQ Greese）的三支戰鬥機、一支轟炸機與一支特種作戰大隊。

　　盟軍對華沙的空中補給任務一趟得飛行約一千七百五十哩（二千八百二十公里），而且還得承受被德國夜間戰鬥機掠奪的風險，但第 31（南非空軍）、第 148 與第 178

↑第 4 打擊聯隊第 1 中隊的福克—沃爾夫 Fw 190F-8 型戰鬥機在安齊奧與內圖諾戰區內被當作密接支援機來使用，他們從薩丁尼亞基地升空作戰。注意照片中機身上面的白帶、機尾的納粹標誌和機翼表面的十字徽章都被塗掉，免得容易遭到地面砲火的掃射。

→共和 P-47 型雷霆式戰鬥機重創了布倫納隘口（Brenner Pass）的德軍陣地，在前線上他們幾乎享有完全的制空權。圖中這架 P-47D-24RE 型隸屬於第 79 戰鬥機大隊第 86 戰鬥機中隊，1945 年春是以北義大利的法諾（Fano）為基地。

中隊的解放者式與哈利法克斯式轟炸機仍加入孤注一擲的華沙補給行動：直到一九四四年九月，當波蘭的起義爲納粹黨衛軍（SS）撲滅之前，一百八十一架次飛往華沙的飛機有三十一架遭到擊落。

至於盟軍在義大利本島的作戰方面，鐵砧行動和大君主行動皆妨害了亞歷山大（Alexander）元帥贏取勝利的機會，敵人愈來愈強大。儘管地中海盟軍航空隊奮力不懈，但他們從未能斬斷軸心國的補給線。然而，到了一九四四年九月，在義大利的軸心國航空部隊縮減到只剩下一小支以烏丁與杜林基地爲中心的武力：九月二十七日，李希霍芬元帥退出戰場，第 2 航空軍團也遭遣散。早先，在八月底，隨著德軍於西歐的潰敗，第 77 戰鬥聯隊的戰機全數撤回帝國。所以，德國空軍不再把焦點放在義大利戰場，僅爲第 10 軍團保留了一批偵察機以及於夜間騷擾盟軍部隊陣地的武力。到了一九四四年十月，盟軍第 15 集團軍在挺進了一段距離之後，又於「哥德防線」（Gothic Line）前方被擋了下來。

最後戰役

儘管德國空軍大部分的兵力都

投入諾曼第作戰，但夏季期間，美國第 15 航空隊仍疲於奔命，奧地利、匈牙利、南德與巴爾幹上空都爆發了激烈的空戰。而且，雖然護航的戰鬥機都盡了力，可是第 15 航空隊於一九四四年七月的損失卻達到三百一十八架轟炸機，是其服役生涯中最慘重的紀錄。不過，在接下來的歲月裡有足夠的證據顯示，德國空軍感受到了在西線戰場上耗損的巨大壓力。盟軍對普洛什提油田的最後三起空襲中，他們僅遇到少數的戰鬥機。由於航空燃料的長期短缺，德國空軍被迫在一九四四年九月承受嚴格的戰力保留限制，第 15 航空隊亦因此得以不受干擾地執行任務。

經過漫長的寒冬之後，義大利戰線的僵局開始有了變化，盟軍在一九四五年四月發動他們最後一次的攻勢。四月二十五日，德國國防軍退過邊界，進入奧地利，威洛納（Verona）、波隆那、費拉拉（Ferrara）與帕爾馬（Parma）也陷入盟軍手中。一九四五年五月二日，亞歷山大元帥接受軸心國部隊的投降，在義大利北部與奧地利超過一百萬的士兵放下了手中的武裝。

第四十八章
東線戰場上的空戰：進犯莫斯科

希特勒說過，只要踹一下門，整棟蘇聯的腐敗大廈就會倒塌，但這是嚴重低估的說法。德國人遭遇了意想不到的後果，並在二次大戰中付出慘烈的代價。

德國人原本信誓旦旦地預料，蘇聯的戰事持續六至八個星期便會結束。「巴巴羅沙行動」（Operation Barbarossa）於西元一九四一年六月二十二日啟動，「德國國防軍」（Wehrmacht）與其軸心國友邦軍隊跨越了邊界，東線的閃擊戰亦就此展開。德軍的最終目標是占領列寧格勒（Leningrad）、莫斯科與基輔（Kiev，烏克蘭首都），殲滅蘇聯武裝部隊，並從白海（White Sea）的阿爾漢格爾（Archangel）南至裡海（Caspian Sea）建立廣泛的防線。

巴巴羅沙行動的準備可回溯到一九四〇年七月，而且它的目標在一九四〇年十二月十八日的「第二十一號元首指令」（Führerweisung Nr 21）中即有所強調。在作戰準備期間，通訊聯絡、基地、機場與軍需補給站都在「東方建設」（Aufbau Ost）之下設立於普魯士（Prussia）、波蘭東部和摩達維亞（Moldavia）。同時，「德國空軍」偵察機的活動頻繁，甚至泰然自若地飛越蘇聯邊境至更深入的地方。一九四一年五月與六月，德軍的部隊、戰車、飛機與重砲亦開始祕密地移動到作戰的起始線。

↑照片中這架第 77 轟炸聯隊第 3 大隊（III./ KG 77）的 Ju 88A-5 型在第 1 航空軍的旗下於北方戰區作戰。蘇聯戰鬥機的速度不夠快，無法充分對付 Ju 88 型轟炸機，偶爾只好採取衝撞的方式進行攻擊。

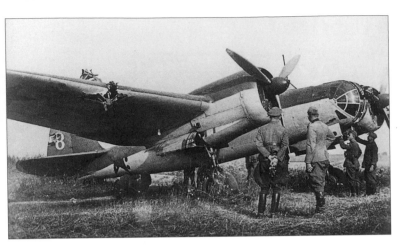

↑照片中這架正被德軍人員檢視的圖波列夫（Tupolev）SB-2 型是巴巴羅沙行動剛開始之際，上百架遭猛烈突擊而癱瘓的戰機之一。德國空軍在作戰中對蘇聯的基地施以毀滅性的打擊。

一九四一年六月至九月之間，蘇聯部隊感受到的震撼遠超過德國國防軍的野心。德國空軍的出擊也毀滅了大部分的「蘇聯空戰部隊」（Venno-Vozduzhnoye Sily, V-VS）。

德軍部隊

在一九四一年六月二十二日，德國陸軍的三百八十萬名武裝部隊當中至少有三百二十萬人，約一百四十八個師投入進犯蘇聯的行動。羅馬尼亞和芬蘭的軍隊一開始即參與作戰，六月二十四日之後，匈牙利和斯洛伐克亦加入了戰局，還有義大利與西班牙特遣隊的相助。軸心國的梯次編隊由三個集團軍（Heeresgruppen）組成，分別命名爲「北方集團軍」、「中央集團軍」與「南方集團軍」，前線一百一十七個師。

德國空軍則部署了百分之六十五的戰力支援巴巴羅沙行動，總共二千七百七十架飛機，包括七百七十五架轟炸機、三百一十架容克斯（Junkers）Ju 87B-2 斯圖卡（Stuka）、八百三十架梅塞希密特（Messerschmitt）Bf 109E 與 Bf 109F 戰鬥機、九十架梅塞希密特 Bf 110 驅逐機（Zerstörer）、七百一十架短程與長程偵察機和五十五架海岸用飛機。

一九四一年六月二十二日四點十五分，前線的重型火砲射出齊砲，德國空軍的戰機也在夏季清晨的薄霧中升空，發動或許是當代最具毀滅性的先發制人空襲。「蘇聯空戰部隊」超過六十六座的機場遭受突擊，絕大多數的戰機都仍停留於地面，沒有僞裝，甚至翼端碰著翼端的停靠在一起。

十二點，根據「國防軍最高統帥部」（OKW）的法蘭茲・哈爾德（Franz Halder）將軍表示，自清晨的作戰行動展開以來，德國空軍已摧毀了八百多架蘇聯戰機。到了當天結束的時候，擊毀總數攀升到一千八百一十一架（一千四百八十九架於地面被毀，三百二十二架在空中遭到擊落）；而且至六月二十三日傍晚，蘇聯又有一千架左右的損失，德國則只有一百五十架戰機折翼。

在德國空軍後繼的行動中，赫曼・戈林元帥（Hermann Goering）再次要求統計戰果，報告顯示了另有三百架蘇聯飛機遭摧毀。他們所聲稱的數據大部分都爲占領

蘇聯領土的德軍地面部隊證實。在第一天時，第51戰鬥聯隊（JG 51）的聯隊長魏納‧莫德士上校（Werner Mölders）自稱其第七十二架擊殺紀錄將讓他的鐵十字騎士勳章（Ritterkreuz）多一把寶劍（Schwertern）；到了七月十六日，他又宣布他的第一百零一次勝利將會得到一顆寶石（Brillanten）。莫德士的成功反映了整體德國空軍戰鬥機駕手（Jagdflieger）的寫照，他們在一九四一年六月至八月間的空戰中對付有勇無謀的蘇聯空戰部隊飛行員，並迅速締造了輝煌的戰功。

↑在巴巴羅沙行動中，Bf 109F型是德國空軍戰鬥機的主力，他們宣稱在1941年間擊毀了龐大數量的敵機。不過，當時仍有為數眾多的Bf 109E型尚在服役。照片中這架Bf 109E-4/B型戰鬥轟炸機（Jabo）隸屬於第54戰鬥聯隊第2大隊（II. Gruppe/JG 54）的大隊本部（Gruppenstab），它參與了列寧格勒戰線的密接支援任務。

　　莫德士的第51戰鬥聯隊一路打來在六月三十日創下了他們於大戰中的第一千架擊殺紀錄，第3、52、53、54與第77戰鬥聯隊也不遑多讓，緊追在後。好天候時，德國空軍的飛行員從接近前線的機場起飛作戰，每日出擊多達六或七回。他們的「顧客」很容易上門，而且僅在高度一萬二千呎（三千六百六十公尺）以下的空域活動。訓練不佳、機種老舊的蘇聯空軍根本無法與之匹敵。

蘇聯部隊

　　到了一九四一年六月時，蘇聯的空軍戰力估計介於一萬零五百架至一萬二千架飛機之間，約有七千五百架是以歐俄為基地，其他的則在西伯利亞／滿州邊境地區。然而，依照德國的標準，蘇聯的第一線戰機大多是過時的機種：一九四一年六月二十二日之際，蘇聯空戰部隊僅收到了二千七百三十九架現代化的戰機，包括三百九十九架雅克列夫（Yakovlev）Yak-1型、一千三百零九架米高揚─格列維奇（Mikoyan-Gurevich，米格）MiG-3型與三百二十二架拉瓦奇金（Lavochkin）LaGG-3型戰鬥機，還有四百六十架佩特雅柯夫（Petlyakov）Pe-2型輕型轟炸機，以及二百四十九架的伊留申（Ilyushin）Il-2型密接支援機。

　　一九四一年六月蘇聯戰鬥機的主力是雙翼的波利卡波夫（Polikarpov）I-15型、I-15bis型與I-153型和波利卡波夫I-16型單翼機；「密接支援航空團」（Shturmovaya Aviatsiya Polk, ShAP）也使用該淘汰的RZ型、DI-6型、SB-1型

↑伊留申 Il-4 型（即原先的 DB-3F 型）雖是一款不錯的輕型轟炸機，但在阻撓德軍的猛攻中根本無能為力。

與 I-15bis 型；「轟炸航空團」（Bombardirovochnaya Aviatsiya Polk, BAP）則飛中型的 SB-2 型、SB-2bis 型、Il-4 型與 DB-3 型機。此外，一九四一年六月的蘇聯海軍航空戰力擁有一千四百四十五架的飛機，包括戰鬥機（I-15 型、I-15bis 型與 I-153 型）、轟炸機（DB-3 型、DB-3F 型、Ar-2 型與 TB-3 型）和水上飛機（MBR-2 型、MDR-2 型與 MTB-2 型）。「戰鬥防空部隊」（IA P-VO）旗下大部分的戰鬥機是 MiG-3 型，還有少數，但愈來愈多的 Yak-1 型和 LaGG-3 型。

早在一九四一年六月二十六日，德國的中央集團軍便於布里斯特—李托夫斯克（Brest-Litovsk）擊潰了蘇軍的反抗力量；七月一日，古德林（Guderian）的戰車跨過貝爾齊納河（Berezina），在七月九日逼近明斯克（Minsk），並

拿下維切布斯克（Vitebsk）。一九四一年七月十五日至八月五日之間，中央集團軍雖於斯摩稜斯克（Smolensk）附近遭遇頑強的抵抗，但該城失守後，三十三萬名蘇聯人淪為戰俘。隨著中央地區的壓力減弱，德國第 8 航空軍（VIII Fliegerkorps）被派去支援北方的第 1 航空軍團（Luftflotte I）；在那裡，德軍部隊業已突進到盧加（Luga），準備進攻列寧格勒。

與此同時，烏克蘭境內一場大規模的戰鬥正在上演：一九四一年九月十八日至二十七日，基輔的口袋戰術已經封閉，南方集團軍展開了大屠殺。基輔、烏曼（Uman）與車爾寧可夫—科羅斯登（Chernikov-Korosten）之役殺了或俘虜近六十六萬五千名的蘇聯部隊。而在北方，芬蘭與德國軍隊於九月十五日亦已團團包圍了列寧格勒城。

在經過十二個星期的猛攻之後，有利的情勢讓德國國防軍得以向莫斯科發動致命的一擊。這場代號爲「颱風行動」（Operation Taifun）的作戰命令於九月二十六日頒布，並預定在一九四一年十月二日展開行動。艾伯特・凱賽林（Albert Kesselring）的第 2 航空軍團有了增援，一千三百二十架左右的戰機集結到科諾托普（Konotop）與斯摩稜斯克—羅斯拉夫爾（Roslavl）地區，他們還包括第 1 與第 8 航空軍的戰機。而一路上保衛莫斯科的飛機只有三百六十四架，且一半都是過時的機型。

孤注一擲的保衛戰

在莫斯科保衛戰和維亞濟馬（Vyasma）與加里寧（Kalinin）之役中，蘇聯空戰部隊英勇的迎擊，並全天候出戰，然而，他們的戰機數量實在太少，對戰局的結果沒有實質上的影響。唯有凜列的寒冬和蘇聯地面部隊於 KV-1 型與 T-34 型戰車的協助下進行苦戰，才把德軍擋在莫斯科的大門之外。德國取得初期的勝利後，中央集團軍的進展就在大雪與夾雜的凍雨，

和無法通行的路面，還有華氏零下四度（攝氏零下二十度）的低溫狀態中陷入癱瘓。到了一九四一年十一月二十七日，德國裝甲部隊雖突進到莫斯科北方郊區十九哩（三十公里）以內的地方，但這已是德軍推進的極限了。

儘管蘇聯在夏季駭人聽聞的損失，但令各界十分訝異地，一九四一年十二月五日，莫斯科大門前的蘇軍部隊開始反攻。不過，支援攻擊的蘇聯空戰部隊戰機少得可憐：一百五十五哩（二百五十公里）的防線上，僅有加里寧航空隊（Kalinin FA）的十三架 Pe-2 型、十八架 Il-2 型與五十二架戰鬥機而已。此外，蓋洛基・朱可夫（Georgi Zhukov）將軍的「西方面軍」（Western Front）有一百九十九架的飛機支援，而提摩申科（Timoshenko）元帥的「西南方面軍」（South West Front）也只有七十九架能夠差遣。

在史詩般的莫斯科保衛戰中，蘇聯空戰部隊共派了五萬一千三百架次的戰機出擊，德國空軍的損失估計爲一千四百架飛機。蘇聯持續在毫無勝算的情況下奮鬥。

←波利卡波夫 I-16 型是蘇聯空軍捍衛祖國的主力戰鬥機。雖然就整體來說它遠比梅塞希密特 Bf 109 遜色，但只要操縱得宜，其優異的靈敏性能還是可以達到不錯的效果。第 21 戰鬥航空團（21 IAP）的洛莫金（A. G. Lomokin）中尉即駕駛這架 I-16 型於芬蘭灣上空取得一些勝利。

第四十九章
在烏克蘭的一年

蘇聯紅軍在西元一九四一年至一九四二年冬的反攻讓德國國防軍大感震驚，並使希特勒速戰速決的美夢化為泡影。

↑照片中，第 1 俯衝轟炸機聯隊第 3 大隊一架塗上冬季迷彩的 Ju 87D 型正在東部戰線上的機場內滑行，上空還有一架 Ju 52/3m 型運輸機，它載著前線的傷兵離開那裡。

到了夏季，德軍準備好再度進攻，他們這次打算推向關鍵的高加索油田，還有史達林格勒。

蘇聯紅軍（Red Army）的冬季攻勢在一九四一年十二月五日於大雪中從莫斯科大門前展開，同時北方的反擊也企圖為列寧格勒解圍，南方則是針對卡爾可夫（Kharkov）。在該年冬天的慘烈戰鬥中，蘇聯的地面部隊大有斬獲。平均來說，他們於白俄羅斯（Belorussia）的防線上讓「中央

集團軍」退卻了一百五十至二百哩（二百四十至三百二十公里）；北方反攻的進展亦大致相同，儘管為列寧格勒解圍的行動失敗。一九四二年三月間，蘇聯軍隊在中部與北部的反攻停滯了下來，他們將注意力轉向烏克蘭。那裡，除了海軍的港口塞瓦斯托波耳（Sevastopol）之外，克里米亞（Crimea）全境已落入德國人手中。一九四二年，當德軍恢復了實力與主攻權以後，他們的進兵焦點便放在蘇聯南部。

隨著配備最新梅塞希密特 Bf 109F-4 型的第 27 戰鬥聯隊第 2 與第 3 大隊和第 53「黑桃 A」（Pik-A）戰鬥聯隊第 1、第 2 與第 3 大隊調往西西里島（Sicily），德國空軍在東線戰場上的戰鬥機明顯地吃緊。轟炸機與斯圖卡短缺的類似情況同樣發生在第 3 俯衝轟炸機聯隊（StG 3）第 1、2、3 大隊，以及第 54 與第 77 轟炸聯隊、第 1 教導聯隊（LG 1）和第 806 轟炸大隊的部分單位身上，許多容克斯 Ju 88A-4 型轟炸機都被調離。除此之外，蘇聯嚴寒的天候和粗糙的機場設施，使得德國空軍戰機的服役妥善率迅速下滑；蘇軍的二十公釐與三十七公釐輕型防空火砲亦擊落不少飛機。德

國低落的工業生產力沒能趕上他們的損失，嚴格的訓練體制也很難彌補飛行員短少的缺口。

一九四二年一月至三月間，容克斯 Ju 52/3m 型運輸機部隊在霍爾姆（Kholm）與狄米揚斯克（Demyansk）口袋戰役的補給任務中遭受重創，地中海戰區（MTO）的牽制行動亦是損失慘重。德國空軍得在他們首次的危機中求生，並重建他們的實力以在夏天再度出擊。

一九四二年初，「蘇聯空戰部隊」在去年夏天慘遭重創所留下的後遺症依舊明顯。可怕的損失（早在一九四一年十月蘇聯承認的損失就高達五千架）又因為工廠移往烏拉山（Urals）後方，導致產量下滑而雪上加霜：一九四一年七月時還有一千八百零七架飛機交貨，九月為二千三百二十九架，十一月則銳減到駭人的六百二十七架。

斯圖莫維克登場

笨重但戰力十足的伊留申 Il-2 型斯圖莫維克（Shturmovik，譯者註：即俄文的密接支援機）在冬季期間成名。該型斯圖莫維克的設計簡單，容易操控和維修，還能承受相當大的戰損。蘇聯「密接支援航空團」的單位在全天候下從簡便的臨時飛機跑道上操作這款攻擊機：只要不到二百呎（六十公尺）的飛行跑道和四百四十至六百六十碼（四百至六百公尺）的能見度就足以起飛執行任務。

Il-2 型經常在十二架到二十架

的編隊裡作戰，他們於一千三百呎（三百九十五公尺）的高度排列成一直線逼近目標，然後以二十至三十度角進行俯衝攻擊，發射火箭與機砲；或者，他們在爬升之前，飛行到差不多樹頂的高度，掠過目標，並投下炸彈。對德軍防空砲手來說，Il-2 型是難以擊落的戰機，他們似乎是刀槍不入，二十公釐和 18 型防空砲都莫可奈何。而且，一九四二年十月，改良型的雙座 Il-2/m3 型登場，它配備一具一千七百六十匹馬力（一百三十一萬三千瓦）的基庫林（Kikulin）AM-38F 型發動機，戰力更加強大。

漸漸地，蘇聯能夠與德國空軍

↑伊留申 Il-2 型戰機的重要性等同於地面上的 T-34 型戰車，他們代表著蘇軍在空中的反擊力量。Il-2 型和 T-34 戰車一樣都是傑出的設計，而且堅固耐用，但他們勝出的原因主要在於產量龐大。

↓直到 1942 年，波利卡波夫 I-16 型戰鬥機仍在服役，尤其是在北方戰區。照片中這架波利卡波夫 I-16 型的 17 型（TNP 17）衍生機是由「波羅的海航空隊」（Baltic Fleet）的米凱伊·瓦希列夫（Mikhail J. Vasiliev，二十二次擊殺紀錄）所駕駛。這張照片是於 1942 年 5 月 5 日，他在一場作戰失蹤前不久拍攝。

↑東線戰場上，短程的偵察機在支援地面部隊作戰中扮演著相當重要的角色。照片中這架福克—沃爾夫 Fw 189A-2 型在 1942 年夏服役於第 31 大隊第 1（陸軍）中隊。

匹敵的戰機投入服役，MiG-3 型、I-15 型與 I-16 型，還有笨拙的 SB-2 型和 TB-3 型到了一九四二年都逐步停止生產。不過，他們離除役還有一大段路要走。

蘇聯的戰鬥機單位當前配備了高比例的雅克列夫 Yak-1 型和拉瓦奇金 LaGG-3 型，他們幾乎可以推翻梅塞希密特 Bf 109F 型建立起來的空中優勢。

在一九四二年三月至該年夏初期間，各方的焦點都集中在烏克蘭南部和克里米亞的「南方集團軍」身上。一九四二年四月十七日，德國第 8 航空軍調往南方攻擊克赤半島（Kerch）與塞瓦斯托波耳。克赤半島的蘇聯守軍在五月十五日撤離，而德軍對塞瓦斯托波耳的猛烈閃電攻勢則於一九四二年六月二日展開，並派了七百二十三架次的戰機出擊。

第 51 轟炸聯隊第 1 與第 2 大隊、第 76 轟炸聯隊第 1 與第 3 大隊和第 1 教導聯隊第 3 大隊的容克斯 Ju 88A-4 型，以及第 77 俯衝轟炸機聯隊第 1、第 2 與第 3 大隊，加上剛抵達的第 1 俯衝轟炸機聯隊第 3 大隊的容克斯 Ju 87D-1

型，還有第 100 轟炸聯隊的亨克爾（Heinkel）轟炸機幾乎夷平了塞瓦斯托波耳的防禦工事。當月，德國空軍平均每天都維持著六百架次的攻擊，蘇軍盲從的抵抗在一九四二年七月四日遭到克服，塞瓦斯托波耳也落入曼斯坦（Manstein）上將的第 11 軍團手中。

此刻，希特勒夏季攻勢〔藍色案（Fall Blau）〕的障礙已經清除，他的目標是奪取頓河（Don）的弗洛奈士（Voronezh），包圍窩瓦河（Volga）的史達林格勒，然後再向高加索（Caucasus）突進，占領邁科普（Maikop）區的油田。這是一場大規模的機動作戰，假如成功的話，蘇聯便會徹底潰敗。德軍的初期攻勢取得了勝利：一九四二年五月十七日至二十二日間，伊茲姆—巴芬科弗（Izyum-Barvenkovo）口袋的蘇軍遭到殲滅。

德國第 4 航空軍團被指派去支援「藍色案」。大批剛出廠的戰機也發配到蘇聯境內的德國空軍單位，到了六月時已達到二千七百五十架：其中一千五百架在第 4 航空軍團旗下，六百架於中央地區的「德國空軍東方指揮部」（LwKdo Ost），三百七十五架在北方的第 1 航空軍團，以及二百架左右在莫曼斯克—坎達拉克沙（Murmansk-Kandalaksha）防線的第 5 航空軍團（東方）旗下。投入服役的新型機包括：福克—沃爾夫（Focke-Wulf）Fw 190A-2 型，配備於第 51 戰鬥聯隊第 1 至第 4 大隊；改良的容克斯 Ju 87D-

1 型俯衝轟炸機；和裝配一門三十公釐 MK 101 加農砲的亨舍爾（Henschel）Hs 129B-1/R2 型反戰車攻擊機。

德軍的攻勢在一九四二年六月二十八日二點十五分展開，他們的裝甲車壓過玉米田，向第一個目標，即弗洛奈士邁進。沿途遭遇的抵抗不強，三支蘇聯的戰車軍於七月四日至七日被擊敗。然而，希特勒開始干預作戰。多虧希特勒認定蘇聯再次潰不成軍，所以他改變了藍色案原先的目標，並將南方集團軍一分為二：其一的「A 集團軍」長驅直入地開赴羅斯托夫（Rostov）和高加索地區，遠及格洛茲尼（Grozny）與巴庫（Baku）的油田；另一「B 集團軍」則前去奪取史達林格勒，而不是沿著頓河建立防線。因此，曼斯坦無敵的第 11 軍團便很快從北高加索調離，進兵史達林格勒防區。

德軍在南方的進展順利，到了一九四二年八月二十二日，納粹旗幟已在埃爾布魯茲峰（Mt Elbruz）上飄揚，而且裝甲部隊推進到距格洛茲尼不到三十哩（四十八公里）的地方，離黑海（Black Sea）旁的巴圖密（Batumi）也只剩八十哩（一百二十八公里）而已，那裡靠近土耳其的邊界。此刻，注意力轉向弱化的 B 集團軍，他們正順著頓河下去，朝史達林格勒挺進。

史達林格勒的抵抗

史達林格勒對蘇聯人來說只不過是另一座在窩瓦河上的城市罷了，可是，它在一九四二年卻有不可言喻的政治重要性和愛國象徵性。蘇聯的航空部隊在數量上遠不及德國空軍，而且又遭受慘重的損失。他們魯莽地調動單位以趕緊在頓河東岸設立臨時基地，這使得上下陷入一團混亂之中。新型的拉瓦奇金 La-5 型戰鬥機及時抵達戰場，支撐起消耗殆盡的空軍力量：他們宣稱在一九四二年八月二十一日至九月十六日期間的二百九十九架次出擊中擊毀了九十七架敵機。一九四二年十一月十九日，蘇聯陸軍啟動「天王星」（Uranus）作戰計畫，它是一場旨在擊潰德軍側翼軟弱的義大利與羅馬尼亞部隊之進攻行動。十一月二十三日，蘇聯先鋒部隊突進到卡拉齊（Kalach），並包圍了德軍。

戈林承諾每天至少會空運五百噸的食物、彈藥與武器。然而，他沒有考慮到惡劣的天候、設備貧乏的機場，還有蘇軍環繞在史達林格勒城周邊陣地的猛烈防空砲火。

所有可派上用場的運輸機都投

↑亨舍爾 Hs 123 型能夠承受相當大的打擊，而且在許多德國空軍機型無法運轉的惡劣條件下它都能飛，所以直到 1944 年中期 Hs 123 型仍為對地攻擊單位採用。

入龐大的空運補給行動，包括亨克爾轟炸機與訓練單位。從一九四二年十一月二十五日到一九四三年一月十一日，運輸機共飛行了三千一百九十六架次，運送一千六百四十八噸的燃料、一千一百二十二噸的彈藥和二千零二十噸的口糧過去。第 55 轟炸聯隊的亨克爾 He 111H-6 型也運了另外三千二百五十九·九噸的補給。

儘管如此，這些補給品根本不夠用，而且飛機的損失情況同樣是另一場災難。一九四三年一月十四日，蘇軍已在皮托尼克（Pitomnik）機場上橫行，而最後一座機場，古姆拉克（Gumrak），亦於一月二十三日淪陷入蘇聯人手裡。一九四三年一月三十一日，指揮第 6 軍團的佛瑞德里希·馮·保盧斯（Friedrich von Paulus）在剛晉升為元帥不久，即向蘇聯投降；而堅守北方戰區的第 11 軍亦在二月二日放下手中的武器。

南方的紅星

正當蘇聯所有戰鬥機單位的裝備在 1942 年間有所改善之際，他們的戰術運用與飛行員的戰技也大幅提升。隨著歲月的消逝，蘇聯戰鬥機與戰鬥轟炸機不偏向任何一方地發展下去。史達林格勒的空戰即可說明這樣的發展趨勢。這場戰役也首次見到了出色的拉瓦奇金 La-5 型戰鬥機的登場。

↑ 米格王牌
綽號夏沙的亞歷山德·伊凡諾維奇·波克魯希金（Aleksandr Ivanovich "Sasha" Pokryshkin）可以視為是蘇聯在大戰中對戰鬥機的戰術運用最具影響力的人。在 1942 年中期的南部戰線上，他服役於第 16 禁衛戰鬥航空團（16 GvIAP），駕駛著這架米高揚一格列維奇 MiG-3 型。波克魯希金最後締造了五十九架的個人擊殺紀錄，並三次獲頒夢寐以求的「蘇聯英雄獎」。1943 年之後，波克魯希金改飛貝爾（Bell）P-39 型。

↑ 史達林格勒的守護者
奧爾可夫（V. Orkhov，十九次擊殺紀錄）中尉在 1942 年 9 月的史達林格勒保衛戰中操縱這架雅克列夫 Yak-7B 型戰鬥機。他的單位，即第 434 戰鬥航空團，從莫斯科防線調去捍衛這座窩瓦河上的城市。雅克列夫 Yak-7B 型是雙座 UTI-26 型戰鬥機的單座版，而 UTI-26 型相較於 Yak-1 型是更加簡化且更容易操作的戰鬥機。

第五十章
東線的僵局

德軍在史達林格勒的挫敗對軸心國來說是出乎意料且駭人聽聞的衝擊，但這場戰役後，德國國防軍依舊強大，德國空軍也仍保有空中的優勢。

↑照片中這架塗上冬季迷彩的 Ju 87D-3 型斯圖卡隸屬於第 2 俯衝轟炸機聯隊第 1 大隊。1942 年夏季期間，該單位在蘇聯南部作戰，高加索和史達林格勒戰區都看得到他們的身影。

西元一九四二年十一月，就在史達林格勒的悲劇之前，德國空軍於東線戰場共部署了二千四百五十架的飛機。對抗他們的是七千五百架的「蘇聯空戰部隊」戰機，分配於十三個航空軍團之中。然而，當時的質量優勢凌駕於一切，德國空軍尤其堅信此一教條，無論機種、武器與戰術都是如此。

不過，蘇聯空戰部隊正逐漸從一九四一年的災難中恢復元氣，飛機與引擎生產工廠都已大規模地移往烏拉山的另一側。安全無虞的蘇聯大後方，加上史達林政權的嚴厲統治，代表他們的飛機每月平均產出可攀升至二千一百二十架，而一九四二年的總產量更是達到二萬五千四百三十六架。

在壯烈的史達林格勒之役中誕生了不少蘇聯空戰英雄和王牌。克列雪切夫（I. I. Kleshchev）少校的第 434 戰鬥航空團在一九四二年七月德軍發動「藍色案」的前兩個星期即宣稱摧毀三十六架敵機，而

第 150 轟炸航空團的 Pe-2 型俯衝轟炸機則以六十度角進行精確的攻擊；第 26 與第 228 密接支援航空師（ShAD）的 Il-2 型飛行員於作戰中榮獲褒揚，同樣還有第 220 與第 268 戰鬥航空團。Yak-1 型戰鬥機在古姆拉克與皮托尼克附近組成封鎖線，並擊落不少 Ju 52/3m 型運輸機，十七名「空戰軍團」（VA）的成員也獲頒「蘇聯英雄獎」（Hero of the Soviet Union），這是蘇聯的最高榮譽。

從一九四二年十一月十九日至一九四三年二月二日，史達林格勒戰區的蘇聯空戰部隊共派了三萬五千九百二十九架次的戰機出擊，甚至經常在極惡劣的天候下出動，並擊落約三千架的德國飛機。另外，

↑照片中這架第 18 禁衛戰鬥航空團的 Yak-7B 型戰鬥機是由果魯波夫（A. E. Golubov）中校駕駛，1943 年間該單位的基地位在卡伊宗基（Khaizonki）。第 18 禁衛戰鬥航空團原是二百八十八個蘇聯空戰部隊旗下的單位之一，在大戰中才獲得「禁衛軍」的頭銜。

他們的 Li-2 型運輸機也在四萬六千多架次的任務中載送了超過三萬一千名士兵和二千五百八十七噸的貨物過去。

一九四二年夏季與秋季期間，蘇聯空戰部隊獲得重生，他們還設法掌握制空權。新生的蘇聯打擊王牌迅速累計他們的第一百、第一百五十和第二百次擊殺紀錄，摧毀大批的 Bf 109G-4 型與 Fw 190A-4 型戰鬥機，儘管他們對抗 Yak-1 型、LaGG-3 型和 MiG-3 型時仍占上風。不過，德國戰鬥機還能繼續掩護大膽的 Ju 87D 型俯衝轟炸機執行密接支援和對地戰術攻擊任務，

他們對蘇聯防禦工事的轟炸行動依舊有優異的表現。

儘管如此，德國空軍面臨數量龐大的蘇聯戰車部隊，大部分都是裝甲厚重的 T-34/76 型。因此，他們採用了一系列不同的機種，配備不同的武器來對付蘇聯戰車，而三十七公釐口徑的 18 型防空砲是最適合摧毀 T-34 型與 KV-1 型戰車和 SU-76 突擊砲車的武器。

史達林格勒之役結束後，德國空軍發現他們的處境與一九四一年至一九四二年的冬天相似。光是在維持史達林格勒的補給任務中他們就至少折損了四百八十八架飛機，轟炸機部隊和運輸機部隊（Transportverbände）嚴重受創。再者，隨著盟軍進攻北非，約四百架的戰機從東線戰場上調離，以支撐地中海的第 2 航空軍團。到了一九四二年十二月，德國空軍在東線的總兵力僅剩下一千八百一十五架飛機，其中九百架部署於頓河—頓內次（Don-Donets）防區，二百三十架在克里米亞和高加索戰區，德軍就是從那裡開始進行撤退。

↑ 1942 年初，第 76 轟炸聯隊第 4 中隊開始在沃勒斯朵夫（Wöllersdorf）換裝 Ju 88C-6 型戰鬥機，而不是派他們執行轟炸任務。圖中這架漆上標準冬季偽裝彩的第 4 中隊 Ju 88C-6 型在 1942 年末期於第 4 航空軍團旗下服役，它從塔干洛（Taganrog）基地起飛作戰。該機的機鼻塗上運輸機機首相仿的色彩，企圖混淆敵人的視聽。

重拾卡爾可夫

　　一九四三年一月初，史達林格勒的苦戰尚在進行的時候，「蘇聯弗洛奈士方面軍」（Soviet Voronezh Front）就已開始向西朝卡爾可夫進攻，而「西南方面軍」亦向西方進擊，打算切斷德軍從高加索撤軍的退路。到了二月十六日，弗洛奈士、庫斯克（Kursk）、卡爾可夫與伏羅希洛夫格勒（Voroshilovgrad）都重回了蘇聯的懷抱，而且德軍在頓河—頓內次防區的陣地也嚴重地遭受蘇軍戰車軍團的掠奪。

　　不過，蘇聯的戰線已延伸過長，德國的「南方」集團軍便於一九四三年二月二十日發動反攻，空中的支援由位在波塔瓦（Poltava）的第 1 航空軍、第聶伯羅彼得羅夫斯克（Dnepropetrovsk）的第 4 航空軍和史塔林諾（Stalino）的頓內次航空師（Fliegerdivision Donets）提供，他們都有強大的密接支援機部隊。到了三月三日，蘇聯三個步兵師與第 25 戰車軍遭到殲滅，二萬三千人被屠殺，還有超過九千名受圍困的士兵淪為戰俘。三月十五日，德國第 4 裝甲軍團和黨衛第 2 裝甲軍再拿下卡爾可夫，三月十八日又占領貝爾哥羅（Belgorod）。春天的融雪妨礙了戰事進一步的發展，但壓力也隨之紓緩。此時，東線的局勢全都聚焦在庫斯克附近的一塊巨大突出部上，那裡是夏季作戰的主要戰場。

庫班的挑戰

　　早在一九四二年十一月，德國 A 軍團（第 1 裝甲軍團與第 17 軍團）沿著高加索山脈深入埃利斯塔（Elista）的大草原，向東挺進遠至莫佐多克（Mozhdok），那

↑ 照片中一架掛載一顆 2,204 磅（1,000 公斤）炸彈的 He 111 型轟炸機飛越了頓河防線，正前往突襲蘇軍部隊。像這樣的大型炸彈只得掛在機身外，而原本的炸彈艙則可用來儲存額外的燃料。

↑ 儘管蘇聯空戰部隊的進展迅速，但他們的戰機仍敵不過軸心國的對手。照片中這架 Yak-7B 型戰鬥機於 1943 年 2 月 12 日在畢特刻蘭他（Pitkäranta）遭到擊落。注意機翼下的雪橇是用來運送殘骸。

↑照片中為 1943 年在伊朗的阿巴當（Abadan），一批租借法案下的噴火 VB 型戰鬥機準備移交給蘇聯空戰部隊使用。英國共運了 2,952 架的颶風式、143 架噴火式 VB 型與 1,188 架噴火式 IX 型給蘇聯，但並不是所有的戰機皆抵達目的地。

裡約在裡海的正西邊一百二十哩（一百九十二公里）處。史達林格勒之役期間，該處的通道在他們接獲撤退命令前為蘇軍所截斷。一九四三年一月一日，蘇聯「南方面軍」攻向羅斯托夫，並會合了正向塞瓦斯托波耳與亞馬維爾（Armavir）挺進的「外高加索方面軍」（Tans-Caucasus Front）。二月四日，蘇聯在黑海海岸的密斯哈科（Myskhako）區發動一場大膽的兩棲登陸行動，企圖從側翼包圍第 17 軍團，並切斷他們沿著庫班河（Kuban）撤向塔曼半島（Taman）的退路。

到了一九四三年三月，德軍撤進了狹窄的半島，那裡稱為庫班橋頭堡，而且設有強大的防禦陣地。如果失去了庫班就會威脅到克里米亞，克里米亞若被占領，蘇聯空戰部隊便將取得轟炸機航程可及羅馬尼亞油田的機場。所以，德國空軍被迫投入強大的特遣隊防衛庫班，

一九四三年四月至六月間那裡也因此爆發了猛烈的空戰。

此刻，蘇聯的軍隊由於「租借法案」（Lend-Lease）而戰力大增，他們取得的戰機包括 P-39N/Q 型、A-20B 型與噴火式 VB 型（Spitfire Mk VB），而且蘇聯的戰鬥機單位也首次接近德國空軍的標準。在一九四三年四月的空戰中，蘇聯的損失雖然慘重，但在他們的空戰史上，蘇聯空戰部隊第一次沒有被擊敗。

到了七月，各方的注意力都轉向即將於庫斯克、貝爾哥羅與奧勒爾（Orel）展開的戰役。直至九月十四日，德國第 17 軍團開始從庫班撤退，移往相對安全的克里米亞。自該次作戰展開至今，第 1 航空軍宣稱擊落了二千二百八十架的蘇聯空戰部隊飛機和一千零五十四輛戰車；而蘇聯空戰部隊則在三萬五千架次的出擊中聲稱摧毀一千一百架的德國軍機（空戰中擊落八百架）。

德國和蘇聯的最高指揮官意識到，該年夏天的大戰將於庫斯克的突出部爆發。德國中央集團軍與南方集團軍打算在「衛城行動」（Operation Zitadelle）中粉碎突出部內的蘇軍部隊，他們的攻勢預定在六月十二日啟動。一旦庫斯克戰役勝利之後，德軍便可奪回東線戰場上的主攻權。在五月與六月期間，超過九十萬名的部隊、一萬門火砲和二千七百三十輛戰車已蓄勢待發，準備發動大戰中最後一場偉大的閃擊戰。

第五十一章
庫斯克：轉捩點

西元一九四三年夏，德軍打算藉由庫斯克之役重新取得東線戰場的主動權。然而，他們再一次低估了蘇聯軍隊的力量，招致適得其反的大災難。

←為了因應東線戰場上一再減少的德國軍需品，照片中這架龐大的 Me 323 型巨人式（Gigant）運輸機被派去為遭受包圍的部隊進行補給。巨人式發配到第 5 運輸聯隊（Transportgeschwader 5）第 1 至第 3 大隊，該單位在 1943 年 5 月成軍，並由於種種因素而到了蘇聯與地中海服役。

庫斯克城座落於莫斯科西南方約二百八十哩（四百四十五公里）處。一九四三年夏初的猛烈戰鬥後使得該區附近的戰線形成兩個巨大的突出部，其一由德軍所把持，位於庫斯克的北方，那裡伸進布里安斯克（Bryansk）—奧勒爾的蘇聯領地；另一則是由蘇軍掌握，以庫斯克為中心（界線往北直到奧勒爾，向南至貝爾哥羅），大小約為一百五十哩（二百四十公里）寬，一百一十哩（一百七十七公里）深。所以無可避免的，下一場的激烈戰鬥將會在這裡爆發，爭奪此塊區域。

德蘇雙方的指揮官都渴望對手先採取攻擊，因為守勢作戰在那裡似乎比較容易成功。然而，就像以往多次的情況一樣，希特勒再次干涉作戰，並下令部隊前進。進攻日期最後訂在一九四三年七月五日，屆時，德軍將於「衛城行動」中全力猛攻，目標是掃除庫斯克—奧勒爾—貝爾哥羅防區內的蘇聯軍團，拉平戰線，並重新取得主攻權。這場作戰完全不像一九四一年至一九四二年的大規模閃擊戰，那時的目標旨在深入突進蘇聯的內地。勝利

對雙方而言都很重要，蘇聯需要贏過德軍的裝甲部隊以提升士氣；而德國人則需要一次夏季勝利，因為他們在冬天比較無法發揮實力。

突擊前的閃電

然而，到了一九四三年六月，德國人的燃料已十分短缺。大量運補的失敗讓不少裝備得不到燃油可以使用，尤其是 Fw 190 戰鬥機等；此外，游擊隊在中央集團軍大後方的活動亦妨礙了軍品運輸的進行。六月，約有二百六十八輛火車頭、一千二百二十二個貨櫃的武器和四十四座橋樑遭到摧毀。

隨著作戰準備工作持續進行，雙方的戰機也出動攻擊彼此的機場。He 111H-6 型轟炸機長程飛行深入敵境，轟炸高爾基（Gorki）、薩拉托夫（Saratov）與雅羅斯拉夫（Yaroslavl）的戰略目標；而蘇聯空戰部隊的突擊則主要針對德軍的機場。像是在五月六日的一場空襲中，一百一十二

架 Il-4 型與一百五十六架 Il-2 型於一百六十六架戰鬥機的掩護下，聲稱摧毀了地面上的一百九十四架德機，空中擊落二十一架。

德軍大規模的進攻計畫於一九四三年七月五日展開，而且在這個美好的夏季清晨德國空軍也準備好先發制人，予以敵人痛擊。然而，是蘇聯空戰部隊先發動攻擊。三點三十分，德國的弗萊亞（Freya）雷達站掃到了一大群戰機正飛往第 8 航空軍的機場，於是所有的 Bf 109G-6 型緊急升空應戰，而第 1 航空師（1. Fliegerdivision）的 Fw 190A-5 型也從奧勒爾區轉向，參與這場二次大戰中最大空戰之一的戰鬥。超過四百架的飛機佈滿貝爾哥羅與卡爾可夫的天空，九點二十分，當蘇聯空戰部隊撤退之際，戰況似乎對德軍有利，他們擊落了一百二十架戰機，而僅有微少的損失。

在南方戰區，第 8 航空軍掩護著第 4 裝甲軍團向奧波揚（Oboyan）、科羅查（Korocha）與普羅科洛夫卡（Prokhorovka）挺進；而北方戰區，第 9 軍團的戰車則隆隆地駛向無數的防禦陣地和反戰車壕，朝奧爾霍瓦特卡（Olkhovatka）與波尼里（Ponyri）推進。德軍在衛城行動中總共投入了四

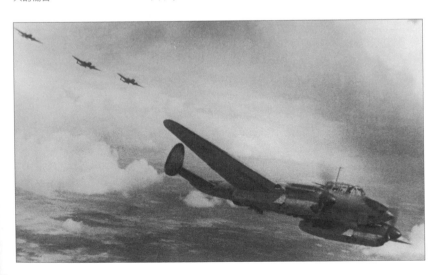

↓照片為一支 Pe-2 型飛行小隊準備掃蕩敵軍。這款蘇聯的輕型轟炸機能夠掛載炸彈或後射的機槍，而且該型「佩施卡」（Peshka）戰機的數量龐大，對入侵的軸心國部隊造成很大的傷害。

十七個師，他們將對抗蘇聯一百零九個步兵師的一百三十萬名士兵、十三個戰車軍的三千六百輛戰車和超過二萬門的火砲。除此之外，蘇軍所準備的防禦工事還縱深長達二十五哩（四十公里）。

庫斯克的戰況十分慘烈，雙方都付出了極大的損失。第 1 航空師與第 8 航空軍聲稱僅在第一日就有四百三十二架的擊殺紀錄。第 3「烏德特」（Udet）戰鬥聯隊第 2 大隊的表現格外優異，該單位的庫特‧布蘭德爾上尉（Hauptmann Kurt Brändle）擊落五架，累計他的擊殺紀錄至一百五十一架，而約阿辛‧基爾許勒中尉（Oberleutnant Joachim Kirschner）則摧毀九架，累積他的戰功到第一百五十架。另外，第 52 戰鬥聯隊第 2 中隊的約翰尼斯‧維瑟（Johannes Wiese）上尉也宣稱有十二架的佳績。不過，戰場上充斥著誇大不實的回報總是存在的，一九四三年七月五日的真正損失數據可能為：德國空軍二百六十架，蘇聯空戰部隊一百七十六架飛機。

蘇聯狂暴的反抗導致德軍的攻勢失效。七月五日至八日之間，據稱蘇聯空戰部隊在對抗八百五十四架德國戰機的空戰中，共有五百五十六架遭到摧毀。七月五日至六日，第 9 軍團僅僅向南方推進六哩（十公里），他們網羅了二萬五千名蘇聯戰俘之後即陷入泥沼。德國空軍的作戰高峰達到一日三千架次，其後也盡可能維持一千架次的攻擊，大多數都是 Ju 87D 型與戰

鬥機的出動。

七月十二日，整場大戰中最偉大的一起戰車大決戰於蘇聯的第 1 與第 5 禁衛戰車軍和德國軍團特遣戰鬥群（Army Detachment Kempf）、第 4 裝甲軍團與第 4 裝甲軍單位之間爆發，而在北方，蘇聯的「西方面軍」和「布里安斯克方面軍」（Bryansk Front）亦向奧勒爾的突出部進擊。七月十五日，「中央方面軍」對第 9 軍團發動猛攻，朝奧勒爾與克隆米（Kromy）前進；次日，德國軍團即開始撤軍，但他們還有一個月的硬仗要打。八月四日至五日，蘇軍拿下了奧勒爾與貝爾哥羅，打開了部隊源源湧入的大門。八月二十三日，「弗洛奈士方面軍」、「大草原方面軍」（Steppe Front）與「西南方面軍」奪回卡爾可夫，威脅到曼斯坦南方集團軍的整個南翼，並為蘇軍於秋季攻勢挺進烏克蘭鋪平了道路。對德軍來說，衛城行動已經徹底失敗，裝甲軍裡的菁英白白犧

↑照片中一名飛行員正在為他的重武裝 Hs 129B/R2 型戰車剋星的引擎暖機，它隸屬於第 9 打擊聯隊第 4（裝甲）大隊〔IV.(Pz)SG 9〕。這支大隊在 1944 年 3 月從新克拉斯諾伊（Novo Krassnoye）第 1 航空軍旗下調至車諾維茨（Czernovitz）的第 8 航空軍，並從那裡退到利希亞提彡（Lysiatycze），再撤至溫特蕭森（Wintershausen）。

牲。從此刻起，他們忍受著補給匱乏之苦，一路撤回帝國的邊界。不過，這還有很長的一段時間要走。

庫斯克的衝擊

庫斯克會戰的時間點和盟軍進攻西西里島與義大利南部的時機一致，盟軍的重型轟炸機也在同時開始逐步增強對第三帝國的空襲。隨著德國空軍指揮官漢斯・顏熊尼克（Hans Jeschonnek）上將的自盡，德國空軍的戰略亦跟著繼任的君特・柯爾騰（Günther Korten）將軍改變，他決定捍衛帝國的領空優先於境外冒險，因此許多單位都從東線戰場和地中海戰區調回國內。也正是這個時候，德國空軍開始籌組戰略轟炸機部隊，但此舉根本是沒有必要的賭注，並從更重要的戰鬥機部隊裡抽離了大筆的資金與資源。

在東方，蘇聯無情的反攻絲毫不給敵人喘息的機會，德軍節節敗退。蘇軍在數量上遠勝過他們的入侵者，而且到了一九四三年十一月六日，烏克蘭的中心之都，基輔，重回蘇聯的懷抱。偉大的衛國戰爭結束之日指日可待。

東線上的軸心國助手

不只是德國人發動了最終自取滅亡的蘇聯之役，在北方，俄國人的宿敵，芬蘭，也不情願地聯合德軍擊退蘇聯的入侵。在南方，保加利亞人、克羅埃西亞人、義大利人、羅馬尼亞人與烏克蘭人都加入了軸心國部隊的行列。然而，這群烏合之眾成為德軍推進的最大罩門。

↑ Ju 88A-4
1943 年 5 月與 6 月間，芬蘭的飛行員駕駛著前德國空軍的 Ju 88 型轟炸機至芬蘭，以供「芬蘭空軍」（Ilmavoimat）使用。這架飛機在 1943 年底服役於芬蘭空軍第 44 中隊第 1 小隊（1. Lentue, Lentolaivue 44），基地位在翁托拉（Onntola）。Ju 88 型轟炸機持續支援芬蘭部隊，直到他們接受了蘇聯的和平條件為止。

→Ju 87D
編入德國空軍第 8 航空軍旗下的羅馬尼亞空軍第 1 航空軍（Corpul 1 Aerian）第 6 俯衝轟炸機大隊在 1943 年夏的庫斯克突出部防區內作戰。在那裡，Ju 87 的機輪護罩經常被拆除，以免遭泥塊或雪堆卡住。

第五十二章
伊留申 II-2/10 咆哮 / 野獸式 斯圖莫維克

儘管 II-2 型與 II-10 型是軍機史上產量最多的機型，但有點不可思議的是，在蘇聯境外，相較於其他二次大戰的戰機，他們仍不為人知。

在西元一九三〇年代期間，蘇聯人投入了大量的精力製造一款存活性強的密接支援與攻擊機。這令人聯想到，蘇聯想要擁有世界上最佳的空戰武器，可配備大口徑的機槍、大型無後座力加農砲、中空裝填武器、穿甲炸彈和類似裝在空射火箭上的彈頭。

一九三〇年代一開始，一系列

的重裝甲攻擊機問世，而且克里姆林宮（Kremlin）當局又在一九三五年發布了一款反戰車攻擊機（Bronirovanyi Shturmovik, BSh）的設計規格要求，專門用來對付裝甲車輛與地下碉堡。到了一九三八年，「蘇聯設計局」（OKB）的謝爾蓋·伊留申（Sergei V. Ilyushin）與帕菲爾·蘇霍伊

↑照片為 II-2 型準備從前線基地起飛執行戰鬥任務，可能拍攝於 1942 年。這批早期型的 II-2 型單座機裝配的是 ShVAK 型機砲，而在照片前方的這架是裝設 VYa 型加農砲（它的槍管比 ShVAK 型機砲長）。

↑照片中這群 Il-2M3 型雙座機正在東線戰場上作戰，拍攝於 1944 年。到了這個時候，他們的進展已超越了蘇聯的邊界，並進入到波蘭與羅馬尼亞境內。

十三磅（六百公斤）的炸彈。

墜毀方案

伊留申對這種戰機的武裝並不滿意，而且在測試中，TsKB-55 型正如先前預料的一樣不太穩定。所以，第二款改良的原型機在一九三九年十二月三十日試飛，它的重心稍微往前移，還裝上了大型的水平尾翼。不過，第二款飛機在一九四○年夏的國家測試（NII）中被認為，儘管它的外形亮麗，但穩定性、航程與一般性能不佳。伊留申因此啟動了一項「墜毀方案」（Crash programme），並在四個月內製造出 TsKB-57 型戰機。它裝置了一具一千六百匹馬力（一百一十九萬四千瓦）的 AM-38 型引擎，還有一具額外的副油箱置於座艙後部、更厚且配置更佳的裝甲、機翼的兩挺機槍換裝二十公釐 ShVAK 型加農砲，以及新設的翼下掛架以搭載八枚 RS-82 型火箭。TsKB-57 型是更出色的武器，飛行速度還可達到每小時二百九十二哩（四百七十公里），敏捷性也不錯。因此，蘇聯開始在三座工廠裡進行大規模的量產：莫斯科、北

（Pavel O. Sukhoi）開始角逐製造這款戰機。兩位設計師都採用傳統的低翼、單引擎結構，但伊留申的飛機較早完成，在一九三九年春即問世。該機命名為 TsKB-55 型，服役型號為 BSh-2 型，它配備一具大型的一千三百五十匹馬力（一百萬七千瓦）AM-35 型液冷式引擎，前後雙座式，有一名駕駛和一位無線電操作員／後位機槍手／觀測員。它的機翼、液壓襟翼與機尾都是由輕金屬合成，但機身下半面是一千五百四十三磅（七百公斤）的裝甲，包裹著引擎、冷卻管、無線電、機身油箱與座艙的下半部。機翼的四挺 ○‧三吋（七‧六二公釐）機槍裝在主起落架的外舷，第五挺置於座艙的後方；機身中央的四個容納室則可裝載一千三百二

↓圖中這架 Il-2M3 型展示其並非不尋常的外貌，它拆除了後部的座艙罩以提供機槍射手更佳的視野進行射擊。而且，射手也經常配備了雙挺 UB 型機槍，儘管彈藥量會因此減少。塗在機身上的 MSTITEL 字樣，為「復仇者」之意。

方的菲利（Fili）與南方的弗洛奈士。

當德軍在一九四一年六月二十二日入侵之際，二百四十九架的 TsKB-57 型戰機已經交貨，一部分也投入服役，但仍遠低於標準。到了十月，莫斯科與菲利的工廠被迫關閉，廠房的生產工具與工人移往遙遠的東方，新的生產中心為庫比雪夫（Kuybyshyev）。然而，TsKB-57 型的出產十分緩慢，史達林甚至發了電報給工廠的廠長，告訴他們其表現令人感到「羞恥」。在一九四二年初，該機的 ShVAK 型加農砲為穿透力更強的二十三公釐 VYa 型機砲取代。

一九四二年之後，TsKB-57 型的稱號改為 Il-2M2 型，並換裝了一千七百五十匹馬力（一百三十萬六千瓦）的 AM-38F 型引擎。該機在各方面的性能都有改善，甚至將裝甲加重到二千零九十四磅（九百五十公斤）。不過，他們在德軍戰鬥機的打擊下損失慘重，提供合適的裝甲抵擋上方與後方的砲火又很不切實際。史達林不情願地批准任何進一步的改良，伊留申也得到授權製造另一款亦配置後射機槍手的原型機，並於一九四二年三月試飛。該機的機槍手操縱一挺 ○·五吋（十二·七公釐）的 UB 型機槍，配發一百五十發子彈，不同於原先 TsKB-55 型的是，機身中央的燃料箱分隔了兩位機組員的座位。

這款新型機，即 Il-2M3 型的量產最後在一九四二年十月獲准，並於該月底即進入「中央方面軍」裡作戰。

流線形設計

Il-2M3 型機的問世讓蘇聯的損失迅速下滑，而德國空軍戰鬥機的傷亡則在攀升。到了這個時候，該機每月的生產量已接近每月一千架。儘管他們又有一連串的次要改良，大多數是性能方面的提升，但還是沒能達到時速二百五十一哩（四百零四公里）的最大航速需求。所以，它的輪廓幾乎所有部分都改為更佳的流線形設計，只要不影響生產的話就進行。到了一九四三年中期，Il-2 型的最大速度已可改善到每小時二百七十三哩（四百三十九公里），儘管它的重量不斷地增加。

增加的重量部分原因是武器的強化，它是受惠於空戰武器設計部門的一流產品。最重要的是一門一·四五吋（三十七公釐）機砲家族的新成員，它與先前同一口徑的武器無關聯，其高射擊初速的火力足以貫穿五號豹式戰車

↓史達林在 Il-2 計畫中施展了他的影響力。當生產延誤的情況發生時，他曾說：「紅軍需要 Il-2 就像他們需要空氣和麵包……這是我最後一次警告。」

（Pzkpfw V Panther）和六號虎式戰車（Pzkpfw VI Tiger）的裝甲，除了從正面攻擊之外。額外的各類型炸彈還可掛載於機翼下，承載的武器尚包括大口徑的五‧二吋（一百三十二公釐）RS-132 型火箭和可容納二百顆小型 PTAB 型反戰車炸彈的莢艙。

一九四二年首架雙人操控的 Il-2 型問世，更多架亦在野戰場上進行改裝。到了一九四三年，工廠製造了一批此型機，稱爲 Il-2U 型，但大多數的武裝減輕。另一款於野戰場上改裝的是 Il-2T 魚雷搭載型，它可毫不費力地運載一枚二十一吋（五百三十三公釐）魚雷。在一九四四年八月，當生產線轉爲量產 Il-10 型之前，Il-2 型共產出了三萬六千一百六十三架。到了那個時候，單月所接獲的 Il-2 型達到創紀錄的二千三百架，一九四四年的前八個月就幾乎有一萬六千架交機，而一九四三年整年的數目爲一萬一千二百架。先前，蘇軍連集合 Il-2 型戰機以編成一支訓練有素的團級單位都有困難，但至一九四四年時，他們已能夠以軍級爲單位來作戰，甚至一次就投入多達五百架的 Il-2 型到局部的區域內，而且普遍是派到沒有車輛能行駛的地方。

Il-2 型戰機慣用的攻擊模式是「跟著我的領隊」（follow-my-leader），在這套模式下，領機帶隊盤旋飛行，並繞到敵軍重型裝甲車的後方開火，而個別的戰機則投下集束或反戰車炸彈。對蘇軍來說，Il-2 型廣泛地被稱做「伊留沙」（Ilyusha），而入侵者很快就稱之爲「黑死神」（schwartz Tod）。

一九四三年，第一個國外蘇聯友軍單位接收了 Il-2 型戰機；接著，估計有三千架輸往波蘭、捷克、南斯拉夫和保加利亞的團級單位，戰後還有大量的 Il-2 型輸出到中國與北韓。一些國家，包括波蘭與捷克斯洛伐克，爲他們當地的 Il-2 型取了新名，而其他的 Il-2 型也在各方面進行改良，搭配不同的裝備與武器，或是改採焊接式的機身後段鋼骨結構，覆上布質的外皮。

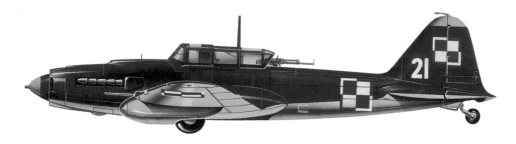

↑ 這架 Il-2M3 型服役於二次大戰結束之際，隸屬第 1 混合航空軍（1st Mixed Air Corps）第 3 攻擊團（Szturmowego Pulk），它是非蘇聯部隊最先配備該型戰機的單位之一。

第五十三章
從史達林格勒撤軍：烏克蘭與 列寧格勒

到了西元一九四三年底，蘇聯戰爭機器的火力全開。德軍入侵的初期震撼和蘇軍無力捍衛國土的局勢都已成為過去；德國人已身陷困境。

↑ 第 2 禁衛戰鬥航空團（波羅的海航空隊）的伊果·卡特葛羅夫（Igor A. Katgrov）上尉駕駛照片中這架 LaGG-3 型作戰卻遭遇不幸。LaGG-3 型戰鬥機的性能糟糕透頂，但他們在填補蘇聯戰鬥機的生產缺口時卻扮演著重要的角色。

在「衛城行動」的大規模戰鬥及其餘波之後，蘇聯軍隊持續於南方維持他們的氣勢，從頓河盆地長驅直入地駛向德國。他們攻克了卡爾可夫、梅利托普（Melitopol）、查波羅茲里（Zaporozlie）與克里沃·羅格（Krivoi Rog），然後在一九四三年十一月六日收復了基輔城而達到最高潮。一九四三年十月間，蘇聯弗洛奈士方面軍、大草原方面軍、西南方面軍與南方面軍分別更名為第 1、2、3 與第 4 烏克蘭方面軍。蘇聯空戰軍團（VA）支援地面部隊的戰機大約有二千三百六十架，而且各個航空軍團的編制已增加到平均七百架之多，大部分是 Yak-1 型與 La-5FN 型戰鬥機、Il-2m3 型密接支援機、Pe-2 型日間輕型轟炸機、Il-4 型中型夜間轟炸機與 Il-4 型偵察機。一些航空軍團的組織更強大，一些則較弱，依投入特殊的戰線而定。最重要的是，蘇聯空戰軍團是戰術組織，完全奉前線指揮官每日的命令行事，有時還會有國家級（Strany）的「防空部隊」（P-VO）和「長程航空部隊」（ADD）的獨立單位增援。

在東線戰場上，戰略轟炸的作用不大，無論是蘇聯空戰部隊或德國空軍都一樣：空中仍是戰鬥機、密接支援機與中型轟炸機的天下，戰術偵察機扮演著非常重要的角色。

一九四三年耶誕節前夕，第 1 烏克蘭方面軍的第 1 禁衛軍團與第 1 戰車軍團沿著基輔—席托米爾（Zhitomir）一線向西朝別爾季切夫（Berdichev）與卡薩亭

↑伊留申 Il-4 型轟炸機的性能與德國空軍的亨克爾 He 111 型相仿。照片中這群 Il-4 型正在野外進行維修,拍攝於 1943 年。

→Fw 190 的生產速率迅速攀升,讓該型機在 1944 年間廣泛地為東線戰場的打擊聯隊所採用。不過,圖中這架 Fw 190 機上佩帶的是第 54 戰鬥聯隊第 2 大隊的徽章。

(Kazatin)的德國第 4 裝甲軍團防線挺進,開啓了蘇聯的冬季攻勢。在這支軍隊上空呼嘯而過的是第 2 空戰軍團成群的 Il-2 型與 La-5FN 型戰機,各機隊的間距密集到只剩三百三十呎(一百公尺)而已。

德國人很快就碰上麻煩:到了一九四四年一月二十八日,約五萬六千名的士兵受困在力斯揚卡(Lisyanka)與科爾森・什維里恩柯夫斯基(Korsun Shevelienkovsky)之間的車卡夕(Cherkassy)口袋裡。德國空軍急忙派出亨克爾 He 111-6 型轟炸機與容克斯 Ju 52/3m 型運輸機,在惡劣的天候和蘇聯戰鬥機不斷施予的壓力中每日投下了一百至一百八十五噸的補給。二月十六日,德

軍成功地從車卡夕口袋突圍,可是只有三萬人逃出來。

德國空軍在一九四四年一月於東線戰場上的兵力約在一千八百架飛機上下(占各戰區的百分之四十一),但他們要對抗的是蘇聯空戰部隊一萬一千架左右的大軍。

救援列寧格勒

一九四四年一月至三月間,烏克蘭第 1、2、3 與第 4 方面軍全力攻向布格河(Bug),並朝喀爾巴阡山脈(Carpathian Mountains)前方的最後一道天然險要,即第聶斯特河(Dniester),以及羅馬尼亞邊界和摩達維亞的省分推進。同時,蘇軍亦持續予以位在列寧格勒—霍爾姆—狄米揚斯克的北方集團軍壓力。

一九四四年一月十四日,蘇聯的列寧格勒方面軍在北方展開進擊,他們的部分兵力攻向東方,部分則刺探遭包圍的列寧格勒城。同一天,沃爾霍夫方面軍(Volkhov Front)也開始向諾夫哥羅(Novgorod)發動攻勢,突擊德國第 18 軍團的側翼。列寧格勒方面軍的空中支援武力由第 13 空戰軍團來擔當,而沃爾霍夫方面軍則有第 14 空戰軍團,附加的單位為「防空部隊」的禁衛戰鬥航空軍

蘇聯的戰鬥機實力

　　到了 1943 年底，蘇聯的情勢與當年德軍入侵之際大有不同。那時，Bf 109 型面對的是一批劣等的蘇聯戰鬥機，例如 I-153 型，但此時，蘇軍已能夠投入大量強而有力的新型機，還有操縱他們的老練且極勇敢的飛行員。

→拉瓦奇金 La-5

科日杜布（I. N. Kozhedub）是盟軍擊殺紀錄最高的空戰王牌，共擊落了六十二架敵機。科日杜布於 1944 年初在列寧格勒戰線偕同第 5 空戰軍團第 302 戰鬥航空師第 240 戰鬥航空團作戰，操縱這架拉瓦奇金 La-5 型。機上的銘文 Valery Chkalov 是為了向一位戰前的著名飛行員表達敬意。

←雅克列夫 Yak-1

魯剛斯基（S. D. Lugansky）上尉在 1943 年 11 月於第 2 烏克蘭方面軍裡偕同第 203 戰鬥航空師第 270 戰鬥航空團作戰，並駕駛這架 Yak-1 型戰鬥機。機上的數字 32 代表魯剛斯基的三十二次擊殺紀錄，他個人在大戰中共擊落了三十七架敵機。

↓貝爾 P-39Q 型空中眼鏡蛇

P-39 型戰鬥機並不受西方盟軍的飛行員青睞，但在蘇聯人手中操控卻相當的成功。第 5 空戰軍團第 9 禁衛戰鬥航空師第 16 禁衛戰鬥航空團的雷奇卡洛夫（G. A. Rechkalov）上尉在 1944 年夏於烏克蘭方面軍中駕駛這架空中眼鏡蛇作戰，他個人有五十六架的擊殺紀錄。該機的偽裝迷彩仍是美國陸軍航空隊的標準橄欖與黃褐色，配上不鮮艷的灰色底。

（GvIAK）和「波羅的海紅旗隊」（Red Banner Baltic Fleet，隸屬蘇聯空戰部隊）。他們的戰力共有一千二百架飛機。另外，第 15 空戰軍團亦能夠派去支援第 2 波羅的海方面軍的進攻。這批部隊所對抗的是德國第 1 航空軍團約三百二十五架的戰機，包括 Bf 109G-6 型與 Fw 190A-5 型。

　　一九四四年一月十九日，蘇聯第 2 突擊軍團（2nd Shock Army）和第 42 軍團在紅村（Krasnoye Selo）附近會合，不但解放了羅普沙（Ropsha），還切斷通往諾夫哥羅的道路，第 20 軍團即於次日拿下諾夫哥羅。一月二十一日至二十九日之間，蘇軍占領普斯利金（Puslikin）、里提班（Lytiban）與楚朵夫（Chudove），讓被圍困的列勒格勒城自一九四一年九月以來第一次能夠得到鐵道的補給。德軍在盧加、斯塔拉雅‧魯沙（Staraya Russya）與波克博伊（Porkboy）持續承受壓力，這些

城鎮亦於一九四四年二月十二日至二十六日重回蘇聯的懷抱，北方集團軍的守軍則損失慘重。

在空中，戰鬥十分激烈，蘇聯空戰部隊的單位表現優異，第 275 戰鬥航空師（IAD）、第 9 與第 277 密接支援航空師都獲得褒揚。而德國第 3 航空師則以寡敵眾，失去了不少飛行員。

德國飛行員的損失

一九四三年時，德國空軍的空中優勢即在庫班與庫斯克上空遭受挑戰，到了一九四四年春，東線戰場上的德國戰鬥機已經無法承擔掩護各軍撤退之任務：一九四四年三月，從拉普蘭（Lapland）到克里米亞一千八百哩（二千九百公里）的戰線上平均只有三百二十六架德軍戰鬥機可供差遣。

儘管數量上駭人的劣勢，德國空軍的戰鬥機駕手持續刻苦應戰，許多飛行員也在他們先前的戰功上又增添了不少分數，像是第 51 「莫德士」戰鬥聯隊於一九四三年九月十五日創下了他們的第七千架擊殺紀錄。

一般而言，德國空軍的王牌於一日復一日的戰鬥中存活了下來，他們對抗在數量上占壓倒性優勢的 Yak-7B 型、Yak-9 型、La-5FN 型與 MiG-3 型。蘇聯的戰鬥機對手素質參差不齊，但到一九四四年初，德國的飛行員經常得和他們打好幾場硬仗，蘇聯戰鬥機的性能與敏捷度已可和他們的 Bf 109G-6 型與 Fw 190A-6 型匹敵。

愈來愈多取代 Ju 87D 型俯衝轟炸機的 Fw 190 讓情況有某一程度的緩和：除了反戰車與密接支援任務之外，許多 Fw 190 的打擊駕手（Schlachtflieger）在進行戰鬥機對戰鬥機戰時也能得心應手。

到了一九四四年三月，蘇聯的烏克蘭方面軍已推進到從普里皮特沼澤（Pripet Marshes）向南穿過科維爾（Kovel）至克里沃・羅格西南的第聶伯河（Dnieper）一帶。蘇軍在此一戰區的春季攻勢於三月四日展開。第 1 烏克蘭方面軍攻向德國第 1 與第 4 裝甲軍團的缺口，當時第 3 禁衛戰車軍團直朝雪佩托夫卡（Shepetovka）與普洛斯庫羅夫（Proskurov）挺進。次日，第 13 軍團又突進到盧茨克—杜布諾（Lutsk-Dubno）防區。為了避免潰不成軍，希特勒下令建立堡壘城鎮，尤其是在塔諾普（Tarnopol）、普洛斯庫羅夫、科維爾、布羅迪（Brody）、維尼沙（Vinnitsa）與佩爾莫瓦伊斯克（Permovaysk）。這些堡壘城將是未來數月的焦點。

一九四一年至一九四三年大規模戰車戰的特性已經成為過去，德軍的豹式戰車與虎式戰車現在時常埋身於地平面之下進行掩體防禦戰，對抗蘇聯的戰車營縱隊。不過，他們通常於倉促、有技巧的作戰之後，即被迫撤退。

烏克蘭的解放

一九四四年三月二十五日至四月十一日期間，德軍退到了第聶斯

特河一帶，並數次勉強逃過被包圍的命運，但在塔諾普的駐軍很不幸的，四千名部隊只有五十三人逃了出來。四月十四日晚，最後的一批德軍跨過了第聶斯特河；至該月底，當烏克蘭方面軍停止前進之際，烏克蘭已完全獲得解放。

德軍所遭遇的另一場危機發生在一九四四年四月四日，當時第 4 烏克蘭方面軍和「獨立海岸軍團」（Independent Coastal Army）從彼勒科普（Perekop）與克赤半島進擊克里米亞基地的德國第 17 軍團，由蘇聯空戰部隊的第 4 與第 8 空戰軍團，還有「長程航空部隊」和「黑海航空隊」（ChF）的單位予以空中掩護。

這支部隊面對的是德國一百六十架的混合機群（其中妥善率只有八十五架）。攻勢展開的前十天裡就有一萬三千一百二十一名德軍與一萬七千六百五十二名羅馬尼亞部隊陣亡或被俘。到了一九四四年五月的第一個星期，當大規模的撤退行動開始之際，仍有六萬四千七百人受困於塞巴斯托波爾（Sebastopol）。五月十三日，蘇軍掌握了克里米亞半島的局勢，最後一批的 Ju 52/3m 型與 Me 323D 型運輸機遺棄了二萬六千七百名的軸心國部隊，讓他們被送進集中營。在這場短暫的戰役中有二百五十架至三百架的德國軍機被毀，大多數是戰鬥機。

蘇聯於夏季發動大規模攻勢的最後預備工作是先確保卡瑞利亞（Karelia）北側的安全。因此，第 21 與第 23 軍團在第 13 空戰軍團和防空部隊（國家級）的第 2 禁衛戰鬥航空軍之支援下展開攻擊。這支航空武力共有七百五十七架飛機，而他們將面對的是三百六十架的「芬蘭空軍」（Ilmavoimat）戰機。芬蘭空軍的戰鬥機包括 Bf 109G-2 型與 Bf 109G-6 型，他們以烏提（Utti）、馬爾米（Malmi）與伊莫拉（Immola）為基地。

一九四四年六月十日，蘇軍在空戰部隊前一天的大規模空襲之後進攻卡瑞利亞，第 21 軍團粉碎了芬蘭第 4 軍的防禦力量。德國空軍緊急派一小支特遣隊到伊莫拉，他們有 Ju 87D-5 型、Bf 109G-6 型與 Fw 190A-5 型戰機，並於六月二十一日出擊了九百四十架次支援芬蘭人，可是成效不彰。擴大的空戰使得雙方損失都很慘重。關鍵的城市維堡（Viborg）〔或稱維普里（Viipuri）〕在一九四四年六月二十日失守，其後，進攻的節奏也緩和了下來。九月四日，官方的停火協議讓芬蘭之役告一段落，並使芬蘭退出大戰。

← 米科·帕希拉（Mikko Pasila）中尉在芬蘭與蘇聯交戰的最後兩個月裡操縱這架 Bf 109G-6/R6 型戰鬥機。這架飛機為拉佩恩蘭他（Lappeenranta）基地第 24 戰鬥機中隊第 1 小隊（1/HLeLv 24）的戰力之一，圖中所繪的是它於 1944 年 7 月時的樣貌。

第五十四章
駛向奧得河

東線戰場的規模或許可以用一件事實來衡量：軸心國部隊有一百
六十四個師對抗蘇聯；只有五十四個師駐紮於法國、二十七個在
義大利和四十個在挪威與巴爾幹。

↑照片中這架雅克列夫 Yak-3 型是由雷納‧夏勒（René Challe）所操作，他指揮諾曼第一聶曼團（Normandie-Niemen Regiment）的第 4 中隊，然後是第 1 中隊。這個團於 1944 年 7 月才換裝 Yak-3 型，並在 10 月為期十日的戰鬥中摧毀了一百一十九架的敵機，證明 Yak-3 型是十分優異的低空攔截機。

為了對抗蘇聯空戰部隊一萬三千四百二十八架第一線的戰機，德國空軍在一九四四年五月三十一日之後做了以下的部署：北挪威的第 5 航空軍團（東方）一百四十六架（妥善率一百二十架）；巴爾幹的德國空軍東南指揮部（LwKdo Süd-Ost）二百六十二架（妥善率二百架）；東線戰場的第 1、4 與第 6 航空軍團總共二千三百六十架（妥善率一千七百七十六架），不包含運輸機部隊。隨著蘇聯軍團大量地在羅馬尼亞邊界的雅西一基希涅夫（Jassy-Kishinev）防區集結，希特勒最大的恐懼即是他們對普洛什提（Ploesti）綜合設施極其重要的油田與煉油廠造成威脅，而且那裡已遭受美國第 15 航空隊的

攻擊。他的擔憂反映在德國空軍於東線的分佈上：到了六月，服役於東部戰線的二千零八十五架飛機當中，羅馬尼亞與摩達維亞防區的第 4 航空軍團擁有八百四十五架戰機，包括第 1 與第 8 航空軍的六百七十架戰鬥機與密接支援機（打擊機）。而第 6 航空軍團的第 1 與第 4 航空師和第 4 航空軍及第 1 航空指揮部則擁有七百七十五架戰機（四百零五架轟炸機加上二百七十五架戰鬥機與密接支援機），他們部署在普里皮特沼澤北方，並向北延伸至杜加匹爾（Daugavpils）一帶。

中央集團軍

五月與六月初之間，在白俄羅斯面對德國中央集團軍的蘇聯軍隊力量正鬼鬼祟祟地增強，他們準備沿著維切布斯克一明斯克一線發動第一階段的夏季攻勢。約六千架蘇聯空戰部隊的飛機（包括二千多架的戰鬥機）集結起來以支援地面部隊，其中包括強大的伊留申 Il-2M3 型斯圖莫維克和三種新型

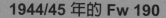

1944/45 年的 Fw 190

　　東線戰場上 Fw 190 戰機是相當重要的機型，尤其是它在地面攻擊中的角色。另外，無所不在的 Fw 190A-8 型也與重新設計引擎的「朵拉」（Dora）衍生型戰鬥機並肩作戰。

←Fw 190D-9

這架 Fw 190 是 1945 年初在奧得河戰線由第 4 戰鬥聯隊的聯隊長蓋爾哈德·米哈爾斯基中校（Oberstleutnant Gerhard Michalski）所駕駛的朵拉 9 型，它從西線戰場調來，原服役於第 54 戰鬥聯隊。米哈爾斯基在地中海上空就已是一位空戰王牌，當時他操縱 Bf 109 型戰鬥機作戰。他在東線戰場共擊落了十四架敵機。

↓ Fw 190A-8

漢茲·魏爾尼克少尉（Leutnant Heinz Wernicke）是第 54 戰鬥聯隊第 1 中隊的中隊長（Staffelkapitän），該單位於 1944 年 9 月以拉脫維亞的里加─斯庫爾特（Riga-Skulte/Latvia）為基地。魏爾尼克在這個單位裡開始他的軍旅生涯，並創下了一百一十七次的擊殺紀錄。三個月之後，他在一場與僚機的空中對撞意外中喪生。

的戰機，即 Tu-2 型、Yak-3 型與 La-7 型。

　　一九四四年六月二十二日早晨，第 1 波羅的海與第 3 白俄羅斯方面軍的戰車向維切布斯克西北和東南的德國第 16 軍團與第 3 裝甲軍團發動猛攻：奧爾沙（Orscha）與穆基來夫（Mogilev）的整條防線崩潰，而蘇聯的 Il-4 型、Tu-2 型與 Pe-2 型重創了部隊集合點與機場，德國人手邊則僅有四十架的 Bf 109G-6 與 Fw 190 戰機。六月二十六日，蘇聯戰車於博布魯伊斯克（Bobruisk）包圍了七萬名德軍部隊，並在七月三日衝向明斯克。短短的十二天之內，恩斯特·布希（Ernst Busch）元帥的中央集團軍就失去了至少二十五個師，第 4 軍

波塔瓦的閃電：1944 年 6 月 21 日

　　1944 年 6 月，美國第 8 與第 15 航空隊的波音（Boeing）B-17 型轟炸機首次穿梭在蘇聯的基地上。不過，第 13 與第 45 聯隊的 B-17 型與 P-51 型野馬式（Mustang）抵達米爾哥羅（Mirgorod）和波塔瓦之際，並沒有逃過第 4 航空軍〔魯道夫·麥斯特（Rudolf Meister）中將指揮〕一架 He 177A-3 型轟炸機的注意。突襲波塔瓦的準備工作於是倉促展開。第 55 轟炸聯隊的一百零九架 He 111H-16 型在威廉·安特魯布（Wilhelm Antrup）上校帶領下來到明斯克，同樣還有弗利茨·波克蘭德（Fritz Pockrandt）上校的第 53 轟炸聯隊第 1 至第 3 大隊（一百一十一架亨克爾）；此外，第 27 轟炸聯隊第 1 至第 3 大隊亦可供差遣，以及第 4 轟炸聯隊第 1 至第 3 大隊的七十二架亨克爾與六架 Ju 88S-1 型導航機。二十點十五分，各機組員就戰鬥崗位，每架 He 111H-16 轟炸機都裝載了燃燒彈和兩顆 1,000 公斤（2,205 磅）的 SC1000 型炸彈。6 月 22 日 0 時 30 分，波塔瓦上空出現了第一道閃光，德國空軍獲准施展他們的慣用技倆。約 200,000 英加侖（909,200 公升）的 100 辛烷燃料熊熊地燃燒，四十七架波音 B-17G 型、兩架道格拉斯（Douglas）C-47 型與一架洛克希德（Lockheed）F-5 型閃電式（Lightning）也同樣焚燬；還有另外十九架飛機受到不同程度的損傷。

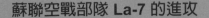

蘇聯空戰部隊 La-7 的進攻

到了大戰將要結束之際，蘇聯戰鬥機製造廠生產的飛機業經證明，不僅僅能與德國空軍的對手匹敵而已。

→La-7「白色 23」
第 32 禁衛戰鬥航空團的奧勒霍夫（V. Orekhov）少校在 1944 年 9 月於拉脫維亞操縱這架 La-7 型戰鬥機，當時他還只是第 32 禁衛戰鬥航空團第 1 中隊的指揮官。奧勒霍夫的十九架擊殺紀錄刻印在座艙罩的下方。

←La-7「白色 93」
第 8 戰鬥航空軍第 215 戰鬥航空師第 156 戰鬥航空團的杜古辛（S. F. Dolgushin）中校駕駛這架 La-7 型戰鬥機，它在 1945 年的最初幾個星期即進駐到德國為基地。這架飛機展示了二十八架的擊殺紀錄，整流罩上還有一顆代表「蘇聯英雄」的黃金星形徽章，表揚其功績。

團全數的十六萬五千名士兵也有十三萬人陣亡或被俘，而第 3 裝甲軍團的十個師亦落到同樣的下場。

一九四四年七月九日，隨著維爾拿（Vilna）失守，白俄羅斯境內的德軍遭到肅清，通向波蘭東北平原的門戶洞開。此刻，蘇聯軍隊向波羅的海國家發動攻勢，北方集團軍遭受猛烈的打擊。在南邊，羅柯索夫斯基（Rokossovsky）部隊的左翼於七月二十四日拿下盧布林（Lublin），並在七月二十六日抵達維斯杜拉河（Vistula）；而更南方，柯涅夫（Konev）的部隊則來到了巴拉勞（Baranow）一帶的河流，那裡約在華沙（Warsaw）以南一百三十哩（二百零八公里）處。其後，戰線戲劇性的穩定了下來，因為德軍堅決的抵抗，蘇軍的

聯絡線也延伸得過長。儘管如此，蘇聯於五個星期之內挺進了四百五十多哩（七百二十公里），並見證中央集團軍的大滅絕。蘇聯空戰部隊在這段期間（七月五日至八月二十九日）所參與的戰鬥是派了九萬八千五百三十四架次戰機出擊，並宣稱摧毀了一千五百架敵機。

波塔瓦（Poltava）突襲是第 4 航空軍最後一次的主要作戰行動，德國才剛復甦的戰略轟炸機部隊於一九四四年九月十六日即遭到放棄。蘇聯對中央地區的進犯迫使德國空軍在七月將第 4 航空軍團旗下的第 8 航空軍調度給第 6 航空軍團；到了一九四四年七月中，東線戰場中部進駐了一千一百六十架的戰機，其中有三百零五架轟炸機、三百七十五架攻擊機、五十架夜間

打擊機、二百一十五架單座戰鬥
機、五十架夜間戰鬥機和一百六十
五架偵察機。

巴爾幹的突破

　　蘇聯在中央的大規模進攻於
兩處戰區停頓了下來，而第二起
攻勢，即盧佛—桑多米爾（Lvov-
Sandomir）之役，又於一九四四年
七月十三日再度展開。

　　除了中央的德軍繼續承受倒地
不起的痛擊之外，巴爾幹的軸心國
部隊也慘遭嚴懲。蘇軍在八月二十
日從基希涅夫與雅西對德國「南烏
克蘭集團軍」（前 A 集團軍）發
動突擊，他們有一千七百五十九架
戰機的支援，加上蘇聯空戰部隊
「黑海航空隊」的單位協助。一九
四四年八月二十三日，羅馬尼亞爆
發政變，傀儡政權被推翻，這讓德
國人確保巴爾幹南側安全的希望落
空。德軍損失了十六個師，他們在
多瑙河的東岸遭到斷後。蘇軍蜂擁
地進入羅馬尼亞平原，橫掃千軍，
八月二十七日至三十一日之間，格
拉茲（Galatz）、普洛什提與布加
勒斯特相繼淪陷於蘇聯人手中。此
外，德國在巴爾幹半島上的地位又
因保加利亞於九月八日簽訂投降協
議而更加不穩定。

　　接近一九四四年十月底時，第
2 烏克蘭方面軍轉向北方威脅到了
匈牙利的布達佩斯（Budapest）。
那裡的抵抗雖頑強，但至十二
月，蘇軍已推進到巴拉頓湖（Lake
Balaton），並包圍布達佩斯。

　　一九四四年十一月，在這個防

區裡，德國空軍第 4 航空軍團的
本部仍在匈牙利西邊的塔瓦洛斯
（Tavaros），第 1 與第 2 航空軍
附屬於它旗下。兩個航空軍都配備
了 Fw 190F-8 型與 Ju 87D-5 型戰
機。在秋季與冬季期間，這一小群
戰鬥機與密接支援機便在匈牙利對
抗擁有壓倒性空中優勢的蘇聯空
軍。

挺進奧得河

　　到了一九四四年十二月，戰線
從波羅的海的聶曼河（Niemen）
往南越過波蘭直到華沙，接著再延
伸數百哩跨過該國空曠的平原至匈
牙利的布達佩斯。自一九四四年六
月以來，德軍在六個月裡於東線損
失了約八十四萬名士兵，又在法國
和西方折損另三十九萬三千人，殘
存的部隊還得面對蘇聯五十五個軍
團和六個戰車軍團的六百八十萬名
大軍，而對付德國空軍一千九百
六十架飛機的則是蘇聯空戰部隊
一萬五千五百四十架的戰機。蘇
聯的目標是東普魯士的柯尼斯堡
（Königsberg），然後拿下首都布
拉格（Prague）與維也納，最後是
柏林。

　　因為英美領袖的要求，蘇聯的
冬季攻勢於一九四五年一月中旬提
前展開，以紓緩西方盟軍在德國阿
登森林（Ardennes）大反攻之下的
壓力。蘇軍北翼的第 2 與第 3 白俄
羅斯方面軍將向東普魯士的中央
集團軍進擊，他們有蘇聯第 1 與
第 4 空戰軍團三千架左右的戰機支
援；而中部的第 1 白俄羅斯方面

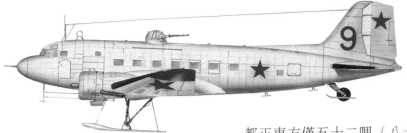

→ 這架李蘇諾夫（Lisunov）Li-2 型漆上了全白的冬季偽裝彩，可是翼端十分引人注目。該機有一座 VUS-1 型機背砲塔和滑雪板，能夠在惡劣、身處敵境的情況下作戰。

軍和第 1 烏克蘭方面軍則會從維斯杜拉河向西推，目標是解放波蘭，並挺進到布隆堡（Bromberg）—波茲南（Poznan）—布勒斯勞（Breslau）一線。這批部隊擁有四千七百七十架的戰機可供差遣，而對抗此一龐大武力的是德國第 11 航空軍團的一千零六十架飛機，他們是當前德國空軍在東線戰場上的最大編成單位。

東普魯士之役在一九四五年一月十三日展開，起初蘇軍的進展順利，但到了柯尼斯堡的要塞城之後即遭遇激烈的抵抗。華沙—桑多米爾軸線的突擊亦於一月十二日至十四日開打，由於那裡的天候惡劣，蘇聯空戰部隊無法發揮戰力。一月十七日，蘇軍占領華沙，到了那時，第 2 與第 16 空戰軍團已派了一萬一千七百八十四架次的戰機出擊對付二流的德國第 6 航空軍團，他們有四十四架飛機在空戰中折翼，另八十六架於地面上被摧毀。蘇聯如同以往在進攻之際炫耀他們的實力，第 1 白俄羅斯與第 1 烏克蘭方面軍奉命疾馳向奧得河（Oder）。一九四五年一月三十一日，第 5 突擊軍團與第 2 禁衛軍團跨過結冰的奧得河，並於庫斯特林（Küstrin）建立橋頭堡，那裡距離第三帝國首

都正東方僅五十二哩（八十四公里）遠，是非常重要的軍需運補終點站。而更南方，其他的蘇聯軍團也在一月二十一日跨越了奧得河。

德國空軍猛烈的反擊，一九四五年一月下半，約六百五十架的戰鬥機（包括梅塞希密特 Bf 109G-0 型與 K-4 型和福克—沃爾夫 Fw 190D-9 型）和一百多架 Fw 190F-8 型密接支援機從西線調到奧得河—西利西亞戰區，但這對該區戰鬥航空團性能出色的 La-7 型、Yak-3 型與 Yak-9D 型造成不了太大的衝擊。

到了一九四五年二月十五日，位於布勒斯勞的德軍遭到圍攻，大批蘇聯部隊鞏固了奧得河一線。一九四五年一月與二月間，從維斯杜拉河至奧得河的作戰中，蘇聯發動了他們在大戰裡最大規模的進攻行動，並殲滅德軍三十一個師，俘虜十四萬七千四百名戰俘和一千二百七十七輛戰車。蘇聯空軍於毛骨悚然的天候中戰鬥，光是第 2 與第 16 空戰軍團就出動了五萬四千架次，且宣稱擊落九百零八架敵機。到了這個時候，再也沒有什麼能夠拯救得了希特勒與第三帝國，因為在西方，盟軍準備好跨越萊茵河；而在東方，蘇聯人也正準備索取他們最後的戰利品——柏林。

第五十五章
大西洋之役：海上空戰

在一次大戰期間，敵方潛艇的海上封鎖是英國致命的弱點。然而，到了西元一九三九年，英國人仍未準備好讓他們免受同樣的威脅。

二次大戰時，德國在全面派出 U 艇對抗英國海上貿易的作戰上，最具權威的擁護者是鄧尼茲（Doentiz）上將。德國海軍（Kriegsmarine）的艦隊和英國皇家海軍（Royal Navy）與法國海軍的船艦相比矮人一截，這代表他們只能生產大量的 U 艇來平衡雙方的實力。

即便如此，在二次大戰爆發之際，鄧尼茲的五十六艘潛艇只有四十六艘備妥出擊，其中遠洋航行的 VIIC 型潛艦更僅有二十二艘。德國於一九三九年時的水面上艦隊共有兩艘戰鬥艦〔沙恩霍斯特號（Scharnhorst）與格奈森瑙號

（Gneisenau）〕、三艘袖珍型戰鬥艦〔德意志號（Deutschland）、謝爾上將號（Admiral Scheer）與施佩伯爵號（Graf Spee）〕、八艘巡洋艦和二十二艘 Z 級驅逐艦。

英國皇家空軍海岸指揮部

儘管德國潛艇對英國賴以為生的海上貿易形成巨大的威脅，但英國皇家空軍海岸指揮部（RAF Coastal Command）卻沒收到什麼新型的裝備。他們在一九三九年九月一日的戰力僅有十六支中隊，二百六十五架飛機，不少還是該淘汰的機種。五支中隊配備的是水上飛機，三支為桑德蘭式

↑大戰爆發之際，英國皇家空軍海岸指揮部只有一支中隊配備哈德森式 I 型戰機，九支中隊為安森（Anson）I 型（如照片），還有一支是該淘汰的維克斯威爾德畢斯特式（Vickers Vildebeest）I 型雙翼魚雷轟炸機。

↑到了 1940 年 7 月，海岸指揮部能夠召集二十八支半的中隊，共四百九十架飛機，包括四支波福式（Beaufort）I 型中隊。身為魚雷轟炸機，波福式是威爾德畢斯特式的主要改良機型，儘管引擎的問題拖延了他們進入服役的時間。

↓照片中的沙洛勒維克式（Lerwick）I 型隸屬於第 209 中隊。該機的耐用性差，並造成了很大的困擾。

（Sunderland）I 型，其他的則為斯特拉蘭爾式（Stranraer）和沙洛倫敦式（Saro London）II 型。

海上的偵察與護航是海岸指揮部的首要任務，與此相關的作戰行動還有保護海上通訊聯絡和攻擊敵方的相同設施。開戰後的前幾個星期，海岸指揮部的工作負擔大增，他們得進行偵搜任務：戰鬥機護航，交由布倫亨式（Blenheim）IVF 型和裝置新機背砲塔的哈德森式（Hudson）執行；保護漁船和海軍掃雷艇；戰鬥巡航，對抗敵方的水面船艦和 U 艇。

海岸指揮部能夠選擇的武器引起不了多大的注意，慣用的五十磅（二十三公斤）與一百磅（四十五公斤）III 型反潛炸彈很快就證明

並不可靠。起初，他們可用的深水炸彈甚至只有英國皇家海軍的四百五十磅（二百零四公斤）VII 型，它是一九一八年的老舊武器。

一九三九年九月，鄧尼茲的 U 艇即在英國海岸外與西部航道（Western Approaches）擊沉了二十六艘船（登記淨重的總噸位為十三萬五千五百五十二噸）；十月，登記淨重總噸位七萬四千一百三十噸的船沉沒；而十一月，由於 U 艇的活動受到海象不佳的影響，只有一萬八千一百五十一噸。這段時期，U 艇還大膽地對英國皇家海軍的戰艦發動突擊：U-29 號在九月十七日擊沉了航空母艦勇氣號（HMS Courageous）；而十月十三日／十四日晚間，U-47 號在滲透進斯卡帕灣（Scapa Flow，譯者註：斯卡帕灣是英國海軍主要基地）後，擊沉了戰鬥艦皇家橡樹號（HMS Royal Oak）。

不容易的目標

反潛戰（ASW）成了海岸指揮部最苛求的職責，但對抗 U 艇的成功率卻十分的低。第一起可算是海岸指揮部的戰機之 U 艇擊沉事件，發生在一九四〇年一月三十日的不列塔尼（Brittany）外海，當時第 228 中隊的一架桑德蘭式在接獲英國海軍福韋號（HMS Fowey）與懷薛號（HMS Whitshed）的通報後，追擊逃脫的 U-55

號，將她擊沉。

　　在一九三九年九月一日時，英國海軍「艦隊航空隊」（Fleet Air Arm）擁有二百三十二架飛機，他們與英國皇家空軍相比，大部分都可視為是二線的機型。服役於艦隊航空隊裡的最新機種是賊鷗式（Skua）II 型，而他們首要的打擊機則為費雷旗魚式 I 型（Fairey Swordfish Mk I）雙翼機。

艦隊航空隊的職責

　　自開戰以來，艦隊航空隊執行了一連串的反潛巡邏任務。在「本土艦隊」（Home Fleet）旗下，他們偕同航空母艦皇家方舟號（Ark Royal）、赫密士號（Hermes）與勇氣號在西北與西南航道巡航；而狂怒號（Furious）、光榮號（Glorious）與老鷹號（Eagle）則分別坐鎮於大西洋、亞丁（Aden）外海和東印度群島；此外，還有自由城防區的信天翁號（Albatross）。這群航空母艦的早期任務尚包括攔截德國重要的補給船阿爾特馬克號（Altmark）。另外，一九四〇年四月，狂怒號參與了突擊那維克峽灣（Narvikfjord）的行動，直到光榮號與皇家方舟號來接替為止。

　　一九四〇年六月十三日，皇家方舟號派出戰機突襲沙恩霍斯特號，但十五架賊鷗式俯衝轟炸機當中有八架遭到擊落。而艦隊航空隊第一次對德國主力艦（沙恩霍斯特號）的魚雷攻擊是在六月二十一日，由旗魚機執行，但

沒有成功。同一期間，賊鷗式亦於卑爾根（Bergen）外海轟炸敵軍的船艦。一九四〇年九月與十月間，狂怒號第二次派出攻擊機到特羅姆塞（Tromsö）與特倫漢（Trondheim），作戰告一段落之後，她和百眼巨人號（Argus）即被用來載運美國的戰機。隨著光榮號在一九四〇年六月的沉沒，皇家方舟號成了本土艦隊唯一可差遣的航空母艦。

德國空軍的行動

　　大戰一開始之際，德國空軍的海岸偵察機與艦隊護航部隊約有二百二十八架飛機，包括亨克爾 He 59B 型、He 60C 型與 He 115A-1 型和都尼爾（Dornier）Do 18D 型及阿拉度（Arado）Ar 196A-1 型。德國雖擁有一艘航空母艦齊柏林伯爵號（Graf Zeppelin），但卻從未竣工。

　　除此之外，德國空軍也成立了第 10 航空師作為特種快速轟炸機武力以在公海上反制英國皇家海軍

↓和艦隊航空隊的賊鷗式與旗魚式並肩作戰的是各式偵察機，如費雷海狐式（Sea Fox）和照片中的超級馬林海象式（Supermarine Walrus）。

↑照片為約於 1940-1941年間，一架第 240 中隊的斯特拉蘭爾式正要起飛執行巡邏任務。它的兩翼下各有一顆 250 磅（110 公斤）的深水炸彈。

和突擊英國本島的港埠。起初，他們只分配到第 26 轟炸聯隊第 1 與第 2 大隊，配備 He 111P-2 型轟炸機，這群戰機也旋即在九月對英國海岸的船艦，包括漁業船舶發動攻擊。九月二十六日，一架第 106 海岸飛行大隊第 2 中隊（2./KüFlGr 106）的都尼爾被「海軍西部群」（Marinegruppe West）派去勘察大漁翁淺灘（Great Fisher Bank）海域，它在那裡目擊了英國本土艦隊的主力，包括戰鬥艦納爾遜號（Nelson）與羅德尼號（Rodney）和航空母艦皇家方舟號。於是，十二點五十分，九架第 26 轟炸聯隊第 1 大隊的 He 111 轟炸機前往攔截，他們還有第 30 轟炸聯隊第 1 大隊的 Ju 88A-1 型轟炸機支援。在安全無虞的高空水平轟炸中，四顆炸彈向皇家方舟號前後定位投下，或至少有一艘船是被如此地攻擊，他們回報目標遭到擊沉，但皇家方舟號仍繼續在海上航行，讓德

國空軍相當難堪。

十月十六日十一點，第 30 轟炸聯隊第 1 大隊啟程前往空襲福斯灣（Firth of Forth）的羅塞斯港（Rosyth），他們的 Ju 88A-1 在被特恩豪斯（Turnhouse）基地第 602 與第 603 中隊和德倫（Drem）基地第 607 中隊的霍克颶風（Hawker Hurricane）攔截之前，打傷了愛丁堡號（Edinburgh）與南安普敦號（Southampton）。兩架 Ju 88A-1 遭到擊落。次日，四架 Ju 88 又突擊斯卡帕灣，他們在密集的防空火網中重創了鐵公爵號（Iron Duke）。

水雷與禿鷹

一九三九年八月，一位水雷作戰的倡導人，科勒（Coeler）將軍晉升為德國空軍武裝力量的指揮官（Führer der Luftstreitkräfte）。但他掌權之後欲編成一支佈雷部隊的首次企圖並沒有獲得官方的重視，因此他成立了他自己的一小支武力。在接下來的數個月裡，一批 He 59B-2 型開始於英國港口外設置水雷，這群飛機後來又有了更快的 Do 17Z-2 型與 He 111P-2 型的加入。U 艇、E 艇和飛機所佈下的水雷導致沉船數目急遽攀升，不過由於這項任務本身極具危險性，所以德國的損失也很高昂。同時，英國實施反制措施，包括採用 DWI

計畫（一項掩護的代號，代表無線電定向設施），他們派威靈頓式（Wellington）IA 型偵測磁性水雷，很快就讓德國佈雷作戰的效率大打折扣。

一九三九年十一月，一支配備新型長程 Fw 200C-0 型禿鷹式（Condor）的偵察中隊成軍。禿鷹式和第 506 海岸飛行大隊協同作戰，後來編入了第 40 轟炸聯隊第 1 中隊。他們定期前往法洛斯（Faröes）—特倫漢一帶試探英國海軍的反應。接著，第 40 轟炸聯隊本部與第 1 中隊將基地設立到奧爾登堡（Oldenburg），於此期間，攻擊型的禿鷹式 Fw 200C-1 型也誕生。到了一九四〇年八月，禿鷹式已在西部航道上對沒有護航的船舶進行了無數次的低空攻擊。

法國的潰敗和德軍占領比斯開灣（Bay of Biscay）的港口，使得 U 艇戰役大有突破。此時，VIIC 型遠洋潛艇得以利用當地的羅隆（Lorient）、聖納澤爾（St Nazaire）、布勒斯特（Brest）、拉·帕利斯（La Pallice）與波爾多（Bordeaux）基地，讓她們能夠更深入大西洋作戰。一九四〇年八月十七日允許無限制對抗英國的元首指令，再次賦予 U 艇單位動力，商船的擊沉數達到令人驚駭的比例。況且，鄧尼茲現在有了足夠的 U 艇以施展「狼群」（Wolfpack）戰術，此一戰術早在一九三九年十月就已試用，但沒有成功。由於鄧尼茲的潛艇未遭受敵艦或敵機的妨礙，她們也被要求於夜間浮出水面進行突襲，如此 U 艇便可全速航行而不容易被探出方位。一九四〇年十月，六十三艘（登記淨重總噸位三十五萬二千噸）的船沉沒，這大多是主掌大西洋作戰的「海軍西部群」的功勞。英國缺乏航程足夠的飛機為脆弱的船隻護航，英國皇家空軍海岸指揮部對此愛莫能助；甚至它被列為「英國海軍部」（British Admiralty）的直屬單位之後也無濟於事。

大英帝國遭受孤立，而且他們完全仰賴石油、食物、人力與作戰物資的海外補給。德國的 U 艇此刻威脅到了英國的生存，英國人得趕緊採取行動對抗這個潛在的危機。

↓這架 Do 18D-1 型飛艇漆上了 1939 年「德國空軍官校」（FFS）的迷彩。該型戰機在 1939 年與 1940 年初於北海和挪威外海執行偵察與攻擊任務。

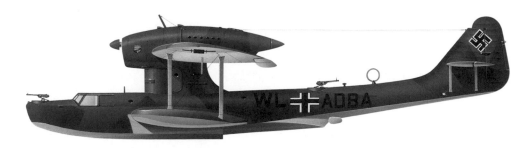

第五十六章
航線上的爭鬥

雖然遭受 U 艇帶來的全面衝擊；然而，新科技和長程巡邏機的引進幫助了英國皇家空軍海岸指揮部逐步封閉「大西洋缺口」。

↑聯合卡塔林娜式水上飛機是美國在 1941 年服役於英國皇家空軍海岸指揮部中最重要的戰機之一，它的巡邏續航力超過十五個小時。

　　西元一九四一年初，英國人在大西洋戰役中已開始感受到商船隊損失的嚴重性。原先，英國還可徵用承平時期的船舶來彌補遺缺，但此刻他們無法再冀望以這樣的方式來應付此一問題：新船只得由造船廠打造。另一項讓英國人憂心忡忡的是，U 艇艦隊正迅速地建造當中，她們依照戰時的計畫大量生產，而且潛艇的補充遠超過其在作戰中的損失。

　　對英國人來說，U 艇的威脅是愈來愈明顯。英國人設立了專門用來對抗 U 艇的訓練機制，還強調新武器與新戰術的運用。新的探測輔助裝置也派上了用場，最重要的偵測器，即聲納或潛艇探測器（ASDIC）經過大幅的改良；

而至七月時，一種測定從 U 艇發送無線電（W/T）的遠程定位儀器也投入服役，它被稱爲「胡夫─杜夫」（Huff-Duff）。一九四一年，U 艇和反艦活動的主要焦點是在由直布羅陀（Gibraltar）和美國與加拿大航向英國的護航船隊上，德國空軍更於一九四一年三月成立了兩個特殊偵察與反艦指揮部：其一是「大西洋航空指揮部」（Fliegerführer Atlantik），基地位於羅隆，從比斯開灣至西部航道海域作戰；另一爲「北方航空指揮部」（Fliegerführer Nord），基地於波多（Bodö），掩護北部海域一帶。

　　第 40 轟炸聯隊是大西洋航空指揮部的一部分，它以波爾多

一馬里南（Merignac）與康亞克（Cognac）爲基地，配備二十架的 Fw 200C-1 型禿鷹式轟炸機，平均每日可派八架出擊。Fw 200 型一般的作戰半徑爲一千哩（一千六百零九公里），但裝上副油箱，可達到一千四百哩（二千二百四十公里）遠，還能維持十四至十六小時的續航力。它通常掛載四顆二百五十公斤（五百五十一磅）的 SC250 型炸彈。二月九日，HG.53 號護航隊（直布羅陀—英國）有艘 U-37 號潛艇尾隨其後，並回報了方位。第 40 轟炸聯隊第 2 中隊於是派了五架 Fw 200 從馬里南啓航，截擊這支護航船隊。在禿鷹離去之前，五艘商船遭他們掠奪而沉沒，其他三艘則爲 U-37 號擊沉。

禿鷹的掠奪

除了對船艦的攻擊之外，第 40 轟炸聯隊第 1 大隊還執行巡邏與跟蹤任務和例行在馬里南—特倫漢航線上巡航，進行定位與氣象偵察。一九四一年二月，第 9 航空軍的轟炸機與第 40 轟炸聯隊第 1 大隊的 Fw 200 型又擊沉了二十七艘的盟軍船舶，但在接下來的歲月裡，由於商船隊有了重武裝的防護，德國空軍的損失開始令他們掛慮，尤其是剛抵達

的第 40 轟炸聯隊第 1 大隊之 He 111H-6 型。

在一九四一年的上半葉，英國的首要威脅來自於 U 艇，禿鷹的攻擊是較次要的危險。U 艇引起英國皇家海軍和皇家空軍海岸指揮部的極大關切。三月九日，英國皇家空軍海岸指揮部奉命對 U 艇的基地、造船場和相關的工廠展開突擊。「英國皇家空軍轟炸機指揮部」（RAF Bomber Command）分派了第 107 中隊與第 114 中隊予海岸指揮部掌控，這是首次爲了此一行動而進行的單位調動。

一九四一年三月二十二日新的威脅浮現，當時兩艘德國的戰鬥巡洋艦沙恩霍斯特號與格奈森瑙號，在掠奪了北大西洋的二十二艘船舶之後停泊到布勒斯特港進行維修補給。三月三十日／三十一日晚，英國皇家空軍轟炸機指揮部開始向這批強大的戰艦發動空襲，對此海岸指揮部也貢獻了他們的全

↓布里斯托波福式無疑是海岸指揮部裡工作最繁重的戰機之一。這群波福式讓敵軍的海上與岸上單位付出了慘痛的代價，但他們的損失也很高昂。照片中，排列成一線的波福機正在填裝水雷。

↑1941 年中期，艦隊航空隊擁有八支費雷海燕式戰鬥機中隊，他們在獵殺俾斯麥號的作戰中扮演著十分重要且成功的角色。

部心力。在一場突擊期間，第 22 中隊的波福 I 型於一九四一年四月六日在肯尼斯‧坎貝爾（Kenneth Campbell）中尉的率領下投擲了武器，其中一枚 XII 型魚雷重創格奈森瑙號，不過波福機亦遭到防空砲火擊落，機組員全數陣亡。坎貝爾身後追授了維多利亞十字勳章（Victoria Cross）以表揚他的英勇行徑。六月一日，德國重巡洋艦尤金親王號（Prinz Eugen）加入了布勒斯特戰艦的行列。這群深具威脅的主力艦使英國皇家海軍費盡大半力氣。

先前，在五月十八日，威力強大的德國戰鬥艦俾斯麥號（Bismarck）從格地尼亞（Gdynia）啓航，她將於「萊茵演練行動」（Operation Rheinübung）中偕同尤金親王號作戰。她們的出航獲得了英國艦隊航空隊第 771 中隊一架馬丁馬里蘭式（Martin Maryland）的證實。於是，本土艦隊大舉出動前往攔截。這群武力有勝利號（Victorious）航空母艦的隨行〔艦上有第 800 中隊的六架費雷海燕式（Fulmar）I 型和第 825 中隊的九架費雷旗魚式〕。

英國海軍的胡德號（Hood）遭擊沉之後，勝利號在五月二十五日派出一支九架旗魚機的攻擊部隊獵殺俾斯麥號，他們投下的魚雷有一枚正中她的艦身護甲，但沒有造成損傷。次日，海燕機整天尾隨著她，但由於視線不佳，他們在接下來的三十個小時中跟丟了這艘戰鬥

艦。五月二十六日清晨，一架卡塔林娜（Catalina）I 型水上飛機又目擊到俾斯麥號，該次接觸的四十五分鐘之後，H 艦隊加入了戰局，它的戰艦奉命從直布羅陀航向北方協助搜捕行動。這群船艦包括航空母艦皇家方舟號，她載著二十四架的海燕機和三十架旗魚機，他們於下午發動突擊，但錯認了目標。薄暮低垂之後不久，另一批旗魚式轟炸機出擊，他們在空對海 II 型（ASV Mk II）機載雷達的協尋下向俾斯麥號發動猛攻：兩枚魚雷命中目標，第一枚並無造成損壞，但第二枚讓她的方向舵失靈。俾斯麥號在海上飄忽不定地航行，進行頑強的防衛，但她最後還是在一九四一年五月二十七日十點四十分遭英國的水面上戰艦擊沉。

反艦攻擊

　　英國對敵方近海護航船隊的攻擊任務，在一九四〇年十月交由英國皇家空軍海岸指揮部來執行，他們的首要目標是阻止由挪威與瑞典航向德軍港口的護航隊，尤其是至鹿特丹（Rotterdam）的船舶，那裡對魯爾（Ruhr）河流域的工業區十分重要。一九四〇年夏季期間，海岸指揮部的第 22、第 42 與第 217 中隊逐步成立了一支布里斯托標緻戰士（Bristol Beaufighter）打擊武力，但此一重大任務對資源有限的他們來說仍太過沉重。另外，一九四一年三月，第 2（轟炸機）聯隊在第 11（戰鬥機）聯隊的協助下負責「堵塞海峽」（Channel Stop）作戰，該行動企圖封鎖多佛海峽上的敵方船運交通。英國戰機於德軍的防空砲火和戰鬥機的反制下損失慘重，一九四一年四月一日至六月三十日間，第 2 聯隊就失去了三十六架布倫亨式轟炸機，海岸指揮部的五十二架波福式、哈德森式與布倫亨式也在同一時期遭到擊落。代價高昂的結果使得英國投入反艦作戰的機數愈來愈少，低空轟炸任務的強度亦跟著減弱。

　　一九四一年七月一日到十二月三十一日之間，英國皇家空軍對敵艦發動了六百九十八次的攻擊，獲悉的擊沉數為四十一艘。他們在任務中共損失一百二十三架飛機。一九四二年的戰況和往常一樣，但有幾個星期又見高潮。一九四二年二月十二日，沙恩霍斯特號、格奈森瑙號與尤金親王號進行了一次大膽的航行，她們從布勒斯特港穿過多佛海峽成功地逃回德國。在「富勒行動」（Operation Fuller）中，英國計畫防範德國戰艦逃出他們的手掌，波福式戰機優先投入此一作戰任務。然而，第 42、第 86 與第 217 中隊的波福式準備不充分，德國主力艦的逃亡完全出乎他們意料之外。波福式雖及時克服各種困難出擊，但由於天候不佳與敵方的層層火網，他們沒能命中目標而讓三艘戰艦逃之夭夭。

補充的飛機

　　到了一九四二年七月一日，英國皇家空軍海岸指揮部的戰力從該年一開始的五百六十四架增加到六

百七十六架。投入服役的新戰機包括超長程（VLR）的卡塔林娜式 I 型和解放者式（Liberator）I 型。這批美國製造的飛機大大擴張了海岸指揮部的作戰範圍，可惜他們的數量不多。其他的中程作戰機種還包括桑德蘭式 GR.Mk II（譯者註：GR 代表對地攻擊型／偵察型）水上飛機、威靈頓式 IC 型和惠特利式（Whitley）V 型。

到了一九四一年夏，英國皇家空軍和德國空軍的巡邏機都配備了空對海雷達。另外，夜間探索敵船用的強力探照燈也在試驗當中。一款由飛行中隊隊長利（H. de V. Leigh）發明的「利氏探照燈」（Leigh Light）成了海岸指揮部夜間巡邏機的標準配備。

儘管科技的革新，一九四一年海岸指揮部卻沒取得多少成就。八月二十五日，一架第 209 中隊的卡塔林娜 I 型協同海軍作戰，它於冰島外海擊沉了一艘 U-452 號潛艇：二天之後，同樣在冰島外海，U-570 號的船員向第 269（對地攻擊／偵察）中隊的哈德森式投降，這是一段奇特的插曲。秋季，海岸指揮部僅僅於十一月三十日獵殺一

艘潛艇而已，當時第 502 中隊的一架惠特利式 VII 型在比斯開灣擊沉了 U-206 號：她是第一艘被空對海 II 型雷達截獲之後而沉沒的 U 艇。

一九四一年十二月十四日，一支由三十二艘船組成的護航隊從直布羅陀啟航朝英國駛去。她們的護衛陣容強大，包括一艘護航型的航空母艦大膽號（Audacity），該艦是由一艘擄獲自德國的戰利品改裝而來〔五千五百噸的漢諾威號（Hannover）〕，她載著艦隊航空隊第 820 中隊的格魯曼岩燕式（Grumman Martlet）戰鬥機。這將證明是無價之寶。

十二月十七日，九艘 U 艇對這支護航船隊發動攻勢，斷斷續續地持續了四天。她們的損失慘重，有四艘 U 艇被擊沉。在作戰期間，還有二架 Fw 200 型遭岩燕式擊落，不過大膽號亦於十二月二十二日為 U-751 號的魚雷命中而沉沒。儘管失去了這艘輕型航空母艦，但該支護航隊是第一個有全程空中掩護的例子。從岸基與艦載飛機中所開拓的戰術將在一九四二年裡獲得極大的斬獲。

↓在 1941 年夏海峽上空的戰鬥機空戰期間，德國空軍善加利用了亨克爾 He 59 型和都尼爾 Do 24 型（如圖中的 Do 24T-1 型）進行海上搜救任務。

第五十七章
聯合 B-24 解放者

B-24 型解放者式轟炸機生產的數量遠超過其他二次大戰的美製飛機。這群龐然大物更造就了非凡的功績。

聯合（Consolidated）B-24 型解放者式是全時期最著名的轟炸機之一。在空中，這款四引擎的「利伯」（Lib）很容易從它纖細的戴維斯（Davis）機翼辨認出。二次大戰時期，到處都可見到解放者式的身影，它也幾乎從事過所有的重要任務。然而，飛過 B-24 型解放者式的人總是會拿它和較小、較老的 B-17 型空中堡壘式（Flying Fortress）轟炸機相比而遭貶謫，B-17 就像陰影般的跟隨著它，並讓它黯然失色。

四家公司和五座工廠大規模生產解放者式轟炸機，他們的數量是全北美軍用機中最龐大的。B-24 型的載彈量與續航力佳，B-17 型則相形見絀，所以解放者亦能執行空拍偵察與物資運補的工作。這款飛機是美國第 8 航空隊至關重要的組成份子，他們在該單位裡對德國發動攻擊，不時還會派往太平洋廣大的區域作戰。而且，要是沒有解放者式從印度運送珍貴的燃料飛越喜瑪拉雅山脈到中國，中國人很可能會輸掉這場戰爭。

一位前解放者式的飛行員認為，由大衛‧戴維斯（David R. Davis）取得專利的高翼「流線形金屬薄片」機翼是 B-24 型成功的祕密。他說：「少了它，解放者不可能飛得又快又遠，也不可能載得這麼多。她的許多優點，還有許多瑕疵都是由她的機翼而來。它給了

↑解放者式轟炸機，如照片中首次對普洛什提發動突襲的 B-24D 型，通常被用來執行大戰中最危險與最苛求的任務，因為他們的續航力強、堅固耐用且存活率高。

給了這種相貌不佳的飛機某程度上公認的優雅和美麗，尤其是晚期的機型。」即使是那些偏愛這款飛機的人亦很難找出她的外在美，甚至有人開玩笑的說：「包裝 B-17 的箱子來了！」

發展

↑照片中是一架第 15 航空隊的 B-24 型於歐洲執行轟炸任務之後返航。照片背景可以看到前方機隊返回義大利南部基地時所留下的凝結雲。

↓照片中為一位解放者式的機身槍手為好奇的敵方戰鬥機飛行員留下信息，上面寫道：「如果你看得見這些字的話，你就死定了。」

B-24 比其他大多數和她一樣體形的飛機更重的承載力，但也讓她很難在編隊中駕馭。她的機翼協助她飛得更快，可是因為（高翼）機翼負重而使她失去機動性。它讓她能夠飛得更遠，這使 B-24 在亞洲和太平洋上是合理的選擇來執行超長程任務，並使她成為各戰區中唯一的重型轟炸機。」此外，這位飛行員還說：「解放者獨一無二的機翼

二次大戰爆發之際，美國人了解他們需要一款能夠更深入打擊、投下更多炸彈和存活率比 B-17 型更高的轟炸機。即使在開戰以前，於一九三九年一月，「陸軍航空軍」（Army Air Corps）的總司令亨利·阿諾德（Henry H. Arnold）中將就有遠見，深信他們需要一款飛行航速每小時超過三百哩（四百八十三公里），續航力三千哩（四千八百二十八公里）和升限三萬五千呎（一萬零六百六十八公尺）的轟炸機。因此有了 B-24 型解放者式的誕生。除了獨一無二的機翼之外，這架聯合公司的轟炸機還有特殊的三輪起落架、雙方向舵尾翼和一具龐大、側面平坦的機身，它和其他轟炸機比起來似乎格外的寬敞。

一九四二年，一本陸軍航空隊（Army Air Force）的解放者式教戰手冊告訴學員：「如果適切操作 B-24 型的話，沒有任何空軍是他

↑ B-24 型轟炸機僅僅服役了四年而已，但卻有不同的風評。有些人形容它為盟軍航空部隊的救星；害怕它的飛行員則說是「寡婦製造機」。有些人稱它是多功能、無與倫比的轟炸機；其他人則說它醜陋笨拙、動力不足。而所有的評論實際上都反應了一件事實，B-24 型轟炸機在大戰中有難以抹煞的貢獻，他們致力於消滅軸心國的目標。

們的對手。這種戰機已證明能夠在不利的天候狀況與敵軍層層的抵禦下，飛行極遠的距離，載運驚人的武器發動攻擊。若機槍手經過了嚴格的訓練，他們即可殲滅敵方的戰鬥機。」

短暫的生涯

　　解放者式在大戰爆發之前尚未完全開發，而且於戰爭結束後已經顯得過時。工業重鎮共量產了近十萬架的解放者式，在一九四四年的關鍵時刻，平均每五十一分鐘即有一架新的 B-24 型轟炸機誕生。不過，他們是為了應急而製造，並非永續生產，所以幾年後他們便從服

↓ 照片中為二次大戰期間德軍擄獲了一批解放者式轟炸機，並亦用來執行監視、運輸和測試任務。

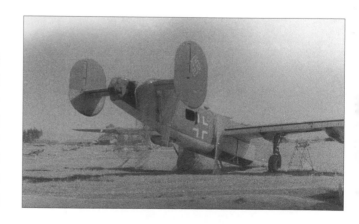

↑照片中為一架 B-24 型轟炸機上的藝術創作，不但色彩繽紛，還能提升士氣與團隊精神。這架除役的 44-40973 號 B-24J 型轟炸機曾是太平洋戰區第 43 轟炸大隊第 64 轟炸中隊的一份子。機上寫著：「龍與牠的尾巴。」

役單位裡消失。

有些人說 B-24 型很難駕馭，它需要頂尖的飛行員來操縱。儘管它的機身寬敞，但內部似乎仍顯得擁擠，而且於高空中總是奇冷無比。在最艱鉅的任務裡，解放者式的機組員得擠進狹窄的空間內，忍受冰凍刺骨的低溫折磨，還得防範猖獗的防空砲火和戰鬥機的肆虐。不過，「利伯」經常能從戰鬥損傷中倖存下來，載著機上成員們回家。有時候他們的操控系統嚴重受創，只得依賴自動駕駛來降落。正如一位 B-24 型的機組員仔細回想解放者式的精髓後，他簡單的答覆：「它是最吃苦耐勞的轟炸機。」

解放者式轟炸機很能承受戰鬥機的攻擊，它還配備了形形色色的五〇機槍（十二·七公釐），有時則架設三十吋（七·六二公釐）口徑的武器。由於解放者式的能力很強，它通常被指派去執行最艱鉅與航程最遠的任務。在太平洋戰區上，B-24 型是少數的陸基轟炸機之一，它能夠於無緊急起降機場可用的作戰行動中，進行長距離的戰鬥。

戰後數十年，一位解放者式飛行員的外孫查爾斯·沃利斯（Charles T. Voyles）中尉，總結了這款轟炸機為他家人帶來的影響。不論翼展或載彈量，他說：「就我來看，B-24 最重要的一點是我祖父和他的九位戰友爬進他們的『叛黨幽靈號』（Phantom Renegade）進行三十次冒險。他們遠離家鄉、工作、妻子與兒女到世界的另一端為他們的信念而戰。B-24 象徵著一代人的奉獻，但一切很快就消逝而去。」

第五十八章
悲慘的一年

西元一九四一年十二月七日，日本突襲珍珠港的美軍太平洋艦隊，三天之後，軸心國向美國宣戰。隨著世界都捲入了戰爭，U艇亦有了新的獵殺目標。

　　隨著美國加入戰局，鄧尼茲挑選了十二艘 U 艇至美國海岸外執行獵殺任務。一九四一年十二月十六日起，五艘 U 艇從比斯開灣的港口啓航實施「擊鼓行動」（Operation Paukenschlag），在一月十二日流下第一滴血，當時 U-123 號於鱈魚岬（Cape Cod）東方擊沉了商船獨眼巨人號（SS Cyclops），自此之後即不斷有傷害事件發生。美軍空中與海上的護航力量薄弱，而 U 艇更接近到美國岸邊數哩外進行掠奪。二月，U 艇開始到加勒比海（Caribbean Sea）作戰，目標是擊沉敵方船艦和砲轟阿盧巴島（Aruba）與古拉索島（Curacao）的煉油廠。

　　美國東岸沿海的反潛作戰部隊非常的不適任，況且，因爲太平洋戰爭正如火如荼地展開，涉入大西洋之役被美國人視爲是次要的事務。在一九四二年一月，反潛與巡邏任務是由「美國海軍」（USN）和「美國陸軍航空隊」（USAAF）來共同分擔。美國海軍的長程作戰與防衛之責僅由第 3 巡邏聯隊（Patrol Wing 3）的四支中隊肩負，他們的掩護範圍包括墨西哥灣（Gulf of Maxico）和加勒比海港埠的廣大區域。而美國陸軍的第 1 轟炸機指揮部（I Bomber Command）則只有四十六架飛機

↑儘管英軍採用了標緻戰士，但波福式戰機仍繼續在 1941—1942 年間於地中海和本土海域執行反艦任務。照片中這架第 217 中隊波福 I 型的基地位在聖伊瓦爾（St Eval）。1942 年 2 月，這支中隊移防至曼斯頓（Manston），並於英吉利海峽上對德國戰鬥艦沙恩霍斯特號與格奈瑟瑙號發動了一場失敗的攻擊。

↑照片中這艘 U 艇在比斯開灣遭到一架海岸指揮部的桑德蘭式戰機攻擊。該機的後方照相機捕捉到了深水炸彈定位攻擊的毀滅性。

↓照片中是第 10（澳大利亞皇家空軍）中隊一架桑德蘭式戰機的駕駛艙。這架飛機的基地位於普利茅斯（Plymouth）的巴騰（Batten）。1942 年，另一支澳大利亞皇家空軍的桑德蘭式反潛單位，第 466 中隊亦加入了第 10 中隊的戰鬥行列。

適合進行反潛戰，他們包含 B-17E 型、B-18A 型和 B-25B 型。第 1 轟炸機指揮部於一月的時候原本僅有第 2 轟炸大隊可供差遣，後來到了二月與三月之際，第 3、13、45 與第 92 轟炸大隊也開始能夠運作。

到了一九四二年四月一日，在東部海上邊區（Eastern Sea Frontier）一帶，美國海軍反潛作戰的戰機數量為八十六架，轟炸機指揮部八十四架，一些單位目前部署到了紐芬蘭（Newfoundland）的

阿根提亞（Argentia）基地。而海灣邊區（Gulf Sea Frontier）的防禦力量則更稀疏：十九架美國陸軍的 O-47 型戰機，加上兩架配備空對海 II 型雷達的 B-18A 型。

美國的勝利

到了一九四二年五月，美國海軍堅持，所有的船舶必須組成護航隊於他們的行動海域上航行，鄧尼茲的潛艇也發現她們無法再像以往一樣輕易地獵補目標。因此，德軍潛艇離開了海岸邊，到更深的海域。一九四二年三月一日，一架第 82 巡邏機中隊（VP-82）的 PBO 型哈德森式於紐芬蘭外海擊沉了 U-656 號潛艇，這是美國軍機對抗 U 艇首次贏得的勝利。

一九四二年六月八日，一個特殊的單位，即第 1 海上搜索打擊大隊（SSAG）成軍，它旗下的第 2 中隊配備了裝載空對海 II 型雷達的 B-18A 型戰機；十二月，海上搜索打擊大隊的第 3 中隊也編成，他們有 B-24D 型作為 SCR-517 型毫米波雷達的試驗機。

一九四二年七月三十一日，美國陸軍航空隊的巡邏機總數達到了一百四十一架，美國海軍則為一百七十八架，加上七艘固特異（Goodyear）F-4 型飛船。一九四二年一月至六月間，盟軍船舶的損失共五十八萬五千噸，而 U 艇僅有二十一艘沉沒，其中更只有六艘是為美國的軍機與護航艦擊沉。有點不可思議地，鄧尼茲的人馬再一次享受了「快樂時光」

（Glücklichezeite）。不過，隨著護航船隊有了更好的護衛，他們豐碩的戰果即將成為過去。

英國皇家空軍海岸指揮部

英國皇家空軍海岸指揮部在一九四二年一月一日的總兵力為三十七支半的中隊，六百三十三架飛機，他們於比斯開灣、北大西洋和直布羅陀一帶執行反潛任務，並利用每一次機會打擊敵方的船艦。在上半年度，海岸指揮部對抗 U 艇的作戰紀錄頗令人失望，部分原因是 U 艇並不在他們的作戰領域內活動。儘管英國不斷地派出戰機巡邏，但本土基地單位沒有擊沉任何一艘潛艇。一九四二年六月，海岸指揮部有了一次突破，當時第 172 中隊開始於夜間到比斯開灣上空巡邏，他們以空對海 II 型雷達和強力的利式探照燈搜索敵船：德國潛艇當前正是利用夜色的掩護浮出水面機動航行。七月五日，U-502 號就在這樣的作戰模式下被一架威靈頓式 GR.Mk VIII 擊沉。

於是，鄧尼茲採取了一道特別措施，下令 U 艇於白天浮出水面航行，企圖在良好的目視範圍下能盡早發現敵機的來襲，所以六月至九月間他們的損失僅有四艘。除此之外，德國的潛艇此刻都配備了梅托克斯（Metox）600A 型（FuMB 1 型）接收器，它能截取空對海 II 型雷達的發射波。由於梅托克斯接收器的功效，比斯開灣的目擊報告驟降到二起，十月更只有一起。不過，德國還是失去了 U-216 號。

一九四一年八月，西方盟軍的護航船隊開始航向蘇聯，他們的補給船穿過北極圈至莫曼斯克（Murmansk）和阿爾漢格爾，並繼續在秋季和一九四二年春季開往那裡。從冰島，第 269 中隊與第 330（挪威）中隊能夠予以護航隊前五百哩（八百公里）航程的掩護，之後她們就只得自食其力。該區還有一項可怕的威脅，那就是德國戰鬥艦提爾皮茨號（Tirpitz）以及重巡洋艦謝爾上將號與希培爾上

↑在 1942 年，美國海軍主要的長程和中程巡邏機分別為 PBY-5 型卡塔林娜式（照片左）與 PV-1 型凡圖拉式（Ventura）。照片中的這群戰機是從阿留申群島（Aleutian Islands）飛向太平洋作戰。

將號（Admiral Hipper）都坐鎮在特倫漢。艦隊航空隊於是派出了戰機對她們發動幾次攻擊：三月九日，第817中隊與第832中隊的金槍魚式（Albacore）突襲提爾皮茨號，兩枚魚雷命中目標。此一事件讓希特勒下令，只要盟軍的航空母艦於附近海域活動，提爾皮茨號即不得出航。

護航隊之戰

直到一九四二年三月，航向蘇聯的盟軍船舶僅有極少數遭德國空軍擊沉，因此當月，戈林責令第5航空軍團加把勁對抗蘇聯海域的護航船隊。三月和四月間，第5航空軍團阻撓了PQ-13、PQ-14與PQ-15號護航隊，並宣稱擊沉七艘船。此外，一場主要的空對海作戰於一九四二年五月二十一日當PQ-16號護航隊離開了冰島之後展開；與此同時PQ-12號船隊也駛離莫曼斯克。五月二十五日至三十日期間，PQ-16號船隊遭到第30轟炸聯隊的Ju 88A-4型和第26轟炸聯隊第1大隊的魚雷轟炸機攻擊，三十五艘商船當中有七艘沉沒。然而，希特勒認為PQ-16號逃脫的船舶太多，所以他下令派出壓倒性優勢的U艇和戰機向下一支護航船隊發動突襲。

在接下來的數個星期裡，「洛佛騰航空指揮部」（Fliegerführer Lofoten）與「東北航空指揮部」（Fliegerführer Nord-Ost）保留了他們的戰力，並獲得增援。他們能夠差遣的戰機包括八十架Ju 88A-4型；四十五架He 111H-6型魚雷轟炸機；還有一批BV 138B-1型、Fw 200C-4型和He 115C-4型魚雷水上飛機。

這支武力有Ju 87B-2型和Ju 88D-1型偵搜機的支援。德國近來的作戰行動證明了一套相當管用的戰術，他們的轟炸機群在昏暗的北極圈內背對太陽順著盟軍船舶的蹤跡向她們逼近，然後投下大量的魚雷；同時，護衛艦的防空砲火亦會為低空飛來的Ju 88轟炸機分散注意力。這樣的大規模魚雷攻擊模式被稱為「黃金鉗」（goldene Zange）戰術。即將發動突襲的德國航空部隊約有二百六十四架轟炸機和偵察機。

滿載武器裝備航向蘇聯的PQ-17號護航船隊由三十三艘船艦組成，她們於一九四二年六月二十七日駛離冰島。這批船隊的護衛艦和U艇群進行了數次交戰，但直到七月二日十八點她們才遭受第一起的空中攻擊，當時八架He 115發動魚雷轟炸，不過沒有成功。七月四日，PQ-17號又遇上了三起空中的突襲。

當天傍晚，護衛艦駛離船隊去對抗一項預知的可能威脅，並讓商船自行抵禦，結果導致了一場大屠殺，為二次大戰中護航隊戰役之最。該起事件最後共有二十三艘船沉沒。

經過了好長一段時期確保安全之後，PQ-18號護航隊才再度啓航。這支船隊的行動有以蘇聯為基地的英國皇家空軍戰鬥機和反潛機

的掩護，而且與她們同行的還有一艘英國海軍的航空母艦復仇者號（HMS Avenger）和艦上的海颶風式（Sea Hurricane）戰鬥機。當護航船隊最後抵達了莫曼斯克之際，約有十三艘船沉沒，但德國第5航空軍團也損失了四十一架戰機，這對兵力有限的他們來說是很大的打擊。此次行動是北極海上最後一起的主要衝突，之後，由於地中海極需要德國空軍的魚雷轟炸機，使得這塊陰沉、冰冷的海域又回歸了平靜。

　　七月，鄧尼茲下令他的 U 艇群集中火力到盟軍戰機航程範圍之外的「大西洋缺口」（Atlantic Gap）作戰。先前在六月間，德國潛艇擊沉了一百四十四艘的盟軍船艦（登記淨重共七十萬噸），鄧尼茲估算，若每個月平均能造成盟軍船舶八十萬噸的損失，即可確保軸心國贏得勝利。這個平均噸位在整個一九四二年中皆無法達成，真正的數據為每月接近六十五萬噸。然而，這樣駭人的統計數字仍對盟軍造成了嚴重的傷害。十月，損失繼續攀升；而且此刻盟軍正面臨到即將展開的「火炬行動」（Operation Torch），他們打算登陸西北非的法屬海岸，許多盟軍指揮官的心裡皆因此而充滿了不祥的預感。

大西洋上的敵手

　　亨克爾 He 115 型和聯合解放者式分別代表海上巡邏任務的不同途徑。德國水上飛機的設計無須依賴岸邊基地進行起降，而解放者式則得利於它原先重型轟炸機的角色，而且還有出色的遠距飛行表現。

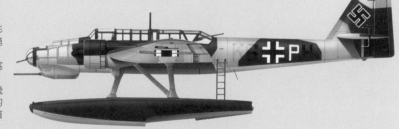

→He 115C-1
這架塗上臨時性冬季偽裝彩的 He 115C-1 型隸屬於第 406 海岸飛行大隊第 1 中隊，1942 年的基地位在特羅姆塞附近的蘇萊沙（Sörreisa）。該單位，還有第 906 海岸飛行大隊第 1 中隊一同對倒楣的 PQ-17 號護航船隊發動了首場的魚雷攻擊。

↑ 解放者 GR.Mk I
在 1941 年，美國有二十架的聯合解放者式 32 型巡邏機供給英國皇家空軍使用。他們改裝成 GR.Mk I，並先配發給奧爾德格羅夫（Aldergrove）基地的第 120 中隊。GR.Mk I 裝滿燃料的話巡邏半徑可達二千三百哩（三千七百公里）。第 120 中隊的這架編號 AM926「F 佛瑞迪號」（F-Freddie）於機腹搭載了四挺二十公釐機槍，還裝置前向與側向搜索的空對海 II 型雷達。

第五十九章
轉敗為勝

西元一九四二年，U 艇的劫掠讓盟軍吃盡了苦頭，但僅僅在下一
年，幸運之神即遠離德國海軍而去。

↑U 艇戰役中的一個關鍵要素是護航型航空母艦（CVE），還有艦載的野貓式戰鬥機與格魯曼 TBF-1 型復仇者式轟炸機。前者可抵擋住 Fw 200 型長程巡邏機的攻擊，後者則用來獵殺 U 艇。

一九四二年十一月八日，美軍與英軍在龐大的護航艦隊載運之下登陸到法屬西北非的奧倫（Oran）、阿爾及爾（Algiers）與卡薩布蘭加（Casablanca）。於是，U 艇的指揮官（Befehlshaber der U-boote, BdU，鄧尼茲上將）調來大西洋與菲爾德岬（Cape Verde）的潛艇。早在十一月十一日，第一批的 U 艇就已抵達了這個新的戰場。

盟軍事先預料到軸心國的 U 艇會被派往西北非海岸進行干擾，因此英國皇家空軍海岸指揮部也調了幾個反潛單位到直布羅陀，他們的戰力包括配備「利式探照燈」的威靈頓式 GR.Mk VIII、洛克希德哈德森式 GR.Mk III/IV、卡塔林娜式 IIB 型和蕭特（Short）桑德蘭式 GR.Mk III。這群戰機讓已部署在直布羅陀的哈德森式與費雷旗魚式單位之戰力大增，而且他們大部分

都配備了空對海 II 型船艦搜索雷達。持續不斷的巡邏，讓鄧尼茲的 U 艇於整個「火炬」登陸期間和後續的作戰行動中備受壓力。

在火炬作戰的初期行動和盟軍部隊於西北非站穩了腳跟之後，U 艇的指揮官也在損失了七艘潛艇而戰果令人失望的情勢下，於一九四二年十二月二十三日撤銷 U 艇作戰。由於軸心國船艦在該區盟軍岸基飛機的航程範圍內行動太過冒險，所以鄧尼茲又下令各艇返回大西洋的崗位。

火炬兩棲登陸成功的結果立刻讓大批的盟軍護航船艦得以回到大西洋和其他海域繼續執行護衛任務。這項因素，加上一九四三年一月卡薩布蘭加會議上不計一切代價擊敗 U 艇的決議，是盟軍在新一年的大西洋之役中得以轉敗為勝的原因。另外，像是更堅定的領導、更佳的護航路徑與協調、更有效的海上護航和更多的超長程巡邏機也都是十分重要的因素。

早在一九四一年四月二十九日，「英國海軍部」即要求將六艘 C-3 自由級（Liberty）的船體改裝成戰鬥機航空母艦，特別是為護航之用。其中的五艘改裝船〔射手號（Archer）、復仇者號、拜特號（Biter）、衝刺者號（Dasher）與追蹤者號（Tracker）〕皆在一九四三年投入服役，她們一般配備格魯曼岩燕式〔野貓式（Wildcat）〕和費雷旗魚式戰機。

而美國製造的第一批護航型

航空母艦（Carrier Escort Vessel, CEV）是長島號（Long Island）、衝鋒者號（Charger）、博格號（Bogue）、卡德號（Card）、克羅塔恩號（Croatan）與布洛克島號（Block Island），她們的最大載機量為十六架格魯曼 F4F-4 型或通用汽車公司（General Motors）的 FM-1 型野貓式戰鬥機和十二架格魯曼 TBF-1 型復仇者式（Avenger）轟炸機。英國與美國的護航型航空母艦和由商船改裝的航空母艦，稱商船型航空母艦（Merchant Aircraft Carrier, MAC），在一九四三年間載運著

↑ 1942/43 年間，在攻擊德國沿岸船艦的單位中，速度緩慢、行動笨拙的漢普敦式與波福式戰機為出色的標緻戰士所取代。照片中的這架標緻戰士 VIC 型「托爾布」（Torbeau）於 1942 年 11 月投入服役，它能夠掛載一枚 XV 型魚雷而不怎麼影響其作戰性能。

↑費雷旗魚式 II 型是英國護航型航空母艦的主要打擊機。照片中，艦隊航空隊的軍官正在英國海軍戰鬥者號上檢查魚雷的引信，拍攝於1943 年。

至關重要的空中支援大隊，她們讓盟軍得以全力向德國的 U 艇發動反攻。

海上航空部隊

英國皇家空軍海岸指揮部繼續在大西洋、比斯開灣和北方航運區（Northern Transit Area）〔法洛斯（Farøes）—挪威〕進行反潛作戰，而他們的次要任務是派布里斯托標緻戰士、哈德森式與亨德利‧佩奇漢普敦式（Handley Page Hampden）戰機攻擊水面上的敵艦。在對抗 U 艇的戰役中，最關鍵的是超長程的解放者式 I 型、IIIA 型與 V 型，但他們於跨年之際僅配發到三支中隊（五十二架）而已。這批飛機的作戰半徑遠達一千一百五十哩（二千一百三十公里），是唯一能夠封閉部分「大西洋缺口」的戰機，若從冰島與紐芬蘭基地起飛作戰的話。此外，他們都配備空對海 II 型雷達和額外的油槽。到了一九四三年一月，這群可畏的戰機又有了五支遠程（LR）中隊的支援，他們擁有解放者式 GR.Mk V、波音空中堡壘 GR.Mk IIA 與亨德利‧佩奇哈利法克斯（Halifax）GR.Mk II。中程（MR）的航空部隊則包括十三支中隊的哈德森式、惠特利式與威靈頓式；而十支中隊的卡塔林娜 IB 型和桑德蘭式 GR.Mk I/III 亦能夠差遣。當時，海岸指揮部的攻擊機則有標緻戰士 VIC 型、XIC 型與 TF.Mk X，他們是用來取代漢普敦式與布里斯托波福式的戰機。

在一九四三年，投入海岸指揮部服役的最重要雷達輔助裝置為空對海 III 型（ASV Mk III）與 IV 型厘米波雷達，他們可以偵測到一艘在十二哩（十九‧四公里）遠海面上的 U 艇。因此，德國潛艇的船員很快又對來襲的敵機感到意外，無論白天或黑夜，只要他們浮出海面的話。此刻，反潛作戰進入了一個新的階段。而且，「利式探照燈」（或美國人所謂的 L-7 型光）也再次成為協助探測小型目標的利器。

美國的奉獻

U 艇的威脅迫使美國海軍在

母國東岸、加勒比海、巴西、巴拿馬與古巴的海上戰機基地維持一支強大武力的編制，他們超長程型的機種包括 PB4-Y 型解放者式與 PB2Y-3 型科羅那多式（Coronado）；長程型的則有聯合 PBY-5 型卡塔林娜、馬丁 PBM-1 型水手式（Mariner）和洛克希德 PV-1 型凡圖拉式。

儘管盟軍具有決心還有改良的裝備和提升的戰力，但在大西洋上鄧尼茲仍握有主動權。一九四三年三月，護航隊之役來到了最高潮，在對抗 HX.229 號與 SC.122 號護航船隊的行動中，鄧尼茲宣稱他們取得了最大勝利。當時，一群強大的 U 艇艦隊向位於北緯五十度，西經四十度海域的護航船隊逼近。這兩支規模龐大的隊伍皆遭到 U 艇群的猛烈攻擊，並逐漸合併為一支護航隊。接下來的四天裡，從紐約啟程的九十八艘船中有二十一艘被 U 艇擊沉（登記淨重共十四萬零八百四十二噸），而當該批船隊進入戰機的掩護區時，U 艇隊僅有一艘的損失。這對鄧尼茲和他的隊員來說是一次非凡的勝利。

盟軍在大西洋之役即將被擊敗的陰影下於一九四三年三月召開了華盛頓會議（Washington Conference），並在會中做出重大的決定。首先，護航船隊的航線體系將重新規畫；其次，指揮結構亦要加強。美國東岸反潛航空部隊的戰力必須提升，而且為了掩護從美國航向地中海的護航船隊，他們也設立了摩洛哥海上邊區（Moroccan Sea Frontier），起初由第 480 反潛大隊（480th AS Group）負責。

比斯開灣之役

由英國布羅姆特（G. R. Bromet）少將指揮的第 19 聯隊之首要任務是突擊比斯開灣上浮出海面航行的 U 艇，他們的工作早在一九四二年的最初幾個月裡展開。不過，該單位的成效不彰，直到一九四三年一月，海灣上的 U 艇只有七艘是為英國皇家空軍的戰機所擊殺。然而，在二月，U 艇的成員開始經歷到了裝置新型、無法偵測的毫米波雷達的盟軍戰機奇襲。現在換德國人得發狂似地發展新的反制措施了。

鄧尼茲的隊員在海灣上進行機動航行期間持續承受著壓力。鄧尼茲此刻採取了史無前例的手段，命令 U 艇仍舊於白天浮出水面航行，並以艇上的防空砲反擊敵機。這樣的戰術付出了高昂的代價。英國皇家空軍海岸指揮部當前由史萊瑟（J. C. Slessor）中將率領，他的戰機在一九四三年五月間於比斯開灣上就有九十八次的目擊報告，並在六十四起的攻擊中擊沉六艘 U

↓夢德馬爾桑（Mont-de-Marsan）基地的第 5 長程偵察大隊（Fernaufklärungsgruppe 5）在 1943 年 10 月首次使用 Ju 290 型進行長程巡邏任務。這架龐然大物配備 FuG 200 型霍恩特維爾（Hohentwiel）海上搜索雷達，為 U 艇提供目標資訊。照片中為 Ju 290A-5 型。

艇。對鄧尼茲來說，這些損失代表他在大西洋之役中的時運與先前相比，已大爲不同了。

先前，鄧尼茲希望三月的勝利得以延續，所以他在四月集結了大批的 U 艇到北大西洋作戰。但當月，這位 U 艇指揮官僅宣布了登記淨重二十四萬五千噸的戰果，自己卻損失十五艘船。德國對護航船隊的進一步突擊還遇上護航型航空母艦的頑強抵抗，更多的 U 艇而沉沒。

五月：轉捩點

一九四三年五月十五日至二十日，U 艇再度全力出擊，四支「狼群」對 SC.130 號護航隊發動猛攻，不過他們損失了五艘潛艇，只換來一艘盟軍船舶的沉沒。以這樣的損失對抗愈來愈有效率的盟軍護航艦隊和戰機是鄧尼茲無法接受的，這透露出 SC.130 號護航隊是最後一支被他的潛艇嚴重威脅的船隊。一九四三年五月二十四日，鄧尼茲下令 U 艇撤出北大西洋的獵殺巡邏任務，她們不是返回基地就是到情勢較寧靜的南方海域。這一天，大西洋之役的勝負已定，德國海軍的 U 艇在短短的八個多星期就把主動權拱手讓給了盟軍。

海岸指揮部的支援

儘管服役於英國皇家空軍、美國海軍與美國陸軍航空隊的超遠程解放者式是扭轉盟軍大西洋之役頹勢的最大功臣，但還有不少改裝的轟炸機被用來執行較短程的海上任務。他們許多原為轟炸機指揮部效勞，卻由於性能更佳的戰機投入服役而顯得多餘。

↑亨德利．佩奇哈利法克斯式 Met.Mk V
氣象資訊的提供對大西洋之役和轟炸機指揮部的夜間作戰都很重要。第 517 中隊與第 518 中隊，因此配備了裝置隼式（Merlin）引擎的哈利法克斯執行氣象偵察任務。圖中的這架是分派給第 518 中隊的哈利法克斯式 Met.Mk V 氣象偵察機，基地在提瑞（Tiree）。

↑亨德利．佩奇漢普敦式 TB.Mk I
在「托爾布」戰機投入服役之前，漢普敦式 TB.Mk I 於北海被廣泛地用來執行魚雷轟炸任務，對抗軸心國的船艦，他們也會為航向北岬一帶和蘇聯莫曼斯克的護航船隊提供空中掩護。這架漢普敦式 TB.Mk I 隸屬於紐西蘭隊員的第 489 中隊。

第六十章
航空母艦的勝利

西元一九四三年年底，改良的機載雷達、愈來愈多的長程巡邏機，還有最重要的，護航型航空母艦的出現，都重創了曾經強大的 U 艇艦隊。

　　經過數個月的努力之後，時來運轉，盟軍在大西洋之役中取得主動權。一九四三年五月，盟軍首次獲取重大勝利，當月沉沒的 U 艇總數（四十一艘）是以往不曾達到的。這個月裡，海上戰機無論是在比斯開灣或大西洋上都成功地擊沉了數艘潛艇。英國皇家空軍和美國海軍派出聯合解放者式與卡塔林娜式戰機，終於開始封閉「大西洋缺口」，無數的船舶曾在此地命喪 U 艇之手。而且，護航型航空母艦與輕型航空母艦的出現，更讓鄧尼茲企圖恢復海權平衡的夢想破滅。

　　早在一九四三年三月，一萬四千噸的美國海軍博格號就和她的艦載機，格魯曼 F4F 型野貓式與格魯曼 TBF 型復仇者式轟炸機為護航船隊予以掩護。而英國皇家海軍的拜特號與射手號也分別在一九四三年四月與五月開赴大西洋作戰。拜特號的第 811 中隊於五月伴隨戰艦共同摧毀了兩艘 U 艇，博格號的首次獵殺紀錄則在一九四三年五月二十二日創下，而且她的非凡功績顯示，只要有持續的空中掩護，即可有效對抗 U 艇群。五月二十一日，當博格號行經再會岬（Cape

↑美國海軍和英國皇家海軍（如照片）的護航型航空母艦配備了復仇者式與 F4F 型野貓式（如照片）戰機，他們分別用來反制掠奪的 U 艇和德國空軍的巡邏機。在大西洋上，護航型航空母艦是減少盟軍船舶慘重損失的主要利器。

↑照片中，英國皇家空軍海岸指揮部的標緻戰士 VIC 型正以加農砲與火箭向德國護航船隊進行掃射。標緻戰士結合了強大的武裝和出色的飛行性能。

↓布洛姆—福斯 Bv 222 型水上飛機相當於英國皇家空軍的桑德蘭式，但能力略遜一籌。他們從畢斯卡洛斯湖的基地出擊，飛往比斯開灣執行護航船隊的獵巡任務。

Farewell）東南方五百二十哩（八百三十五公里）處時，U-231 號遭到 TBF 型戰機的攻擊，而且受創情況嚴重不得不設定航向返回羅隆。次日，另一架 TBF 無意間巧遇 U-305 號，該艇遭低空掃射而被迫回到布勒斯特。當天下午，U-569 號被博格號發現在她左舷方位約二十哩（三十二公里）處，接著即遭一架 TBF 的四顆炸彈轟炸。她緊急下潛，不久浮出水面後又有另一架 TBF 逼近，它正好在她上空盤旋。受創進水的 U-569 號沉沒至三百五十呎（九十四公尺）深時，船員擊破了主水櫃，讓潛艇浮出海面並投降。這是博格號的第一次勝利，但她至少四次搜索出且攻擊了 U 艇。

除了「傳統」的武器以外，盟軍也在一九四三年五月取得了第一批的空投導向（聲納）魚雷。這種美國開發的 24 型魚雷首先交予英國皇家空軍第 120 中隊和美國海軍的桑蒂號（USS Santee）航空母艦使用，她於六月十三日首度展開大西洋的冒險。桑蒂號的艦載武力為第 29 混合中隊（VC-29）的 TBF-1 型與道格拉斯 SBD-5 型無畏式（Dauntless）。除博格號與桑蒂號之外，美國第 10 艦隊還分別在六月和七月派科爾號（USS Core）與卡德號航空母艦到大西洋作戰。這四艘航母將對集中於亞速群島（Azores）海域的「狼群」帶來毀滅。

苦戰

盟軍戰機於五月在 U 艇航線上的蹂躪對鄧尼茲有很大的影響，他下令浮出水面的潛艇以改良的防空砲回擊。一九四三年六月八日，U-441 號從布勒斯特啓航，她於六月十二日很不幸地遇上敵機，它不是

單一速度緩慢的海上巡邏機,而是三架第 248 中隊的標緻戰士 VIC 型。U-441 號不敵猛烈的低空掃蕩而重創,被迫返回布勒斯特。

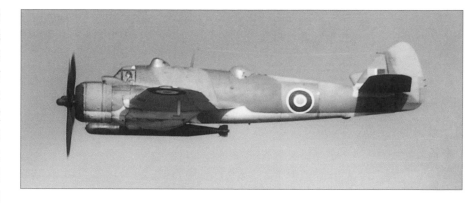

儘管從不穩定的平台上射擊火砲固然不容易,但其他 U 艇的成員還是成功地擊落或癱瘓了數架盟軍戰機。自六月十二日起,U 艇群更於比斯開灣上聚集在一起航行,並以防空砲交互掩護來防範敵機。此外,德國潛艇亦時常有馬里南基地與克林·巴斯塔(Kerlin Bastard,即羅隆)基地第 40 轟炸聯隊第 5 大隊容克斯 Ju 88C-6 型戰鬥機的空中掩護。

在一九四三年五月可調派的單位尚有馬里南和康亞克基地第 40 轟炸聯隊本部與第 3 大隊的福克

一沃爾夫 Fw 200C-4 型禿鷹式。到了八月,一些 Fw 190A-5 型戰鬥機也重新部署去抵禦難以捉摸的海岸指揮部飛機,他們愈來愈大膽地靠近比斯開灣的港口。九月,配備梅希密特 Bf 110G-2 型戰鬥機的第 1 驅逐機聯隊第 2 大隊(II./ZG 1)雖然進駐到布勒斯特附近的蘭沃克—波爾米克(Lanveoc-Poulmic),但他們於烏香(Ushant)外海遭遇第 10 聯隊噴火式戰鬥機的痛擊。至十月中旬,這支大隊的慘重損失已讓他們無力再戰。

↑裝備火箭或照片中的魚雷之布里斯托標緻戰士是對付岸外目標的強大武器。從基地航行到大西洋作戰的 U 艇經常是標緻戰士獵殺的目標。

↓在 1942 年 12 月,約有一千兩百架的洛克希德 PV-1 型凡圖拉式戰機交予了美國海軍操作。大部分的凡圖拉式是作為轟炸機之用而非巡邏機。

一九四三年五月二十四日，鄧尼茲下令潛艇艦隊駛向南方以避開棘手的北大西洋與比斯開灣海域。兩天之後，多達十七艘的 U 艇群整隊沿著西經四十三度由北向南越過擁擠的海上交通線，從北美一帶至地中海戰區。然而，美國海軍已在守株待兔，除了護航型航空母艦博格號之外，卡德號也展開了她的首次護衛任務。她們護航的模式是派 TBF-1 型與野貓式戰機不分晝夜地於護航船隊前方二百五十哩（四百公里）和側翼巡邏。博格號在六月一日繼續為西向航行的護航隊進行作戰部署，並於六月五日成功地攔截一艘 U 艇，當時 U-217 號在航母西北方六十三哩（一百零一公里）處被發現，隨即遭一架 TBF 與一架助陣的野貓擊沉。一個星期之後，博格號又在亞速群島西南方為 U-118 號送葬。六月間，美國的船艦與戰機共摧毀了鄧尼茲十七艘 U 艇群中的五艘，而第 84 巡邏機中隊的卡塔林娜亦擊沉了兩艘。隨著愈來愈多的護衛艦投入該區作戰，繼鄧尼茲下令 U 艇撤出北大西洋後，仍有四艘在比斯開灣的潛艇沉入海底。德國 U 艇隊員勇敢的以防空砲反擊，雙方都付出高昂的代價。接著，就發生了七月的大屠殺。

盟軍的勝利

七月二日，德國的一艘運油潛艇，U-462 號在與盟軍的飛機激戰之後被迫返回港區。接下來的六天裡，又有四艘 U 艇於比斯開灣沉沒：第 53 中隊與第 224 中隊的解放者式 GR.Mk III 擊沉三艘，最後一艘則命喪第 172 中隊之手。七月七日至九日間，第 1 與第 2 中隊（美國陸軍）和第 179 中隊在葡萄牙外海和地中海的西部航道再擊沉了三艘 U 艇。

到了這個時候，兩支 Ju 290 中隊開始定期地行經芬尼斯特（Finisterre）與奧爾特格爾岬（Cap Ortegal）到直布羅陀巡邏，甚至向南遠達加那利群島（Canaries）和亞速群島來搜捕護航船隊。較短程的巡弋任務則交由布洛姆—福斯（Blohm und Voss）Bv 138C-1 型水上飛機（加上一批 Bv 222 型水上飛機）從畢斯卡洛斯湖（Biscarosse）升空執行。他們的偵察行動讓第 40 轟炸聯隊得以重操舊業，而且該單位此刻還配備了新式的亨舍爾 Hs 293 型無線電導引滑翔炸彈（裝設在 Fw 200C-6 型戰機上），它裝置著一顆一千一百零二磅（五百公斤）的彈頭。

Hs 293 滑翔炸彈首次取得的成功是在一九四三年八月二十七日，當時第 10 航空軍的一支 Do 217E-5 型特遣隊，即第 100 轟炸聯隊第 2 大隊在奧爾特格爾岬外海擊沉了英國海軍的白鷺號（HMS Egret）。秋季期間，德國空軍繼續利用該型炸彈對盟軍船艦發動攻擊，但損失十分慘重。

盟軍並非每件事情都能隨心所欲。一九四三年夏，在比斯開灣上，德國空軍的重型戰鬥機即讓海

↓格魯曼復仇者式服役於美國海軍和英國皇家海軍的護航型航空母艦上，他們證明是反制 U 艇的致命武器。圖中的例機隸屬於馬希利漢尼希（Machrihanish）基地的第 846 中隊。

岸指揮部平均每日折損一架飛機。正因爲如此，第 19 聯隊的標緻戰士 VIC 型才開始掩護該區。在數起交戰中，雙方都有很大的損失。

此時，美國陸軍航空隊已深深投入各個戰區而疲於奔命，因此他們在一九四三年十月解散「反潛指揮部」（Anti-Submarine Command），不再執行反潛任務。

一九四三年十月間，美國的護航型航空母艦持續在大西洋中央作戰。十月四日，他們取得了重大的勝利，當時第 128 轟炸機中隊（VB-128）的一架解放者式於再會岬東方擊沉 U-336 號，而卡德號的第 9 混合中隊（VC-9）也在亞速群島北方擊沉 U-460 號與 U-422 號。卡德號再接再厲，又於十月十三日爲 U-402 號送葬，在十月的最後一天讓 U-584 號沉入海底；同時，布洛克島號亦在十月二十八日於佛蘭德岬（Flemish Cap）外海摧毀了 U-220 號。鄧尼茲絕望地下令 U 艇直線越過比斯開灣，不多做停留。十一月與十二月間仍有多起戰鬥發生，U 艇的船員與 Ju 88C-6 戰機做困獸之鬥，他們得對抗第 19 聯隊和海岸指揮部的解放者、桑德蘭與哈利法克斯，還有美國海軍第 103 轟炸機中隊的 PB4Y 型戰機。

德國在十一月失去了十九艘 U 艇之後，惡劣的天候和德國空軍戰鬥機積極進取地行動使得盟軍的攻勢緩和下來，直到十二月十三日，第 58 中隊才在海灣上擊沉 U-391 號，她是當月僅八艘 U 艇沉沒的其中之一。

至一九四三年底，盟軍沉沒的商船數下滑到平均每月三十艘，約在十三萬噸左右。這樣的數據和一九四三年三月難看的損失相比足以顯示鄧尼茲的敗北，那個月盟軍有一百二十艘船（六十九萬三千三百八十九噸）遭擊沉。自一九四三年五月一日至十二月三十一日之間，U 艇沉沒的總數高達二百一十五艘。對盟軍來說這一年是從危機開始，三月還差一點被擊敗，但至五月他們的戰力與裝備達到成熟，扭轉了頹勢並獲得勝利。盟軍持續奮戰，讓他們的船舶不再受德國 U 艇的威脅。

第六十一章
最後階段

西元一九四三年底，盟軍從海上爭鬥中勝出。U 艇不斷遭到獵捕，而新武器和新戰術也代表德國潛艇生存的機會愈來愈渺茫。

↑1944 年 8 月 25 日，英國皇家空軍海岸指揮部的標緻戰士在夫里斯蘭群島（Friesian Islands）的波庫恩（Borkum）外海圍攻一艘德國的 M 級掃雷艦，她由八艘護衛艦護航。

↓大戰的最後兩年，盟軍的攻擊機對德國海岸外的船艦施予了毀滅性的打擊。1944 年 10 月，照片中這艘德國油輪在斯卡吉拉克遭擊中而起火燃燒。

在一九四三年中，德國海軍上將鄧尼茲失去了二百三十七艘潛艇，相較於前一年的損失僅有八十七艘；而盟軍船舶的折損數目更減少了一大半，從一千六百六十五艘，總噸位七百七十九萬五千零九十七噸銳減至五百九十七艘，三百二十二萬一百三十七噸。德國的慘敗導因於新的盟軍船艦支援群、改良的護衛艦、護航型航空母艦和裝備精良的海上航空部隊。

盟軍的海軍共摧毀了六十七艘 U 艇，而盟軍的巡邏機則擊沉一百一十六艘，其中英國皇家空軍海岸指揮部宣稱八十三艘，美國巡邏機三十一艘，另兩艘 U 艇則為英國與美國航空單位共同擊沉。在航空母艦艦載機的二十四艘戰功中，二十三艘是由美國護航型航空母艦的戰機所創下。

一九四四年初，U 艇指揮官麾下投入服役的四百三十六艘潛艇當中有一百六十八艘正在執行作戰任務，約六十艘充斥在大西洋和進入印度洋的海域上。德國 U 艇的生產線十分興旺，七十八艘新船很快便投入上述的戰區。盟軍對 U 艇造船場的轟炸不怎麼有效，甚至無法減少其產出，更遑論要中斷生產線；德國的潛艇隊員都訓練有素，

→布洛姆—福斯 Bv 138 型水上飛機因為機身外形而被戲稱為「飛行木屐」（Flying Clog）。它被德國空軍廣泛的使用。這架例機在 1944 年春服役於第 130 海上偵察大隊第 1（長程偵察）中隊〔1.(F) /SAGr 130〕，基地在特倫漢。

兵員的遞補也很充裕。儘管如此，U 艇目前的處境極其不利，即使是她們近來加裝了新型配備，如「氣管」（Schnorkel，譯者註：該裝置能讓潛艇維持下潛狀態而無須浮出水面進行系統充電）。

　　一月，鄧尼茲派了二十四艘 U 艇前去封鎖英國的西部航道，她們大部分的時間皆隱匿在水下。缺乏空中的偵察代表德國潛艇沒有接獲多少護航船隊的目擊報告，因此 U 艇指揮官下令潛艇靠近愛爾蘭海岸作戰。這道命令為英國人所截獲，於是他們立即部署了獵殺群和空中增援部隊進行攔截。

盟軍抵禦威脅

　　新任的海岸指揮部空軍總司令威廉・蕭爾托・道格拉斯（Sir William Sholto Douglas）上將派了一大群的戰機到烏爾斯特（Ulster）與蘇格蘭的第 15 聯隊。U 艇於一月二十七日發動攻擊，但英國皇家空軍的巡邏機和美國海軍的戰艦正等候她們的光臨。

　　二月二十六日，鄧尼茲覲見希特勒，嚴厲指控德國空軍未善盡偵察和在比斯開灣為潛艇護航之責，尤其是他現在幾乎得完全仰賴空軍單位的偵搜回報。此外，鄧尼

茲還要求加快新型高速 XXI 型與 XXIII 型 U 艇的生產。然而，他只得到了希特勒的慰問，沒有任何具體結果。三月二十二日，鄧尼茲下令終止進攻行動；在近兩個月來的戰鬥中，他又失去了三十六艘的 U 艇。

　　一九四三年至一九四四年間，英國皇家空軍海岸指揮部的攻擊機與魚雷轟炸機繼續在挪威外海和北海反覆地襲擊敵船，他們這時配備了火箭，不是裝置六十磅（二十七公斤）的半穿甲彈／高爆彈頭，就是二十五磅（十一・三公斤）的穿甲彈頭。戰機裝載火箭所執行的首次任務於一九四三年六月二十二日展開，其後他們便不斷地發動火箭攻擊。

↓1944 年夏，一架第 40 轟炸聯隊的亨克爾 He 177 型鷹面獅（Greif）正在波爾多—馬里南基地裡進行引擎的換裝。像這樣的德國反艦攻擊機在反制諾曼地登陸的作戰中起不了多大的作用。

↓圖中是英國皇家空軍海岸指揮部第 304（波蘭）中隊的一架維克斯威靈頓 XIV 型。自 1943 年底開始，這支中隊幾乎專派配備「利式探照燈」的戰機執行夜間任務。

蚊式巨砲

除此之外，一支配備德·哈維蘭蚊式（de Havilland Mosquito）FB.Mk XVIII 的單位還在他們的戰機上架設五十七公釐口徑的火砲。不過，這個第 248 中隊並未取得顯著的戰果，直到一九四四年三月二十五日才擊沉 U-976 號。在一九四三年，海岸指揮部的攻擊大隊總共摧毀了十三艘船（三萬四千零七十六噸），陳年的亨德利·佩奇漢普敦式 TB.Mk I 與洛克希德哈德森式亦擊沉總重五萬零六百八十三噸的十九艘船；但他們自身的損失也很慘重。

一九四四年六月五日／六日晚，盟軍強行登陸諾曼第（Normandy）的海灘，英吉利海峽上佈滿了作戰船艦。U 艇的指揮官於卑爾根與特倫漢有二十一艘潛艇，在布勒斯特與拉·帕利斯則有九艘配備「氣管」的船。這群潛艇被派去對抗海峽上的入侵艦隊，而七艘較老舊的 U 艇則開往利查角（Lizard）—布勒斯特海域巡邏。其他十九艘船亦在比斯開灣上巡弋，防範盟軍對該區的入侵。

德國空軍的實力

亞歷山大·霍勒（Alexander Holle）中將第 10 航空軍的戰力約有二百至二百五十架飛機，包括福克—沃爾夫 Fw 200C-6 型、亨克爾 He 177A-5 型、容克斯 Ju 88C-6 型與 Ju 88A-17 型和都尼爾 Do 217K-2 型。這批戰機是德國空軍潛力十足的反艦力量，但他們的作戰紀錄卻頗令人失望。由於缺乏制空權，德國空軍大部分於夜裡行動，他們的損失高昂，卻沒獲得什麼成功。

相對的，U 艇在六月與七月間兇悍地迎擊，並善用「氣管」和防空砲，可是她們仍不敵強大的盟軍海岸部隊。英國皇家空軍擁有五十一支中隊來封鎖英吉利海峽西部的航道，和他們並肩作戰的單位還有艦隊航空隊、美國海軍與加拿大皇家空軍（RCAF），全都在蕭爾托·道格拉斯的指揮之下。

U 艇在六月六日晚間即展開攻擊。接下來的四天裡，海岸指揮部也於三十六起的 U 艇目擊回報中發動了二十五次截擊，而晚間亦有十八起激烈的戰鬥發生。六月與七月的盟軍登陸戰中，鄧尼茲失去了

四十八艘 U 艇，許多都是在接近海港時遭轟炸而沉沒。

　　八月底，U 艇的時代結束。隨著美軍部隊向比斯開灣的港口挺進，鄧尼茲下令潛艇艦隊撤離羅隆、布勒斯特和拉‧帕利斯。多虧氣管裝置，大多數的 U 艇都能成功地逃至德國或挪威。

　　另一方面，自一九四二年的 PQ 護航隊行動之後，英國皇家海軍艦隊航空隊最關切的是地中海與遠東戰區的局勢，但艦隊的行動仍受限於大西洋、北極海與直布羅陀航線上的護航任務。儘管如此，訓練和換裝依舊是他們的首要工作，一些新型的裝備也開始運作，像是格魯曼野貓式與地獄貓式（Hellcat）和強斯‧沃特海盜式（Chance Vought Corsair）。此外，超級馬林海火式（Supermarine Seafire）仍是艦隊航空隊的主力，而費雷螢火蟲式（Firefly）與費雷梭魚式（Barracuda）亦完全能夠上火線。到了一九四三年九月，艦隊航空隊已是一支強大且裝備精良的武力，共有七百零七架作戰用機。

提爾皮茨號的威脅

　　在北方海域，德國海軍的艦隊依舊是個問題。一九四三年十二月二十六日沙恩霍斯特號雖於北岬外海沉沒，但巨大的提爾皮茨號仍停泊在卡亞峽灣（Kaafjord），雖然只有一艘戰艦，但卻是迫切的威脅。英國航空母艦對提爾皮茨號的第一起，也是最成功的一起攻擊於一九四四年四月三日展開。在這場「鎢行動」（Operation Tungsten）中，航空母艦的打擊主力是英國海軍勝利號和狂怒號上的梭魚機，而海火式與海盜式還有四艘護航型航空母艦上的野貓式與地獄貓式擔任護衛。提爾皮茨號遭到十四顆炸彈命中，使她在接下來的三個月裡無法出航。盟軍雖於七月與八月再派戰機攻擊這艘戰鬥艦，但並沒有成功。

擊沉提爾皮茨號

　　九月，英國皇家空軍第 9 與第 617 中隊的蘭開斯特（Lancaster）從蘇聯北部的亞戈德尼克（Yagodnik）出擊，他們以一萬二千磅（五千四百四十三公斤）的「高腳櫃」（Tallboy）炸彈對付提爾皮茨號，其中的一顆炸彈貫穿了這艘戰鬥艦的前艙，使她嚴重進水。癱瘓的提爾皮茨號移往特羅姆塞附近的哈科伊島（Haakoy）。十月二十九日，兩支皇家空軍的中隊從蘇格蘭北方再發動一次失敗的攻擊，最後才在十一月十二日解決掉這艘戰鬥艦。當時，英國戰機從一萬四千呎（四千二百六十五公尺）的高空進行轟炸，兩顆炸彈命中，該艦的彈藥室爆炸而使整艘船翻覆，並奪走了無數的生命。

　　英國皇家空軍海岸指揮部的每日例行公事，仍是一次又一次的反艦攻擊和令人厭倦的巡邏任務，他們持續搜索由基爾（Kiel）、卑爾根、特倫漢與波羅的海啓航且裝配了「氣管」的 U 艇。英國空軍僅

擊沉少數幾艘潛艇，而且此時她們通常有水面上戰艦的護航。不過，海岸指揮部奮戰不懈，他們在一九四四年九月一日至十二月三十一日派出了九千二百一十六架次的飛機，共六十二起目擊通報，二十九次攻擊，七艘 U 艇沉沒。

一九四五年一月，首艘可畏的 XXIII 型 U 艇（U-2324 號）從挪威啓航，並加入英國海域十九艘傳統潛艇的作戰行列。新年的第一滴血是由 U-1055 號於一月九日所犯下，她在愛爾蘭海（Irish Sea）擊沉了一艘貨輪。當月，德國 U 艇以六艘的損失爲代價，擊沉七艘盟軍船舶。一九四五年二月，U 艇再次出擊，但專門用來執行海上護航的戰艦只調遣了十二艘。在三月，U 艇的損失增加爲十五艘，僅換來十艘盟軍商船和三艘護衛艦的沉沒。英國的第 143、235 與第 248 中隊組成了飛行大隊展開獵殺，他們在四月與五月間於卡特加（Kattegat）和斯卡吉拉克（Skaggerak）一帶的作戰非常成功，十艘 U 艇在火箭與加農砲的砲轟下葬身海底，當中最後一艘爲 U-393 號，她在一九四五年五月四日沉沒。而結束潛艇之戰的是海岸指揮部的第 86 中隊，它是最資深的超長程作戰單位之一。這支中隊於五月五日擊沉了 U-3503 號，次日又在卡特加擊沉 U-1008 號與 U-2534 號。此一事件過後的二十四小時之內，德國便投降了。

代價高昂的掙扎

在西半球的海上空戰是史無前例的爭鬥，既嚴酷且代價高昂。英國的生存確實經歷過緊要關頭，但不像此刻的 U 艇艦隊那樣在大西洋垂死掙扎。盟軍一切的海軍力量皆牽涉其中，各國的航空部隊亦各盡其力。英國皇家空軍海岸指揮部在整場大戰中的貢獻最大，德國總數七百八十三艘的 U 艇當中有一百八十三艘是他們擊沉的，而且還與其他單位共同摧毀了另二十一艘。除此之外，三百四十三艘水面上船艦（五十一萬三千八百零四噸）也命喪海岸指揮部之手。

然而，他們付出的代價不小，五千八百六十六名飛行員與機組員沒能回得了家，一千七百七十七架飛機被毀或遭擊落。而德國 U 艇艦隊的復元力也必須褒揚，況且他們自一九四三年的慘敗之後，沒有一次在盟軍的海上優勢下退縮。德國潛艇成員的傷亡數據驚人，但在年輕的自願者遞補下，人員也從未短缺過。

↓ 這架梭魚式是於 1943 年 4 月 3 日升空攻擊提爾皮茨號之際所拍攝。費雷公司的戰機對該艘德國戰鬥艦造成了嚴重的破壞，但並未予推毀。

第六十二章
夜間轟炸：初期

二次大戰爆發之際，英國空中打擊力量的主要工具是英國皇家空軍的「轟炸機指揮部」和旗下少數的布倫亨式、漢普敦式、惠特利式與威靈頓式轟炸機。

一九三九年九月，英國轟炸機指揮部的戰力有三十三支中隊，約四百八十架飛機。開戰後不久，第1（轟炸機）聯隊即派往法國編成「前進空中打擊部隊」（Advance Air Striking Force, AASF），但該單位少數幾架戰鬥式（Battle）I 型旋即又調回英國。所以，英國本土保留了二十三支左右的中隊，六支中隊配備布倫亨式 IV 型、六支配備威靈頓式、五支惠特利式和六支漢普敦式。

在承平時期，轟炸機指揮部忽視了許多可避免耗損的教訓，像是他們的轟炸機缺乏可自動封閉的副油箱和保護機組員的裝甲，而且膛線機槍也被認定足以對抗戰鬥機的來襲。轟炸機指揮部強調於日間作戰，領航員也太依賴死板的飛航測量和無線電定位、目視與星象測定的固定校準。而他們的戰術教條，即轟炸機以緊密的編隊飛行好擊退任何形式的戰鬥機攻擊，將首先證明是錯的。

假戰

一九三九年九月三日敵對狀態開始之際，英國皇家空軍轟炸機指

↑二次大戰爆發之際，英國皇家空軍裡最具戰力的轟炸機是維克斯威靈頓式，它的速度快過惠特利式，載彈量也高過漢普敦式。威靈頓式一直在前線服役，直到為新一代的四引擎轟炸機取代為止。

↑ 照片中一位英國皇家空軍的軍械士正在檢查裝置於布里斯托布倫亨式裡的 250 磅（114 公斤）炸彈。這款雙引擎的轟炸機在白晝的作戰中損失非常慘重。

攻擊下暴露出明顯的脆弱性。

　　一九三九年十二月間，駐守在北海岸邊的德軍防禦力量施展了一次強硬的抵抗，約八十至一百架的 Bf 109E 型和 Bf 110C 型戰機發動逆襲。十二月十四日，第 77 戰鬥聯隊第 2 大隊的 Bf 109E 在施利希停泊處（Schillig Roads）與第 12 中隊的十二架威靈頓式轟炸機交戰，擊落了五架來襲的敵機，第六架則於返航途中墜毀。接著，在十二月十八日，作戰達到了高潮，施利希停泊處與威廉港（Wilhelmshaven）外海再次成為激戰的現場。第 9、第 37 與第 149 中隊的二十四架威靈頓式和四十多架的 Bf 109E 與 Bf 110 交鋒，戰鬥一直持續四十分鐘之久。英國皇家空軍的部隊有十架遭到戰鬥機的攻擊而墜落，還有兩架迫降在海上。

　　一半折損率的代價對英國人來說太過高昂，這場「海戈蘭灣之役」（Battle of the Heligoland Bight）也促使英國皇家空軍的轟炸機全數撤出白晝的轟炸行動，除了一些布倫亨式 IV 型之外。轟炸機指揮部轉而投入夜間作戰，但所

揮部和德國空軍都只限於攻擊海上的純粹軍事目標。轟炸機指揮部一邊遵循保留戰機的策略，一邊在北海展開定期的武裝偵察任務，對抗德國海軍的艦隊。不久之後，他們於白晝作戰的轟炸機即在戰鬥機的

→ 阿姆斯壯・惠特沃斯（Armstrong Whitworth）惠特利式轟炸機的飛行航速低於每小時 200 哩（320 公里），是德國空軍 Bf 109 型與 Bf 110 型戰鬥機易如反掌的目標。

有的困難也隨即浮現，像是無可避免的天候與導航問題。

在一九三九年九月至一九四〇年五月間，轟炸機指揮部派出了八百六十一架次的戰機攻擊敵軍船艦（共投下六十一噸的炸彈），損失四十一架飛機。不過，除了兩艘德國袖珍型戰鬥艦輕度受創之外，並未取得什麼戰果。

四月九日，由於德國國防軍入侵挪威與丹麥，英國所有飛行聯隊的作戰行動亦加快了腳步。四月十一日，他們首次對歐洲大陸的目標發動轟炸，當時六架威靈頓式 IC 型在布倫亨式 IF 型的護航下被派去突擊斯塔凡格—索拉（Stavanger-Sola）的德國空軍基地，並摧毀三架飛機。其後，德國的船艦和岸上陣地也遭受攻擊，索拉、卑爾根與赫德拉（Herdla）都在白晝被布倫亨式轟炸，夜間則遭惠特利式突襲。

對航空部隊的指揮官來說，這場大戰在一九四〇年五月十日清晨才正式展開，當天德軍進犯了荷蘭、比利時和法國。打從一開始，前進空中打擊部隊和第 2 聯隊的布倫亨式即投入戰鬥，他們轟炸交通網絡、跨越馬斯河（Maas）與繆斯河（Meuse）的浮橋和地面部隊的集結點。然而，短短幾個星期，前進空中打擊部隊就遭到殲滅，而第 2 聯隊亦於日間對抗防空砲火和梅塞希密特戰機的攻擊下蒙受了相當慘重的損失。

↑ 二次大戰剛爆發之際，英國皇家空軍轟炸機指揮部裡高昂的士氣很快就在日間突擊的慘重損失下而平息。

↓ 綽號「飛行手提箱」（Flying Suitcase）的亨德利‧佩奇漢普敦式轟炸機缺乏防衛武器來抵擋戰鬥機的攻擊。他們在日間的轟炸行動中損失慘重。

↑1940 年秋，德軍部隊正在檢視一架漢普敦式轟炸機的殘骸。由於缺少經驗，英國皇家空軍初期夜間轟炸的成果微乎其微，但卻讓飽受閃擊戰之苦的英國群眾士氣大增。

根據英國皇家空軍轟炸機指揮部的記載，他們在一九四○年五月十五日／十六日晚開始對第三帝國進行戰略轟炸，儘管不怎麼成功。當時，第 3、第 4 與第 5 聯隊的九十九架威靈頓式、惠特利式與漢普敦式被派去突襲魯爾區的鋼鐵與石油廠目標，最重要的是杜伊斯堡（Duisburg）。五月十七日／十八日晚間，漢堡（Hamburg）與不來梅（Bremen）的儲油設施被找到；次日晚，密斯堡（Misburg）的煉油廠亦遭蹂躪而受創。

一九四○年六月十八日，轟炸機指揮部所選定的目標擴大，包括飛機製造廠、鋁熔煉廠、煉油廠和再次地，交通聯絡網絡。不過，僅有一小批部隊（主要空襲中的三十至六十架戰機）的一部分轟炸機能夠接近目標投下炸彈，甚至是在月色下和抵抗薄弱的情況中亦是如此。因此，德國工業所承受的損失是微不足道的。

六月十一日／十二日晚，隨著義大利向盟軍宣戰，轟炸機指揮部於是派了三十六架惠特利式 V 型執行一趟一千三百五十哩（二千一百七十五公里）遠的任務，杜林（Turin）的飛雅特（Fiat）戰機工廠為這場空襲的首要目標。英國的轟炸機部隊於海峽群島（Channel Islands）進行加油之後，他們在法國中央山脈（Massif Centrale）遇上惡劣天候而引起嚴重的冰墜（譯者註：附著在飛機表面的冰）。所有派出的戰機中有二十三架返回基地，十架聲稱命中杜林的首要或次要目標，還有第 51 中隊的兩架轟炸機也擊中安沙爾多（Ansaldo）工廠與熱那亞（Genoa）的造船廠。他們還學到了另一個教訓：在嚴厲的天候下，載重太大的轟炸機相對地會表現不佳。

轟炸柏林

在不列顛之役期間，英國最重要的一起突襲是對柏林的報復攻擊。一九四○年八月二十五日／二十六日晚，轟炸機指揮部對第三帝國首都的第一場轟炸展開。八十一架的威靈頓式、惠特利式與漢普敦式在難以應付的天候條件下出擊，只有二十九架轟炸機宣稱於目標區投下了炸彈，另有七架回報雖飛越上空，但無法確認目標。轟炸對第三帝國首都所造成的傷害微乎其微，但卻激怒了希特勒，他立即發表演說誓言報復倫敦。一九四○年九月七日，德國空軍即

轉移對「戰鬥機指揮部」（Fighter Command）設施的注意，改去轟炸倫敦。由此，戰局轉為對英國皇家空軍有利。

一九四〇年九月二十一日，一項暫時性的指令下達了轟炸機指揮部，除第 4 聯隊之外，所有的聯隊解除反入侵的任務。因此，他們最優先的攻擊目標又回到了柏林區的石油廠、飛機引擎與零組件工廠、交通聯絡、運河、U 艇造船場和發電廠。九月二十三日／二十四日晚，約一百一十九架的轟炸機於不利的天候下再派往柏林執行轟炸任務。儘管機身與引擎結了嚴重的冰墜，但八十四架轟炸機聲稱投下炸彈。不過，其後的空拍偵察顯示，彈坑相當的零散，目標所受的損壞也十分輕微。

當月底另一項指令下達，它列了一般目標的清單要求進行精確轟炸，但授權轟炸機隨機應變飛往人口密集的城鎮發動攻擊，亦即如果轟炸機無法命中高價值的目標，就夷平周邊地區以打擊敵人的物質必需和士氣。一九四〇年十一月間，轟炸機指揮部突擊柏林、埃森（Essen）、慕尼黑（Munich）與科隆（Cologne），那裡的目標都是在一大片的建築物中心。接著，在德國空軍發動毀滅性的打擊之後，英國「戰爭內閣」（War Cabinet）決定加強對德國城市的轟炸。轟炸機指揮部第一起區域性的持續濫炸於一九四〇年十二月十六日／十七日晚展開。

約一百三十四架的威靈頓式、惠特利式與漢普敦式（加上四架布倫亨式 IV 型）於黃昏之際出擊，轟炸德國的曼漢姆（Mannheim）。十四名有經驗的威靈頓式轟炸機成員施放照明彈和四磅（一‧八公斤）的燃燒彈展開攻擊，其他的轟炸機則在接下來的六個小時裡於明亮的天際與月光下輪番轟炸：一百零三架轟炸機投下了八十九噸的高爆彈和超過一萬四千顆的燃燒彈，十架轟炸機未能返航。

對德國人來說，這場不精確的空襲顯得漫不經心，沒有特別的目標遭到擊中，他們估計有四十至五十架英國皇家空軍的轟炸機參與行動，向該城投下一百噸的高爆彈和一千顆燃燒彈。大部分的損毀都是在曼漢姆的居住區和通勤區，這樣的作戰方式有些怪誕。

↓ 在 1939 年 5 月至 1942 年 3 月間，第 106 中隊操作漢普敦式 I 型轟炸機。這架戰機於 1940 年於夜間作戰展開後不久，即採用這樣的偽裝迷彩。

第六十三章
艾夫洛蘭開斯特式轟炸機

在羅伊‧查德維克（Roy Chadwick）監製下，羅爾（A. V. Roe）的蘭開斯特是二次大戰中英國皇家空軍轟炸機指揮部裡最成功的四引擎重型轟炸機。

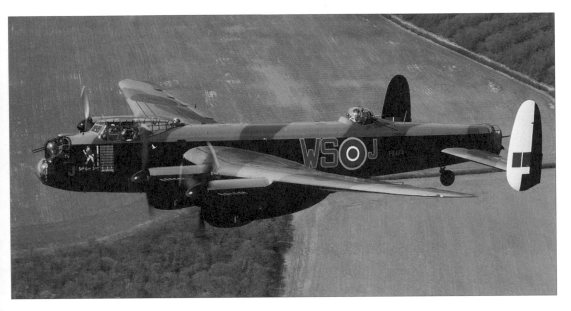

↑二次大戰結束後五十年，仍有兩架蘭開斯特能夠飛翔。照片中這架 PA474 號機於敵對狀態終止之際完成組裝，並成為「英國皇家空軍不列顛之役飛行紀念館」（RAF's Battle of Britain Memorial Flight）的驕傲。1990 年底，它打上了第 9 中隊的標誌，該中隊是著名的蘭開斯特戰機單位。

為了因應英國皇家空軍的 P.13/36 號規格需求以量產雙引擎的中型轟炸機，「艾夫洛公司」（Avro）提出設計且承包了製造配備勞斯─萊斯禿鷹式（Rolls-Royce Vulture）發動機的曼徹斯特式（Manchester）I 型，這批中型轟炸機將於一九四〇年進入英國皇家空軍服役。然而，由於複雜的引擎缺陷，使得曼徹斯特式的作戰生涯短暫結束。在重型轟炸機的範疇裡，亨德利‧佩奇公司的哈利法克斯式是英國皇家空軍的首選。艾夫洛公司為了不讓對手搶去訂單，他

們提議能生產一款更簡單且速度更快的轟炸機，也就是四引擎的曼徹斯特衍生機型──曼徹斯特式 III 型，不久即更名為蘭開斯特式轟炸機。

新的設計格規

有趣的是，「英國空軍部」（Air Ministry）以艾夫洛公司的新設計為藍本起草了新的規格需求，它要求飛機能在一萬五千呎（四千五百七十五公尺）的高空以時速二百五十哩（四百零二公里）巡航，而且可有七千五百磅（三千四百零

五公斤）的載彈能力飛行二千哩
（三千二百一十八公里）遠，最大
航程則需達到三千哩（四千八百二
十七公里）。曼徹斯特式的大型彈
艙能夠搭載各式各樣的炸彈，包括
一顆四千磅（一千八百一十六公
斤）的「餅乾」（Cookie），所以
它的設計被保留了下來。

　　一九四一年一月九日，一架原
型機升空，它的測試飛行表現令人
印象深刻。於是，空軍部砍了曼徹
斯特式的生產訂單至一百五十七
架，並訂購四百五十四架蘭開斯
特式 I 型取而代之。一九四一年十
月三十一日，第一架量產型樣機
起飛；同年耶誕節前夕，沃丁頓
（Waddington）基地的第 44 中隊
率先取得了四架這款新式的轟炸
機。一九四二年三月三日，這支中
隊的蘭開斯特首次出擊，他們飛往
海戈蘭灣（Heligoland Bight）執行
佈雷任務。

改良

　　蘭開斯特於服役期間不斷被
改良以跟上重型轟炸機的發展腳
步。蘭開斯特的防衛火力提升，
更重要的是載彈量也大幅增加。
原先它可裝載一顆八千磅（三千
六百三十二公斤）的「大轟動」
（Blockbuster）炸彈，後來又需要
能夠搭載一萬二千磅（五千四百四
十八公斤）的武器。為了應付設計
上的需求，蘭開斯特裝置了更強勁
的隼式（Merlin）引擎。事實上，
後來大部分的蘭開斯特轟炸機都是
以勞斯─萊斯公司普遍的隼式引擎

來推動，除了一小批 II 型機裝置
的是布里斯托海克力斯式（Bristol
Hercules）放射狀引擎。其他的量
產機型皆使用隼式發動機，儘管不
少是採用一九四二年引進的美國
派卡德公司製隼式引擎（Packard

↓自 1944 年初起，蘭開斯特式轟炸機也開始對
法國的目標發動日間轟炸，以為 D 日登陸戰做準
備。

↑在一夜又一夜的轟炸
中，英國皇家空軍逐漸
摧毀了德國戰爭工業的
生產力。這架蘭開斯特
正投下一顆 4,000 磅
（1,814 公斤）的炸彈
和一堆燃燒彈。有些蘭
開斯特還搭載著特殊裝
備，像是該機上的兩根
天線，他們是「空中雪
茄」（Airborne Cigar,
ABC）無線電干擾設備
的一部分。

↑在 1940 年代的盟軍轟炸突襲期間，戰爭的恐懼不只帶給了歐洲占領區的人民，還有在夜裡飛越英吉利海峽的轟炸機組員。他們所承受的傷亡非常駭人。

↓英國皇家空軍第 207 中隊是第一支配備不成功的曼徹斯特轟炸機之單位。該機就是蘭開斯特的前身。這個單位很快便換裝了新型的設計。

Merlin）。

至於蘭開斯特防禦火力的改良方面，它採用了各式各樣的砲塔以及更大口徑的武器。一些蘭開斯特還配備「鄉村客棧」（Village Inn），它是一種加裝雷達組件的自動砲塔，以協助砲手進行瞄準。

更低的折損率

當代的統計數據顯示，到一九四三年七月，蘭開斯特轟炸機在作戰時平均每投下一百三十二噸的炸彈才會損失一架。相對於轟炸機指揮部裡其他的四引擎重型轟炸機則是五十六噸炸彈換一架哈利法克斯式；四十一噸換一架斯特林式（Stirling）。有些蘭開斯特甚至從一百多次的出擊中存活下來，這更證明了他們的價值。

或許蘭開斯特最著名的作戰是在一九四三年五月十六日／十七日晚對德國西部所進行的一連串水壩破壞行動。當晚，第 617 中隊的改良型蘭開斯特裝載了九千二百五十磅（四千一百九十六公斤）的水雷，他們在大膽的低空轟炸中成功的摧毀三座水壩的其中兩座。

高腳櫃

一九四四年，第 617 中隊的蘭開斯特開始使用一萬二千磅（五千四百四十八公斤）的流線形「高腳櫃」炸彈轟炸索穆爾（Saumur）的鐵路隧道，該中隊還偕同第 9 中隊以這種炸彈對付停泊在挪威峽灣的德國戰鬥艦提爾皮茨號。

蘭開斯特所搭載的最重炸彈

是二萬二千磅（九千九百八十八公斤）的「大滿貫」（Grand Slam）。爲了裝載這個龐然大物而適切改裝的蘭開斯特，它的最大起飛重量就高達七萬二千磅（三萬二千六百八十八公斤），相較於一般的原型機則只有五萬七千磅（二萬五千八百七十八公斤）。

　　二次大戰期間，只有颶風式與噴火式戰鬥機的生產速率高過蘭開斯特轟炸機（儘管在一九四三年中期之前哈利法克斯的量產速率高過蘭開斯特）。到了一九四二年底，英國的五家工廠每月可生產九十一架的蘭開斯特，而且他們還打算在加拿大另開一條生產線。

　　自一九四二年中期至歐戰勝利爲止，蘭開斯特成了英國皇家空軍轟炸機指揮部對德國目標發動夜襲的首要轟炸機，他們配發於主力航空單位和導航單位（PFF）。在總數超過七千三百架的蘭開斯特當中，有三千三百四十五架於作戰中宣告失蹤，這是他們於一九四二年至一九四五年間密集作戰的結果。這段期間蘭開斯特共出擊十五萬六千架次，並投下六十萬八千六百一十二噸的炸彈。到了一九四五年三月，五十六支的中隊配備了七百四十五架的該型戰機，還有二百九十六架服役於各個不同的單位。若大戰持續下去的話，蘭開斯特肯定會加入英國皇家空軍的「老虎部隊」（Tiger Force），繼續對抗日本。

　　隨著大戰在一九四五年結束，大部分蘭開斯特轟炸機遭到拆解，但有一些仍繼續服役，他們改裝成客機或貨運機或作爲新型瓦斯渦輪引擎的測試平台。其他的則擔任海上偵察機，繼續在英國皇家空軍，還有法國與加拿大的航空部隊裡服役。

↓加拿大製的蘭開斯特式 10 型服役於加拿大皇家空軍直到 1950 年代，主要擔任海上偵察的角色。照片中這架飛機是三架 10-AR 型北極勘測機的其中之一，它的機首還裝配了雷達。戰後，英國皇家空軍與法國海軍仍繼續操作海上型的蘭開斯特戰機。

第六十四章
轟炸機指揮部的低潮

英國皇家空軍轟炸機指揮部在西元一九四一年進行多樣化行動，
從空投傳單到首次振奮人心的真正戰略轟炸。不過，卻也讓人對
其指揮體系感到懷疑。

↑巨大的蕭特斯特林式
I 型是第一批進入英國
皇家空軍服役的轟炸機
之一，它在 1941 年 2
月 10/11 日晚間首次登
場作戰，轟炸鹿特丹。

執行了三起空襲。儘管遭遇無數的初期問題，但第一代的重型轟炸機還是登場作戰。二月十日晚間，第 7 中隊的蕭特斯特林式 I 型突擊了鹿特丹；兩個星期之後，第 207 中隊的艾夫洛曼徹斯特式亦轟炸了位在布勒斯特的德國重巡洋艦希培爾上將號。三月十日，第 35 中隊的亨德利·佩奇哈利法克斯式 I 型則攻擊了勒·哈佛爾（Le Havre）的船塢。

一九四一年期間，轟炸機指揮部的維克斯威靈頓式、亨德利·佩奇漢普敦式、阿姆斯壯·惠特沃斯惠特利式和布里斯托布倫亨式日以繼夜地對廣泛的目標發動攻擊，他們共出動了二萬一千零八十九架次（夜間一萬七千四百三十九架次），在戰鬥中有一百五十八架轟炸機遭到擊落，還有四百九十四架沒能返回基地。

一九四一年一月十五日，轟炸機指揮部奉命對德國的石油綜合設施進行精確轟炸。不過，惡劣的天候使他們在接下來的六個星期中僅

此時，德國的 U 艇與 Fw 200 型禿鷹式對英國護航船隊的掠奪成為高層嚴重關切的焦點。一九四一年三月六日，邱吉爾（Churchill）發布了「大西洋指令」（Atlantic Directive），指示全力對抗海上、空中與基地內的 U 艇和禿鷹，還有建造他們的造船場與飛機工廠。不過，這些攻擊，加上對布勒斯特的德國戰鬥巡洋艦沙恩霍斯特號與格奈森瑙號的轟炸，讓英國轟炸機

的戰力漸漸消磨殆盡。

波音空中堡壘的失敗

　　第 90 中隊企圖利用新型的波音空中堡壘式 I 型進行日間轟炸，但卻證明不怎麼成功，即使是這款戰機能夠在三萬呎（九千一百四十五公尺）的高空作戰，這樣的高度理論上已超過了德國戰鬥機的能力之外。與此同時，在法國北部上空，布里斯托布倫亨式 IV 型輕型轟炸機被用來執行「馬戲團行動」（Operation Circus），他們作為入侵者襲擊敵軍，並從挪威至布勒斯特進行反艦任務。

　　冬季嚴峻的氣候使得轟炸行動難以進行，而夏季漫長、明亮的星空也暴露了轟炸機部隊的脆弱性。在一九四一年一月晚間一千零三十架次的出擊中有十二架轟炸機未能返航；而六月的三千二百二十八架次夜間轟炸則失去了七十六架，還有十五架在重新找到返回基地的航線後墜毀。

　　在一九三九年，第三帝國的空防是由德國空軍的防空火砲部隊來擔當。他們的八十八公釐口徑 Flak 36 型高射砲的最大射程超過二萬呎（六千零九十五公尺）。而 Bf 109D-1 型攔截戰鬥機則進駐到不同的機場，他們獨立自主地作戰，但成效有限。到了一九四○年夏，約有四百五十門重型高射砲在一百盞探照燈的協尋下，組成一個個砲兵連，捍衛帝國的領空。

　　一九四○年春，沃夫岡·法爾克（Wolfgang Falck）上尉的第

1 驅逐機聯隊第 1 中隊（1./ZG 1）進駐到了奧爾堡（丹麥），開始測試 Bf 110C-1 型驅逐機的夜間攔截能力。隨著英國皇家空軍對魯爾區展開轟炸，戈林旋即令法爾克在杜塞道夫（Düsseldorf）組成一支「夜戰試驗中隊」（Nacht und Versuchsstaffel）。自此之後，這個小單位便逐漸成為德國最大、最令人畏懼的夜間戰鬥部隊。

　　一九四○年六月二十六日，晉升的法爾克少校被指派為第 1 夜戰聯隊（Nachtjagdgeschwader Nr 1）的聯隊長，這個單位將擴大為擁有四支大隊，混搭梅塞希密特 Bf 110C-2 型、容克斯 Ju 88C-2 型與都尼爾 Do 17Z-10 型的武力。一九四○年七月十七日，第 1 夜戰航空師（1. Nachtjagddivision）成

↑第 455 中隊是第一個在英國組成的澳大利亞轟炸機單位。該單位配備了亨德利·佩奇漢普敦式轟炸機，他們的首次任務是在 1941 年 8 月 29/30 日晚空襲法蘭克福（Frankfurt）。

↓第 149 中隊的維克斯威靈頓式機組員正準備登上他們的轟炸機至德國上空執行夜戰任務，他們的基地位於索福克（Suffolk）的米爾登霍爾（Mildenhall）。這支中隊在早期空襲德國的作戰中扮演著十分搶眼的角色。

↑亨德利‧佩奇哈利法克斯式轟炸機在 1941 年 3 月 12/13 日晚間執行了首次打擊任務。當時，這款新型戰機在艾夫洛曼徹斯特式轟炸機的偕同下對德國漢堡發動攻擊。

軍，由約瑟夫‧卡姆胡伯（Josef Kammhuber）上校指揮，總部設在烏特瑞希特（Utrecht）附近的柴斯特（Zeist）。該單位附屬於第 2 航空軍團旗下。

卡姆胡伯防線

原先，德國的高射砲和探照燈集中於魯爾區和下萊茵區（Lower Rhine）。在卡姆胡伯的教唆下，他們的防禦力量重新部署成數個箱形的防區，從日德蘭（Jutland）一直延伸到列日（Liège），這道防線為英國人稱作「卡姆胡伯防線」（Kammhuber Line）。好幾盞探照燈排列成箱形，防區內的戰鬥機則在各個燈標上空盤旋，一旦探照燈照出敵方轟炸機，戰鬥機便會展開攻擊。這就是所謂的「照明夜戰」（helle Nachtjagd, Henaja）。第 1 夜戰聯隊的魏納‧史特萊伯（Werner Streib）中尉於一九四〇年七月二十日晚間創下了照明夜戰中的第一起擊殺紀錄。

在一九四〇年，德國人擁有高水準的地基雷達，但在機載空中攔截雷達（AI）的發展上至少落後英國兩年。一九四〇年夏，

德國開始試驗 GEMA FuMG 80 型弗萊亞（Freya）雷達，它是尚未成熟的攔截系統，可為戰鬥機指引方向。弗萊亞雷達組很快就沿著歐洲北部海岸裝設在早期預警前哨站上。該雷達所創下的第一次擊殺紀錄發生在十月二日，當時茲沃勒（Zwolle）附近的努斯貝特（Nunspeet）弗萊亞雷達站引導了路德維希‧貝克（Ludwig Becker）少尉的 Do 17Z-10 型戰機接近一架威靈頓式至一百六十呎（五十公尺）的範圍而將它擊落。最後，弗萊亞雷達站在海岸上建立了十六處左右的防區，此即所謂的「黑暗夜戰」（dunkel Nachtjagd, Dunaja）。

一九四〇年九月，第 2 夜戰聯隊第 1 大隊成軍以作為夜間入侵者突襲英國東岸的英國皇家空軍機場。數週之內，這支大隊掌握了一批容克斯 Ju 88C-4 型戰機，它可搭載三名機組員，武裝為兩挺二十公釐 MG-FF/M 型加農砲和三挺〇‧三一吋（七‧九二公釐）MG 17 型機槍。他們不斷騷擾返航的英國皇家空軍轟炸機，作戰證明非常成功。

政治干預

卡姆胡伯欲加快入侵突襲步調的企圖為德國空軍的參謀總長漢斯‧顏熊尼克上將擋了下來，他認為沒有必要如此浪費資源。最後，希特勒在一九四一年十月十日直接下令終止德軍夜間入侵作戰，這支大隊亦調到了地中海戰區。

一九四一年六月二十二日德軍入侵蘇聯之際，轟炸機指揮部約有四十九支中隊，一千架戰機。八支重型轟炸機中隊不是已能運作，就是在訓練當中，但妥善率還是很低。自一九四一年六月到十二月，他們八百架的中型與重型轟炸機僅有一半適合作戰，夜戰型轟炸機有時平均更只剩下六十架左右得以使用。

日間突襲

在英國的空軍參謀當中，有人認為恢復日間的轟炸或許是戰勝德國上空的關鍵。當時德國空軍在西歐的防禦力量確實是不足，他們於法國北部與比利時僅剩下兩支聯隊而已。

戰爭內閣中有愈來愈多的懷疑主義者質疑夜間空襲德國和其他地區的成效與準確性。一九四一年八月十八日呈現的評估分析更是難以想像的令人失望，它證實在夜間作戰只有百分之二十五的機組員宣稱找到目標；而在朦朧的魯爾區，十架轟炸機中僅有一架於目標五哩（八公里）的範圍內投下炸彈。

暫停攻擊

九月，轟炸機指揮部剩餘的戰機重返布勒斯特發動攻擊，並轟炸羅隆與聖納澤爾的 U 艇基地。隨著英國空軍部、皇家空軍中東與海岸指揮部接二連三地對轟炸機指揮部提出了新的請求，空軍參謀因而決定終止大規模轟炸行動，宣布保留戰力一段時期，至一九四二年春再展開進攻。

從七月到十二月，轟炸機指揮部於夜間派了一萬四千八百三十三架次和日間一千六百四十三架次的轟炸機出擊，作戰中有六百零五架轟炸機沒能返回基地，另二百二十二架則在不同的情況中遭到摧毀，這樣的損失幾乎是轟炸機指揮部花五個月時間所建立起來的全部武力。隨著日本向英美宣戰，大西洋之役也如火如荼的進行中，對許多人而言，很明顯的，儘管這對國內的士氣有利，但轟炸機指揮部的投資報酬率實在太低，有不少人要求它解散。英國皇家空軍轟炸機指揮部面臨到了危機，與其說是遭受敵人的打擊，還不如說是國內刺耳的反對聲音。

↓ 英國皇家空軍第 37 中隊在 1939 年 9 月 3 日執行了英國皇家空軍轟炸機部隊於大戰中的第一起任務。在 12 月的一場突襲中，六架出擊的轟炸機即損失了五架，讓轟炸機指揮部由白晝轟炸改為夜間作戰。這架第 37 中隊的威靈頓式 IA 型於 1940 年 1 月投入服役，當時該中隊的基地位在諾福克（Norfolk）的費爾特威爾（Feltwell）。

第六十五章
考驗之年

西元一九四二年初，美國人在太平洋對抗日本，而德軍則深陷於蘇聯。英國轟炸機指揮部，缺乏有效率的戰術轟炸，已經到了導致信任危機的地步。

↑ 1942 年，一批新型的戰機進入轟炸機指揮部裡服役，包括照片中的這架北美（North American）B-25C 型，英國皇家空軍稱之為米契爾式（Mitchell）II 型。到了 1943 年 3 月，轟炸機指揮部的中型轟炸機部隊包含兩支中隊的該型機，還有十五支中隊的維克斯威靈頓式和三支中隊的洛克希德凡圖拉式轟炸機。

一九四一年八月的「布特報告」（Butt Report）一點一滴的透露出英國高層對轟炸機指揮部失去了信心，他們無能向第三帝國的目標進行精確攻擊。然而，在一九四一年夏間，一具稱為「吉」（Gee）I 型的電子導航輔助裝置發明了出來，至一九四二年二月，轟炸機指揮部超過兩百架的戰機都裝設了「吉」，儘管他們承認，這種裝置很快就會被德國人反制。

一九四一年底，轟炸機指揮部正在保留戰力，但他們仍奉英國空軍部之命攻擊布勒斯特的沙恩霍斯特號、格奈森瑙號和尤金親王號。這群德國主力艦於一九四二年二月十二日的逃離讓轟炸機指揮部得以從這項令他們厭倦的任務中解脫。局勢發展的很快，在二月十四日，指揮部收到了一項新的指令，要求他們利用「吉」無限制地對第三帝國的目標發動夜間轟炸攻擊。

「吉」之戰

新指令下達的一個星期之內，亞瑟・哈里斯（Arthur T. Harris）中將接掌了轟炸機指揮部的空軍總司令一職。哈里斯堅決反對轟炸拘泥的目標像是工廠，若將之摧毀，可能會讓德國在物質上喪失發動戰爭的能力。而既然他的任務是轟炸，就要狠狠的轟炸一番。如有必要的話，第三帝國龐大的工業城鎮將一磚一瓦地夷為平地，這樣不但能使他們的戰爭工業崩潰，還可動搖德國市民的士氣。哈里斯固執的追求這個目標。

一九四二年二月，除了五支

布倫亨式與波士頓式（Boston）
III 型中隊之外，四十四支中隊皆
由哈里斯差遣，其中三十八支能夠
作戰。十四支中隊配備了重型轟炸
機，其餘的則操作威靈頓式、漢普
敦式與惠特利式；二月二十二日
時，轟炸機指揮部名義上有三百架
轟炸機隨時待命出擊。在重型轟炸
機當中，曼徹斯特式證明是個失
敗；而斯特林式 I 型 3 系列（Mk
I Srs 3）載彈時的絕對升限也十分
有限；新型的哈利法克斯式 II 型
1A 系列雖是 I 型的改良版，但仍
在測試階段。另外，為了彌補飛行
員的不足，哈里斯省掉了雙飛行
員的制度，並下令重型轟炸機裝上自
動導航系統；而航空技師也加以訓
練來協助駕駛，另一位機組員亦得
學習降落，以免緊急情況發生。

在戰術上，愈來愈有效率的德
國夜間戰鬥機已不再漫無目標的巡
航，轟炸機也不再能從容不迫的飛
越目標上空。

一九四二年三月三日／四
日晚間，轟炸機指揮部首次運
用新的戰術突襲巴黎—比蘭可
（Billancourt）的雷諾（Renault）
企業：第一波的重型轟炸機先投下
照明彈照亮目標，第二波的中型轟
炸機依樣畫葫蘆，而跟在後面的所
有曼徹斯特式、哈利法克斯式和威
靈頓式再投下四千磅（一千八百一
十四公斤）的高爆彈夷平目標。

「吉」作戰的第一個重要目標
是位在埃森的龐大企業，即「克魯
伯公司」（Krupp AG），攻擊行
動於三月八日／九日晚間展開。這

↑ 1942 年 4 月，第 2
轟炸聯隊奉希特勒之
令，在「貝德克空襲」
中扮演相當重要的角
色，此一行動是為報復
轟炸機指揮部對德國的
攻擊。照片中的這架戰
機是該單位旗下的 Do
217E-4 型轟炸機。

場作戰是個大失敗，新裝備與技術
的缺陷也隨即浮現。其後，一連串
的突擊都沒能命中目標。顯然地，
英國人對「吉」有太高的期盼，儘
管它了不起只是導航輔助裝置罷
了。

為了更精確地轟炸，藉由
「吉」I 型的輔助接近海岸目標仍
是切實可行的方案，不過波羅的海
的呂貝克（Lübeck）卻在「吉」的
作用範圍之外。該城是一座港都，
重要性較低，防禦力也較弱，而且
那裡的建築物大多是木造的。基於
這些因素，轟炸機指揮部選定了呂
貝克作為攻擊目標，以展示他們逐
漸壯大的實力。

約一百九十一架轟炸機投下了
三百噸的炸彈，讓一萬五千七百零
七人無家可歸。然而，這樣的轟炸
並沒有動搖德國人民的士氣和戰鬥
意願。接著，轟炸機指揮部再向多
特蒙德（Dortmund）、埃森、科
隆和漢堡發動空襲，然後在一九四
二年四月二十三日／二十四日晚又
回去對羅斯托克（Rostock）進行
縱火轟炸。

↑ 1942 年夏的某日傍晚，第 102 中隊的哈利法克斯式 B.Mk II Srs I 轟炸機正準備從托普可利夫（Topcliffe）基地起飛，突襲德國。

「貝德克空襲」

為了報復呂貝克的轟炸，希特勒於一九四二年四月十四日下了一道命令，要求重啟對英國的空襲，而且程度要比以往更加猛烈。若攻擊可對「市民的性命造成最大衝擊」，那麼該城市將成為轟炸的首選。因此，在法國與比利時的第 3 航空軍團組織了一支規模龐大的轟炸機部隊，且為遵循希特勒的命令，他們的目標不是特別具有工業價值的城市而為一般的名勝都市。不久，英國人便稱這樣的攻擊為「貝德克空襲」（Baedeker raids），它是以十九世紀德國著名的城鎮旅遊指南來戲稱。第一起空襲發生在一九四二年四月二十三日／二十四日晚間，德國空軍向埃克塞（Exeter）發動轟炸，但沒有成功；隔夜，德軍轟炸機兩波極具威力的行動掃蕩了一座歷史悠久的大教堂城市，不過損失也十分輕微。

在四月結束之前，巴斯（Bath）於兩個晚上（四月二十五日與二十六日）遭受空襲，接著是諾里奇（Norwich）兩起，約克（York）一起。五月間，德國空軍又突擊了埃克塞、考斯（Cowes）、諾里奇、赫爾（Hull）、普爾（Poole）、格林斯比（Grimsby）與坎特伯里（Canterbury）。整個六月、七月和八月，德國轟炸機的攻勢持續進行，最後在一九四二年十月三十一日晚間對坎特伯里的空襲之後才逐漸平息。當天下午，還有六十多架的 Fw 190 型發動掃蕩。

在德國空軍的夏季攻勢期間，英國皇家空軍戰鬥機指揮部也迅速展開反擊，他們有一批由地面管控攔截系統（GCI）指引的夜間戰鬥機。一九四二年一月，戰鬥機指揮部部署了十支中隊的標緻戰士，他們都配備 IV 型空中攔截雷達（AI Mk IV）；而第一批新一代的雷達，VII 型空中攔截雷達也正在測試當中。VII 型空中攔截雷達所創下的首次擊殺紀錄是在四月五日。到了一九四二年秋，VIII 型空中攔截雷達亦開始架設於英國的夜間戰鬥機上。

儘管地面管控攔截系統十分有效，但管控系統同一時期只能做一次攔截。為了防範大規模的突襲，戰鬥機指揮部於是採用了一套有點類似德國卡姆胡伯近來所發展的系統。自一九四二年十二月後，它在代號「風味」（Smack）之下進行。英國人亦將探照燈部署成箱形，三十六吋（九十公分）的指示探照燈設置於防線一帶前方十二哩（十九公里）處，而防線帶上的「擊殺區」（Killer Zone）則有集中的六十吋（一百五十公分）強力探照燈，他們為在上空盤旋的夜間戰鬥機照出目標。

千機空襲

天候和戰機妥善率的改善讓哈里斯能夠在一九四二年四月發動破紀錄的三千七百五十二架次攻擊，雖然損失也是迄今最高的。當月最出名的突襲之一是四月十七日的日間低空掃蕩，由第 44 中隊與第 97 中隊執行，他們轟炸了位於奧古斯堡（Augsburg）的「奧古斯堡—紐倫堡機械工廠」（MAN）的柴油引擎廠。

夏天的最高潮，是意氣風發的哈里斯一次派出了一千多架的轟炸機空襲第三帝國，但實際上這場突擊主要分為三起，在「千禧年行動」（Operation Millennium）的代號下進行。就它的組織而論，這和如此雄偉的轟炸機數目一樣是豐功偉業。在取消了一次行動之後，一九四二年五月三十日／三十一日晚，科隆遭到為數一千零四十六架戰機的攻擊。由於飛行員不足，至少有三百六十七名的學員與教官上場作戰。與此同時，第 2 聯隊的五十架布倫亨式 B.Mk IV，還有「陸軍協同作戰指揮部」（Army Co-operation Command）也派機出擊掃蕩荷蘭機場。不過，重點仍是龐大的轟炸機部隊，第 1 與第 3 聯隊配備「吉」的戰機先進行標定，然後展開首波轟炸。事後的災情報告揭示，超過二百五十座的工廠不是全毀便是嚴重受創，四百八十六人喪命，五千零二十七人負傷，還有五萬九千一百人無家可歸。英軍則約有四十二架轟炸機未能返航。

六月一日／二日晚，哈里斯再派九百五十六架轟炸機突擊埃森的克魯伯企業。經過一段天候不佳的時期之後，一千零六架的轟炸機又於六月二十五日／二十六日晚間向不來梅發動空襲。

由於英國的轟炸機部隊仍不夠強大，持續發動千禧年行動是不可能的事情。不過，這樣的作戰指引了重要的方向，而且極具宣傳效果。

卡姆胡伯防線

在一九四一年九月，德國空軍採用了三套夜戰模式。最廣泛使用的是「照明夜戰」，即夜間戰鬥機於探照燈區內行動；而在前線或探照燈區之外則為「黑暗夜戰」的戰場，其中陸基雷達扮演著非常重要的角色。另外，在大城市周遭則採用結合這兩種模式的「聯合夜戰」（kombiniertes Nachtjagd）。漸漸地，這三套模式融合成後來所謂的「天床」（Himmelbett）。

到了一九四二年六月，大批的德國夜間戰鬥機裝上了珍貴的 FuG 202 型〔列支敦斯登（Lichtenstein）B/C 型〕與 FuG 212 型機載雷達。至一九四二年夏，德國的天空已相當具有危險性。

危機解除

一九四二年七月間，轟炸機指揮部發動了十起主要的夜襲，重創威廉港、漢堡、杜伊斯堡與薩爾布呂肯（Saarbrücken），還對但澤

（Danzig）和呂貝克進行兩起白晝轟炸。然而，德國人已有辦法干擾「吉」I 型導航裝置，轟炸機只得深深依賴月光和明亮的星空來執行任務。他們在德國夜間戰鬥機的攔截下損失慘重。儘管如此，轟炸機指揮部的信任危機解除了，而且它將在大戰中占有一席之地。

一九四二年八月十五日，儘管哈里斯持反對意見，一支導航部隊仍然成軍。他們的任務是為主力轟炸機部隊找尋目標和在特定的區域內進行標定。

整個夏末期間，轟炸機指揮部蒙受了高昂的損失，但在九月之後，它因為間接涉入「火炬行動」，出擊減少而使傷亡下滑。不過，轟炸機指揮部仍於十月十七日盡了全力向勒‧克魯瑟（Le Creuset）發動日間空襲，還有在十二月六日對恩和芬（Eindhoven）的飛利浦（Phillips）工廠展開大轟炸。

新年之際，德軍由於在北非的艾拉敏（El Alamein）之役和蘇聯史達林格勒圍城戰的接連挫敗，盟軍的戰略情勢彌漫著一鼓新穎的樂觀氣氛。在他們的新戰略中，相當重要的一部分是派轟炸機進犯德國。因此，轟炸機指揮部和它的新夥伴，美國第 8 航空隊的第 8 轟炸機指揮部將扮演十分關鍵的角色。

英國皇家空軍的夜間轟炸機

1942 年 2 月，由於英國大眾對英國皇家空軍轟炸能力的信心跌到谷底，綽號「轟炸機」的亞瑟‧哈里斯取代了皮爾斯（R. E. C. Peirse）上將接掌轟炸機指揮部。哈里斯將英國的戰略空軍力量蛻變成一支實力與效率兼備的可怕武力，儘管他繼承的大部分都是過氣了的戰機，包括哈利法克斯式與阿姆斯壯‧惠特沃斯惠特利式。

↓亨德利‧佩奇哈利法克斯

英國皇家空軍第一個配備哈利法克斯的單位是第 35〔馬德拉斯總督（Madras Presidency）〕中隊，他們於 1940 年 11 月接收這款轟炸機，並進行該機的測試任務。圖中的這架哈利法克斯於 1942 年 8 月 28/29 日對紐倫堡（Nuremberg）發動突襲之後未能返回基地。

↓阿姆斯壯‧惠特沃斯惠特利

這架第 78 中隊的惠特利式 V 型以約克郡（Yorkshire）的克勞夫特（Croft）為基地，而且自大戰爆發以來一直專職於夜戰任務。

第六十六章
宣示意圖

西元一九四三年一月，盟軍各國領袖和他們的聯合參謀總長
（Combined Chief of Staff）在卡薩布蘭加進行重要的會談。

這次會議之後，英國皇家空軍轟炸機指揮部與美國第 8 轟炸機指揮部的指揮官都接獲了新的指令，它描繪出未來轟炸機進攻的輪廓。這項指令宣示：「你們的首要目標將是循序漸進地擾亂和摧毀德國軍事、工業與經濟體系，並侵蝕德國人民的士氣，讓他們的武裝反抗力量衰弱到不堪一擊。」

優先的目標

接下來的指令中還陳列了攻擊的優先目標：德國的 U 艇造船場、飛機製造廠、交通運輸、石油工廠和「其他的戰爭工業目標」。對英國皇家空軍轟炸機指揮部的總

司令哈里斯上將來說，這項指令只不過是重申一九四二年二月十四日的區域性轟炸指令而已，所以他認為沒有必要改變策略：區域性的大規模轟炸將是未來致勝的關鍵。

世界上很少有任何一個國家的人民能夠在家園不斷遭受轟炸的打擊下，還能持續靠著毅力與士氣奮戰下去。不過，許多人卻不這麼想，尤其是空軍參謀部裡的將領。況且，美國的戰略家早就不同意英國皇家空軍自一九四〇年十二月以來的區域性轟炸策略。他們的理由很簡單：在這場大戰中，以空中轟炸來打擊人民的士氣並沒有得到實質上的效果，他們尤其點出一九四

↑ 照片中，六千發的五〇機槍彈匣和兩顆 2,000 磅（907 公斤）的高爆彈準備裝上一架將前往德國執行任務的 B-17 型轟炸機。機上隊員們在轟炸機前擺好了姿態照相，拍攝於英國某處的基地。

↑當代英國皇家空軍轟炸機指揮部的典型轟炸機是這架第 78 中隊的「甲級」（A-Able）哈利法克斯 B.Mk II Srs 1，它已是具有十次作戰經驗的老手。

↓1942—1943 年間，B-17F 型轟炸機開始投入第 8 航空隊服役。1943 年 11 月 16 日，第 303 轟炸大隊第 359 轟炸中隊的「迷魂藥號」（Knockout Dropper）是歐洲戰區（ETO）中最先累積到五十次出勤的 B-17 轟炸機。

○年至一九四一年英國人民面臨大轟炸之後的復元能力。

所以，至少就策略來說，盟軍來到了抉擇的十字路口：英國人固執地堅持夜間區域性轟炸，雖然是針對特定的目標，但亦以夷平周邊地區作為額外的紅利；而美國人則力求精確轟炸，對德國軍事、經濟和工業資源的「瓶頸」（Bottleneck）〔也就是哈里斯所謂的「萬靈丹」（Panacea）〕發動攻擊。這兩種途徑最後都沒能贏得戰爭，但對勝利卻有很大的貢獻。

埃克爾瞄準德國

一九四三年一月五日，卡爾・史巴茲（Carl Spaatz）將軍交出了第 8 航空隊的指揮權予伊拉・埃克爾（Ira C. Eaker）少將，他本身則

轉調至地中海戰區。一九四二年跨一九四三年冬之際，美國航空部隊於北非擁有優先地位，在太平洋上更是引以為傲，不過在英國的美軍第 8 航空隊卻是一個完全受到忽視的單位。而且，美國戰機出擊的折損率也從一九四二年十一月的百分之三・七攀升到十二月的八・八。除了戰術的問題之外，第 8 轟炸機指揮部亦面臨兵力不足的困擾，他們編成的第 91、第 93、第 44、第 305、第 306 和第 303 轟炸大隊（重型）只有一百四十架的 B-17F 型與 B-24D 型，妥善率僅為百分之五十。這樣的情勢仍將持續到一九四三年五月。

美國第 8 轟炸機指揮部的教條是在沒有護航的情況下，於日間進行精確轟炸。儘管 U 艇造船廠在一九四二年秋被選定為目標，但第三帝國境內沒有任何一處遭受突襲。或許埃克爾感受到了第 8 航空隊力有未逮或在戰術上不適合長程飛行且無護航地深入敵境，不過一開始，他認為法國上空第 2 與第 26 戰鬥聯隊的攻勢既兇猛又敏銳有點名不符實。一九四三年一

月二十七日早晨，第 8 轟炸機指揮部首次進入德國領空作戰，第 1 戰鬥聯隊約五十至七十五架的 Fw 190 型與 Bf 109G-1 型立即升空攔截。九十一架 B-17 型和 B-24 型（第 91、第 303、第 305、第 306 與第 44 轟炸大隊）的首要目標是位於費吉薩克（Vegesack）的「不來梅—沃肯造船公司」（Bremer-Vulkan Shiffbau AG，約在不來梅西北方八哩／十三公里）。這群轟炸機由第 306 轟炸大隊的法蘭克・阿姆斯壯（Frank A. Armstrong）上校領軍。然而，厚實的雲層與迂迴的航線促使這位領隊改飛往另一個目標，即威廉港的「日耳曼尼亞造船廠」（Germania Werft）。在那裡，防空砲火與戰鬥機的反制都出乎意料的薄弱。

自此之後，德國戰鬥機的攻擊愈來愈有效率，尤其是致命的正面迎擊，迫使第 8 轟炸機指揮部採取積極的舉措。春初，B-17F 型與 B-24D 型都加設了更厚重的裝甲，樹脂玻璃機首也加裝兩挺以上的〇・五吋（十二・七公釐）柯特（Colt）M2 型機槍。另外，自一九四二年跨一九四三年冬以來，他們的戰術隊形徹底改變，轟炸機群現在緊密的圍成箱形陣式，各中隊則垂直地疊成梯次編隊，以儘量讓轟炸機背側的旋轉砲塔發揮功效。

魯爾之役

當美國第 8 航空隊嘗試性地飛越德國上空進行突擊之際，英國皇家空軍轟炸機指揮部持續進行夜間

轟炸。轟炸機指揮部派出比以往還強大的戰力空襲魯爾區，他們還擁有新武器與新裝備。到了二月，哈里斯已達成他的中期目標：兵力提升至五十支中隊，包括三十五支配備蘭開斯特 B.Mk I、哈利法克斯 B.Mk II 與斯特林 B.Mk III 重型轟炸機的中隊。而「吉」I 型導航裝置雖然在第三帝國上空遭受干擾，但多頻率的 II 型多少能予以反制。另外，最重要的兩款新式導航與瞄準儀器此時也發配到了最近才定名的第 8（導航）聯隊，由班奈特（D. C. T. Bennett）少將指揮。這兩款新儀器被稱為「歐波」（Oboe）和「H2S」。

歐波 I 型於一九四二年十二月投入第 109 中隊服役，它裝置在蚊式 B.Mk IV 戰機上。這種裝置主要是以兩處陸基發報站和一具機載接收器為基礎來運作，雖然收發範圍有限，但它讓導航部隊的蚊式在三萬呎（九千一百四十五公尺）的高空，距離發報站二百五十哩（四

↑「萬能匠玩具號」（Tinker Toy）是第 381 轟炸大隊第 535 轟炸中隊的 B-17 轟炸機，它獲得了「掃把星之船」（Jinx Ship）的稱號。在六個多月的戰鬥中，機上有三名組員陣亡，多人負傷。

↑1943 年 5 月，B-26 型掠奪者式（Marauder）開始從英國起飛作戰，該型戰機編成的第 387 轟炸大隊更於 8 月加入戰局。起初他們用在低空轟炸行動，但由於蒙受慘重的損失，很快就部署到中層戰鬥。照片中即飛越歐洲占領區的掠奪者。

百零二公里）範圍內的轟炸精確度提高到距目標一百二十碼（一百一十公尺）以內。魯爾區正好在此一範圍之內。儘管歐波和 H2S 的準確性都有待加強，但相較於「吉」來說已是一大突破。

一九四三年二月四日發布給轟炸機指揮部的新指令讓哈里斯得以從打擊層層防護的 U 艇基地之束縛中解脫，並自由派他的轟炸機對德國工業的偉大要塞，即魯爾區，發動傾巢而出的攻擊。他的攻勢在一九四三年三月五日／六日晚間展開，當時四百四十二架的轟炸機被派去空襲埃森的克魯伯企業（有三百六十七架投彈）。作戰剛起步的時候，第 109 中隊的八架蚊式利用歐波 I 型在距離瞄準點（AP）十五哩（二十四公里）處的逼近航線上投下了黃色信標（TI），自此，二十二架導航部隊的支援機以照明彈照亮最後的航程。在發動攻擊的

時點，蚊式再直接於克魯伯企業上空投下紅色的信標以示轟炸。

當晚，德軍的高射砲和夜間戰鬥機擊落了十四架英國皇家空軍的轟炸機，不過這樣的攻擊模式和先前比起來已有大幅的改進，並讓目標難以避免地遭受摧殘的命運。

在所謂的魯爾之役期間（一九四三年三月五日至六月二十八日），英國皇家空軍轟炸機指揮部對魯爾工業區等地發動了二十六次主要空襲，包括威廉港四起，漢堡、斯圖加特（Stuttgart）與紐倫堡各兩起，基爾、不來梅、斯泰廷（Stettin）、慕尼黑、法蘭克福與曼漢姆各一起，所有的轟炸行動都是在四月結束之前展開。而他們的首要目標仍是埃森，其次為杜伊斯堡，第三是杜塞道夫。至一九四三年六月底，轟炸機指揮部向德國投下了三萬四千七百零五噸的高爆彈與燃燒彈，損失六百二十八架轟炸機。

「水壩破壞」

一九四三年夏初的兩場空襲驗證了英國皇家空軍轟炸機指揮部隊員愈來愈精進的戰技。其一顯示了惡劣的天候不再是德國城鎮得以免遭轟炸的護身符。六月二十八日／二十九日晚，裝置歐波的蚊式從空中為跟在後方五百四十架配備「吉」II 型的轟炸機進行定標，他們投下綁著降落傘的照明彈至科隆。該城於這場首次成功的大規模盲目轟炸中嚴重受創。

在第二場空襲中，提供魯爾工業區水力發電的艾得爾（Eder）、索爾培（Sorpe）與莫奈（Möhne）大水壩是「懲戒行動」（Operation Chastise）的主要目標，第 617 中隊的十九架蘭開斯特於一九四三年五月十六日／十七日晚展開攻擊。二十一點三十分前不久，這群轟炸機起飛前往空襲三座大水壩，若時間允許的話則突擊第四座，即施威姆（Schwelme）大壩。零時二十三分，莫奈大壩遭到轟炸，它在第五架蘭開斯特低空掠襲之後潰堤。接著，其餘的部隊飛往艾得爾大壩，它於二點，第三架掠過時爆破。剩下的蘭開斯特繼續獨自攻擊索爾培和施威姆大壩，但沒有成功。在這次行動中，轟炸機指揮部損失了八架轟炸機，五架於飛行途中墜毀或遭擊落，兩架在水壩上空失事，最後一架則於回程時被擊落。

在德國上空，盟軍於一九四三年春日以繼夜且逐步增強的轟炸卻被認為無法和那些救濟對策相提並論。德國空軍自負的首要戰場仍在蘇聯，其次是地中海，那裡進駐的單位絕大多數是日間戰鬥機。不過，這場大戰才正要開始測試第三帝國的作戰能力。他們接下來的重要一步是為日、夜間戰鬥機裝設 FuG 25a 型〔艾斯特林（Erstling）〕敵我識別器（IFF）。

夏季攻勢

一九四三年四月，美國第 4、第 56 與第 78 戰鬥機大隊開始操作共和（Republic）P-47C 型與 D 型雷霆式（Thunderbolt）戰鬥機。不過，由於 P-47 的戰鬥半徑有限（一百七十五哩／二百八十二公里），他們僅能在法國上空執行掃蕩與護航任務。同時，盟軍在地中海的壓力緩和之後，美國第 8 轟炸機指揮部的戰力亦因此提升。五月十三日，新編成的第 95、第 96 與第 351 轟炸大隊之 B-17 型轟炸機已可運作；次日，第 94 大隊亦能開始作戰；而第 92 大隊終於訓練完畢。德國上空的作戰腳步將逐漸加快。

一九四三年六月十三日的基爾之役代表第 8 轟炸機指揮部對第三帝國進行密集白晝轟炸且不斷承受德國戰鬥機攻擊的開始。當天，第 8 轟炸機指揮部一百八十二架向基爾與不來梅發動空襲的轟炸機中折損了二十六架。盟軍日以繼夜的猛烈轟炸終於蔓延到德國空軍的巢穴，但最嚴厲的情況還尚未來臨。

第六十七章
日間轟炸機進攻：殘酷的夏天

西元一九四三年二月，盟軍開始對第三帝國的目標發動日以繼夜的空襲。夏季，盟軍轟炸機殘酷地猛攻迫使德國空軍激發新的幹勁來捍衛家園。

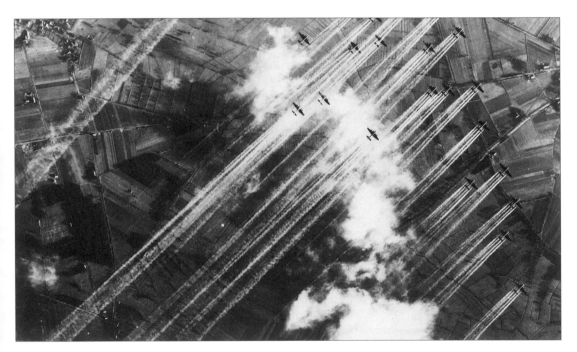

↑ B-17 型轟炸機的旋風式（Cyclone）渦輪引擎噴射出大量的氣流，它與高空的空氣接觸之後即凝結成水蒸汽。照片中這群拖曳著凝結雲的轟炸機於 1943 年 12 月 20 日被派往攻擊不來梅。機組員對這樣的凝結雲尾痛恨至極，因為這會暴露他們的行蹤，招致德國戰鬥機的掠奪。在空中堡壘向德國展開突襲的初期，護航的戰鬥機僅能跟到海岸邊，因為第 8 戰鬥機指揮部的 P-47 型戰鬥機航程範圍十分有限。

　　一九四三年春，英國和美國對戰略轟炸策略的分歧浮上台面。整體來說，轟炸機指揮部此刻深深地依賴愈來愈有效率的導航部隊，他們幾乎只有在夜晚才會派出轟炸機攻擊魯爾和其他的德國城市。一九四三年六月，轟炸機指揮部在創紀錄的五千八百一十六架次出擊中投下了一萬五千二百七十一噸的炸彈，但也付出不少代價：二百七十五架轟炸機沒能返航，另十五架因意外墜毀。不過，轟炸機指揮部的

信任危機已經過去了，而且哈里斯起草的策略符合廣泛的需求，所以即使傷亡慘重，夜間轟炸的戰果似乎得到贊許，投資在轟炸機指揮部上的資源亦似乎將得到效益。

　　至於美國方面又是另外一回事。埃克爾少將的第 8 航空隊一直遭受資源枯竭的窘境，至少到一九四三年五月為止，他得不到什麼增援。日間精確的轟炸未取得多少成果，天候不佳阻礙了瞄準，況且標準型的一般炸彈證明對 U 艇基地

莫可奈何，對那裡的突擊堪稱是第
8 轟炸機指揮部自一九四二年十月
以來最慓悍的貢獻。而他們早期在
法國上空的作戰凸顯出適當防禦力
的必要性，以對抗德國戰鬥機的攻
擊。埃克爾因此迫切地請求建立一
支長程護航戰鬥機部隊。

美軍轟炸機近來在德國上空的
折損率讓他們不得不重新評估情
勢：直到德國空軍的戰鬥機力量被
擊敗之前，對第三帝國的日間轟炸
將不會成功。一九四三年六月十日
的一道新指令反映了這項目標：
第 8 航空隊的任務將是在一九四四
年四月以前於「聯合轟炸攻勢」
（Combined Bombing Offesive）
下，摧毀德國的戰鬥機部隊，並作
為地面單位進攻西北歐的基本前
提。

「閃擊週」

到了一九四三年六月二十二
日，第 8 轟炸機指揮部的戰力已
提升至十三支大隊。直到七月中
旬晴朗的天空讓埃克爾能夠發動
第 8 轟炸機指揮部迄今最密集的
空襲行動，即「閃擊週」（Blitz
Week）。

七月二十四日，第 1 轟炸聯隊
攻擊了挪威的赫洛亞（Heroya），
而第 4 轟炸聯隊則突襲特倫漢與卑
爾根，他們僅損失一架 B-17F 型
轟炸機。次日，三百二十三架的
B-17 再度出擊轟炸漢堡和基爾。
空襲漢堡布洛姆─福斯造船場的第
1 聯隊遇上頑強的抵抗，十五架的
B-17 遭擊落，另四架掃蕩瓦爾納

↑1942 年 12 月，第 305
轟炸大隊第 365 轟炸中
隊的 B-17F 型從雀爾威
斯頓（Chelveston）出
擊。第 305 轟炸大隊由
克爾提斯‧勒梅（Curtis
E. LeMay）上校指揮，
這個單位開拓出不少隊
形轟炸的戰技。

河口（Warnemünde）的轟炸機也
未能返航。七月二十六日，三百零
三架的 B-17 啓航轟炸漢堡和漢諾
威（Hannover），「德國空軍中央
司令部」（LwBefhMitte）的武力
還被迫分散以對抗這兩群轟炸機的
來襲。

經過一天的停頓之後，第 8
轟炸機指揮部又派了一百八十二
架的 B-17 到卡賽爾─貝騰豪森
（Kassel-Bettenhausen）和奧舍萊
本（Oschersleben），這是第 8 轟
炸機指揮部迄今深入最遠的地方。
閃擊週的最高潮是在一九四三年七
月三十日早晨，那時一百八十六架
的 B-17 反覆造訪了卡賽爾，他們

↓盟軍在 1943 年夏極
需長程的洛克希德 P-38
型戰鬥機，尤其是在北
非與南太平洋。照片
中這架「德克薩斯騎兵
號」（Texas Ranger）
P-38 型閃電式隸屬於
第 55 戰鬥機大隊，
該單位在 1943 年 10
月從納特漢普斯泰德
（Nuthampstead）開始
作戰。

↑↓英國空軍上將（ACM）哈里斯深信，唯有大規模摧毀德國的城鎮和工業區才能將之擊敗。如此必會讓德國人民的士氣崩潰並削弱他們從事戰爭的能力。他的轟炸機指揮部配備了強大的蘭開斯特式（如照片）、哈利法克斯式與斯特林式轟炸機部隊，且逐步向這個目標穩健地邁進。

於撤退之際還有八支中隊的 P-47 予以掩護。新型的可拋棄式副油箱使 P-47 戰鬥機能夠抵達德國與荷蘭的邊界，他們從三萬呎（九千一百四十五公尺）的高空一路殺到底層。第 8 戰鬥機指揮部宣稱他們的戰果為二十五架確認的擊殺，且僅失去七架 P-47 而已。

在六天裡，第 8 轟炸機指揮部一共派出了一千六百七十二架次的轟炸機（一千零四十七架次的投彈），折損八十八架 B-17，還有許多無法修復而報廢。他們證明了尚未具有足夠的實力來執行長期的密集轟炸。

蛾摩拉行動

到了一九四三年五月，盟軍已破解了德國早期預警和地面管控攔截雷達系統的祕密，因此他們得以開始全力反制德國的雷達網絡。一九四三年七月十五日，「窗」（Window）雷達干擾措施得到授權使用，英國空軍上將哈里斯也在魯爾戰役的成功之後欲趁勝追擊，利用此一良機向漢堡發動一連串毀滅性的突襲〔即「蛾摩拉行動」（Operation Gomorrah）〕。七月二十四日／二十五日晚，哈里斯展開首次針對漢堡的雷達聚集、火力管控與空襲預警系統之轟炸，打算以大量的燃燒彈燒毀他們的雷達設施。

在一百五十分鐘內，七百四十架的轟炸機（總共派出七百九十一架）投下了二千三百九十六噸的燃

燒彈與高爆彈。進攻期間，盟軍戰機亦投下了「窗」雷達干擾片，他們大大混淆了德國防禦體系的視聽。作戰非常成功，只有十二架轟炸機沒有返航。隔夜，轟炸機指揮部派了七百零五架的轟炸機到埃森；七月二十七日／二十八日晚，轟炸機重返漢堡：七百三十九架重型轟炸機投下二千四百一十七噸的燃燒彈，大火產生的對流空氣溫度超過攝氏一千度，火海蔓延了整條街道。

七月三十日／三十一日與八月二日／三日晚又有兩起對漢堡的致命空襲。在轟炸與火災下的真正死亡人數至今仍不得而知，一項資料的引述為四萬一千八百人喪生，三萬七千四百三十九人受傷，但不少重傷的病患後來也亡故，再加上數以千計的人列為失蹤。在對漢堡的數次突擊中，英國皇家空軍損失八十七架轟炸機，他們總共派了三千零九十五架次的出擊，二千六百三十架次的投彈，投下八千六百二十一噸的武器，其中一千四百二十六噸為燃燒彈。漢堡之役導致德國空軍將防衛單位從其他的戰區調回帝國。至一九四三年九月之際，其總兵力的一千六百四十六架戰鬥機和三百九十二架驅逐機當中，超過百分之六十已回到了德國和其占領地的機場。

耍把戲者行動與施韋因福特

到了八月，美國第 8 航空隊 B-17 重型轟炸機的戰力已提升至十六支大隊，於是埃克爾企圖發動一次重要的雙叉攻勢，突進第三帝國的心臟地帶。在這場「耍把戲者行動」（Operation Juggler）中，第 4 聯隊將前往突擊雷根斯堡—普呂芬茵（Regensburg-Prüfening）的龐大梅塞希密特工廠，接著他們會飛過阿爾卑斯山脈，降落到北非；其後，第 1 聯隊亦會轟炸施韋因福特（Schweinfurt），但他們的戰機將返回英國的基地。

一九四三年八月十七日，耍把戲者行動展開，埃克爾派出三百七十六架 B-17 執行雙重任務。第 4 聯隊的一百二十七架 B-17F 型打擊雷根斯堡，失去了二十四架轟炸機；而第 1 聯隊一百八十三架的 B-17（共派出二百三十架）則蹂躪施韋因福特，折損三十六架。盟軍戰鬥機的護航遠及布魯塞爾（Brussels）和歐本（Eupen）。德國空軍第 26 戰鬥聯隊和第 1 夜戰聯隊第 1 至第 4 大隊在與這批戰鬥機的對戰下損失慘重。可是，超過了護航機的航程範圍之外後，B-17 即得自行深入敵境，並遭受來自四面八方，超過三百架德國戰鬥機空前未有的猛襲。六十架 B-17 轟炸機的損失為德國空軍立下了典範。經過了好一陣子以後，第 8 航空隊才再出動轟炸德國境內的目標。

一九四三年九月六日，一項轟炸斯圖加特的任務在惡劣的天候下失敗，並折損了四十五架空中堡壘，他們大多數是為戰鬥機所擊落。九月二十七日，於恩登（Emden）上空，配備新型可拋棄式副油箱的 P-47 讓德國戰鬥機駕

手大感意外,他們擊落了二十一架敵機而僅有一架 P-47 折翼。然而,盟軍戰鬥機大隊的供給和額外的副油箱依舊不夠,無法有效保護第 8 轟炸機指揮部。

同年十月二日,第 8 轟炸機指揮部再次深入德國內地進行一連串的空襲,這一天當中,三百三十九架的戰機轟炸了恩登,只損失兩架;十月四日,他們對法蘭克福和威斯巴登(Wiesbaden)的突擊則失去十六架。十月十四日,當月的行動達到高潮,施韋因福特的轟炸任務中有六十架 B-17 折翼,還有五架著陸之後無法修復而報廢,此外還有一百四十五架左右嚴重受創。德國空軍僅失去三十三架 Bf 109G 型與 Fw190 戰鬥機和四架驅逐機。對美國人來說,這個代價太過高昂,施韋因福特之役代表他們歷經日間轟炸的苦難考驗,以及德國空軍的勝利。

護衛與防衛者

1943 年 8 月與 9 月間,儘管希特勒的反對和戈林完全不予以響應,德國空軍的優先任務還是從蘇聯和地中海區的戰鬥轉為捍衛帝國的領空,對抗盟軍轟炸機與其隨行護航戰鬥機的來襲。

↑共和 P-47C 雷霆

愛德華・安德生(Edward W. Anderson)上校著名的第 4 戰鬥機大隊在 1943 年 3 月投入作戰,他們由第伯登出擊。P-47 型戰鬥機配發至第 4、第 56 與第 78 戰鬥機大隊,在當時乃是第 8 戰鬥機指揮部裡唯一的利器。這些大隊的作戰半徑受限於 175 哩(282 公里)的範圍之內,因為 P-47D-1 型的內部油箱只能裝載這麼多的燃料。而易漏的 200 美加侖(757 公升)外掛油箱也試驗性的加以利用,但已很明顯的,這種油箱並不適合。

↑梅塞希密特 Bf 110G-2/R3

為了突破美國轟炸機的陣式,德國空軍最高指揮部從蘇聯與地中海戰區調回了 Bf 110G 型(如圖)和 Me 210A-1 型驅逐機單位,並將他們重新編整。這架 Bf 110G-2/R3 型掛載了四具 21 型迫擊砲(Wfr.Gr 21)和四挺 20 公釐 MG 151 型加農砲,1943 年秋服役於第 7 戰鬥航空師(7. Jagdivision)旗下的第 76 驅逐機聯隊第 4 中隊,基地在威特罕(Wertheim)。

第六十八章
柏林之役

隨著德國空軍在西元一九四三年十月戰勝了美國第 8 航空隊，埃克爾被迫放棄白天深入德國境內且無護航的空襲行動，直到合適的長程戰鬥機之到來。另一方面，英國皇家空軍的哈里斯認為此刻已是發動夜間大規模進犯轟炸的時機，其最終目的是將德國轟出大戰——他的首要目標即是柏林。

一九四三年十一月，英國空軍上將亞瑟·哈里斯爵士寫了一篇專論給邱吉爾，略述英國皇家空軍轟炸機指揮部過去的成就和其未來的目標：德國的首都柏林是即將展開的攻勢之頭號目標；羅列的次要目標則為萊比錫（Leipzig）、肯姆尼茨（Chemnitz）、德勒斯登（Dresden）、不來梅和其他城市。他以貶抑的口吻批評近來美國人的不合作，他們不但轉移了焦點發動諸如普洛什提的慘敗突襲，而且剛成軍的美國第 15 航空隊還設在遠離德國中心的南義大利。

哈里斯又向邱吉爾致上慷慨激昂的信息：「如果美國陸軍航空隊

↑德國上空充滿著層出不窮的危險，除了防空砲火與戰鬥機的來襲之外，上方也是潛在的危險來源，若上層的轟炸機偏離航線的話，他們投下的炸彈可能危及下方的友機。照片中這架第 94 轟炸大隊的 B-17 在柏林上空折翼，它的尾平翼遭到 500 磅（227 公斤）的炸彈砸中，沒有任何一位機組員生還。

↓圖中這架亨德利．佩奇哈利法克斯式 B.Mk II 於 1944 年初進入英國皇家空軍轟炸機指揮部服役。該機隸屬於澳大利亞皇家空軍第 466 中隊，機尾還掛著第 4 聯航的標誌，並配備 H2S 雷達。

可一同參與轟炸行動的話，我們就能讓柏林淪為一堆廢墟。我們之間的損失約為四百至五百架戰機，但得到的代價將是德國退出大戰。」哈里斯擁有一批合適的工具，他麾下超過八百二十架的轟炸機可派去作戰，大部分還是四引擎的重型轟炸機，如艾夫洛蘭開斯特、亨德利．佩奇哈利法克斯和一些蕭特斯特林。

轟炸機的配備

到此時為止，英國皇家空軍主力轟炸機大部分所搭載的裝備是 XIV 型（向量固定）投彈瞄準器、多頻率的「吉」II 型（TR.1355 型）導航裝置和 H2S Mk I 超短波雷達。而他們所使用的最重炸彈為一萬二千磅（五千四百四十三公斤）的高能彈（HC），它於一九四三年十二月時引進。第 8（導航）聯隊依舊處在最重要的地位，他們有了最新的導航與定位輔助儀器，即厘米波的歐波 II 型與 H2S Mk III，這些裝置取代了舊型、易受干擾的設備。另外，他們也使用一款新的「吉」H 型，它由一具機載收發器加上「吉」和兩座以英國

為基地的無線電發報回應站組成：領航員從各信號之間取得位相差，所以能夠算出精確的定位。

除了「窗」之外，英國皇家空軍的轟炸機搭載著主動與被動干擾設備和尾部預警器。不過，在這場諜對諜的祕密戰爭中，雙方於新裝備取代舊儀器之前都只能維持短暫的優勢。從戰術上來說，這比以往透過所謂的「愚弄」（spoof）欺敵戰術，轉移致命的德國戰鬥機之注意力還要重要。英國皇家空軍轟炸機指揮部在一九四三年九月二十二日／二十三日晚首次採取了「愚弄」戰術，當時主力部隊攻擊漢諾威，而另一支隊伍則向奧斯納布呂克（Osnabrück）發動伴攻。

一九四三年九月十五日，德國空軍的空防力量組成了兩個領域性的戰鬥機指揮部，其一在帝國，另一在西歐占領區。捍衛帝國的戰鬥機之優先生產地位雖仍次於轟炸機，但多虧艾爾哈德．米爾希（Erhard Milch）的努力，產量持續增加，一九四三年七月達到一千二百六十三架的頂峰，不過其後跌到了平均每月一千架。他們少數是新的設計，大部分都為標準型，包

↓ P-51 型野馬式戰鬥機於 1943 年底投入服役，起初伴隨第 9 航空隊作戰。圖中這架 P-51B 型野馬上的 GQ 編號透露出它隸屬於第 354 戰鬥機大隊第 355 戰鬥機中隊。

括梅塞希密特 Bf 110G-4 型、容克斯 Ju 88C-6b 型與 Ju 88R-1 型；另外一些都尼爾 Do 217J-1 型、梅塞希密特 Me 410B-1 型和亨克爾 He 219A-0 型貓頭鷹式（Uhu）亦投入服役。

此外，德國空軍採用了「野豬」（wilde Sau）和「家豬」（zahme Sau）戰術，使他們得以迅速恢復「窗」干擾下的潰敗：投入服役的新型雷達對它的干擾較不敏感，所以德國的復元讓盟軍的情報部門大感驚訝（譯者註：野豬戰術為夜間戰鬥機群聚在目標上空，不仰賴相互協調的雷達，而依盟軍前導機投下的照明彈迅速回擊，切斷轟炸機的集結；家豬戰術則是野豬戰術加上改良的雷達來加以反制）。他們雖處於守勢狀態，但戰鬥機的產量增加，而且還訓練飛行員進行轟炸，儘管水準無可避免的下降。

柏林之役

對柏林的空襲主要在一九四三年十一月十八日／十九日晚展開，當時總共派出的四百四十四架轟炸機中有四百零二架於十九點五十分至二十點二十七分之際投下了一千五百九十四噸的炸彈；另一批三百二十五架的重型轟炸機部隊亦對曼漢姆投下八百五十二噸的炸彈。這是英國皇家空軍首次在同一時機內派出兩支主力部隊進行轟炸，而且只有九架轟炸機沒有返回基地。接下來的幾天裡，第三帝國的首都不斷遭受空襲。

在整個漫長、凜冽的寒冬中，英國皇家空軍依照十一月的轟炸典範持續發動攻擊，有時的天候條件還十分惡劣。他們的攻勢一直到一九四四年三月二十四日／二十五日晚為止，當時七百二十六架的轟炸機以二千二百三十噸的炸彈轟炸柏林，不過七十三架戰機的損失反映出德國夜間戰鬥機部隊的效率和天候之嚴峻。在這段期間內，柏林遭受了十六次的主要空襲，總共九千一百一十一架次的轟炸機向該城進行轟炸，還有另十六起，共二百零八架次的蚊式戰機來騷擾。轟炸機指揮部於這幾場主要的空襲中損失了四百九十二架轟炸機，九百五十四架受創，另外尚有九十五架返回基地後報銷。

一九四三年跨一九四四年冬季

接任。十一月時，第 15 航空隊約有九百三十架戰機，但他們的戰力增漲得很快，只是妥善率欠佳和機場設施不良大大降低了這支新成軍的部隊之作戰潛力。第 15

↑第 55 戰鬥機大隊在 1943 年底開始汰換 P-38H 型為 P-38J 型。P-38J 型在高空的戰鬥表現更佳，為第 8 航空隊執行護航任務時更具有戰力。

期間，柏林之役和無數起對其他目標的攻擊是英國皇家空軍轟炸機指揮部於二次大戰中最艱鉅的戰役，他們的損失在一月達到了巔峰，當月六千二百七十八架次飛越德國的突襲，有三百一十四架轟炸機沒能返航，三十八架嚴重受損而報廢。此刻，也是德國空軍第 1 戰鬥航空軍夜間戰鬥機最猛烈反擊的時候。這個多天的德國夜空不乏激烈的戰鬥，一些德軍空戰王牌像是連特（Lent）、史特萊伯、亞布斯（Jabs）與施納提弗（Schnatifer）和其他的高手都締造了佳績。

第 15 航空隊登場

一九四三年十一月，美國第 15 航空隊開始由義大利腳跟的福吉亞（Foggia）綜合機場升空作戰，它的指揮官一開始是詹姆士・杜立德（James H. Doolittle）少將，自一九四四年一月起由納森・特文寧（Nathan F. Twining）少將

航空隊承擔的戰略任務包括支援在義大利的盟軍地面部隊、削弱巴爾幹半島的德軍和參與「單刀直入行動」（Operation Pointblank），還有弱化法國南部的反抗勢力，以為最後的進攻做準備。

起初，盟軍對特文寧少將的指揮有很高的期盼，「歐洲堡壘」（Festung Europa）的「軟弱下腹」（soft underbelly）上許多的打擊目標都在他重型轟炸機的航程範圍之內。不過，這些目標，尤其是德國南部的目標都有好一段距離，而且天候和阿爾卑斯山脈證明是嚴峻的障礙。

第 15 航空隊於一九四三年十一月二日展開了他們首次的主要作戰任務，當天一百三十九架的 B-17 型與 B-24 型從突尼西亞的基地起飛，由一支閃電式戰鬥機分隊護航，前往攻擊奧地利維也納—新城（Wiener-Neustadt）的龐大梅塞希密特子工廠。七十四架的 B-17

與三十八架 B-24 向維也納─新城飛機工廠（WNF）投下了三百二十七噸的炸彈，他們的戰果輝煌，其後估計，德國空軍在接下來的兩個月中少了二百五十架 Bf 109G-6 型戰鬥機可供使用。

一九四三年十月十四日，在德國空軍對抗美國第 8 航空隊的二個星期防衛戰之後來到了最高潮。當天折翼的六十架 B-17 型大多是第 1 戰鬥航空軍的戰鬥機所爲，這群轟炸機的目標是位在德國中部施韋因福特的軸承工廠。這樣的代價讓美國人無法接受，而且埃克爾麾下的轟炸機指揮部也在十月間蒙受最慘重的傷亡。他們於二千一百五十九架次的出擊中失去了一百九十八架轟炸機，折損率百分之九‧二，這是第 8 轟炸機指揮部在二次大戰中從未被超越的紀錄。整體而言，施韋因福特之役代表美國無護航的日間轟炸行動之結束，而且是德國空軍暫時性的勝利。

第 8 航空隊的壯大

一九四四年一月，一個統一的指揮部在卡爾‧史巴茲將軍的率領下成立，它後來被稱爲「美國戰略航空隊」（United States Strategic Air Force, USSTAF），以掌控第 8 與第 15 航空隊的作戰行動，還有防範政治影響力干涉盟軍遠征軍空軍（AEAF）和英國皇家空軍轟炸機指揮部的戰略轟炸任務。到了一九四四年二月，第 8 航空隊擁有二十支配備 B-17G 型轟炸機的大隊和九支 B-24H 型與 B-24J 型大隊，他

↑第 26 驅逐機聯隊第 2 大隊的一架 Me 210A-1 型在右舷引擎著火之際，飛行員拋射了該機的座艙蓋。照片中這架戰機在 1943 年 12 月 11 日爲第 56 戰鬥機大隊第 61 戰鬥機中隊的 P-47 擊毀。

們終於有了可畏的打擊力量。

長程戰鬥機

一九四三年十月，新一代的洛克希德 P-38H-1-LO 型戰鬥機首次隨第 55 戰鬥機大隊亮相；到了一九四四年二月，發配至戰鬥機大隊的 P-47 型雷霆式也已能在各個空層與德國戰機匹敵，而且他們可爲重型轟炸機護航遠至漢諾威一帶。

然而，毫無疑問地，最具戲劇性的是期待已久的 P-51B 型野馬式戰鬥機之登場。它配備派卡德隼式引擎，結合了最高效率的機身設計，還有寬敞的內部油箱和發動機組。雖然第一批野馬是爲第 9 航空隊的大隊而打造，但野馬戰鬥機很快就加入了 P-47 與閃電式的作戰行列，強大的第 8 航空隊將全力爭奪第三帝國上空的制空權。

第六十九章
制空權之戰

西元一九四四年初，德國戰鬥機白天和美國陸軍航空隊激戰，夜間還得對抗英國皇家空軍的轟炸機指揮部，作戰的激烈程度為空戰史上前所未見。

↑照片中，一架第 4 戰鬥機大隊第 334 戰鬥中隊的 P-51 B 型野馬戰鬥機在巡航高度上執行護航任務。P-51 有著令人印象深刻的續航力，在 1944 年間對第 8 航空隊的轟炸行動有相當深遠的影響。

　　美國陸軍航空隊的指揮官阿諾德將軍相當清楚他的任務：在僅剩的數個月裡擊敗德國空軍的防衛力量，或冒險取消盟軍登陸西北歐的行動而拖延戰事。

　　雖然擊敗德國空軍的任務難以達成，但美國陸軍航空隊受惠於敵手幾項潛藏性的弱點，這些弱點主要是戰鬥機的產量與性能、引擎與武裝、戰鬥機領隊的素質，還有新手飛行員的人數與訓練。

　　一九四三年十二月二十三日，漢斯—約根·史杜夫（Hans-Jurgen Stumpff）上將繼任懷瑟（Weise）上將成為「德國空軍中央司令部」（Luftwaffenbefehlshaber Mitte）的

指揮官。史杜夫很快便意識到，德國戰機的防禦力量極其脆弱：四百八十架可供調度的日間戰鬥機要負責防衛從奧地利 / 匈牙利邊界到丹麥北端的防線，而他們卻得對抗美軍第 8 與第 15 航空隊約一千五百架的 B-17 型與 B-24 型解放者式轟炸機。這些轟炸機還有超過一千二百架的戰鬥機支援，有許多甚至都已具備了長程護航的能力。

　　德國空軍雖不缺飛行員，但他們為了飛行員的素質而犧牲掉數量。而且，來到飛行中隊的新手也只不過是有三十個小時訓練的人罷了。

　　另一方面，「帝國航空軍團」

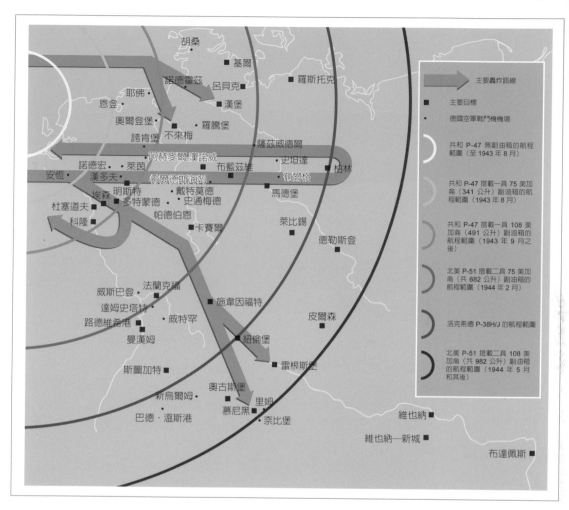

胡桑

基爾

諾德霍茲　呂貝克　羅斯托克

耶佛

恩登　漢堡

奧爾登堡　羅騰堡

諾肯堡　不來梅

薩茲威德爾

阿赫麥爾　漢諾威

諾德宏　萊茵　布藍茲維　史坦達　柏林

安恆　漢多夫　希爾德斯海姆　布爾格

埃森　明斯特　戴特莫德

杜塞道夫　多特蒙德　史通梅德　馬德堡

科隆　帕德伯恩

卡賽爾　萊比錫

德勒斯登

威斯巴登　法蘭克福

達姆史塔特　施韋因福特

路德維希港　威特罕　皮爾森

曼漢姆

斯圖加特　紐倫堡

新烏爾姆　奧古斯堡　雷根斯堡

巴德‧溫斯港　慕尼黑　里姆

奈比堡

維也納

維也納—新城

布達佩斯

圖例

主要轟炸路線

主要目標

德國空軍戰鬥機機場

共和 P-47 無副油箱的航程
範圍（至 1943 年 8 月）

共和 P-47 搭載一具 75 美加
侖（341 公升）副油箱的航
程範圍（1943 年 8 月）

共和 P-47 搭載一具 108 美
加侖（491 公升）副油箱的
航程範圍（1943 年 9 月之
後）

北美 P-51 搭載二具 75 美加
侖（共 682 公升）副油箱的
航程範圍（1944 年 2 月）

洛克希德 P-38H/J 的航程範圍

北美 P-51 搭載二具 108 美
加侖（共 982 公升）副油箱
的航程範圍（1944 年 5 月
和其後）

（Luftflotte Reich）的夜間防禦力無論在數量上與效率上都有增強，在一九四三年十二月，他們有六百一十一架夜間戰鬥機，妥善率平均為四百架。英國皇家空軍「窗」的雷達干擾效能已可被德國的列支敦斯登 SN-2 型機載雷達（FuG 220 型雷達）破解。德國其他的輔助歸向裝置還有弗倫斯堡（Flensburg）雷達（FuG 227 型雷達），它可追蹤英國皇家空軍轟炸機的「摩尼卡」（Monica）機尾警示雷達；

以及納克索斯（Naxos）Z 型雷達（FuG 350 雷達），它可截取來自英國皇家空軍 H2S 雷達的信號。另外，德國夜間戰鬥機愈來愈廣泛地使用 MK 108 三十公釐加農砲和向上開火的「爵士樂」（schräge Musik）機砲，這些裝備都讓他們更加令人畏懼。

但對德國空軍來說，不幸的是，希特勒與納粹統治高層拒絕承認盟軍愈來愈嚴重的轟炸威脅。這顯示在他們不願意減少轟炸機的產

↑1943 年與 1944 年美軍轟炸機作戰的主要差異在於，美國陸軍航空軍隊有穩健增加的戰鬥機護航。到了 1944 年底，野馬戰鬥機護衛著 B-17 與 B-24 轟炸機深入東歐地區。

↓在「遊蕩者」（Carpetbagger）行動中，第 8 航空隊的飛行中隊執行了特殊任務，即空投補給品到歐洲占領區予以反抗軍。首批的兩支遊蕩者中隊，第 36 與第 406 轟炸中隊在 1943 年底成立，圖中的這架「黑暗活屍號」（Black Zombie）B-24J 型轟炸機隸屬於後者。

出以建造更多的戰鬥機，並投入更多的精力於鞏固德國的防空力量上。一九四四年一月，德國空軍的策略實際上是進攻性的。

山羊行動

　　德國稱爲「山羊行動」（Operation Steinbock）的攻勢於一九四四年一月二十一日／二十二日晚間展開，他們派出了二百二十七架的轟炸機，卻未能施予對手多大的打擊。二十五架轟炸機未能返航（英國皇家空軍的蚊式戰鬥機就

↓照片中為一架 B-17 轟炸機機腹的機槍手擺好了姿勢來拍照。在戰鬥中，他們腳下將凌亂地堆滿用盡的機槍彈匣。

擊落了十六架），另外十八架飛機也因意外失事。攻擊行動持續到一九四四年四月，德國空軍的戰力不斷削弱且又遭受數次的損失，山羊行動才不名譽的結束。

「大禮拜」

　　杜立德指揮的美國第 8 航空隊長程深入敵境的行動在一九四四年一月十一日再度展開。天候對入侵者與防衛者來說都是一項嚴峻的挑戰。二月十九日天空終於放晴，讓盟軍指揮官有了等待已久的良機。「爭論行動」（Operation Argument）是盟軍轟炸機傾巢而出的日夜攻擊行動，目的是在消滅德國的飛機生產力。該行動於一九四四年二月二十日展開，其英烈的戰鬥後來被稱爲「大禮拜」（Big Week）。

　　最偉大的一次突擊發生在一九四四年二月十九日／二十日晚間，當時英國皇家空軍八百二十三架轟炸機轟炸萊比錫，在行動中的損失高達七十八架。二月二十日，第 8 航空隊派出了一千零八架 B-17 與 B-24 轟炸機，由六百六

↓圖中這架梅塞希密特 Me 410A-2/U4 在 1944 年春時隨第 26 驅逐機聯隊第 6 中隊從希爾德斯海姆（Hildesheim）起飛作戰。它為了摧毀盟軍的轟炸機而配備了超大口徑的 50 公釐 BK 5 型加農砲。彈艙裡共儲存了二十一發砲彈。

十一架戰鬥機護航，進攻萊比錫、波茲南、哥塔（Gotha）、布藍茲維（Brunswick）、哈伯爾史塔德（Halberstadt）與奧舍萊本。德國空軍的飛行員與觀測員對於美軍戰鬥機能夠如此深入內地感到十分震驚，在那裡，對蚊式戰鬥機和許多配備了一百五十美加侖（五百六十八公升）新型可拋棄副油箱的共和 P-47 型雷霆式戰鬥機來說，是輕而易舉的事。

就這麼一下子，美國長程護航機的出現顛覆了德國空軍整體的防禦戰略。而且，美軍指揮官已經準備好承受單次任務二百架轟炸機的損失。不過大禮拜行動的損失還算輕微：第 8 與第 15 航空隊超過三千三百架次的出擊僅各折損了一百三十七架和八十九架的重型轟炸機，占總平均的百分之六而已。

在英國皇家空軍轟炸機指揮部方面，英烈的柏林之役在經過多天的激戰之後於一九四四年三月二十四日結束。儘管傷亡慘重，但仍在他們得以恢復元氣的範圍內。然而，德國空軍的夜間戰鬥機群顯現出愈來愈致命和純熟打擊力的徵兆。在德國首都遭到猛烈的轟炸之後，沒有任何證據顯示德國的反抗意志會因此崩潰。

一九四四年三月三十日／三十一日，七百九十五架轟炸機在夜裡轟炸了紐倫堡，英國折損九十五架四引擎的轟炸機，還有七十一架嚴重損壞。當晚，轟炸機指揮部失去的飛行組員比不列顛戰役中戰鬥機指揮部喪失的飛行員還要多。紐倫堡轟炸是二次大戰中最大規模的夜戰，總損失超過百分之十三，這個數據甚至對空軍參謀部和冷靜的哈里斯來說代價都過高，日後對付納粹帝國的戰機數目因而下滑。由於這個代價，哈里斯體驗到了如同一九四三年十月美國空襲施韋因福特所遭受的挫敗。這是一場德國夜戰空軍（Nachtjagdwaffe）的勝利，但也是他們最後一場勝利。

德國上空的對決

美國陸軍航空隊與帝國航空軍團之間的爭鬥，在一九四四年三月到四月間達到了白熱化，當時美軍第 8 與第 15 航空隊正要奪取德國領空的制空權。以義大利

為基地的第 15 航空隊主要的攻擊目標是義大利和巴爾幹，但偶爾會襲擊維也納（Vienna）、克拉根福特（Klagenfurt）、史岱爾（Steyr）、維也納—新城與格拉茲（Graz）。

第 8 航空隊的勇士分擔了作戰的壓力。三月時，他們有二十支飛行大隊的 B-17G 轟炸機與十支大隊的 B-24 轟炸機；戰鬥機單位則包括七支 P-47 大隊、三支配備有 P-38J 的大隊，以及三支配備了北美 P-51B 型野馬式戰鬥機的大隊。美國鼓勵飛行員，讓他們有進取精神：空中纏鬥從二萬五千呎（七千六百二十公尺）的高空一路打到地面，返航的戰鬥機也會利用每一次機會進行低空掃蕩。他們不像英國皇家空軍在一九四一年到一九四三年間有一大堆有損作戰效率的瑣碎規定，而且大膽的戰術亦產生了很大的效益。

一九四四年三月期間，帝國航空軍團在戰鬥中折損了三百零九架戰鬥機，還有一百零八架受損，在替補的飛機來到之前幾乎是全軍覆沒。而第 8 航空隊在一萬零五百五十二架次的出擊中則損失了三百四十九架重型轟炸機，僅為百分之三‧三的折損率。對美國第 8 戰鬥機指揮部來說損失更低，他們在一萬零一百七十五架次的出擊中只有一百六十二架折翼。

一九四四年四月間，戰略轟炸部隊交由德懷特‧艾森豪（Dwight D. Eisenhower）將軍指揮以進行「大君主行動」（Operation Overlord）。德國的耗損達到巔峰，而且至該月底，美國第 8 航空隊已取得了制空權。帝國航空軍團的後衛於二月與三月間的激戰後遭到突破。盟軍的指揮官們熟知此事，但他們的注意力卻轉向另一個目標：國防軍仰賴的油田。

↓1944 年 2 月，一架第 452 轟炸大隊的 B-17G 型轟炸機飛向德國。多虧了 P-51B 野馬式戰鬥機的出現，這是轟炸機群首次有戰鬥機的全程護航來直搗德國的心臟。

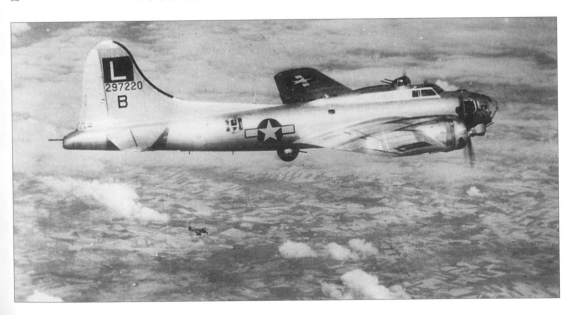

第七十章
北美 P-51 野馬

P-51 型野馬式可以說是史上最佳的活塞引擎戰鬥機。由於 P-51 的長程護航，美國的重型轟炸機才能在可接受的損失範圍內將戰火帶到第三帝國的心臟。因此，P-51 名正言順地堪稱是奪得二次大戰勝利的戰鬥機。

二次大戰期間，有不少速度及敏捷性高過 P-51 的戰鬥機，還有能夠承受更大戰損、用途更廣泛和產量更多的戰鬥機。甚至在當代的美國戰鬥機中，格魯曼 F6F 型地獄貓式的迴旋性能更緊密，沃特 F4U 型海盜式是更好的武器發射平台，共和 P-47 型雷霆式於纏鬥戰中也更容易操縱。

不過，很少人能夠提出有比強勁的野馬更重要的戰鬥機，雖然一項客觀的評估或許會斷定 P-51 的槍桿力過高、失速警訊不夠充分，而且有劇烈的偏航特性，嚴重的限制了該機的效能。

野馬式戰鬥機有了不起的身世，它的設計、製造與試飛（根據傳說）只有短短的一百八十天。更不可思議的是，英國皇家空軍原是要求「北美航空公司」（North

↑對許多飛行員來說，P-51 戰鬥機最佳的衍生型是 B 型，他們裝置英國馬康姆（Malcolm）座艙罩時比 D 型的氣泡形座艙罩還輕、飛得更快，而且更易操縱。照片中這架「愛荷華美女號」（Iowa Beaut）P-51B-15-NA 型隸屬於第 355 戰鬥機大隊第 354 戰鬥機中隊。

↑在歐洲戰區上，野馬式戰鬥機由許多美國陸軍航空隊的空戰王牌所操縱。其中一例即是照片中的美國陸軍第 8 航空隊第 4 戰鬥機大隊第 336 戰鬥機中隊的唐‧金泰勒（Don Gentile）上尉。他是了不起的戰鬥機領隊，駕馭野馬締造十五‧五架的擊殺紀錄。

↓野馬式的飛行員座艙就好比高級車的駕駛座，一般來說十分舒適，環繞視野極佳，也容易操縱。P-51 被譽為二次大戰中最好的美國戰鬥機。這些因素在為轟炸機執行長程護航時非常重要，因為野馬式的飛行員於交戰之前都得飛上好幾個小時。

American Aviation）能夠授權生產寇蒂斯（Curtiss）P-40 型，而這家年輕的公司大膽地告訴他們的客戶說可以在相同的時間表內設計與製造出更優秀的戰鬥機供其使用。

野馬式的原型機種證明在低空作戰中表現非凡，早期的衍生型作為戰鬥轟炸機與戰術偵察機也十分成功。然而，他們的艾利森（Allison）引擎於高空的推力急遽下滑，使其純戰鬥機的角色功能受限。儘管如此，即使是單純的用在低空戰鬥轟炸和偵搜任務上，P-51 已夠資格稱為飛機史上名垂不朽的戰機之一。不過，後期型 P-51 所達到的成就讓早期型的野馬相形見絀。

由於發動機汰換成勞斯─萊斯隼式引擎，野馬式脫胎換骨，這款引擎賦予它原先所沒有的高空作戰性能。其他的改良則是提升了該機的武裝和飛行員的環繞視野。有了新型的發動機，晚期型的 P-51 勝過了美國陸軍航空隊的所有戰鬥機。他們的產量龐大，並迅速地投入服役。

儘管野馬式出現在各

大戰區，且派用於各種任務上，但他們最擅長的還是在日間為空襲第三帝國的美國陸軍航空隊之轟炸機護航。轟炸機有了野馬的隨行便能備受保護地一路飛往他們的目標，這款戰鬥機在各方面都可和梅塞希密特 Bf 109 型與福克—沃爾夫 Fw 190 型匹敵。如此，轟炸機的損失降到了合理的範圍之內，並讓美國陸軍航空隊和英國皇家空軍持續日以繼夜地轟炸第三帝國，最後使德國人降服稱臣。

　　噴射機時代的來臨讓 P-51 的戰鬥機角色顯得過氣，而且它的液冷式引擎和裝置於機腹的散熱氣使它在對地攻擊任務中容易受損。二次大戰之後，不少飛行員寧願選擇 P-47 型雷霆式而非野馬，他們也漸漸地退出戰場。不過，P-51 仍短暫地作為美國大陸的防禦戰鬥機，並在韓戰期間扮演著重要的戰鬥角色。直到一九七〇年代，野馬式還在中美洲低度衝突的地區內作戰。

　　二次大戰時野馬式戰鬥機的功

勳不只讓他們在航空界的榮譽殿堂裡享有一席之地，至今，野馬式尚繼續主宰無限制空中競賽的會場。他們是最受歡迎，並且成為令人躍躍欲試的戰鳥。

↑照片中為一群 P-51 型戰鬥機在一架 B-29 型超級堡壘式（Superfortress）轟炸機的右舷飛翔。野馬式的長程飛行能力使他們成為越洋任務中的理想護航機，不過由於歐洲戰區的迫切需要，太平洋上僅有相對少數的 P-51 在服役。隨著轟炸日本的作戰逐步升級，三支 P-51D 型戰鬥機大隊也部署到了硫磺島（Iwo Jima）。他們迎戰日本戰鬥機，好讓 B-29 轟炸機能夠無拘無束地對付工業、軍事和民間目標，帶來毀滅性的衝擊。

↓照片中這架「合金號」（Metal）是典型的改裝野馬式競賽用機之一，至今他們仍定期地在美國進行比賽。這群野馬的改裝程度從簡單的引擎微調到完全重造都有，而合金號的改裝特徵為採用了「騎士野馬」（Cavalier Mustang）的機尾，還有流線形、低阻力的座艙罩。

第七十一章
石油之戰

西元一九四四年四月，盟軍的轟炸機已在籌措「大君主行動」。
然而，他們尚有戰略任務得執行，英國和美國將攻擊德軍賴以為
生的石油工業綜合設施。

↑第 381 轟炸大隊第
532 轟炸中隊的波音
B-17G 型轟炸機升空飛
向清晨的太陽，準備對
德國發動空襲。他們機
尾上的紅色邊飾於 1944
年 7 月底開始採用。

除了實戰經驗豐富的頂尖高
手，一九四四年初的德國年輕戰鬥
機飛行員發現他們無論是在技術上
和數量上皆不敵盟軍的對手。德國
空軍對美國長程、好鬥且支援掃蕩
的護航戰鬥機莫可奈何，他們總是
伴隨著轟炸機深入帝國境內進行日
間空襲。一九四四年初德國戰鬥機
部隊承受的傷亡十分慘重，而且在
蘇聯與地中海戰區也失去了為數可
觀的老手。

捍衛帝國

德國空軍從「大禮拜」的打擊
中意識到了他們的處境危急，於是
企圖集結帝國航空軍團的兵力。不

過，工作負擔繁重的飛行員仍得防
衛由波羅的海海岸穿過柏林和德國
中、南部直抵維也納的廣大區域。
事實上，Bf 109 型與 Fw 190 型戰
鬥機單位的部署早已相當鬆散，除
了從布魯塞爾到漢諾威的「轟炸機
小徑」（bomber alley）和越過柏
林一帶。他們四百至五百架的戰鬥
機得面對超過二千八百架的盟軍轟
炸機與一千五百架戰鬥機的來襲。

正當亞瑟·哈里斯上將的英國
皇家空軍轟炸機指揮部轉移注意
力到敵方的交通運輸系統之際，
美國航空部隊繼續轟炸德國的飛
機生產中心。杜立德少將的美國
第 8 航空隊此刻包括了三十一·五

支波音 B-17G 型與聯合 B-24J 型大隊。第 8 戰鬥機指揮部的戰力則提升至十四支大隊，而且他們的 P-47 型也開始汰換成 P-51B 型野馬式。到了一九四四年五月，已有七支 P-51 大隊可以運作，留下四支 P-47 大隊和四支 P-38J 閃電式大隊。另外，在義大利的美國第 15 航空隊亦在四月接收到第一批野馬戰鬥機。

充滿幹勁與信心的美軍戰鬥機在任務的各階段搜尋德國空軍。作戰從二萬五千呎（七千六百二十公尺）的高空開始，低、中、高三個空層都有激烈的纏鬥戰發生。

四月十五日，第 8 航空隊展開「累積賭注」（Jackpot）作戰，低空掃蕩德國和占領區的機場和通訊設施。每支大隊都指派了一個區域進行突擊，但由於密集的防空砲火，任務十分艱鉅。第一天的行動就有三十二架戰鬥機遭到擊落。

四月剩下的日子裡德國上空持續有大規模空戰爆發。帝國航空軍團於四月二十四日的上伐芬霍芬（Oberpfaffenhofen）與蘭德斯堡（Landsberg）空襲期間失去了五十四架戰鬥機。不過，二十九日的柏林空襲中，德國空軍證明他們寶刀未老，戰鬥機駕手於一連串的高超截擊中摧毀了六十三架盟軍轟炸機與十架戰鬥機，而他們僅損失二十四架的 Fw 190 與 Bf 109G-6。

在一九四四年四月，第 8 航空隊執行了二十一次任務，總共派出一萬四千三百八十架次的戰機。轟炸機的機槍手宣稱擊落三百九十七架戰鬥機，一百一十四架可能被毀，另有二百零八架負傷，但他們的損失也飆高到三百六十一架的 B-17 與 B-24，耗損率為百分之三‧六。美國戰鬥機則聲稱於空中

↑1944 年 6 月間，英國皇家空軍經過了長期的缺席之後，重返日間轟炸的戰場。盟軍的護航戰鬥機和德國空軍戰鬥機部隊的衰弱，讓轟炸機指揮部得以更安全地在天空飛翔。

↓野馬式戰鬥機的登場改變了 1944 年德國上空的權力平衡。這群 P-51D 型野馬隸屬於第 52 戰鬥機大隊，當時的基地位在義大利。

擊落了三百三十二架，地面上亦摧毀四百九十三架，己方折損一百四十八架。不過，實際上帝國航空軍團在盟軍行動下的總損失爲五百八十架，另有一百九十三架受創。

石油之戰

到了一九四四年，德國十分仰賴煤礦所提煉的合成油料和羅馬尼亞與匈牙利有限的石油供給。綜合石油廠雖然分散，但德國的魯爾區，還有洛伊納（Leuna）—萊比錫一帶的石油廠卻相當集中。

德國的石油生產激增：除了各單位囤積的油料之外，戰略儲油從一九四三年九月的二十八萬噸上升到十二月的三十九萬噸，一九四四年四月則達到五十七萬四千噸的頂峰。德國人預料到盟軍會空襲這些至關重要卻十分脆弱的產業，所以在洛伊納和周邊地區部署了重兵防護。第 14 防空師（14. Flakdivision）擁有三百八十門重型高射砲，許多還編成了六至八門砲的大砲兵連（Grossbatterien）。

石油目標

盟軍早在一九四〇年五月即開始籌措石油目標的攻擊，但繁雜的指令隨即又讓英國皇家空軍轟炸機指揮部和後來的美國第 8 航空隊轉向其他的目標。一九四四年四月五

大戰中的蘭開斯特，1944 年

艾夫洛蘭開斯特在 1942 年 3 月執行了第一次的任務，到了 1944 年它即成為英國皇家空軍轟炸機指揮部的骨幹。蘭開斯特轟炸機能夠搭載巨大的炸彈飛行很遠的距離。至諾曼地登陸之際，它亦展開了日間轟炸行動。

↓蘭開斯特 B.Mk I（特殊型）

1944 年時，一些蘭開斯特轟炸機進行改裝以掛載 12,000 磅（5,443 公斤）的「高腳櫃」或如圖的 22,000 磅（9,979 公斤）「大滿貫」炸彈。這種炸彈是專用來對付特定的目標像是 U 艇基地和戰鬥艦提爾皮茨號。他們通常在日間突襲中才派上用場。

↓蘭開斯特 B.Mk I

這架蘭開斯特 B.Mk I 在 1944 年底服役於英國皇家空軍第 149（東印度）中隊。該中隊於當年 8 月將他們的斯特林式轟炸機換裝成蘭開斯特，並充分參與了轟炸機指揮部對石油與交通運輸目標的攻擊。

日，美國第 15 航空隊非正式地重啓對普洛什提油田的攻勢。四月底，「美國戰略航空隊」的指揮官卡爾‧史巴茲將軍接獲允許，向同一個目標發動空襲。

在石油戰役展開之前，帝國航空軍團還得應付盟軍對柏林發動的猛擊（一九四四年五月八日），而且他們於布藍茲維和維也納—新城的空襲（一九四四年五月十日）中又折損了五十一架的戰鬥機。一九四四年五月十二日，第 8 航空隊派出了它的第 1、第 2 與第 3 師到洛伊納、呂肯朵夫（Lückendorf）、柴茲（Zeitz）、波稜（Böhlen）、布呂克斯（Brüx）與茲維考（Zwickau）。九百五十二架轟炸機由二十一支戰鬥機大隊掩護，包括四百一十架野馬式、二百零一架雷霆式和二百六十五架 P-38J 型閃電式。

當天，美國第 1 師與第 2 師的四百二十架重型轟炸機折損了三十七架，但他們造成的破壞極具毀滅性。布呂克斯的石油廠停止生產，而洛伊納的產出則下降了百分之六十。再者，防衛這些重要目標的代價也很高，帝國航空軍團有七十三架戰機遭到摧毀。

一九四四年五月二十八日與二十九日，第 8 航空隊突擊盧蘭（Ruhland）、馬德堡（Magdeburg）、柴茲與洛伊納，施予當地石油設施嚴重的打擊。此外，波利茲（Pölitz）的綜合石油廠亦遭第 3 師的二百二十四架蘭開斯特重創而停止運作兩個月。

↑ 1944 年夏的諾曼地登陸期間，轟炸機指揮部提供了盟軍地面部隊大量的支援。照片中，英國皇家空軍第 578 中隊的一架哈利法克斯 B.Mk III 於 D 日正飛越阿茲布魯克（Hazebrouck）的鐵路調車場。

盟軍向石油目標的攻擊一直持續到夏天，並對德國空軍的戰鬥能力造成長期性的影響。到了一九四四年六月二十二日，綜合石油產量幾乎減少了百分之九十，產出從五月的十九萬五千噸銳減到七月的三萬五千噸，九月更只剩下七千噸。

德國必須動用到戰略儲油好讓德國空軍無限制地在帝國與諾曼第上空作戰。但到了八月，他們的油量已經捉襟見肘，除了最重要的戰鬥單位之外，所有的部隊都已受到油料匱乏的衝擊。

轟炸機指揮部

在一九四四年春，英國皇家空軍轟炸機指揮部的目標是德軍的交通運輸網絡，以使盟軍的登陸部隊不受德軍增援的威脅。他們的實體目標包括鐵路調車場、火車站、連結站、隧道、橋樑和運輸機具工廠。

轟炸機指揮部出擊的次數雖然增加，但折損率卻逐漸下滑。一九四四年一月期間所發動的六千二百七十八架次夜襲，有三百一十四架重型轟炸機遭擊落的夢魘不再重演。他們於六月的一萬三千五百九十二架次的出擊中只損失了二百九十三架。

儘管如此，在法國與比利時層層防禦的目標上空，盟軍的轟炸機在德國夜間戰鬥機的打擊下損失依然高昂，低空轟炸的戰機也遭到二十公釐和三十七公釐輕型防空砲的重創。

五月三日，重型轟炸機突擊了位在梅利兵營（Mailly-le Camp）的德軍第 21 裝甲師運補站。三百六十二架轟炸機中的四十二架遭到擊落，主要是第 4 夜戰聯隊和第 5 夜戰聯隊第 3 大隊所為。五月十日，九十七架蘭開斯特當中的十二架亦在攻擊利耶（Lille）期間折翼。

準備進攻

在諾曼第登陸的準備階段，英國皇家空軍轟炸機指揮部開始攻擊德軍的雷達設施和洞布爾格（Domburg）與拉尼翁（Lannion）之間的火砲陣地。一九四四年六月六日的登陸戰展開之後，轟炸機指揮部也被要求支援地面部隊，以及攻擊 V-1 飛彈基地。

六月十六日／十七日晚，轟炸機指揮部重啟「石弓行動」（Operation Crossbow），突擊位在法國的 V-1 發射場，接著他們再發動區域性的大規模狂轟濫炸，而且其目標亦包含了德國的石油廠區。德國戰鬥機部隊戰力大減的跡象可由八月二十七日的突襲中察覺出，當時第 4（轟炸機）聯隊的二百一十六架哈利法克斯式 B.Mk III，加上二十七架蚊式，還有強大的超級馬林噴火戰鬥機的護航，於日間空襲了洞布爾格，他們所遭遇的反抗可說是微不足道。

到了一九四四年九月，盟軍已經掌握了開赴德國邊界的所有區域，這讓帝國航空軍團極其需要的早期預警雷達、地面管控攔截前哨站、觀測所和前方的夜間戰鬥機機場形同虛設。英國皇家空軍轟炸機指揮部這時可以大剌剌地發動伴攻和主攻。九月間，他們六千四百二十八架次的夜襲中只有九十六架重型轟炸機被擊落；在十月，一萬零一百九十三架次的出擊更只有七十五架折翼。

掌控天空

由於目前盟軍掌握了制空權，大批的轟炸機部隊能夠隨心所欲地行動，他們偶爾才會遇上德國空軍突如其來的驚嚇。德軍的油料嚴重匱乏，有本領的戰鬥機領隊和有經驗的飛行員已在一九四三年至一九四四年的偉大空戰中將之用罄，沒留下多少燃料予以能力有限的一堆菜鳥使用。改良型的戰鬥機像是 Bf 109G-10 型與 Fw 190D-9 型儘管出色，但缺少實戰經驗足以撐場的飛行員，德國人還是無法重掌祖國的天空。

第七十二章
諾曼第之役

盟軍原本預料，德國空軍會在 D 日登陸作戰的時候發動猛烈的反擊，然而德國空軍已在前一年的戰鬥中消磨殆盡。

幾乎正好在「英國遠征軍」（British Expeditionary Force, BEF）展開他們近乎奇蹟的敦克爾克（Dunkirk）大撤退的四年之後，一九四四年六月六日盟軍部隊再次踏上法國的領土。在最高指揮官艾森豪將軍的率領下，英國、美國和加拿大的軍隊登陸到諾曼第。他們在完全掌握了制空權之後開始作戰。

準備

過去幾個月以來，英國皇家空軍與美國陸軍航空隊一直在準備進攻行動。英國和美國的重型轟炸機從突擊德國的任務中重新發配，調去轟炸法國地區的關鍵鐵路與公路系統，以免盟軍登陸之後招來德軍增援部隊的逆襲。除了此任務之外，他們還得攻擊加萊（Calais）的飛彈發射場，而第 2 戰術航空隊（2nd Tactical Air Force, TAF）的戰鬥轟炸機與輕型轟炸機則去對抗海岸上的目標，包括沿著法國海岸部署的 E 艇基地、雷達站、機場和岸砲。

在登陸日前夕，「盟軍遠征軍空軍」擁有一百七十三支中隊的戰鬥機與戰鬥轟炸機，五十九支中隊的輕型與中型轟炸機，以及七十支中隊的運輸機；此外，還有約五十支的其他支援中隊和強大的英國皇家空軍轟炸機指揮部與美國第 8 航空隊。總共，盟軍能夠派出將近一萬二千架的戰機支援登陸行動。

大君主行動

法國海岸的登陸作戰須要陸、

↑照片中為 1944 年 6 月 5 日傍晚，美國第 9 部隊運輸指揮部的道格拉斯 C-47 型運輸機正在裝運軍品。二十四小時之內，1,600 架的盟軍運輸機和 500 架的滑翔機即載運了整整三個空降師的部隊到諾曼第。

→第 9 航空隊的馬丁
B-26 型掠奪者式轟炸機
飛過法國海灘，拍攝照
片時他們結束了瓦解德
軍增援部隊的任務正要
返航。

海、空三方面的全力配合。第一天，正當十四萬五千名士兵從海上進行搶灘之際，大批的航空部隊亦同步登場作戰。「美國第9部隊運輸指揮部」（US IX Troop Carrier Command）的 C-47 型運輸機載送大批的傘兵部隊空降到美國的灘頭堡區，他們的任務是鞏固那裡的陣地，讓盟軍得以挺進到科騰丁半島（Cotentin Peninsular），奪取瑟堡（Cherbourg）的港口。傍晚，美軍的空降行動並未徹底成功，第 82 與第 101 空降師分散得太開而無法有效戰鬥。在東部防區的英軍和加拿大部隊灘頭堡背後，英國皇家空軍第 38 與第 46 聯隊的斯特林式、艾爾貝馬爾式（Albemarle）、哈利法克斯式與達科塔式（Dakota）亦載運了四千三百一十名傘兵並拖曳約一百架的滑翔機，機上士兵的任務爲確保重要目標諸如岸砲、河橋和道路連結點等地之安全。

↓1944 年 6 月 15 日，當圖爾（Tours）地區羅亞爾河（River Loire）上的大橋遭摧毀之際，雲狀煙霧四起。盟軍像這樣對交通聯絡網的攻擊讓德軍增援部隊很難趕赴前線。

詭計

作爲精心設計的欺敵策略之一

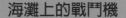

海灘上的戰鬥機

　　諾曼第登陸戰之際,在法國西部和比利時的第 2 航空軍團僅有 119 架單引擎戰鬥機,他們所要面對的盟軍無敵航空部隊則可召喚 5,400 多架第一線的戰鬥機,支援 3,567 架的重型轟炸機和 1,645 架的中型轟炸機。

↓ 野馬 Mk III

英國皇家空軍的六支野馬中隊是第 2 戰術航空隊中最成功的戰鬥機單位。圖中的這架野馬式服役於第 133 波蘭大隊。

↓ Fw 190A-8

舉世無雙的 Fw 190A 型戰鬥機自 1941 年起登場,但到了諾曼地登陸戰時已顯得過氣。這架 Fw 190A-8 型在 1944 年 5 月服役於第 26 戰鬥聯隊本部(Geschwaderstab),基地位於利耶─北地(Nord)。

部分以隱瞞六月五日 / 六日晚間盟軍眞正的登陸地點,一支蘭開斯特中隊飛向海峽上空,至遠離登陸點的東北方,利用「窗」來干擾敵軍的雷達。這群雷達螢幕上緩慢移動的大片光影是爲了要讓他們以爲是一支龐大的艦隊正往該區逼近。類似的行動也在布隆涅外海由哈利法克斯與斯特林來執行。這樣的佯攻肯定讓德軍打消派出增援部隊到諾曼第的念頭,直到強大的登陸部隊站穩了他們的腳跟爲止。

　　在第一天裡,隨著愈來愈多的戰鬥人員與車輛湧上海灘,盟軍的空軍部隊也升空形成了一張巨大的戰鬥機保護傘,監控德國空軍的動態。事實上,德國航空單位的反應十分遲緩且虛弱。德國空軍於一九四四年五月三十一日時的兵力僅剩下六千一百四十一架第一線的飛機和九百三十四架運輸機,他們分佈在整個歐洲。防衛帝國是戰鬥機的首要任務,德國空軍百分之五十三的攔截機此刻都部署在德國和奧地利。在法國與比利時的第 2 戰鬥航空軍則僅有一百一十九架的福克─沃爾夫 Fw 190A-8 型與梅塞希密特 Bf 109G-6 型和四十七架的 Bf 110G-4 型夜間戰鬥機及五十五架的容克斯 Ju 88C-6 型驅逐機可供使用。

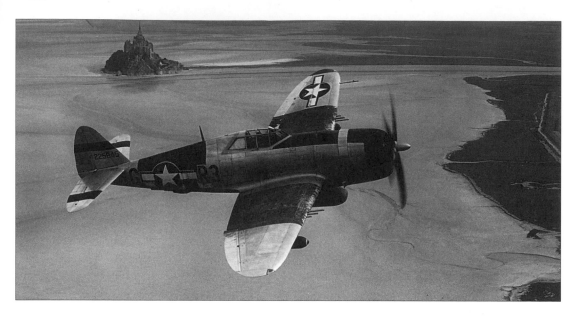

↑照片中一架 P-47 型雷霆式戰機掠過法國海岸的聖米歇爾山（Mont St Michel）向內地駛去，以支援正朝雷內（Rennes）和勒·芒（Le Mans）挺進的美國巴頓（Patton）將軍之第 3 軍團。盟軍從諾曼第的突進迫使德國國防軍退過塞納河（Seine）一帶。

大規模突擊

德軍只有少數的戰機出擊迎戰，而且他們造成的傷害是微不足道的。在盟軍方面，他們第一天即派出了破紀錄的一萬四千六百七十四架次戰機，損失為一百一十三架（大部分是為防空砲火所擊落）。

盟軍進攻的初期階段在運送了二百五十六架的滑翔機至內地的空降區之後結束，他們載著的是英國第 6 空降師之增援。行動中，重型的漢密爾卡式（Hamilcar）裝甲車運輸滑翔機也首次用來載運領主式（Tetrarch）輕型戰車上場作戰。

D 日作戰的四天以來，盟軍在他們的颱風式（Typhoon）、噴火式、野馬式、閃電式與雷霆式的戰術支援下已鞏固了灘頭陣地。這群戰機徘徊於法國北部上空，攻擊道路和火車運補系統，防止德國人奮力派增援到該戰區。十天之內，超過五十萬名士兵已登陸到諾曼第的海灘，他們從英國而來，一路上幾乎沒有遇上德國空軍的騷擾，這多虧第 2 戰術航空隊持續的努力，壓制德國戰機於基地內無法出擊。到了六月十日，工兵僅僅花了三天的時間就在法國岸邊完成了第一條臨時飛機跑道，讓英國皇家空軍的噴火式與颱風式能夠就近起降作戰，支援地面部隊。尤其是霍克颱風式配備了火箭，證明是致命的殺手。

颱風式戰機從所謂的「計程車招呼站」（cab-rank）開始作戰，他們在四千至八千呎（一千二百二十至二千四百四十公尺）的高空盤旋，直接由前線的空中管制中心以無線電招來支援。他們反覆地攻擊籬牆地帶（栽植灌木的鄉間）的裝甲車集結點，而且對付掩埋於地平面下的八十八公釐反戰車砲特別有效。德軍地面部隊的機動使得緊張情勢升高，黨衛軍第 2

裝甲師帝國師（SS Das Reich）正從土魯斯（Toulouse）迂迴開赴前線；第 989 團也花了十九天由尼斯（Nice）而來。

德國空軍的增援

自 D 日起的一個星期之內，第 2 戰鬥航空軍由帝國、義大利與奧地利的單位增援了九百九十八架的戰鬥機以提升第 2 與第 26 戰鬥聯隊的力量。他們的戰鬥機大隊此刻有了一些改良的 Bf 109G-14 型，還有性能大幅增強的 Fw 190A-8 型。然而，這批戰機和美國陸軍航空隊最新的共和 P-47D-25RE 型和北美 P-51D-1NA 型，以及第 2 戰術航空隊的超級馬林噴火式 LF.Mk IX 相比仍略遜一籌。

此時，德國空軍的飛行員訓練時數減少為二百個小時左右，甚至經常只有六個小時的訓練即派上前線。儘管少數幾位空戰王牌依舊危險，但一般而言，諾曼第戰區的德國空軍戰鬥機駕手的素質已愈來愈低劣。

諾曼第的突破

美軍是第一個從諾曼第灘頭堡中突進的部隊，他們於六月底之前向北朝瑟堡進擊，並在七月間再向西與向南挺進。到了八月中旬，英國第 2 軍團和加拿大第 1 軍團從岡城（Caen）向南進攻，如此一來，在法萊茲（Falaise）一帶約十六個師的德軍將面臨被包圍和殲滅的命運。經過一個星期的空中與地面打擊之後，龐大的德國第 7 軍團潰不成軍，殘餘部隊逃離法國，他們在日間不斷遭受配備火箭的颱風式、雷霆式與閃電式戰機掃蕩，夜裡還得承受英國皇家空軍第 2 聯隊的蚊式騷擾。八月二十五日，巴黎為自己的市民收復；九月三日，「威爾斯皇家禁衛軍」（Welsh Guard）也挺進到了布魯塞爾。

在空中，自一九四四年八月二十二日之後由奧圖·狄斯洛赫（Otto Dessloch）上將指揮的第 3 航空軍團除了象徵性的出擊以外無力再支援地面部隊撤軍。從一九四四年六月一日至八月三十一日間，光是出戰迎擊，這位指揮官就喪失了二千一百九十五架的飛機，還有四百四十四架受創。

邁向德國

德國空軍許多最有經驗的戰鬥機飛行員都在諾曼第上空陣亡。德國人似乎承認盟軍掌握了絕對的制空權，「德國空軍最高統帥部」（Oberkommandoder Luftwaffe, OKL）於是在一九四四年九月二十六日將第 3 航空軍團降級為如同「德國空軍西部指揮部」（Luftwaffenkommando West）的地位，改由亞歷山大·霍勒將軍指揮。

看過地圖上的佈局之後，許多盟軍的計畫制定者感到他們能夠在一九四四年耶誕節之前結束歐洲大戰。不過，其他的人，尤其是那些擁有美軍第一手戰情回報的指揮官，卻沒那麼樂觀。特別是盟軍在德國上空的作戰行動中遇上了火箭推進的攔截機和噴射戰鬥機。

第七十三章
一九四四年秋

盟軍從諾曼第出擊之後經過了幾次的挫敗,尤其是在不幸的安恆行動中。

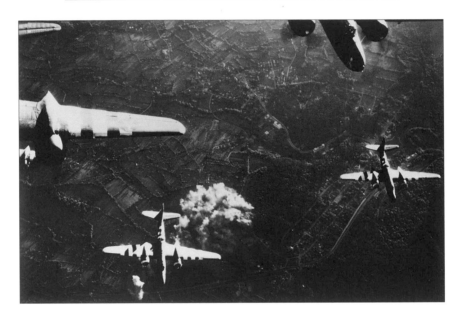

→美國第 9 航空隊的道格拉斯 A-20 型中型轟炸機擊中了敵軍的陣地。勢如破竹的盟軍迫使德國國防軍退回德國的邊界。

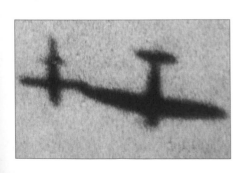

↓一架噴火式戰鬥機在「潛水夫」巡航任務中以它的翼端使 V-1 型飛行炸彈失去平衡。盟軍戰鬥機總共摧毀了一千八百四十七枚這種飛彈,而防空砲則擊落另二千枚。

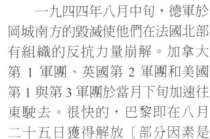

一九四四年八月中旬,德軍於岡城南方的毀滅使他們在法國北部有組織的反抗力量崩解。加拿大第 1 軍團、英國第 2 軍團和美國第 1 與第 3 軍團於當月下旬加速往東駛去。很快的,巴黎即在八月二十五日獲得解放〔部分因素是城內的起義,部分是雷克勒(Leclerc)的第 2 法國裝甲師之功勞〕。

九月三日,英軍抵達布魯塞爾;次日挺進安特衛普(Antwerp)。美國第 3 軍團則在九月一日拿下凡爾登(Verdun),橫掃麥次(Metz),再和美國第 7 軍團會合。第 7 軍團於八月十五日時登陸法國南岸,並向北進擊。

迅速推進

在這段突飛猛進期間,盟軍的空中部隊持續地出擊,他們的梯次編隊奮力地跟在迅速挺進的陸軍之後,不斷設立、再設立新的基地。德軍跨越塞納河之前,第 2 聯隊的蚊式、米契爾式、野馬式、波士頓式、噴火式與威靈頓式戰機攻擊了

升級的老手

隨著二次大戰的進行，一些新式的戰鬥機也陸續登場，但 1939 年兩款最好的戰鬥機仍持續服役到大戰結束。然而，晚期型的超級馬林噴火式和梅塞希密特 Bf 109 型都比他們的前輩更具有戰力，不但速度更快，亦強化了武裝。

↑ **Bf 109G-14**
德國空軍的一些飛行大隊接收了這款更強大的 Bf 109 衍生型，它配備一具 DB 605AM 型引擎、視野更佳的賈蘭德（Galland）座艙罩，而且垂直尾翼也比較高。這架 Bf 109G-14 型在 1944 年秋服役於克羅埃西亞中隊，以艾赫瓦德（Eichwald）為基地。

↑ **噴火 Mk XIV**
配備鷲面獅式引擎的噴火 XIV 型是少數能夠追上飛行炸彈的戰機之一。第 610 中隊被指派去執行「潛水夫」任務，攔截英國上空的 V-1 飛彈。這架噴火 XIV 型是該單位中隊長紐伯里（R. A. Newbury）的座機，他擊落了七枚無人駕駛的飛彈。

盧昂（Rouen）和其他地方的渡口與駁船，德國空軍的戰鬥機雖企圖干涉，但無能為力。他們和第 83 聯隊的噴火及美國第 9 航空隊的 P-47 與 P-51 交戰，盟軍於八月的最後一個星期裡就宣稱共摧毀了一百多架的敵機。

諾曼地登陸戰初期之時，英國皇家空軍收到另一項惱人的任務，因為德國空軍展開了他們為時已晚卻自吹自擂的 V-1 飛彈之役對付倫敦。第一枚 V-1 在一九四四年六月十三日四點十八分於英國的領土上炸開，就在格拉夫森德（Gravesend）西方的史望斯康伯（Swanscombe）附近。

倫敦的 V-1 威脅

V-1 型飛彈的最大速度為每小時四百九十七哩（八百公里），但為了達到最遠的射程，它的運作速度調降到時速三百八十四至四百一十哩（五百六十至六百六十公里）。它的迴轉性穩定，可維持固定的航線飛行直到計時器切斷引擎，並使彈頭朝下，升降舵調定，讓炸彈以六十度角進行俯衝。這個武器的爆破極具毀滅性。

英國陸基的防禦體系由四十公釐博福斯（Bofors）機砲和三·七吋（九十四公釐）高射砲以及預警雷達組成，而且重型火砲都使用了新式引信彈藥。他們的防空砲沿

↑照片中是前往安恆的英國傘兵。盟軍這項野心勃勃的行動幾乎快要成功，但因為運氣不佳、協調不良和缺乏空中的支援而失敗。

著倫敦南部呈帶狀部署，而「英國防空軍」（Air Defence of Great Britain, ADGB，即一九四三年十月之後的戰鬥機指揮部）的戰鬥機則在海峽上空行動。

飛快的戰鬥機

英國能夠追上 V-1 飛行腳步的日間戰鬥機是超級馬林噴火式 XIV 型、霍克暴風式（Tempest）V 型和北美野馬式 III 型；於夜晚亦能成功攔截的是德‧哈維蘭蚊式 NF.Mk VIII 和諾斯洛普（Northrop）P-61A 型黑寡婦式（Black Widow）戰機。

而英國的第一架噴射戰鬥機格洛斯特流星式（Gloster Meteor）I 型自一九四四年八月二日起在第 11（戰鬥機）聯隊旗下從曼斯頓起飛執行「潛水夫」（Diver）行動。迪恩（Dean）中尉於兩天之後創下他中隊的第一枚 V-1 擊殺紀錄。當時，迪恩的加農砲卡彈無法

開火，他飛到 V-1 飛彈的側翼，然後以戰機的翼端弄翻飛彈使它墜毀。

英國的「防空指揮部」（AA Command）和「英國防空軍」總共摧毀了三千九百五十七枚 V-1 型飛彈。擊落最多的飛行員是榮獲過空軍特殊十字勳章（DFC）的中隊長貝瑞（J. Berry），他在第 3 中隊與第 501 中隊旗下駕著暴風式 V 型擊毀六十一‧三三枚飛彈。

一九四四年九月八日，德國首次利用彈道飛彈，即 A-4 型火箭（別名 V-2 型飛彈）突襲英國，彈落點位於倫敦西區的奇斯威克（Chiswick）。最後一枚則是於一九四五年三月二十七日落在奧爾平頓（Orpington）的基納斯頓路（Kynaston Road）。英國人沒有什麼裝備可以有效反制這種改良的武器。V-1 型飛彈所造成的傷亡為六千一百三十九人喪生，一萬七千二百三十九人負傷；而 V-2 型飛彈則奪走二千八百五十五條性命，另六千二百六十八人受傷。

正當英國皇家空軍轟炸機指揮部加入對聖納澤爾至敦克爾克岸邊德軍要塞的掃蕩行動之際，盟軍地面部隊已經越過了敦克爾克，而「英國皇家空軍運輸指揮部」（RAF Transport Command）的達科塔式、斯特林式與哈利法克斯式亦被招來載運英國空降部隊，準備進攻安恆（Arnhem）。

一九四四年九月初，德軍退到了荷蘭防區，還有沿著齊格飛防線（Siegfried Line）的防禦工事、反

戰車壕和樹林一帶。儘管後勤線已經延伸過長，但盟軍還是決定維持進攻的步調，先前他們在短短的兩個星期內就從塞納河推進到布魯塞爾。經過了一番爭執之後，盟軍最高指揮官德懷特‧艾森豪將軍默許伯納德‧蒙哥馬利（Bernard Montgomery）將軍執行他大膽且富想像力的計畫，即穿過下萊茵區包圍德軍的側翼，然後突進北德平原。

在這場「市場行動」（Operation Market）中，英國第 1 空降師將奪取安恆區跨越荷蘭萊茵河（Neder Rijn）上的大橋，而美軍空降部隊則會確保南部格雷夫（Grave）、維格爾（Veghel）與恩和芬一帶橋樑的安全。空降作戰將與「花園行動」（Operation Garden）同步展開，英國的第 2 軍團將進攻恩和芬，然後再向北推進。

一九四四年九月十七日早晨市場行動展開，「美國第 9 部隊運輸指揮部」的 C-47 型載運著第 82 與第 101 空降師對抗馬斯河與瓦耳河（Waal）上的目標，空降部隊在沒有遭遇多大的困難下完成了他們的任務。

「奪橋遺恨」

然而，在北部的安恆，空降區距目標以西有好一大段路程，而且攻勢的進展十分緩慢。倒楣的是，英國第 1 空降師正好降落在頂尖的黨衛軍第 2 裝甲軍附近；而黨衛軍第 9〔霍恩史陶芬（Höhenstauffen）〕裝甲師與黨衛軍第 10〔弗倫茲堡（Fründsberg）〕裝甲師也在法國的激戰之後於那裡休憩，其他的一流步兵營與戰車營則在該區整裝。

作戰的第一天，三千八百八十七架的蕭特斯特林式、阿姆斯壯‧惠特沃斯艾爾貝馬爾式、亨德利‧佩奇哈利法克斯式與道格拉斯 C-47 型達科塔式，以及五百架的瓦科（Waco）CG-4A 型、空速霍沙式（Airspeed Horsa）II 型和通用飛機（General Aircraft）漢密爾卡式滑翔機參與了空降與運輸行動，他們還有一千一百一十三架盟軍轟炸機和一千二百四十架戰鬥機的支援。颱風式、P-51D 型與共和 P-47D 型被派去壓制防空砲火，但遭受慘重的損失。這天對美國第 56 戰鬥機大隊來說是黑暗的一天，他們的三十九架雷霆式當中就有十六架折翼。

德國空軍的反擊

德國第 2 戰鬥航空軍每天派出三百五十至四百架次的戰機重創盟軍的運輸機部隊，第 26 戰鬥聯隊第 2 大隊的福克─沃爾夫戰鬥機擊落了大批的 C-47 型。盟軍雖掌握奈美根（Nijmegen）的大橋，但英國第 30 軍的推進停滯不前，並遭遇愈來愈頑強的反抗。一九四四年九月二十五日，盟軍承認行動失敗，倖存的傘兵部隊撤出安恆。英國皇家空軍在防空砲火的打擊下一共損失了五十五架飛機，三百二十架負傷。第 271 中隊的一位飛行員羅德（D. Lord）上尉還因犧牲了

↑雖然德軍奮力反擊，但 1944 年秋末西北歐的天空仍不是德國空軍飛行員可獨霸之地。這些連續的照片顯示一架 Fw 190 遭到美軍戰鬥機的掠奪而失事。

自己的性命飛越安恆森林的防空火網，而被追授維多利亞十字勳章。

槲寄生的攻擊

正當英軍掌握了瓦耳河上重要的奈美根大橋之際，德國空軍亦在上空應戰。他們的攻擊還利用了槲寄生式（Mistel）戰機，它是一架無人駕駛的 Ju 88 型，載滿著炸藥，上面架設另一架戰鬥機來載運。不過，如此方式的攻擊沒能命中大橋，而且九月的最後一個星期，第 83 聯隊的噴火式就宣稱擊落了四十六架德軍戰機。

市場花園行動是盟軍越過下萊茵河，解放荷蘭和側翼包圍魯爾區計畫的一部分。在南部，美軍雖遇上頑強的抵抗，但到了十一月十八日時，他們已經到達了沿著比利時、盧森堡與法國的邊界一線。

同時，英國皇家空軍亦已支援了另一項重要的行動，即肅清進入須耳德河（Scheldt）的瓦克蘭島（Walcheren）。通往安特衛普海港的大門因此敞開。自十月三日至十一月八日的一連串突襲中，轟炸機指揮部投下了九千噸的炸彈；同一時期第 2 戰術航空隊也發動一萬架次左右的出擊，投下一千五百噸的炸彈和發射一萬一千六百枚的火箭。

第七十四章
波音 B-17 空中堡壘

無敵的美國第 8 航空隊自西元一九四二年至一九四五年主要配備
的是波音 B-17 型轟炸機,其航程遠及德國和整個歐洲占領區。
這款戰機轟炸個別的工廠與其他的精確目標,而且還在史上一些
最大和最血腥的空戰中削弱了德國空軍戰鬥機的力量。

一九三四年,未來的空戰本質
仍無法預視,當時在美國轟炸機航
程範圍內的目標都位於不太可能開
戰的加拿大和墨西哥境內。經濟大
蕭條時期,美國政府的財政緊縮,
而馬丁公司的新型單翼轟炸機似乎
是他們唯一所需要的。

不過,當「美國陸軍航空軍」
(US Army Air Corps, USAAC)
提出一款多引擎轟炸機的需求
時,「波音航空公司」(Boeing
Airplane Company)裡富有遠見的
工程師將「多引擎」解釋為四引擎
而非雙引擎。無可否認地,他們的
決定主要是為了能讓戰機以更高的
高度飛越目標上空,但這將使波音

製造的 299 型(Model 299)的機
體遠大過他們的競爭者。

首次飛行

波音公司自一九三四年六月開
始設計,第一架原型機於一九三五
年七月二十八日成功的進行試飛。
生產新型轟炸機的目的是為了防衛
美國本土,轟炸入侵的艦隊(似乎
是唯一合理的目標),就因為這項
任務的本質,而不是機上的重防禦
武裝,讓波音公司為新型機取名為
「空中堡壘」。

Y1B-17 型測試機在經過一番
改良之後,尤其是起落架、武裝和
引擎〔以九百三十匹馬力/六十

↑自 1944 年 1 月起,
第 8 航空隊的空中堡壘
已不再塗上偽裝迷彩。
這群轟炸機是第 381 轟
炸大隊的 B-17G 型。

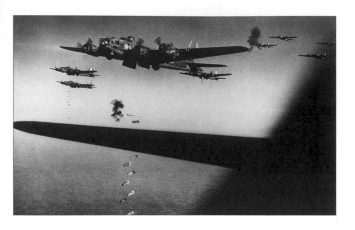

↑萬里晴空所代表的是 B-17 轟炸機能夠在視野清晰的情況下作戰，但這也讓他們成為高射砲顯眼的目標。照片中這群 B-17F 型隸屬第 390 轟炸大隊，拍攝於 1943 年間的法國亞眠／葛利希（Amiens/Glisy）機場。

↓提供合適的前射防禦武器一直是空中堡壘的困擾，但最後 B-17G 型仍解決了此一難題。這款衍生型轟炸機在兩座砲塔上架設了四挺 0.5 吋（12.7 公釐）機槍（機首下顎和機背砲塔各兩挺），還有機腮兩挺人員操縱的 0.5 吋（12.7 公釐）機槍。

九萬四千瓦的萊特旋風式（Wright Cyclone）引擎取代七百五十匹馬力／五十六萬瓦的普拉特—惠特尼大黃蜂式（Pratt & Whitney Hornet）引擎〕，波音公司接獲了這款飛機的訂單，並於一九三七年交付給蘭利機場（Langley Field）的第 2 轟炸大隊。

渦輪引擎

第十四架原型機被稱為 Y1B-17A 型，它的引擎裝上了通用電氣公司（General Electric）的渦輪壓縮機，這個裝置可使飛機的速度從

每小時二百五十六哩（四百一十二公里）增加為三百一十一哩（五百公里），作戰高度更可提升至三萬呎（九千一百四十五公尺）。

當 B-17B 型於一九三九年投入服役時（為美國海軍的對抗武力），它是世界上速度最快、飛行高度最高的轟炸機，亦是美國陸軍航空軍理想的武器，他們能組成大型編隊以重防禦武裝來展現日間戰略轟炸之戰技。

一九四一年十二月，即日本突襲珍珠港（Pearl Harbor）當月，第一批大規模量產型的 B-17 進入服役。這款 B-17E 型在外觀上有些不同，而且美國人從歐洲戰場上學到了一些教訓再進行改良。其中最顯著的是具備較大的尾翼，有了巨大的背鰭和寬大翼展的水平翼使飛機在高空中飛得更穩且更容易操縱。新型機的武裝亦重新調整以大幅提升其火力。不過，由於它的裝甲加重並增添了一些新的裝備而使重量增加到五萬四千磅（二萬四千四百九十四公斤），因此巡航速度無可避免地從每小時二百三十一哩（三百七十二公里）下降為二百一十哩（三百三十八公里）。總共有五百一十二架這款新型的轟炸機交機。

強大的第 8 航空隊

有了 B-17E 型與 B-17F 型轟炸機（後者強調更大的載彈量），美國第 8 航空隊得以在英國拓展他們的實力。他們的第一次戰鬥任務於一九四二年八月十七日展開，當時第 97 轟炸大隊的十二架 B-17E

型出擊對付盧昂的鐵道調車場。

這次行動只是為前所未有的戰略大轟炸揭開序幕而已，日後，B-17 將引領為期三年的轟炸戰役，並向德國的目標投下六十四萬零三十六美噸的炸彈，最終主宰戰場，甚至是白天時的德國中心上空，儘管他們也付出了巨大的代價。

↑照片中為在寒冷的星期二清晨，英國弗蘭林罕（Framlingham）基地的第 8 航空隊地勤人員帶著滅火器於一旁待命。一架 B-17G 型正要啟動，準備執行另一場日間空襲任務。

B-17 轟炸機數量最多的衍生型為 G 型，他們是從苦戰中獲取經驗的產物。除了加裝更好的武裝之外，大部分的 B-17G 型還改良了渦輪壓縮機，它使飛機的實用升限提高到三萬五千呎（一萬零六百七十公尺）。然而，因為轟炸機的重量更重，巡航速度下降到時速一百八十二哩（二百九十三公里）。如此，雖會增加龐大的機隊暴露於德國戰鬥機攻擊下的時間，但反過來看，作戰時間延長，B-17 的機槍手也能摧毀更多的敵機。

波音公司總共生產了四千零三十五架的 B-17G 型，而道格拉斯公司亦出產二千三百九十五架，維加公司（Vega，洛克希德的子公司）則為二千二百五十架，共八千六百八十架。B-17 各衍生型加總起來共製造了一萬二千七百三十一架，其中的一萬二千六百七十七架正式交予「美國陸軍航空隊」。

B-17 轟炸機的作戰行動不只限於北歐，他們也在太平洋和地中海戰區的美國陸軍航空隊裡服役。雖然空中堡壘的競爭對手，即 B-24 型解放者式擁有更大的續航力，但它仍是優先採用的轟炸機，尤其是在太平洋。

隨著大戰持續的進行，空中堡壘的一些特殊改裝型也陸續問世。第 8 航空隊的一批 B-17 還裝上了雷達和電子測量儀以提升存活力和轟炸的精準性。

YB-40 型是第 8 航空隊於一九四三年測試的「護航戰鬥機」，它配備了數對額外的機砲和彈藥，在轟炸機編隊中擔任護衛。不過，YB-40 型證明太重而無法跟上轟炸

↓二次大戰結束之後，剩餘的 B-17G 型有了新的角色。這架 SB-17 型在它的機鼻下裝設了 H2X 雷達和一艘空投的救生艇來營救落海的空軍人員。美國海軍亦將一些 B-17 型改裝為配備搜索雷達的早期預警機（如 PB-1W 型）。

↑在 1998 年仍有十三架空中堡壘仍可飛翔，包括照片中這架存放於「美國航空隊博物館」（USAF Museum）的 B-17。另有三十架空中堡壘也在各地的博物館中展示。

↓1941 年春，二十架 B-17C 型進入英國皇家空軍裡服役，但他們的作戰表現十分糟糕。不過，英國皇家空軍的空中堡壘 II 型，亦即 B-17F 型和空中堡壘 III 型，即 B-17G 型則相當成功，主要是由海岸指揮部所使用。空中堡壘 III 型也是英國皇家空軍轟炸機指揮部第 100 聯隊首要的特殊電子儀器重型載具。

機群，也因此被迫放棄。

空中堡壘的偵察型與運輸型（分別為 F-9 型與 C-108 型）亦發展了出來，但數量相對稀少。而或許最不尋常的衍生機種是 BQ-7 型，它裝載了十噸重的爆裂物，被第 8 航空隊有限地（且極危險地）當作早期的導向飛彈對付德國的目標。

戰後，剩餘的 B-17 型轟炸機有了新的角色，包括海上空中救援（配備空投的救生艇）、空中早期預警（裝置搜索雷達）和作為無人駕駛的投射／指示機。而其他被「遣散」的 B-17 還用作引擎測試平台、農作噴灑機和滅火機。

或許最後一次展現威力的空中堡壘是一九四七年至一九五八年間新國家以色列所祕密使用的機型。其他外國的航空部隊亦獲得了一批剩餘的該型美製轟炸機，主要是南美洲國家。

相較於其他戰時的轟炸機，至今依然有大批的 B-17 存活下來，這主要是因為他們於一九四五年之後仍在使用。在超過四十架尚存的 B-17 當中，有十三架仍可飛翔，對於當時飛過這款轟炸機的年輕英雄來說，是最適合的紀念品。

第七十五章
奔向第三帝國

德軍在西線戰場最後一次孤注一擲的進攻也是德國空軍的最後一起主要行動。阿登森林的攻勢和「地板行動」雖都取得一些初期的成功，但代價是德國戰鬥機部隊喪失了一群頂尖高手。

安恆的作戰挫敗之後，英國第2戰術航空隊旋即全力支援肅清須耳德河河口的行動。在南方，美國第9航空隊的共和 P-47 型與洛克希德 P-38 型戰機於盟軍進攻期間亦在亞琛（Aachen）上空掩護前線部隊，而美國第9轟炸機指揮部的中型與輕型轟炸機則痛擊德軍的陣地和交通網絡等目標。秋天惡劣的天候使戰況陷入僵局，戰線上顯得有些寧靜，儘管美國第8航空隊和帝國航空軍團之間仍進行大規模的空戰，但這還不是最後的一役。

阿登之役

一九四四年十二月十六日，黨衛軍第6裝甲軍團與第5裝甲軍團在阿登森林區發動了大規模奇襲。他們向美國第9軍團和第7軍團之間突進，於一個星期內推進了六十哩（九十六公里）的距離。天候不佳使得空中行動受到阻礙，但即使缺乏戰機的支援，美軍仍能夠抵擋、最後擊退德軍的攻勢。在出沒的德國戰機當中，還出現了一款新的 Me 262 轟炸型噴射機。

↑1944 年 12 月，格倫·伊果斯頓（Glenn Eagleston）少校駕駛著他的 P-47D 型戰機在羅希耶爾昂海耶（Rosières-en-Haye）基地的鋼條跑道（PSP）上滑行。晴朗的天候代表盟軍戰鬥機得以出擊反制德軍的阿登森林奇襲。

阿登之役期間妨礙盟軍戰機出擊的惡劣天候於一九四四年的最後幾天逐漸改善，而德國空軍的攻勢也再次啟動。

英國和美國的情報單位並沒有預料到德國空軍數個星期以來正在籌措對歐洲北部英國皇家空軍與美國陸軍航空隊的基地發動大轟炸。「德國空軍最高統帥部」相信適切的打擊即可導致盟軍凝聚力的嚴重崩解，如此便能爭取時間，重整德國的防禦力量。

空中攻擊

德國空軍從整個帝國集結了約八百架的各式戰鬥機和戰鬥轟炸機之後，他們的「地板行動」（Operation Bodenplatte）於一九四五年新年的第一道曙光升起之際展開。第 1、第 3、第 6、第 26、第 27 與第 77 戰鬥聯隊突擊了盟軍位在沃科爾（Volkel）、吉爾茲里顏（GilzeRijen）、恩和芬、布魯塞爾、烏瑟爾（Ursel）、安特衛普與沃恩斯德瑞赫特（Woensdrecht）的基地；而第 2 戰鬥聯隊偕同第 4 與第 11 戰鬥聯隊奇襲亞施（Asch）、聖特隆德（St Trond）與勒‧庫洛（Le Culot）；第 53 戰鬥聯隊則瞄準麥次—弗瑞斯卡提（Frescaty）的基地。盟軍普遍遭受出其不意的攻擊。

盟軍蒙受了相當大的損失，約五百架飛機被摧毀或在事後報廢。然而，他們的防禦力量迅速從震撼中驚醒過來，三百架左右的德國戰機於返航途中遭到擊落或受創墜毀。由於盟軍的損失能在數日內復元，陣亡的飛行員也是相對的少數，德國人輸了這起戰役，約二百三十名實戰經驗豐富的機組員喪生，幾乎可以說是一場悲劇。許多資深的德軍指揮官確實對這起愚蠢的行動有意見，但他們面對的，是一群狂妄的納粹高幹無視於盟軍掌握絕對空優和德國空軍極缺乏油料的事實。

盟軍向德國最後一道自然障礙，即萊茵河的挺進預定在一九四五年二月展開。由於對安恆之役的挫敗餘悸猶存，盟軍指揮官決定在發動跨河和空降作戰之前要先弱化敵人的防衛力量，集中目標於他們的交通聯絡線。更重要的是，盟軍手邊得有足夠的運輸機可供派用。

↓天候突然好轉讓盟軍的運輸機得以空投補給予被圍困在巴斯通（Bastogne）的美軍第101空降師。

持續轟炸

與此同時，盟軍的戰略轟炸部隊持續打擊機場、工業、石油、鐵道與公路目標。一九四五年一月至三月間，英國皇家空軍轟炸機指揮部共執行了一萬四千六百五十五架次的白晝攻擊和近四萬架次的夜間轟炸，投下超過十二萬噸的炸彈。他們折損五百二十一架的戰機，大多是毀於防空砲之手。轟炸機指揮部的損失儘管高昂，但都在他們能夠迅速替補的範圍之內。另外，第一顆二萬二千磅（九千九百七十九公斤）的「大滿貫」炸彈於一九四

五年三月十四日由第 617 中隊的一架蘭開斯特 B.Mk I 轟炸機投下。

還值得一提的攻擊行動包括一九四五年二月十三日／十四日晚間惡名昭彰的火燒德勒斯登城：第一波二百四十四架的艾夫洛蘭開斯特轟炸機之後又有第二波的五百二十九架戰機來襲，超過二千六百五十九噸的高爆彈和燃燒彈落在這個被認為是奧得河防線上的鐵道與公路網絡中心。事實上，該城大部分地區擠滿了難民，這場空襲所造成的傷亡十分駭人聽聞。

這時，英國皇家空軍投下的炸

最後的活塞引擎戰鬥機

到了大戰的最後一年，爭戰雙方的戰鬥機設計和三年前相較起來變得愈來愈大、愈快且武裝愈重。他們的飛行時速都提升了一百多哩，而且大部分的戰鬥機（美製的戰鬥機例外）皆裝設了二十公釐或三十公釐加農砲而非只是機槍。

↓暴風 Mk V

圖中這架暴風式 V 型戰鬥機是由紐西蘭皇家空軍（RNZAF）第 486 中隊的中隊長艾爾蒙格（J. H. Iremonger）所駕駛，1945 年這支中隊的基地在芬羅（Venlo）。大部分暴風式戰機的單位皆逃過了德國空軍的新年突襲，僅受到些微的損失。

↓Fw 190D-9

圖中這架 Fw 190D-9 型隸屬於第 26 戰鬥聯隊第 2 大隊，從諾德宏（Nordhorm）起飛作戰，它參與了布魯塞爾—艾弗瑞（Evère）的突擊。Fw 190D-9 型配備了強勁的朱姆（Jumo）213 型引擎，使他們在對抗盟軍的新型戰鬥機中就性能上而言扳回一城。

↑1945 年 3 月 24 日破曉，第 21 集團軍越過了萊茵河。第 2 戰術航空隊第 83 與第 84 聯隊的噴火式、暴風式與颱風式戰機亦執行密接支援和壓制防空砲火的任務，而美國第 29 戰術航空指揮部（US XXIX TAC）的雷霆式則在利普河（Lippe）南部行動。

↓照片中是在跨越萊茵河的作戰期間，一名德國人所看到的盟軍空降部隊運輸機群。第 38 與第 46 聯隊的四百四十架飛機和美國第 52 部隊運輸聯隊（US 52nd TCW）的二百四十三架道格拉斯 C-47 型會合，並在十點左右於迪厄斯福德森林（Diersfordter Wald）上空讓首批傘兵跳傘。

彈總噸數首次超越了美國第 8 航空隊。一九四五年三月，第 1、第 2 與第 3 轟炸師派出三萬零三百五十八架次的戰機（一百二十五架沒能返回基地），投下六萬五千九百六十二噸的炸彈；第 65、第 66 與第 67 戰鬥機聯隊也有一萬七千九百五十四架次的出擊，他們宣稱於空戰中擊落二百六十架戰鬥機，己方則有九十五架折翼。

三月七日，美國第 1 軍團拿下科隆，而且當該軍團的先鋒部隊逼近萊茵河的雷瑪根（Remagen）之時，他們幸運地發現那裡的魯登道夫鐵橋（Ludendorff bridge）仍未被德軍自行破壞。美軍第 9 師占領了這座橋，拆除準備炸毀橋樑的炸藥，並跨過萊茵河，在東岸建立橋頭堡。

跨越萊茵河

此刻，英國第 21 集團軍跨越萊茵河至威賽爾（Wesel）西部的「大學行動」（Operation Varsity）即將展開。三月二十三日二十三點二十五分，正當第一批地面部隊準備渡河之際，轟炸機指揮部派出了一支部隊向威賽爾發動精確的空襲，該城在數小時內便落入英軍第 1 突擊旅（1st Commando Brigade）手中。到了這個時候，英國和加拿大部隊都在人工月光的照明下乘坐水牛式（Buffalo）兩棲裝甲運兵車和充氣式橡皮艇渡過了萊茵河。

接著，盟軍又發動了自諾曼地登陸以來最大規模的空降行動。德軍輕型的二十公釐防空機砲難以阻止他們的進攻，約三百架的滑翔機受創，但只有十架遭到擊落。當天結束之際，盟軍已派出了四千九百架次的戰鬥機和三千三百架次的轟炸機，而地面部隊也在萊茵河東岸建立固若金湯的根據地。

第七十六章
第三帝國的崩潰

到了西元一九四五年三月，盟軍已跨過了萊茵河，希特勒的軍隊除了要對抗他們之外還得在東方的奧得—奈塞河防線面對龐大蘇聯部隊的壓境，而南方匈牙利的戰況亦急轉直下。德國空軍持續奮戰，但他們敗亡的日子已指日可待。

↑在照片中，佩特雅柯夫 Pe-2 型戰機飛越柏林帝國議會大廈上空，而地面的步兵和戰車也發動他們的最後一擊。儘管防禦者奮戰不懈，終究還是無法抵擋住蘇聯部隊的力量。

　　「德國空軍西部指揮部」在阿登森林之役的挫敗後不久即遭到殲滅。他們的「地板行動」無異於自殺，一月間再和美國第 8 航空隊的交戰又折損了大批的戰機。其後，戰鬥機與密接支援機整批地移往東線戰場讓德國空軍西部指揮部旗下的飛機所剩無幾，他們尚得對抗英國皇家空軍的第 2 戰術航空隊、美軍第 9 航空隊與美國戰術航空隊（US Tactical Air Force，暫時性單位）和法國第 1 航空軍（1er Corps Aérien Français）。

　　在三月，德國空軍剩下不到一千一百架的戰機，雖然他們還有強大的阿拉度 Ar 234 型與梅塞希密特 Me 262 型噴射機。此外，由於受到油料匱乏的限制，福克—沃爾

↑美國部隊正在檢視一架於史坦達（Stendal）擄獲的 Me 262 型戰機，它幾乎完好無缺。德國噴射機在大戰的最後階段中扮演著十分重要的角色，若他們還有燃料可用的話。

夫 Fw 190D-9 型和梅塞希密特 Bf 109K-4 型戰鬥機只用來掩護噴射轟炸機的行動，並偶爾執行日間突襲任務，攻擊美國陸軍航空隊和英國皇家空軍。

持續轟炸

一九四五年二月和三月間，盟軍持續進行戰略轟炸，他們並未遭受帝國航空軍團多大的反擊，儘管在獨立的個案中德國突擊大隊（Sturmgruppen）的 Fw 190A-8/R2 型確實重創了盟軍轟炸機。另外，在三月三日，戰略轟炸機部隊遇上了迄今最多架噴射機的來襲，當時德國第 7 戰鬥機大隊派出三十架的 Me 262 型對抗美軍。下個月裡，德國的攻擊水準再提升到了五十多架的噴射機。

自殺攻擊

在四月七日的單一案例中，德國戰鬥機的出擊成了當時民間流傳的佳話。一百八十三架的 Fw 190 與 Bf 109K 組成最後一道防線，他們亦即所謂的「易北河特殊指揮部」（Sonderkommando Elbe），由狂熱的奧圖・科內克（Otto Köhnke）上校率領。隨著戰爭樂曲的旋律透過無線電播放，易北河特殊指揮部的飛行員誓死奮戰到底。有多少人真的這麼做至今仍是個謎，但德國戰機又有一百三十七架折翼，七十名飛行員捐軀，可是只有八架美國重型轟炸機被擊落。

德國人領教到了盟軍重擊的力量，於是第 9 航空軍的 Me 262 型戰機撤退到布拉格，最後至慕尼黑，阿道夫・賈蘭德（Adolf Galland）的第 44 戰鬥聯合部隊（Jagdverband Nr 44）正在那裡作戰。

一九四五年四月，英國皇家空軍轟炸機指揮部的戰力達到了一千六百零九架戰機的高峰。隨著英國皇家空軍不再遭受質疑是否辦事不力，他們在四月間仍派出八千八百二十二架次的戰機進行夜間轟炸，還有五千零一架次的白晝突襲，且僅損失七十三架飛機而已。美國的第 8 航空隊則在四月出動一萬七千四百三十七架次的轟炸，折損一百零八架重型轟炸機。另外，第 8 航空隊的戰鬥機亦飛了一萬二千七百七十一架次，他們宣稱於空戰中擊落一百四十九架敵機，低空的掃蕩也摧毀地面上的一千七百九十一架

帝國上空的戰鬥機

↓ Me 262A-1a/U3

1945 年德國空軍尚占優勢的領域是偵察行動。若燃料足夠的話，像是阿拉度 Ar 234 型與梅塞希密特 Me 262 型噴射機幾乎都能不受襲擾地執行任務。圖中這架 Me 262 隸屬於「布勞納格立即投入指揮部」（Einsatzkommando Braunegg），它在二次大戰的最後幾個月裡於德國南部上空作戰。

↓ 拉瓦奇金 La-5FN

到了大戰即將結束之際，蘇聯空軍的戰鬥機飛行員的確個個是高手。這架飛機於 1945 年初由維塔利耶‧伊凡諾維奇‧波普可夫（Vitaliye Ivanovich Popkov）上尉駕駛，他是第 5 禁衛戰鬥航空團旗下的中隊長。在二次大戰的最後四個月裡，波普可夫的擊殺紀錄從三十一架飆升到四十一架，還有另十七架是與其他飛行員共同擊落。

戰機，儘管這樣的數據令人難以置信。在作戰過程中，他們失去了九十九架戰鬥機。

阿登戰役結束之後，蘇軍旋即驅車向第三帝國挺進。蘇聯的十一支禁衛軍團、五支突擊軍團、六支戰車軍團和四十六支步兵與騎兵軍團在十三支空戰軍團的支援下給了紅軍指揮官壓倒性的數量優勢，他們面對的是二百個師的德國和匈牙利軍隊。德國國防軍或許僅存的優勢爲對這幫野蠻的「蒙古遊牧民族」（Mongol Hordes）之憎惡與畏懼，這樣的刻板印象早已根深柢固地灌輸在每一位軸心國士兵的心中。

寬廣戰線的進攻

蘇聯的三個方面軍分別由柯涅夫元帥、朱可夫元帥與羅柯索夫斯基元帥指揮，他們長驅直入地駛進東普魯士和波蘭。一個星期之內，蘇軍沿著四百哩（六百四十公里）的寬廣戰線挺進一百二十哩（一百九十三公里）直逼德國邊界。到了一月底時，奧得河防線爲紅軍攻破，從喀爾巴阡山到柏林北部皆落入蘇聯人手中。一九四五年一月三十一日，朱可夫的戰車部隊抵達了庫斯特林，那裡距離第三帝國

↑照片中為一架 Me 262 型噴射機俯衝閃過一架美國的野馬式戰鬥機。噴射機在與敏捷的活塞引擎戰鬥機進行纏鬥戰時容易遭到擊落。

的首都只剩下五十二哩（八十四公里）。

在匈牙利，第 2 與第 3 烏克蘭方面軍正在進行猛烈的戰鬥，德軍和匈牙利部隊企圖為受困於布達佩斯的友軍解圍。然而，布達佩斯的郊區已經遭受戰火的肆虐，蘇聯的反制使得軸心國的攻勢在一月三十日被抵擋下來。德國第 4 航空軍團的第 1 航空軍雖集結了四百多架戰機，但不幸地，夜襲騷擾中隊的 Bf 109、Fw 190、Ju 87D-5、阿拉度 Ar 66 與飛雅特 CR.42 根本阻止不了勢不可擋的蘇軍。

德軍攻勢的失敗促使希特勒從阿登森林調離狄特里希（Dietrich）將軍剩餘的強大黨衛軍第 6 裝甲軍團，但不是到情勢緊迫的奧得河而是至匈牙利，準備發動另一次的反擊。

逐退黨衛軍

三月間，納粹黨衛軍於巴拉頓湖附近展開攻擊，企圖保住德國的最後一塊油田區，卻被擊退。到了

三月十九日，黨衛軍潰逃過奧地利的邊界進入維也納，而就在這個時候，白俄羅斯方面軍也越過了奧得河與奈塞河（River Neisse）一線，向第三帝國的心臟步步逼近。

在西方，英國第 21 集團軍和美國第 6 與第 12 集團軍正向東挺進，他們所遇上的阻礙相對有限。四月一日，魯爾區遭到包圍；四月四日，美國第 9 軍團跨過了威悉河（Weser），並在一個星期之內抵達易北河（Elbe）一帶。

德國分裂

當英—美聯軍和蘇聯部隊在易北河大會師之際，德國一分為二。西方盟軍不全力駛向柏林的決定備受爭議，他們把這個大獎留給蘇聯人去奪取。

蘇軍所面對的柏林城設有重防，估計一百萬名部隊鎮守，還有一萬零四百門火砲、一千五百輛戰車以及格萊姆（Greim）上將第 6 航空軍團超過二千架的飛機。然而，「蘇聯空戰部隊」（V-VS）也召集了七千五百架的戰機，包括佩特雅柯夫 Pe-8 型、圖波列夫（Tupolev）Tu-2 型和伊留申 Il-4 型轟炸機，還有伊留申 Il-2m/3 型斯圖莫維克。他們的戰鬥機則有雅克列夫 Yak-3 型、Yak-7B 型與 Yak-9DD 型和拉瓦奇金 La-5FN 型與 La-7 型。

在地面攻勢展開的前一晚，第 18 空戰軍團派出了七百四十三架次的戰機攻擊列特欽（Letchin）、蘭索夫（Langsof）、威爾畢格

二次大戰中對抗德國的空戰損失

二次大戰期間，德國空軍損失了 19,923 架的轟炸機與 54,042 架戰鬥機（直到 1944 年 12 月 31 日），共 70,030 人於空戰中陣亡，另有 10,558 人在非戰鬥狀態下喪命。

英國皇家空軍自 1939 年 9 月 3 日起至 1945 年 8 月 14 日失去了 70,253 名空軍人員，其中轟炸機指揮部就有 47,293 人陣亡或宣告失蹤。在 1939 年到 1945 年間，轟炸機指揮部於夜間總共出動了 297,663 架次，有 7,449 架飛機折翼；而在 66,851 架次的白晝空襲中，則有 876 架戰機遭到擊落。1944 年 6 月 6 日至 1945 年 5 月 5 日，英國皇家空軍第 2 戰術航空隊派出了 233,416 架次的戰機，他們聲稱摧毀或擊傷 2,385 架敵機，己方損失則為 1,617 架飛機和 1,177 名飛行員與機組員。

美國第 8 航空隊自 1942 年 8 月起開始作戰，他們總共派出了 336,010 架次的轟炸機與 261,039 架次的戰鬥機：4,162 架 B-17 型與 B-24 型轟炸機從未能返回基地，超過 26,000 名航空組員在戰鬥中喪生。而美國第 8 戰鬥機指揮部宣稱於空戰中擊落了 5,500 多架的敵機，另 4,300 架停在地面上的戰機亦被摧毀，他們付出的代價則為 2,048 架飛機折翼。從 1943 年 10 月起，美國第 9 航空隊出動了 368,500 架次的戰機，聲稱共擊落或重創 7,319 架德國軍機，而己方損失為 2,944 架，並有 3,439 人陣亡或失蹤。

1941 年 6 月至 1945 年 5 月間蘇聯航空部隊的確切損失不得而知，但可能的數據十分驚人。其中一份資料就估計他們折損了 60,000 架飛機，機組員的陣亡人數更超過 100,000 人。

（Werbig）、希羅（Seelöw）、佛利德斯朵夫（Friedersdorf）與道格林（Dolgelin）。不過，濃霧妨礙了密接支援行動，讓作戰無法按照計畫進行。蘇聯轟炸機於四月十六日晚重返當地轟炸德軍防線後方的道路，而對柏林城的主要空襲則在四月十八日展開。四月十九日，蘇聯空戰部隊的首席王牌伊凡·科日杜布（Ivan N. Kozhedub）中校創下了他的第六十一架與第六十二架擊殺紀錄（兩架 Fw 190）。到了四月二十日，德軍的奧得河防線全面崩潰，雖然第 6 航空軍團盡了全力，每日派出一千架次左右的戰機迎擊，但第 1 白俄羅斯方面軍仍向前挺進包圍住柏林。

當前的戰鬥愈來愈猛烈，柯涅夫的部隊於四月十七日開進史普瑞（Spree）。德軍在科特布斯—史普倫堡（Cottbus-Spremberg）的另一起反擊中儘管派了一百多架的 Fw 190F-8 型與 Ju 87D 型，但仍無法阻止蘇軍的推進。

柏林投降

四月二十日，第 2 白俄羅斯方面軍在第 4 空戰軍團的掩護下越過奧得河完成對柏林的包圍行動。惡毒的縱火戰於該城的郊區和法蘭克福—吉爾本（Gilben）口袋展開。

一九四五年四月三十日，在帝國議會（Reichstag）的戰鬥期間，希特勒自殺身亡。次日早晨，蘇聯紅旗於帝國議會大廈的最頂端上飄揚。五月二日，柏林屈服蘇軍的鎮壓，德國的無條件投降也在六天之後簽訂。對抗第三帝國的戰爭就此劃下句點。

第七十七章
梅塞希密特 Me 262 燕式：
力戰「雷鳥」

西元一九四四年，在大片白雪覆蓋的萊茵─霍普斯坦（Hopsten）
空軍基地裡，圍繞於輕型二十公釐與三十七公釐防空砲旁工作的
年輕德國砲手，首次見到了梅塞希密特 Me 262 型噴射機的廬山真
面目。它的表面圓滑，機身看似鯊魚，點綴著土黃色與橄欖綠的
迷彩斑駁，鑲嵌剃刀般的機翼下還吊著巨大的渦輪噴射引擎。

↑照片中，1944 年夏末於拉吉爾─萊赫菲德（Lager-Lechfeld）基地所拍攝的這批 Me 262A-1a 型戰機是 262 型測試指揮部（Erprobungskommando, EKdo 262）之戰力。這支作戰測試特遣隊於 1943 年底成立。站在機翼上的人據信是弗利茨‧穆勒（Fritz Müller）少尉，他在日後駕駛該型機隨第 7 戰鬥聯隊作戰而成為空戰王牌。

朱姆 004B-1 型渦輪機吵雜、高分貝的哀聲與咆哮，渦流捲起的雪花紛飛，還有熾熱的汽化煤油爆發：一切都是劃時代的象徵。不過，它卻是在盟軍掌握了各方面的空優之時才登場。跑道上，頭戴黑色頭盔的飛行員們蜷伏在這幾架德國空軍代號為「雷鳥」（Sturmvogel）的梅塞希密特 Me 262A-2a 型戰鬥轟炸機狹窄的座艙裡，當他們調整節流閥和關閉制動器準備起飛之前，焦慮地掃視白雲遮蔽的天空，注意霍克暴風式、北美 P-51 型野馬式或超級馬林噴火式俯衝而下的最初徵兆。防空砲的砲手在聽著噴射機出擊時發出的雷鳴之際，亦從他們武器的準心監視著逼近航線，並留意紅色的信號彈，以便隨時開火還擊。

或許，當時每位防空砲手的心中都會有個疑問，德國有了這樣的戰鬥機器，為何還會輸掉空戰？這也許是他們未能深刻理解到一連串不尋常的事件讓德國即使擁有二次

大戰中最有潛力的空戰武器也無法挽回頹勢。先前，在一九四一年令人眩目的日子裡，梅塞希密特 Me 262 型系列戰機誕生，但那時第三帝國內沒有人會預料到他們對這款了不起的戰機將會有迫切的需求，來從敵人手中奪回制空權。更早之前，亨克爾企業就已深深地投入裝配新型反應渦輪引擎的戰鬥機研發上。那時，奧古斯堡的梅塞希密特公司也在一九三九年一月四日收到「帝國航空部」（Reichsluftfahrtministerium, RLM）的指令，製造一款和亨克爾噴射機規格相似的飛機。於是，一個由特約工程師瓦德瑪·沃伊格特（Dipl Ing Waldemar Voigt）帶領的研究小組草擬了兩張設計圖，其一是雙尾桁的輪廓，另一是單機身與單尾桁的設計。不過，依此設計製造出來的這兩款單引擎噴射機都被認為推力不夠強勁，所以沃伊格特只好再設計另一款雙引擎的噴射機。

亨克爾公司早就轉向雙引擎的設計，他們正著手發展大有可

為的 He 280 型系列，由六行程的軸向循環式 BMW P.3302 型引擎推動。德國第一款可真正稱作噴射戰鬥機的亨克爾 He 280 V2 型原型機，於一九四一年三月三十日十五點十八分由弗利茨·雪佛（Fritz Schäfer）駕駛，從羅斯托克—馬林艾爾（Marienehe）的跑道上升空〔經過了這次處女秀之後的六個星期內，英國人也在五月十五日試

↑ 1944 年 4 月，就在 Me 262A-1a 型戰鬥機投入服役的四個月之後，Me 262A-2a 型（亦被稱為 Me 262A-1a/Jabo 型）戰鬥轟炸機也加入戰局對付法國北部的目標。照片中的這架戰機掛載著兩顆551 磅（250 公斤）SC 250 型炸彈，這樣的攜帶方式十分普遍。A-2a 型和戰鬥機型的不同點僅有前者裝置了炸彈掛架與炸彈引信。

↓ 在一些 Me 262 的衍生型當中，Me 262C-1a 型「家園守護者 I 型」（Heimatschützer I）尚在試驗階段，它於機尾裝置了一具火箭推進器，以提高爬升率。C-1a 型能在四分半鐘內達到 38,400 呎（11,704 公尺）的高空。照片中，這架編號 V186 的 C-1a 型機是由漢茲·貝爾（Heinz Bär）中校駕駛，他是第 2 補充戰鬥機聯隊第 3 大隊（III./EJG 2）的指揮官，亦是 Me 262 的空戰王牌。該機在 1945 年 3 月初擊落了一架 P-47 之後不久，隨即被一架盟軍戰鬥機的掃蕩摧毀於地面。

飛了他們的第一架噴射戰鬥機，即格洛斯特 E.28/39 號規格原型機，它由惠托（Whittle）設計之八百六十磅（三千八百二十牛頓）推力的 W.1X 型離心式渦輪引擎推動〕。然而，在奧古斯堡梅塞希密特廠的製造工程十分緩慢，他們一開始就沒有承襲亨克爾設計概念的成果或是從自家生產的活塞引擎戰鬥機中得到任何的啟發。

這個被稱為 Me 262 V1 型（一號試驗機）的醜小鴨於一九四一年四月二十一日首次升空，但它裝置的仍是活塞引擎，專屬的噴射引擎最後在一九四一年十一月中旬才從斯潘德（Spandau）送來。該噴射引擎為 BMW 003 型發動機，每具的靜態推力高達一千二百一十三磅（五千三百九十牛頓）。然而，當 Me 262 V1 型裝上了噴射引擎進行第一次試飛時，駕手溫德爾（Wendel）剛起飛不久，兩具發動機便熄火，不得不採取迫降措施

↓照片中，一位美軍士兵（GI）正看守著這架沒有引擎的 Me 262 型燕式（Schwalbe）戰機，它在大戰的最後幾個星期裡遭德國人遺棄。到了 1945 年 4 月底，德國空軍只剩下第 44 戰鬥聯合部隊（JV 44）與第 7 戰鬥聯隊第 3 大隊仍在作戰。第 44 戰鬥聯合部隊的基地最後於 5 月 3 日遭美軍裝甲部隊蹂躪。

並使飛機受損。

幸運的是，他們還有另一個備用方案，即容克斯公司的朱姆 004 型引擎。朱姆 004 型引擎在一九四一年八月時靜推力提升到一千三百二十三磅（五千八百八十牛頓），而且已解決了許多的初期問題。該引擎裝置在 Me 262 V3 型（三號試驗機）上，於一九四二年七月十八日早晨首度進行試飛。自此之後，時來運轉的梅塞希密特 Me 262 型戰鬥機迅速崛起，並奪走了與他們關係最近的競爭者之光芒，即亨克爾 He 280 型，該機碰上一連串的發展瓶頸，最後在一九四三年三月被迫終止研發。

在雷希林（Rechlin）「測試部門」（Erprobungstelle）的作戰測試飛行員們打從一開始就對 Me 262 興趣十足。經驗豐富的沃夫岡·史貝特（Wolfgang Späte）少校早已回報他滿懷熱情的測試結果，當時戰鬥機飛行員的總指揮，阿道夫·賈蘭德於一九四三年五月二十二日飛了 Me 262 V4 型（四號試驗機）之後還對這架革命性的飛機讚不絕口。該月底，梅塞希密特公司亦收到生產一百架 Me 262 戰機的訂單。

不過，在一九四三年八月十七日，美國第 8 航空隊空襲雷根斯堡之際摧毀了不少尚在萌芽階段的 Me 262 生產線，還迫使梅塞希密特公司將其噴射機研發中心移往巴伐利亞阿爾卑斯山（Bavarian Alps.）附近的上阿美爾高（Oberammergau）。其後，他們

的生產進度又因不斷缺乏有技術的勞工而延宕，一直拖了好幾個月。

到了一九四三年秋，德軍在蘇聯與義大利呈現守勢狀態，並日以繼夜地遭受狂暴的空襲。因此，或許沒有人會對許多高層指揮官，包括希特勒在內，要求將 Me 262 攔截機作為戰鬥轟炸機時感到驚訝，這個想法在戰術上來說十分動聽。Me 262 能夠掛載重達二千二百零五磅（一千公斤）的炸彈，而且每個單位在兩個星期之內即可簡易地改裝完成。

如此，自那天起，梅塞希密特 Me 262 有了雙重的角色，其一是戰鬥轟炸機，另一是純粹為掌握空優的戰鬥機。然而，無論是這兩種戰術任務或這款戰機都未能對戰局的結果產生影響。那時，對德國人來說，啓動大規模的生產計畫已經太遲，因爲燃料與軍機用油、貴重金屬和有技術的機身與引擎專業工人都十分奇缺。梅塞希密特 Me 262 型戰機的潛力雖被認可，但他們太晚才在大戰中登場。

自一九四四年三月至一九四五年四月二十日，德國空軍收到了一千四百三十三架 Me 262，但對盟軍而言，這款出色的戰機在心理上的衝擊遠大於實質層面。研究人員於戰後的檢視中發現，Me 262 在機身與引擎上的設計領先其他國家的飛機好幾年，而且它的祕密一旦被揭露之後，便讓蘇聯和英國、美國得以加速發展出不可思議的超音迅噴射戰鬥機與轟炸機。

阿維亞 S.92 型渦輪式（Turbine）

二次大戰期間，Me 262 型戰機的主要零件是在德國占領的捷克斯洛伐克境內生產，大型的阿維亞公司（Avia）工廠製造它的機身部位，而其他分散的廠房也生產其他組件，像是引擎等。到了大戰結束之後各廠區仍有大批的引擎、機身與其他組件庫存，捷克政府於是決定利用這批零件爲新成立的捷克空軍打造一批戰機。朱姆 004B-1 型引擎爲雷泰克公司（Letecke）仿造，他們推出 M.04 型發動機；而阿維亞公司則繼續他們的機身組裝作業，因此以 Me 262A-1a（下圖）爲

基礎創造出 S.92 型原型機。該機於 1946 年 8 月 27 日試飛。接著，他們又製造了三架雙座的 CS.92 型教練機（上圖）和另外三架的 S.92，後批的第三架在 1947 年首次被捷克空軍採用。到了 1950 年代初期，八架這款戰機編成了第 5 戰鬥機飛行小隊。捷克原打算繼續發展 Me 262 型（包括重新裝置 BMW 003 型引擎來取代朱姆 004 型引擎和再重新設計其脆弱的機首起落架），以及爲南斯拉夫空軍生產另一款同型戰機，但因爲蘇聯的 MiG-15 型噴射機獲准在當地量產而作罷。

第七十八章
日本空軍的崛起

日本空軍在滿州與中國的行動讓他們在西元一九四一年爆發的太平洋戰役中得到了寶貴的作戰經驗。一開始，英國、荷蘭與美國忽視了日本的這項優勢而付出慘痛的代價。

↑太平洋戰爭爆發之際，英國皇家空軍遠東部隊最有戰力的飛機是布羅斯特水牛式（Brewster Buffalo）戰鬥機。照片中這群第243中隊的水牛機於日本發動攻擊的前幾天，在新加坡上空所進行的「武力展示」顯得有些可悲。

在十九世紀下半葉到二十世紀初之間，日本在工業與經濟領域上迅速崛起。她成為一個完全工業化的國家，擁有強大的海軍和陸軍，而且海、陸軍都有附屬的航空武力。日本和英國一樣，沒有石油，自然資源亦不豐沛，幾乎完全仰賴海上貿易以刺激迅速發現的經濟及養育他們一億多的人口。在一八九五年到一九一八年間，日本帝國兼併了庫頁島、臺灣與朝鮮和廣大的太平洋區域使其面積擴增。許多領土還是經由對中與對俄作戰而取得

的，雙方的交惡在一九三○年代演變成更嚴重的衝突。

一九三一年九月，當日軍入侵滿州之際，衝突開始浮上檯面。在日本陸軍航空部隊的紐波特（Nieuport）29型、薩默森（Salmson）2型、三菱八七式輕爆擊機（即2MB1型）與川崎八八式偵察機（即KDA-2型）的支援下，日本人在五個星期內就占領了滿州。中國並沒有空軍可與之對抗，所以日本戰機僅限於執行轟炸和偵察的任務。

不久之後，在一九三二年一月

侵略上海期間，輪到日本海軍出擊。他們的中島三式一號艦上戰鬥機（A1N1）與三菱十三式艦上攻擊機（2MT1）從鳳翔號與加賀號航空母艦上起飛，還有川西九○式三號水上偵察機（E5K1）支援作戰，他們遭遇到少數幾架中國戰鬥機的反擊。儘管中國頑強的抵抗，上海還是在三月四日落入日軍手中。

中日間的關係在接下來的數年裡依舊緊張，但在一九三七年之前並沒有爆發大規模的衝突。到了那個時候，中國本身的經濟與軍事力量正要提升。為了掌握未來的主動權與保護日本的利益，日軍在八月發動了兩面的攻勢：一支部隊經由海路抵達上海，攻向北方與西方；而另一支部隊則從滿州向南挺進。

日本的戰鬥機

在中國北方上空，日軍派出川崎九五式戰鬥機（Ki-10）、川

崎九三式單發輕爆擊機（Ki-3）、三菱九三式重爆擊機（Ki-1）與中島九四式偵察機（Ki-4）；在南方則派出三菱九六式陸上攻擊機一一型（G3M1），從日本本土起飛襲擊。如同以往，中國軍隊採取克己的防禦措施，儘管日軍不斷的向前推進，並迫使蔣介石撤退到重慶山中。日本新型的中島九七式戰鬥機（Ki-27）、三菱九七式司令部偵察機（Ki-15）與三菱九七式重爆擊機（Ki-21）也現身於戰場上，但在中國方面，他們的空軍在陳納德（Claire Chennault）上尉的

↑三菱九六式陸上攻擊機是日本帝國海軍在1941年時主要的陸基轟炸機。日軍的戰力在使用更多較大的三菱一式陸上攻擊機之後大幅提升。九六式陸上攻擊機在中國上空參與了相當多場的攻擊行動。

↓中島公司九七式戰鬥機的性能極為敏捷，但日本人在中國與諾門罕上空所見識的波利卡波夫戰鬥機也足以和它匹敵。在諾門罕的衝突中，日本宣稱擊落了一千二百六十架的蘇聯戰機。

↑零式戰鬥機的前輩，三菱九六式艦上戰鬥機（A5M）在 1940 年是日本帝國海軍標準的艦載機。照片中的是出現在中國上空，隸屬於第 14 飛行大隊的同型戰鬥機。

↓諾門罕事變期間，蘇聯飛行員在戰鬥平息之際於一架波利卡波夫 I-16 型戰鬥機前放鬆休息。這場戰役是為了爭奪喀爾喀一廓（Khalkhin-Gol）河谷上的土地而進行。

帶領下，開始發動波利卡波夫 I-15 型、I-153 型與 I-16 型戰鬥機以及圖波列夫 SB-2 型轟炸機應戰。這群飛機讓日本空軍蒙受愈來愈多的損失。結果，日軍無法取得陸上決定性的勝利，於是他們轉而對中國進行經濟封鎖。就是這項因素，導致日本向東南亞擴張，為太平洋戰爭的爆發揭開序幕。

不過，在那之前，日本將和蘇聯於諾門罕（Nomonhan）上空打一場短暫卻血腥的爭鬥。那裡，中島九七式戰鬥機和 I-153 與 I-16 戰鬥機打得難分難捨；而圖波列夫 TB-3 轟炸機和三菱九七式單發輕爆擊機（Ki-30）也不斷的派出作戰，戰局不分勝負。

南向擴張

一九四〇年間，德國陸軍在歐洲戰場上戲劇性的勝利說服了日本人和德國與義大利結盟。法國與英國是占有東南亞殖民地的強權，當他們面臨日本的軍事侵犯時，由於英、法兩國在當地的實力都太過薄弱而不得不同意日本人的要求。一九四〇年六月底，日軍登陸法屬殖民地越南東京（Tonkin）的海防（Haiphong），法國不願抵抗並同意讓日軍建立航空基地。英國亦只好同意關閉滇緬公路（Burma Road）。

位於法屬中南半島（Indo-China）上的日軍基地讓日本轟炸機得以對付蔣介石的中國部隊，但也因此威脅到了英國所把持的利益，包括他們的掌上明珠新加坡。除了進一步勒緊中國的頸子之外，日本人也打算控制馬來西亞、婆羅洲、爪哇和菲律賓，如此一來便可確保原料的供給，包括最重要的石油資源。當日本在中南半島南端建立起軍事基地之際就直接威脅到了新加坡，美國總統羅斯福便凍結日本所有的在美資產，並中斷其石油供給。日本和英國、美國與荷屬東印度群島的大規模戰爭現在看來是免不了的。

在即將爆發的戰爭中，日軍在他們所稱「大南區」（Southern Area）的戰場裡裝備精良，飛行員也都身經百戰。日本陸軍接收了一批中島一式戰鬥機（Ki-43）、川崎九九式雙發輕爆擊機（Ki-48）

和性能出色的三菱百式司令部偵察機（Ki-46）。海軍也重新配備了愛知九九式艦上爆擊機（D3A）、中島九七式艦上攻擊機（B5N）與三菱零式艦上戰鬥機（A6M）到航空母艦上，還有陸基的三菱一式陸上攻擊機（G4M）。在廣大的戰區裡，三菱零式艦上戰鬥機二一型（A6M2）無可否認的是日本最佳的戰鬥機，也是一款能為日本帝國主義野心家橫掃千軍，一路殺到澳大利亞海岸的戰鬥機。這次作戰的第一階段是兵分六路，從暹羅到夏威夷進擊盟軍的陣地，還包括對珍珠港的美軍艦隊發動先發制人的奇襲。

遠東的戰鬥機

在 1930 年代末期，日本與蘇聯的空軍都配備了體形短胖、輻射狀引擎的戰鬥機。雖然他們不如派在歐洲、有雅致外形、直線排列引擎的單翼戰鬥機快，但他們的飛行性能較靈敏。隨著太平洋戰爭的進行，這項特質為快速、猛擊型的戰鬥機所抹殺。就這點來說，較快的戰機比較不會被那些靈敏但緩慢的飛機拉進迴旋纏鬥戰裡。

→中島九七式戰鬥機
中島九七式戰鬥機是結構輕巧、武裝薄弱以賦予傑出機動性的戰鬥機，它在1938 年於中國上空首次登場作戰，立刻證明相當成功。這架中島九七式戰鬥機乙型是 1938 年滿州基地內第 10 直系指揮部中隊的中隊長座機。

←波利卡波夫 I-16
波利卡波夫 I-16 為蘇聯第一款投入服役的單座、懸臂單翼和有著可收回式起落架的戰鬥機，它是一架先驅型的設計。這架 10 型 I-16 是 1937/38 年冬部署在河北張家口，隸屬於中國中央政府空軍第 4 戰鬥機聯隊的戰機。

↑寇蒂斯鷹式（Hawk）75
日本發動攻擊之際，寇蒂斯鷹式 75A-7 型是盟軍所能召集到的最佳戰鬥機之一，但他們仍無法與零式戰鬥機匹敵。圖中的這架是 1941 年發配給荷蘭東印度群島茉莉芬（Madioen）基地，隸屬於「荷蘭皇家空軍東印度航空兵」（Luchtvaartafdeling, KNIL）第 1 飛行中隊（1. Vliegtuigafdeling）的寇蒂斯鷹式戰鬥機。

第七十九章
太陽升起的曙光

西元一九四一年十二月,在珍珠港的美國太平洋艦隊遭到日本奇襲。由於美軍尚未恢復元氣,日軍隨心所欲地蹂躪整個太平洋。

↑在珍珠港的上空與地面,美國陸軍航空隊失去了七十一架戰機,而美國海軍陸戰軍損失三十架,美國海軍則有六十架折翼;總共二千四百零三人陣亡,一千一百七十六人負傷。

日軍對馬來亞、暹羅、菲律賓群島和香港的空中、海上與兩棲進攻之時間表完全依照一場作戰而訂,即星期日早晨對停泊在珍珠港〔歐胡島(Oahu)〕裡的美國太

平洋艦隊發動奇襲。在日本人繼續建設「大東亞共榮圈」之前,日軍的最高指揮官賭上了一切,欲消弭英、美在遠東和太平洋戰區的航空與海上力量。一旦大東亞共榮圈建

立並沿著它的周圍形成一道防護牆以後，日本人即希望藉此能讓他們平起平坐地與美國人和談，因為他們的工業實力尚無法與美國匹配。

日本作戰的進度表如下：二點十五分（東京時間，一九四一年十二月八日），第 25 軍團登陸哥打巴魯（Kota Bahru）；三點二十五分，夏威夷行動（珍珠港）展開；四點，登陸宋卡（Singora）與北大年（Patani）間的克拉地狹（Kra isthmus）；八點三十分，第 38 師進攻香港。其他的從屬行動還包括占領太平洋的關島（Guam）、威克島（Wake）、塔拉瓦島（Tarawa）、諾魯（Nauru）與馬金島〔Makin，吉爾伯特群島（Gilbert Islands）〕。

航向珍珠港的日本「打擊艦隊」有航空母艦加賀號、赤城號、飛龍號、蒼龍號、瑞鶴號與翔鶴號。十二月七日三點（西方時間），這群強大的艦隊正朝向經度一百八十度的國際換日線邁進，歐胡島就只剩下二百哩（三百二十公里）的距離。

到了五點四十五分，三菱零式艦上戰鬥機二一型空中戰鬥巡邏隊（CAP）升空，第 1 與第 2 攻擊部隊也在稍後出擊。他們的首要目標是下錨在珍珠港停泊處和「戰鬥艦街」（Battleship Row）的船艦。而三菱零式艦上戰鬥機二一型與愛知九九式艦上爆擊機一一型（D3A1）則擔任空中戰鬥巡邏隊予以掩護，並對惠勒（Wheeler）、希凱姆（Hickam）、艾瓦（Ewa）、卡

↑ 約一百三十五架三菱零式戰鬥機二一型、一百三十五架愛知九九式艦上爆擊機一一型（如照片）和一百四十四架中島九七式艦上攻擊機一二型由日本航空母艦載運，航向珍珠港。

納歐（Kanehoe）與福特島（Ford Island）的機場進行掃蕩。在奧帕納（Opana）雷達站的美國陸軍 SCR-270 新型雷達雖於七點零二分掃到來襲的敵軍，但監控員以為是一場演習，他向執勤的軍官回報，軍官也通報了這件至關重大的事，不過一切都太遲了。七點五十分，日本的攻擊達到完全出乎意料之外的戰術效果。魚雷射向美國海軍的戰鬥艦西維吉尼亞號（West Virginia）、亞利桑納號（Arizona）、奧克拉荷馬號（Oklahoma）、內華達號（Nevada）、猶他號（Utah）、加利福尼亞號（California）、馬里蘭號（Maryland）與田納西號（Tennessee）和巡洋艦海倫娜號（Helena）與羅利號（Raleigh），還有修補船維斯塔號（Vestal），她們全部遭到重創。另外，戰鬥艦賓夕法尼亞號（Pennsylvania），巡洋艦火奴魯魯號（Honolulu），驅逐艦卡欣號（Cassin）、道尼斯號（Downes）與蕭號（Shaw）則受到較小程度的損傷。而美國的航

↑三菱零式艦戰機二一型與中島九七式艦上攻擊機一二型準備出擊飛向珍珠港。在作戰中，有九架零式戰鬥機、十五架愛知九九式艦上爆擊機一一型和五架中島九七式艦上攻擊機一二型遭到擊落，但這和他們的戰果相比，代價可說是微不足道。

空母艦企業號（Enterprise）、薩拉托加號（Saratoga）與列克星頓號（Lexington）因為都不在珍珠港內而逃過一劫。

威克島與關島

集結在加羅林群島（Carolines）土魯克（Truk）的日軍部隊負責執行威克島、關島和吉爾伯特群島的占領行動。只有威克島持續進行反抗，戴佛魯（Devereux）少校和他的「美國海軍陸戰軍」（US Marine Corps, USMC）特遣隊堅守在那裡將近三個星期。早在十二月八日時，三菱九六式陸上攻擊機二一型（G3M2）即摧毀威克島上的七架格魯曼 F4F-3 型戰鬥機，並殺了二十三名海軍陸戰隊員。次日，三菱九六式陸上攻擊機二一型再去轟炸威克島、威爾克群島（Wilkes）和

皮爾群島（Peale Islands）。不過，日軍於十二月十日展開的首次兩棲登陸卻為美軍擊退，當時倖存的三架 F4F-3 型戰機予以關鍵性支援。日本對這樣的結果感到不耐煩，因此令航空母艦飛龍號與蒼龍號從歐胡島行經庫爾（Kure）前往該區。強大的愛知九九式艦上爆擊機一一型與中島九七式艦上攻擊機一二型（B5N2）空中打擊部隊掩護著最後的入侵行動，美國海軍陸戰軍守衛部隊不得不在一九四一年十二月二十三日投降。

暹羅與馬來亞

入侵馬來亞的日本艦隊最早是在十二月六日十四點時為澳大利亞皇家空軍第 1 中隊的一架哈德森式偵察機發現，她們當時位於中南半島南端東南東方八十二

哩（一百三十三公里）處航行。哈德森式與卡塔林娜式被派去測定這支艦隊的航向，卻由於惡劣的天候無功而返。不過，三菱九七式重爆擊機與川崎九九式雙發輕爆擊機依舊出擊：新加坡於十二月八日四點遭到突襲，而巴特沃斯（Butterworth）、北大年河（Sungei Patani）、檳榔嶼（Penang）與亞羅士打（Alor Star）也接連被轟炸。到了傍晚，日本第 5 師與第 18 師在新加坡和北大年登岸，並偕同卓美部隊從哥打巴魯向內陸挺進。

　　十二月八日十七點三十五分，湯姆・飛利浦（Tom Phillips）上將指揮的 Z 艦隊（Force Z），包括三萬五千噸的戰鬥艦威爾斯親王號（HMS Prince of Wales）與三萬二千噸的戰鬥巡洋艦卻敵號（HMS Repulse），從新加坡啓航，前往攔截並摧毀日本的入侵艦隊。不過，英國皇家海軍的船艦並無任何空中支援。十二月十日，Z 艦隊在行經關丹（Kuantan）正東方大約八十哩（一百二十八公里）處時遭遇突襲。日本的三菱九六式陸上攻擊機二一型與三菱一式陸上攻擊機一一型（G4M1）在十分精確且協調的高空轟炸與低空魚雷攻

擊下，屢次命中卻敵號和威爾斯親王號，前者於十二點三十三分沉沒，後者亦在四十七分鐘之後葬身海底。Z 艦隊兩艘主力艦的毀滅使得英國皇家海軍無力再參與馬來亞之役。

　　在香港，遭受孤立的英國守軍於十二月二十五日投降。到了十二月底，英軍在馬來亞的情勢岌岌可危。日軍沿著東海濱長驅直入地南下，並於十二月二十六日突破了霹靂河（Perak）防線，二十八日攻占怡保（Ipoh），一九四二年一月十一日拿下吉隆坡（Kuala Lumpur）。日本擁有出色的中島一式戰鬥機與中島九七式戰鬥機乙型，使他們在對抗英國皇家空軍和澳大利亞皇家空軍的空戰中占盡上風。盟軍的飛機破爛，根本不是對手，即使颶風式 IIA 型於一月的到來也產生不了多大的衝擊。大英帝國的部隊在一月三十一日越過柔佛

↑中島九七式艦上攻擊機一二型所裝置的炸彈是為航空部隊而改裝的 14 吋（356 公釐）穿甲炸彈（AP），而該型魚雷機（如照片所示）則採用 17.7 吋（450 公釐）的九一式一型魚雷。後者是為不到 40 呎（12.2 公尺）的投射深度而調製，以因應水淺的珍珠港停泊處之作戰限制。

海峽（Johore Straits）退進新加坡島，並不斷承受日軍的猛擊。二月十五日，馬來亞的英軍投降。

這場短短七十三天的戰役是英國陸軍史上最慘的悲劇，超過九千名英國與大英帝國士兵陣亡，十三萬人被俘。而日軍的傷亡則為九千二百八十四人，其中三千人於行動中喪生。此外，日本也在對抗三百九十架英國與澳大利亞航空部隊的戰鬥中損失九十二架的飛機。

呂宋島與民多羅島（Mindonoo）

菲律賓群島上的「美國遠東航空隊」（US Air Force Far East, USFFE）在一九四一年十二月八日早晨，即日本首次發動空襲之際約有一百六十架美國和二十九架菲律賓戰機於備戰狀態。第一波攻擊發生在遙遠的南方，位於達沃（Davao），當時中島九七式艦上攻擊機一二型與三菱九六式四號艦上戰鬥機（A5M4）展開出其不意的突襲；接著碧瑤與土基加魯（Tuguegaro），還有北部的呂宋島亦遭中島百式重爆擊機（Ki-49）和三菱九七式重爆擊機的轟炸。十二點四十五分，當日軍機場的迷霧消散之後，三菱九六式陸攻

機二一型與三菱一式陸攻機一一型在三菱零式戰鬥機二一型的護航下即對馬尼拉的機場綜合設施予以毀滅性的打擊。

日本在一九四一年十二月八日對菲律賓群島美國遠東航空隊的轟炸行動摧毀了一百零八架戰機，美軍只剩下十七架 B-17 型轟炸機和不到四十架的 P-40B 型戰鬥機可用。這支戰力大幅萎縮的部隊於下幾個星期裡持續於實力相差懸殊的情況下奮戰，並盡力阻撓日軍登陸阿帕里（Aparii，一九四一年十二月十日）、維甘（Vigan）與雷加斯皮（Legaspi，十二月十一日）、達沃（十二月二十日）、仁牙因灣（Lingayen Gulf，十二月二十一日）和拉蒙灣（Lamon Bay，十二月二十四日）。到了此時，遠東航空隊殘存的戰機撤至澳大利亞，而馬尼拉則在一九四二年一月二日淪陷於日本人手中。在羅斯福總統的命令下，麥克阿瑟（MacArthur）將軍於三月十二日離開菲律賓群島，留下韋恩賴特（J. M. Wainwright）少將指揮美國與菲律賓軍隊。他們堅守巴丹半島（Bataan peninsula）直到一九四二年四月九日，然後七萬八千名守軍走進日本的戰俘營。

↓ 由西貢（Saigon）起飛的三菱九六式陸上攻擊機二一型以魚雷擊沉了英國皇家海軍的戰艦卻敵號與威爾斯親王號。九六式陸上攻擊機二一型在三菱一式陸上攻擊機被普遍採用之前，仍是日本帝國海軍（IJN）陸基打擊部隊的骨幹。

第八十章
三菱零式艦上戰鬥機

在二次大戰的前幾年，零式戰鬥機主宰了太平洋戰場。由於它出色的敏捷性而且航程格外得遠，幾乎是日本海軍艦隊掌握制空權的保證。不過，自西元一九四三年起，盟軍採用了性能愈來愈強的戰鬥機，零式再也無法繼續穩坐霸主地位。

或許三菱零式艦上戰鬥機（A6M）更普遍地被稱為零式或零戰〔譯者註：「札克」（Zeke）為盟軍的稱呼代號〕，這款飛機是二次大戰中最偉大的戰鬥機之一，儘管它在戰爭初期絕非如令盟軍航空部隊聞風喪膽般的無敵和零缺點。

當三菱零式戰鬥機投入服役之際，它的速度飛快，並具有極佳的靈敏性。雖然零式的優異表現無疑是其引擎的功勞，但這款引擎的推力卻相對不足。因此，零式的設計者必須盡一切可能減少飛機的重量，這代表的是它的結構太輕，加上輕裝甲和武裝相對薄弱，縱使在

敵方最小口徑武器的打擊下仍十分脆弱。

零式在和訓練不佳的中國飛行員與經驗同樣不足的志願兵，駕著像波利卡波夫 I-15 型與 I-16 型的劣等戰鬥機對戰時，它幾乎是無懈可擊。但即使在二次大戰初期，當民間流傳零式是「刀槍不入」之際，盟軍仍僅派了少數「劣質」的戰鬥機到太平洋戰區，如霍克颶風和備受貶抑的布羅斯特水牛式，甚至還有少見的布里斯托布倫亨式轟炸機。在珍珠港奇襲間只有八架零戰遭到擊落，更凸顯出他們的優越性。總而言之，零式確實在大戰的

↑史上少有比零式更神祕的戰鬥機。由於在中國戰場和太平洋戰爭初期階段的勝利，盟軍的飛行員開始相信，這款日本戰鬥機所向無敵。

↑1942 年 6 月在阿留申群島上，盟軍的情報人員成功地取得一架完整的三菱零式艦上戰鬥機二一型。它被運往聖地牙哥（San Diego）的北島海軍航空站（NAS North Island）進行徹底的研究評估之後，零戰無敵的迷思最後才被打破。

堅固耐用的機身結構彌補了它飛行性能與靈敏度的稍微不足。盟軍戰鬥機的重量不斷增加（零式也一樣），但引擎的改良使他們的性能與敏捷性大幅提升。零式被迎頭趕上，而且很快就會為它所有的對手超越。就這樣，在對抗 F4U 型海盜式與噴火式時，零戰僅在迴旋方面占上風；高速力戰格魯曼 F6F 型地獄貓時即使是這點優勢也被嚴重侵蝕。地獄貓壓過零戰的出色性能於一九四四年的菲律賓海戰役和雷伊泰灣（Leyte Gulf）之役中徹底的展現出來。

前幾年裡享受了令盟軍感到欽佩的空中優勢，這反映在對日本十分有利的高擊殺／折損率。零式戰鬥機在對抗早期的競爭者中贏得了美名，而且這樣的聲響在它失去了鋒芒之後仍延續下去好長一段時間。

零式絕對無法勝過格魯曼 F4F 型野貓式戰鬥機，該機的重武裝和

設計的弱點

到了大戰晚期，零式經過一番必要的改良使其重量增加，這又讓它多了一些缺點。它的引擎發展緩慢，原型與最後一款衍生型之間的性能提升也很有限。事實上，最重要的後期型，即三菱零式艦上戰鬥

↓三菱零式艦上戰鬥機五二型雖是一款過度時期的改良機種，但它的產量卻比其他的零式衍生型多。零戰五二型在 1943 年秋登場，它是為了平衡 F6F 型地獄貓的優勢而設計。

機五二型（A6M5）要比二一型慢
得多，儘管在爬升方面快了一點
點。這個缺陷就連零式的設計者也
很清楚。零戰的汰換計畫早在一
九四〇年便開啓，但更先進的原
型機像是三菱雷電式局地戰鬥機
（J2M）和三菱烈風式艦上戰鬥機
（A7M）等了好久才問世，不過
他們的表現還是令人失望。所以，
零戰在該被淘汰時依然於部隊裡服
役，而且多虧其多用途性和適應
性，讓他們尚有能力面對愈來愈優
異的敵手。零式持續大規模量產直
到二次大戰結束，約製造了一萬零
四百四十九架，使他們成為日本戰
時數量最多的戰鬥機。

　　到了大戰尾聲之際，零式正站
在完全過時的危險邊緣，他們只適
合日本帝國最後、最孤注一擲的賭
注，那就是組成「神風特攻隊」進
行自殺攻擊。直到今天，人們仍記
得零戰早期的輝煌成果，它繼續在
歷史上留名，成為二次大戰中最經
典的戰鬥機。

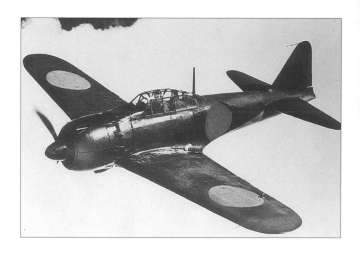

↑零式的機動性遠超過當代任何的盟軍戰鬥機。它的迴旋性能甚至比格魯曼
F6F型地獄貓式還要出色。不過，零戰的威力卻由於俯衝性能不佳和裝甲防護
力薄弱而大打折扣。

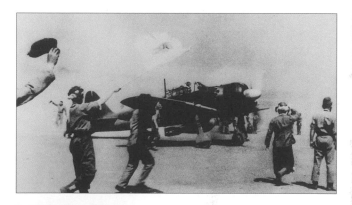

↑隨著戰況對日本愈來愈不利，日軍開始採取
孤注一擲的極端措施，如自殺攻擊，來阻止盟
軍在太平洋上的挺進。1944 年 11 月的雷伊泰
灣之役期間，一架掛載炸彈的零式準備出動。
照片中，日軍同僚正為神風特攻隊的飛行員歡
呼，他將展開最後一次的任務。

←在生產近 10,500 架的零式戰鬥機當中，至
今只有兩架仍可飛翔。其中一架五二型是由加
利福尼亞（California）奇諾（Chino）的「著
名飛機博物館」（Planes of Fame Museum）
所有，而且它保留了原有的「榮」（Sakae）
引擎。而照片中的這架零式是「聯邦航空隊」
（Confederate Air Force，譯者註：聯邦航
空隊為美國一民間組織）的二一型，它曾偕
同日本航空母艦瑞鶴號的第 5 航空戰隊（5th
Carrier Division）在所羅門群島上空作戰。諷
刺的是，它現在裝置的是美製的引擎與螺旋
槳。

第八十一章
盟軍的逆境：
日本遙遙領先的勝利

西元一九四二年春，日本在東南亞接二連三地贏得勝利，他們的成功主要是由於盟軍的軟弱、備戰不足與分裂的事實。盟軍的這些弱點又因為增援有限而惡化，日軍持續乘勝追擊。

↑格魯曼 F4F 型野貓式是 1943 年之前美國海軍的主力戰鬥機。不過，在 1942 年的珊瑚海（Coral Sea）戰役中，美軍發現 F4F 很難遏制優越的三菱零式艦上戰鬥機。

一九四二年一月十日，盟軍設立了所謂的「ABDA 指揮部」（ABDA Command，即美、英、荷、澳頭一英文字母的縮寫），並任命英國皇家空軍的皮爾斯（R. E. C. Peirse）上將為航空部隊的指揮官，但這支部隊僅僅倉促湊出三百一十架左右的戰鬥機而已。二月十日，最後一架英國皇家空軍的飛機從新加坡撤離到蘇門答臘，在那裡，倖存的單位組成了第 225（轟炸機）聯隊和第 226（戰鬥機）聯隊，並以巨港（Palembang）石油提煉廠附近的 P.I 與 P.II 機場為中心。美軍只有第 7 轟炸機大隊的 B-17E 型與 LB-30 型轟炸機和第 43 轟炸機大隊以及第 19 轟炸機大隊的主力單位現身而已。除此之外，配備寇蒂斯 P-40E 型戰鬥機的美軍第 17 追擊大隊（US 17th Pursuit Group）也在泗水（Surabaya）成軍。

日軍第二階段的作戰在東印度群島展開，他們海軍的行動有「日本海軍航空隊」第 22 艦隊的支援；陸軍亦有「日本陸軍航空隊」第 3 飛行集團的掩護。日本在該區西方的作戰計畫是派一支部隊突進達沃、荷諾（Jolo）、荷屬婆羅洲（Dutch Borneo）和其他的小島，直抵峇厘島（Bali）。而在東方，另一支特遣部隊則進擊西里伯島（Celebes），並向南經馬納多（Manado）與安汶島（Ambon Island）到帝汶島（Timor）。

這場戰役在一九四二年一月十一日，日軍登陸塔拉康（Tarakan）和馬納多之後展開。一月二十四日，同步的登陸行動亦在婆羅洲和西里伯島進行。西方的攻勢則由日本陸軍航空隊洛克希德 WG-14 型運輸機的傘兵空降突擊開啓，他們還有三菱九七式重爆擊機作爲後盾以奪取機場和重要的煉油廠。第 225 與第 226 聯隊的打擊部隊撤退到爪哇島，並加入殘餘「荷蘭東印度航空隊」（ML-KNIL）和美國陸軍航空隊的行列。不過，日軍登陸帝汶島切斷了最後一條可從澳大利亞進行作戰部署的航線。二月十九日到二十一日於泗水上空爆發的最後一場大規模

空戰宣告了 ABDA 空軍的滅亡，其指揮部亦在次日解散。日軍掃蕩爪哇島南方海域，襲擊船艦，並取得了完全的制空權。在八天之內，荷蘭的東印度政府不得不投降。

另一方面，日本也進擊東南方以確保俾斯麥群島（Bismarcks）周邊的安全，並奪取巴布亞‧新幾內亞（Papua New Guinea）北部的領土。一月二十日，拉包爾（Rabaul）遭到一百二十架三菱零式艦上戰鬥機二一型、愛知九九式艦上爆擊機一一型與中島九七式艦上攻擊機一二型的攻擊。澳大利亞皇家空軍雖出動並英勇的作戰，但仍無法阻止拉包爾的設施遭受破壞。一月二十三日，五千三百名的日軍部隊登陸拉包爾，並立刻確保了卡維恩（Kavieng）港口與機場的安全。對日軍來說，奪得重要的拉包爾，表示他們能以該地作爲進

↑照片中這群朝新幾內亞目標飛去的三菱一式陸上攻擊機一一型說明了日軍在太平洋戰役初期的空中優勢。該型轟炸機逐步取代同一公司生產的三菱九六式陸上攻擊機，並在 1942 年起成爲海軍主要的陸基打擊與魚雷轟炸機。

↓中國的「飛虎隊」〔較正式的名稱爲「美國志願大隊」（American Volunteer Group, AVG）〕在陳納德的指揮下，以寇蒂斯鷹式 81A-2 型戰鬥機對抗日本卓越的戰機，並締造多次著名的勝利。圖中的飛機是 1942 年 2 月東烏基地的美國志願大隊第 2 中隊的亨利‧蓋瑟布拉赫特（Henry Geselbracht）的座機。注意機翼下的中國軍徽。

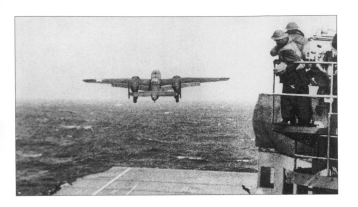

↑美軍在 1942 年 4 月 18 日所發動的空襲是史上最著名的作戰之一，當時十六架的北美 B-25B 型米契爾式轟炸機從美國海軍航空母艦大黃蜂號上起飛，直接轟炸日本本土。實質的戰果微乎其微，但卻對盟軍士氣有極大的影響。

↓在格魯曼 TBF 型復仇者式戰機投入服役之前，美軍主要的魚雷轟炸機是道格拉斯 TBD 型破壞者式（Devastator）。照片中這群戰機正準備從美國海軍企業號的甲板上出擊。他們隸屬於第 6 魚雷機中隊（VT-6），甲板前面還有第 6 戰鬥機中隊（VF-6）的野貓式戰鬥機。

一步向澳大利亞進攻的跳板。然而，這也代表在巴布亞南端摩斯比港（Port Moresby）的盟軍也在出擊的航程範圍之內。盟軍的要塞雖不斷為零戰騷擾，但幾乎都被澳大利亞空軍的 P-40E 型戰鬥機阻擋在海灣上。

　　一九四二年一月，日本海軍的九艘航空母艦讓美國太平洋艦隊的戰力相形見絀，他們只有四艘航空母艦部署在該區。一月十一日當薩拉托加號遭魚雷攻擊而被迫退回珍珠港修復之後數量又減為三艘。

美國航空母艦的首次出擊

　　日本侵略的威脅促使尼米茲（Nimitz）上將對馬紹爾群島（Marshall Islands）發動一連串的空襲。二月一日早晨，第 8 特遣艦隊（Task Force 8）派出戰機對羅伊（Roi）、瓜加林島（Kwajalein）與馬洛拉普（Maloelap）展開拂曉攻擊。突襲的戰果不佳，有四架 SBD-3 型戰機遭到擊落，美國海軍卻斯特號（Chester）受創，航空母艦企業號也設法避開墜落的日本轟炸機衝撞。二月二十日，航空母艦列克星頓號上的戰機開始轟炸拉包爾，而威克島與馬可斯島（Marcus）也分別在二月二十四日和三月四日遭企業號派出的飛機襲擊。美國人對日軍船艦與部隊最成功的一次轟炸發生在三月十日的里阿（Lea）與薩拉毛阿（Salamaua），他們有四艘運輸艦和數艘小型船艦遭到擊沉。

　　另外，當時最著名的一場突擊是第 17 轟炸大隊的組員所執行的大膽空襲，他們由杜立德（J. H. Doolittle）中校率領，直接攻擊日本本土。十六架改裝過的 B-25 型轟炸機加大了油箱的容量，他們從航空母艦大黃蜂號（Hornet）上起飛襲擊東京。突擊的實際戰果雖微不足道，但它的衝擊卻讓日本人感到不安，並激起了美國人的士氣。

　　澳大利亞是日本下一個目標，達爾文港（Darwin）慘遭一連串的轟炸。一艘驅逐艦和幾艘船舶被摧毀，還有數架澳大利亞皇家空軍與美國陸軍航空隊的戰鬥機與轟炸機。爪哇很快失守，隨之而來的是日軍對撤離人員不分軍民的殺戮。其後，日本從那裡突進到印度洋，

目標是錫蘭。四月五日，可倫坡港（Colombo）遭受攻擊，日軍派出中島九七式艦上攻擊機一二型、愛知九九式艦上爆擊機一一型和零戰，他們只遇上一小撮英國皇家空軍和皇家海軍艦隊航空隊的抵抗。突擊成功，一艘商船與一艘驅逐艦沉沒，許多盟軍戰機也折翼。接著，錫蘭南部遭到更多次的蹂躪，英國皇家海軍的航空母艦赫密士號亦被擊沉。

日軍在一九四一年底占領暹羅，他們又從那裡向仰光（Rangoon）進擊。大批的部隊發動一連串的日間攻勢，但成效不彰，損失卻很慘重。有一陣子，戰鬥只

在夜裡進行。然而，這是日軍第一次蒙受如此沉重的損失，證明了他們並非所向無敵。

不過，該戰區的日軍人數不斷增加，仰光最後仍在一九四二年三月八日失守，同月的最後一天，東烏（Toungoo）也落入日本人手中。源源不絕的增援確保了日本的擴張得以繼續，到了四月二十九日，日軍在臘戍（Lashio）切斷滇緬公路，瓦城（Mandalay）亦在一九四二年五月被拿下。一個星期過後，日軍第 55 師挺進到欽敦江（Chindwin）。印度近在咫尺，但因為雨季的來臨，他們的攻勢不得不停下來。

早期的敵手

在擴張主義者的野心和狂妄的熱誠激勵之下，日軍橫掃太平洋，擊退任何擋在他們路上的敵人。直到美軍加了把勁，並派出更多的戰鬥機到該區之後，日本的推進才受到阻礙。

← 布羅斯特 B-339

1942 年 2 月之後，荷蘭的飛機採用新的國徽以和盟軍的徽章更為一致。B-339 型戰鬥機即為英國所熟悉的水牛式戰鬥機，其性能遠遠地為它所遭遇過的日本戰鬥機超越。這架 B-339 型是 1942 年 3 月在萬隆（Bandung）的安第（Andir），隸屬荷蘭東印度航空隊戰鬥單位的飛機。

→ 三菱零式艦上戰鬥機二一型

典型的零戰由航空母艦或陸上基地起飛作戰，穿梭在整個太平洋戰區。這架三菱零式艦上戰鬥機二一型隸屬於第 6 航空隊，1942 年底時部署在新不列顛島（New Britain）的拉包爾。該單位於接下來的數月裡，經常在拉包爾上空執行任務。

第八十二章
中途島：勝利一去不返

在珊瑚海戰役中，儘管美國海軍付出了高昂的代價，但他們成功的阻止日軍登陸摩斯比港。不到一個月，尼米茲上將麾下的飛行員在中途島戰役中擊沉了四艘日本航空母艦，使日本海軍的航空戰力遭受嚴重的創傷，大戰也因此轉為對盟軍有利。

↑在中途島戰役展開之前，第 6 魚雷機中隊的成員將道格拉斯 TBD-1 型破壞者式魚雷轟炸機停放在甲板上。這群從企業號出擊的破壞者式在激烈的戰鬥中僅有四架返回到他們的航空母艦。

到了西元一九四二年五月一日，日本人慶祝他們自去年十二月以來達成了所有的目標。在六個月內，日軍席捲了暹羅、馬來亞、緬甸、婆羅洲、爪哇與西里伯島，還有此刻的菲律賓群島。他們俘虜了三十四萬名盟軍部隊，擊沉無數的敵船和擊落上百架的敵機。日本帝國軍隊的氣勢正如日中天，他們還計畫未來能夠擴張到中途島（Midway）和阿留申群島，並經由巴布亞的摩斯比港向澳大利亞推進。

日本的井上中將指揮「毛作戰」，即占領所羅門群島與摩斯比港的行動，他的艦隊包括一支龐大的運輸隊、一支擁有水上飛機運輸艦神川丸號的支援群、戰鬥機支援，以及一支擁有航空母艦翔鳳號加上三艘重巡洋艦的掩護艦隊。

這支艦隊將直接開赴所羅門島鏈，迅速通過摩斯比港的西北邊；同時，航空母艦瑞鶴號與翔鶴號亦將前往反制美國所採取的行動，並掃過聖伊薩貝爾島（Santa Isabel）與聖克立斯托巴（San Christobal）的東方。支援這群艦隊的是拉包爾、辛普森（Simpson）、土拉吉

（Tulagi）和托納萊（Tonelei）基地的三菱零式艦上戰鬥機二一型、三菱一式陸上攻擊機一一型與川西九七式飛行艇二二型。

然而，盟軍解碼能力的重大突破代表著尼米茲上將得知了日軍的毛作戰，並得以展開先發制人的行動。於是，第 17 特遣艦隊立即啓航，它包括了美國海軍和英國皇家海軍的戰艦，以及航空母艦約克鎮號（Yorktown）與列克星頓號。

毛作戰的第一階段於一九四二年三月五日展開。日軍順利登陸土拉吉島，其後翔鳳號前去和入侵摩斯比港的艦隊會合。次日，約克鎮號上的飛行大隊攻擊了土拉吉作為回應，但嚴格來說，珊瑚海之役在五月七日才開始。當時，日本的航空母艦艦載機除掉了美國海軍的驅逐艦辛斯號（Sims）與油輪尼歐秀號（Neosho）。不過，在第一輪的戰鬥中約克鎮號也派出戰機向翔鳳號發動攻擊。SBD 型戰機掛載著一千磅（四百五十四公斤）的炸彈和魚雷，最後擊沉這艘日本航空母艦。接著，約克鎮號與列克星頓號繼續猛攻翔鶴號，迫使她返回土魯克。與此同時，從日軍航母上出擊的中島九七式艦上攻擊機一二型與愛知九九式艦上爆擊機一一型亦突擊了列克星頓號，她遭到一枚魚雷重創，但在內部爆炸之前仍設法收回她的戰機。船員與機組員被迫棄船，並鑿沉他們的「列克星小姐」（Lady Lex）。在這場史上首次的

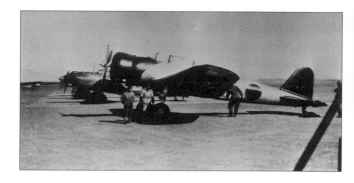

航空母艦大規模對戰中，美、日雙方的艦載部隊都損失慘重：八十架日本軍機和六十六架美軍戰機墜落。

廣泛的影響

日本在勝利遙遙領先之後的作戰策略是以持續鞏固他們所取得的資產為主。不過，奪取中途島也是十分的重要，況且占領摩斯比港的失敗更刺激日軍拿下中途島。在攻占該島的行動展開之前，日軍亦將對阿留申群島發動牽制性的攻擊。

日本北方艦隊（阿留申群島）在戊子郎中將的指揮下包括三十多

↑予以美國海軍約克鎮號致命一擊的是照片中這款中島九七式艦上攻擊機。他們還擊沉了許多其他的重要船艦。

↓道格拉斯 SBD 型無畏式俯衝轟炸機即將對日本戰艦發動第二輪的攻擊（注意照片右的著火處）。該機的俯衝制動器清晰可見，還有機身下所掛載炸彈的穩定翼。

↑ 1943 年 1 月，一架聯合 PBY-5A 型卡塔林娜降落在阿門契卡（Amchitka）時濺起了一團泥濘。數天前，美軍才從日本人手中奪回該島，讓他們能從那裡去攻擊日本的阿圖島基地。

艘的戰艦與輔助艦，而支援的第 2 航空母艦攻擊艦隊則有輕型的龍驤號與重型的隼鷹號。另外，他們還有一艘輕型航母和數艘戰艦的艦隊在遠距離支援。六月三日，日本戰機進攻荷蘭港（Dutch Harbour），破壞那裡的儲油設施並摧毀兩架 PBY-5 型水上飛機。正當這群攻擊部隊返航之際，一架三菱零式艦上戰鬥機二一型的燃料管被一發偏向的子彈打中，它迫降在阿庫坦島（Akutan Island），飛行員摔斷頸子，但機身幾乎完好無缺，並為美軍人員發現。這架零式被運往聖地牙哥進行評估，美國因而蒐集到了日本戰機研發能力的無價資料。

航向中途島的日本艦隊由一支強大的戰鬥艦與巡洋艦艦隊和四艘航空母艦上的二百二十七架戰機領軍。不過，再一次，美軍的信號密碼情報部門又揭開了這支艦隊入侵的重大情資。第 17 特遣艦隊做好了交戰的萬全準備。約克鎮號倉促修復再次上場應戰，而且美國艦隊包括了二百三十二架的艦載機和另一百一十九架的岸基戰機。

PBY-5 型偵察機在中途島西方七百哩（一千一百二十五公里）處發現了入侵艦隊的行蹤。次日早晨，第一支攻擊艦隊群於五點四十五分出動，可是不久即在中途島西北方一百六十哩（二百五十七公里）處為日本戰機目擊。美軍所有的飛機升空迎戰，戰鬥機不斷地在海上盤旋反制日軍的來襲，而 B-17 型、B-26A 型、TBF-1 型與辯護者式（Vindicator）亦起飛前往搜尋日本的航空母艦。六點三十三分，日軍的中島九七式艦上攻擊機一二型與愛知九九式艦上爆擊

機一一型率先攻擊了沙島（Sand）與中途島的設施，護航的 A6M2 型也重創防衛的第 221 海軍陸戰隊戰鬥機中隊（VMF-221）。第 241 海軍陸戰隊偵察轟炸機中隊（VMSB-241）派出的 SBD-2 型與 SB2U-3 型的傷亡十分慘重，十三架未能返航，而 B-17E 型的高空轟炸也因為日本航空母艦的大轉彎沒有命中任何一艘。接著，南雲司令得知一支預料之外的美國航空母艦艦隊現蹤，日本的艦載機因此被迫換裝魚雷。就在此刻，TBD-1 向日軍航母展開了魚雷攻擊，他們立即遭到一群零式的攔截，四十一架戰機中有三十五架被擊落。雖然第 3、第 6 與第 8 魚雷機中隊全遭殲滅，但正當零戰降落之際，又有一批 SBD-3 型俯衝轟炸機來襲，他們掛載著一千磅（四百五十四公斤）的炸彈向航母發動猛攻。赤城號、加賀號與蒼龍號皆慘遭重創，而未受損的飛龍號設法派出足夠的戰機對約克鎮號進行報復攻擊。約克鎮號在被一連串的命中之後，不得不棄船。其後，企業號的 SBD-3 找到飛龍號，並將之擊沉。

如此，中途島戰役告一段落，這是一場日本帝國海軍的大災難：四艘航空母艦和一艘巡洋艦沉沒，三百三十二架飛機折翼，還有二百一十六名無法彌補的飛行員陣亡。而美國則損失一艘航空母艦、一艘驅逐艦和出擊的三百零七架戰機中的一百五十架。

阿留申群島的戰鬥

同時，在更北方，阿留申群島之役也如火如荼地進行。日本海軍航空隊力戰美國第 11 航空隊，後者有一批 B-24D 型、B-25 型、B-26A 型、P-38F 型 P-39D 型與 P-40F 型戰機。自一九四二年六月至十月間，美、日相互與雙方的戰機和惡劣的天候搏鬥，各個島嶼不斷易手，日本早期獲得的領土很快就被美國的兩棲突擊部隊掠奪。到了一九四三年八月，日軍終於從基斯卡島（Kiska）上撤退，阿留申群島又再度成了不為人關注的戰區。

↓雖然美國艦隊採用了格魯曼 F4F 型野貓式，但海軍陸戰軍的飛行中隊尚在使用布羅斯特 F2A 型水牛式戰鬥機。這架 F2A-3 型是第 221 海軍陸戰隊戰鬥機中隊的戰力，以夏威夷為基地，它不久前才塗掉了機尾紅白相間的條紋。

第八十三章
三菱一式陸上攻擊機

日本三菱一式陸上攻擊機〔盟軍代號為「貝蒂」（Betty）〕的防護力是如此的薄弱，美國戰鬥機飛行員戲稱它是「高貴的一打就爆打火機」（Honorable One-Shot Lighter）。不過，儘管該機的體形輕小，卻擁有相當大的飛行航程，因此是日本帝國海軍最重要的轟炸機，在整場太平洋戰爭中都看得到他們的身影。

↑三菱一式陸上攻擊機一一型有「飛行雪茄」的稱號，從外觀上來看不言可喻。該型機是日本產量最多的轟炸機，它在長程轟炸任務中非常成功。

或許，二次大戰中英軍士氣的最低潮發生在一九四一年十二月十日，當時日本的戰機擊沉了兩艘英國皇家海軍最重要的戰艦（威爾斯親王號與卻敵號），而那時英國人還相信，日本的飛機雖不是竹子和米紙糊成的，但都是抄襲自西方的設計。哪種東西可以做出這麼具有毀滅性的事情？唯一的答案似乎是老舊的橫須賀海軍航空廠九六式艦上攻擊機（B4Y），不過後來正確答案揭曉，英國的戰鬥艦和戰鬥巡洋艦是被三菱九六式陸上攻擊機（G3M）與一式陸上攻擊機送葬

海底。那個時候，盟軍對於後者一無所悉，因為沒有人看過從中國送回來的報告；而且也沒有人讀過有關三菱零式艦上戰鬥機的報導。

在太平洋戰爭中，一架日本的雙引擎轟炸機雖然不太可能成為盟軍揮之不去的夢魘，但同一時期，日本的前線部隊卻擁有超過兩千架的戰機，其飛行員的巨大勇氣和決心同樣不可小覷；「貝蒂」偶爾也會對盟軍施予致命的一擊。必須記住的是，這款端莊的轟炸機之淨重要比（例如）一架 B-25 型米契爾式輕得多，他們被用來執行實際上需要四引擎「重型」轟炸機來做的

任務。然而，當日本帝國海軍決定
要發展四引擎的重型轟炸機時已經
太遲，而未能見到他們在二次大戰
中服役。

開始發展

　　三菱一式陸上攻擊機的發展
起始於一九三七年九月，當時發布
的一項設計規格中〔稱爲十二試設
計規格，因爲它是在裕仁天皇統治
的第十二年裡提出〕，它要求生產
一款新型的長程轟炸機來繼承非常
成功的三菱九六式陸上攻擊機。後
者在七月間已經在中國上空展現了
它的威力，而且該機有超過二千三
百哩（三千七百公里）的航程，讓
海軍的高官感到十分滿意。

　　日本海軍「航空總部」並非不
近人情地認爲三菱公司應可發展出
比九六式陸上攻擊機更好的轟炸
機，儘管它暗示只使用每具一千匹
馬力（七十四萬六千瓦）的雙引擎
即可。其他數字上的要求還包括速
度須達到每小時二百四十七哩（三
百九十八公里）、可裝載一千七百
六十四磅（八百公斤）的魚雷或同
重的炸彈飛行二千二百九十九哩
（三千七百公里）以及配置七至九
名的組員來操作各面向的防禦武
裝。

　　位於各務原市的轟炸機研發
團隊之首席設計師本庄季朗很快地
明白這些要求在目前引擎限定的推
力下無法達成，最起碼需要一千五
百匹馬力（一百一十一萬九千瓦）
的發動機才辦得到。而三菱公司的
引擎研發部門剛好可以承諾推出一

款新型的雙螺旋槳發動機，即「火
星」發動機，它極符合需求。飛機
的其他部分幾乎已設計好了，其整
體配置（尤其是前機身）十分近似
自家公司的主要工廠，名古屋廠爲
陸軍生產的三菱九七式重爆擊機。

　　這款命名爲 G4M 的新型轟炸
機與先前單尾翼雙引擎轟炸機的最
大不同點在於它的尾端加設了一座
機槍塔，結果該機的後部機身不如
一般飛機的纖細，所以三菱一式陸
上攻擊機很快就因爲其特殊的外形
而普遍地被稱爲「雪茄」。在航空
動力學上，它近乎完美，儘管本庄
無法做出他想要的寬闊翼展。爲了

↑英國皇家海軍原本對
三菱一式陸上攻擊機一
無所悉，他們首次見識
到這種轟炸機的威力
是在 1941 年 12 月 10
日，當一批該型轟炸機
偕同三菱九六式陸上攻
擊機突襲並擊沉他們的
戰鬥艦時。照片中，一
群日本帝國海軍的地勤
人員正將一枚魚雷裝進
一式陸上攻擊機一一型
的彈艙裡。

↓儘管日軍自 1942 年
起便有大幅改良過的三
菱一式陸上攻擊機二二
型可用，但其引擎的缺
陷仍使它的前輩，即一
一型（如照片所示）
持續生產到 1944 年初
期。

三菱一式陸上攻擊機一一型

這架早期的三菱一式陸上攻擊機一一型在 1942 年 9 月服役於拉包爾的前線，偕同「高雄航空隊」的第 1 中隊作戰。高雄航空隊在經過慘重的損失之後，重新整編為第 753 航空隊。

輕裝甲：最初的三菱一式陸上攻擊機一一型幾乎完全沒有防護裝甲，所以機身夠輕，使原先的低動力引擎有十分不錯的表現。

成員：它的駕駛艙隱隱約讓人想起艾夫洛蘭開斯特轟炸機，不但有全方位的透明鑲嵌玻璃，一般也是兩名飛行員肩並肩的坐在一起。導航員與投彈瞄準手（經常是一人身兼兩職）位居機鼻的鑲嵌玻璃罩內，那裡還裝設一挺 0.303 吋（7.7 公釐）九二式〔路易士（Lewis）〕機槍。機內的空間比它的前身，即三菱九六式陸上攻擊機大，機組員可在裡面活動。

防衛武裝：無線電操作員可使用架設在機背透明氣泡形罩內的一挺九二式機槍；飛機腰部的兩位射手也各有一挺九二式，架在機翼後方的左右兩側開火；機尾槍手配備一挺 20 公釐九九式樞軸機砲和六十發的鼓形彈匣。這些防禦武裝要比三菱九六式陸上攻擊機 好得多。

彈艙門：三菱一式陸上攻擊機在執行炸彈或魚雷轟炸任務時會拆除它的彈艙門，彈艙後部偏斜的坡面使機身輪廓更加平滑。

結構：它採用了全金屬強化外殼結構，還配備人工操作的平衡副翼（方向舵和升降翼為布質外皮）。機身以兩組非常堅固的縱樑沿著大型彈艙的邊緣來支撐。

T-315

三菱十二試陸上攻擊機改（G6M）

隨著上一代的三菱九六式陸上攻擊機在中國上空遭遇愈來愈頑強的抵抗，尤其是「美國志願大隊」之攻擊，日本決定將一批三菱一式陸上攻擊機加以改裝，配備重機槍而非炸彈，伴隨三菱九六式陸上攻擊機部隊，予以他們掩護。結果，首批的三十架量產機，即三菱十二試陸上攻擊機改或一式翼端掩護機問世，它的彈艙被密封，背側機槍塔也遭拆除，而側面機槍則由一門九九式機砲取代，它能夠擺邊到機身的兩側開火。後來，它又在新設置的機腹吊艙裡加裝了兩門九九式機砲，一門向前，一門向後發射。如此，它便有了三門強大的火砲來抵禦戰鬥機的攻擊，而且它的機首機槍也予以保留。不過，一式翼端掩護機得搭載十名組員和十二桶彈藥，所以它的飛行性能遲鈍，且速度極其緩慢。事實上，它比投彈之後的九六式陸上攻擊機還慢。因此，剩餘的十二試陸上攻擊機改不再執行戰鬥任務，並先改裝為一式大型陸上練習機一一型（G6M1-K），最後再作為一式大型陸上輸送機一一型（G6M1-2L）。

達到最大航程，而且因為一些結構強化的因素，他被迫以堅固的錐形機翼和最審慎的翼展（二十五公尺／八十二呎對二十公尺／六十五呎長的機身）來設計製造。

三菱一式陸上攻擊機於一九三九年十月二十三日首次試飛，由志摩勝造駕駛，它在一開始的表現就十分出色，唯一需要改進的地方是

其垂直尾翼的高度。到了一九四○年，三菱的名古屋工廠開始全力生產這款當代最受敬重的雙引擎轟炸機（顯然它的脆弱性問題例外），但當時，海軍航空總部做出了備受爭議的決定，要求將第一批下生產線的一式陸上攻擊機改裝成護航戰鬥機。

一九四○年末期，G4M1 型轟炸機或三菱一式陸上攻擊機一一型終於著手量產，十三架在一九四一年四月首次列入海軍戰力清冊之後便進行作戰測試。到了一九四一年六月，在中國的鹿屋航空隊已能完全運作，並於當月執行了十二次的戰鬥任務。另一支航空隊也在八月投入作戰。

至一九四一年十二月七日珍珠港奇襲之際，日本帝國海軍擁有一百二十架的三菱一式陸上攻擊機一一型部署在前線，其中九十七架偕同第 21 與第 23 航空戰隊進駐到臺灣，而鹿屋航空隊的二十七架該機型則移防到西貢去攻擊英國的艦隊，就是這群戰機在三菱九六式陸上攻擊機二一型（G3M2）的伴隨下擊沉了威爾斯親王號與卻敵號，並於次日對菲律賓群島上的美軍機場展開轟炸。至一九四二年二月十九日，日軍席捲了廣大的地理區之後，一式陸上攻擊機一一型亦空襲了澳大利亞北部的達爾文港。

自一九四二年三月初以來，這款轟炸機又重創了拉包爾、摩斯比港和新幾內亞的目標。不過，早先部署零散和士氣低迷的盟軍逐漸堅強起來。雖然盟軍的戰鬥機（一開

始是澳大利亞皇家空軍第 75 中隊的寇蒂斯 P-40E 型）陷入與零式纏鬥的苦戰，可是一旦接近三菱一式陸上攻擊機，他們很容易像火炬般地被擊毀。日本人早就知道此一問題，為了達到最遠的航程，該機必定會缺少裝甲的防護和自動封閉的油箱。當這樣的情況可能變得更糟時，三菱一式陸上攻擊機二二型（G4M2）立刻投入生產，它採用了各種不同的橡膠海綿與薄片來保護油箱，而且還配發了二氧化碳滅火器。機側的氣泡形罩由平坦的射手視窗取代，尾部的機槍也設在更接近機身的位置，尾罩則加上大的楔形垂直開口。另外，它改裝火星十五型引擎，使其高空性能更佳，並讓盟軍的四十公釐防空砲無用武之地。

↑ 從這張早期的三菱一式陸上攻擊機一一型執行轟炸任務的照片中，可以看到拆除彈艙門之後凹陷的空間。也注意機身側面的氣泡形機槍座。

↓ 從照片中這架早期量產的三菱一式陸上攻擊機一一型上能夠看出一些可辨認的特徵，包括三葉的螺旋槳、機身後部一個橢圓形的機組員出入口和稀疏的機首鑲嵌玻璃。

第八十四章
拉包爾要塞

美國在經過一年的整裝、恢復了元氣之後，開始能夠採取進攻。
他們先從瓜達康納爾島展開進擊，而所羅門群島和俾斯麥群島是
由固若金湯的拉包爾要塞所掌控，那裡才是消耗日本海軍的主要
戰場。

↑↓在一場掃蕩荷屬新幾內亞卡拉斯港（Karas）的突襲中，照片中這群道格拉斯 A-20G 型戰機的其中一架遭到防空砲擊中並失去控制墜落到大海。在太平洋戰爭中，隨著美國輕型轟炸機接二連三地侵蝕日軍的防禦力量，這樣的場景也不斷上演。

在西南太平洋戰區（SWPA）的作戰情勢自一九四二年七月二十一日有了變化，當時日本將二千名的部隊送上布納（Buna）的岸邊，打算經由柯柯達小徑（Kokada Trail）迂迴進犯摩斯比港。不過，該區的猛烈戰鬥卻為八月七日九千名美國海軍陸戰隊登陸所羅門群島的土拉吉島與瓜達康納爾島（Guadalcanal）而奪去光彩，他們在第 61.1 任務群（Task Group 61.1）的美國航空母艦薩拉托加號、胡蜂號和企業號掩護下發動進攻。空中的攻擊重創了一批尚停留在岸旁的中島二式水上戰鬥機（A6M2-N）單位，而美軍部隊亦蹂躪了當地的駐防陣地，日軍死守不屈。在倫加鼻（Lunga Point），美軍人員與裝備未受阻礙地跨過海峽至瓜達康納爾島岸邊，他們的目標是占領日本人新設的機場，並確保所羅門群島基地的安全，使盟軍不受設有重防的拉包爾和俾斯麥群島上的日軍威嚇。

山田少將的第 25 航空戰隊不久便展開反擊，第 5 與第 6 航空攻擊部隊從拉包爾起飛，設定航向前往倫加鼻。不過，這兩支攻擊部隊遭到美軍艦隊和第 5 與第 6 戰鬥機中隊的 F4F-4 型戰鬥機攔截，戰鬥中共有十一架野貓與一架 SBD-3 型折翼，但他們也摧毀了十四架的三菱一式陸上攻擊機一一型與愛知九九式艦上爆擊機一一型和兩架

零式戰機。次日早晨，三菱一式陸上攻擊機一一型又突襲了倫加鼻外海的護航隊，不過他們付出了高昂的代價卻只擊沉一艘運輸艦和打傷一艘驅逐艦而已。

　　在接下來的五月個月裡，日本海軍盡全力驅逐鎮守在瓜達康納爾島上的美國海軍陸戰隊。日本增派了愈來愈多的軍隊至拉包爾和卡維恩，而且早在一九四二年九月，第 11 航空艦隊就在塚原二四三中將的指揮下，由提尼安島（Tinian）移防到拉包爾，以就近監控作戰行動。八月九日，日軍搭乘驅逐艦、巡洋艦與運輸艦登陸瓜達康納爾島，並和美國第 1 海軍陸戰師數次交戰，這是大戰中最慘烈的戰役之一。由於第 61.1 任務群撤離，空中掩護的重責大任落到第 223 海軍陸戰隊戰鬥機中隊的 F4F-4 型身上。在海上，薩佛島（Savo Island）、東所羅門群島與聖克魯茲（Santa Cruz）的激烈海戰亦如火如荼地進行，雙方都損失了一些航空母艦和不少戰機。

　　一九四二年十月，戰鬥達到了高潮，日本陸軍與航空單位首次有了不堪耗損的跡象。美軍在瓜達康納爾島建立起他們的力量，美國陸軍航空隊的 P-38F 型、P-39D 型與 P-40 型在 SBD-3 型、TBF-1 型與 F4F-4 型的協助下擊退日軍。十一月，企業號重返戰場，它的飛行大隊於十一月十二日時擊沉了戰鬥艦比睿號與霧島號。隨著日本的登陸部隊首次在大戰中遭受大敗，他們於一九四三年一月四日至二月九日

間撤出了瓜達康納爾島。美軍勝利的時間點恰巧與巴布亞戰區的成功吻合，那裡的日軍被逐出布納，而且不得不沿著里阿與薩拉毛阿的海岸潰逃。如此一來，摩斯比港的危機便宣告解除。

　　在瓜達康納爾島之役中，日本海軍失去了一艘航空母艦、二十三艘戰船和三百五十架的飛機，還有一群頂尖飛行員與機組員。然而，儘管他們有所損失，太平洋上航空母艦艦載機的航空力量仍由於一項決定性因素而倒向日本一方。在一九四二年十一月，日本海軍航空隊的第一線戰力擁有一千七百二十一架飛機，其中四百六十五架為艦載機。他們的主要攻擊機是陳年的愛知九九式艦上爆擊機一一型與中島九七式艦上攻擊機一二型，而改良的零戰讓他們暫時勝過 F4F-4 型與 P-40 型戰鬥機，不過日本軍機的優勢正隨著時間消逝。另外，日本海軍航空隊的陸基轟炸機仍僅限於三菱一式陸上攻擊機一一型和三菱九六式陸上攻擊機二三型（G3M3），雙引擎的中島月光式夜間戰鬥機一一型（J1N1）才剛投入服役而已。

　　而日本陸軍航空隊的第一線戰

↑當戰火蔓延到澳大利亞之際，澳大利亞皇家空軍在這場衝突中也扮演著相當重要的角色。他們的戰力之一是照片中的這架布里斯托波福式魚雷轟炸機，它在反艦任務中十分活躍。許多波福是以澳大利亞北部為基地。

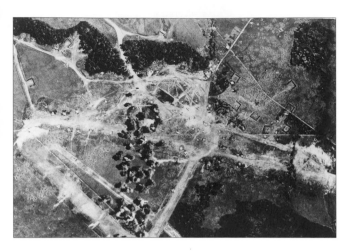

↑盟軍逐漸壯大並登陸到萊城（Lae）之後，位於魏沃克（Wewark）一帶的美國第 5 航空隊即全力投入對抗日本陸軍航空隊的作戰。1943 年 8 月 17 日，B-17、B-24 與 B-25 以加農砲和繫上降落傘的破片彈攻擊了日軍機場，在兩個星期的閃電突襲中，該機場變得殘破不堪。慘遭重創的日本第 4 航空軍之戰機雖為日軍的秋季攻勢鋪平了道路，但結果仍是拉包爾的西側遭到盟軍攻占。

力總共有一千六百四十二架飛機，包括中島一式戰鬥機、川崎九九式雙發輕爆擊機與三菱百式司令部偵察機。

新裝備

一九四三年間，美國終於扭轉頹勢，讓日軍節節敗退。日本帝國在一年多以來的戰鬥中未能贏得重大勝利，許多最有經驗的機組員與士兵也戰死沙場。光是在飛機的產量方面，日本根本別想跟上美國的腳步。此外，美軍還提供他們的飛行員更長與更深入的訓練，而且其裝備像是 F4U 型海盜式、F6F-3 型地獄貓式與 SB2C 型地獄俯衝者式（Helldiver），加上新型的「艾塞克斯級」（Essex）航空母艦，讓美國海軍和美國海軍陸戰軍取得了技術上的優勢。

所羅門群島之戰

在瓜達康納爾島上服役的戰機單位於「所羅門群島航空指揮官」（Commander Air Solomons,

ComAirSols）麾下作戰，指揮官一職雖然經常易手，但通常都是由海軍陸戰軍的軍官接任。第一個編成的單位是美國海軍與美國海軍陸戰軍的 F4F-4 型與 SBD 型部隊。到了一九四二年八月三十日，第 223、第 224 與第 232 海軍陸戰隊戰鬥機中隊和第 231 海軍陸戰隊偵察轟炸機中隊、第 5 偵察機中隊（VS-5）及第 6 轟炸機中隊全都進駐到韓德森機場（Henderson Field），他們還在那裡與美國陸軍航空隊的第 67 戰鬥機中隊的 P-400 型（譯者註：P-400 型為 P-39 型空中眼鏡蛇的衍生型）會合。當這批戰機耗損掉時，他們很容易被替補。另外，五枚榮譽獎章（Medal of Honor）也頒給了美國海軍陸戰軍的飛行員，可見他們作戰十分英勇。

一九四二年十一月，慘遭重創的日本海軍航空隊第 25 航空戰隊撤回日本，取而代之的是從馬紹爾群島和馬里亞納群島（Marianas）調來的第 21 與第 22 航空戰隊之單位。第 26 航空戰隊此刻進駐到了布干維爾島（Bougainville）的南端，他們擁有一批三菱零式艦上戰鬥機三二型（A6M3）、愛知九九式艦上爆擊機二二型（D3A2）與三菱一式陸上攻擊機一一型（G4M1）。日軍於拉包爾的航空戰力維持在二百二十架左右，而大約一百二十架的戰機則以布干維爾島為基地。

所羅門群島航空指揮官有美國第 13 航空隊的 B-17F 型轟炸機作

為後盾，他們在整個戰區內發動突襲，進行反艦任務和掃雷。同時，F4U-1 型亦投入第 124 海軍陸戰隊戰鬥機中隊裡服役，它是美國第一款能在空戰中壓制零式的戰鬥機。

盟軍大幅成長的空中優勢於一九四三年三月三日的戰鬥是最好的說明，當時澳大利亞皇家空軍的標緻戰士和美國的 B-17 型、B-25 型與 A-20 型痛宰了日本的護航艦隊，十六艘船中，只有四艘驅逐艦得以逃脫。而且，三月三日至四日間，又爆發了幾場主要空戰，日軍蒙受了慘重的損失卻只換來三架 P-38 與一架空中堡壘折翼。

一九四三年四月三日，山本大將飛往拉包爾，他計畫發動一場稱為「一號行動」的攻勢，旨在摧毀所羅門群島上的盟軍航空力量。四月七日，一百一十架三菱零式艦上戰鬥機與六十七架愛知九九式艦上爆擊機突擊了瓜達康納爾島與薩佛島外海的船艦，所羅門群島航空指揮官旋即派出七十六架戰鬥機迎戰，包括紐西蘭皇家空軍的 P-40N 型。斷斷續續的空戰一直持續到四月十八日。而當天，美國的解碼員已得知山本將會前往巴拉勒（Ballale），於是美軍挑選了一批頂尖飛行員和十八架 P-38 型戰鬥機進行攔截。九點三十五分，閃電式在卡希里（Kahili）西北方目擊到兩架三菱一式陸上攻擊機一一型和一支護航的三菱零式艦上戰鬥機三二型，他們擊落了這兩架貝蒂和幾架零戰，一架 P-38 未能返航。山本大將陣亡，由古賀峰一接任他的職位。

日本的空軍力量

日本帝國打擊盟軍的行動經常因為轟炸機武力有限而遭受挫敗，即使他們有了像是中島百式重爆擊機的新式轟炸機。日本轟炸機最嚴重的問題是他們大多數的內部油箱都不受保護，而且裝甲亦十分薄弱，如三菱一式陸上攻擊機一一型還因為容易燒毀而被盟軍飛行員戲稱為「飛行打火機」（Flying Lighter）。

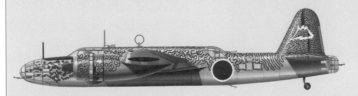

←中島百式重爆擊機二型甲

圖中這架塗上誇張破碎狀「蛇紋」偽裝彩的中島百式重爆擊機二型甲（Ki-49-IIa）在 1943 年服役於第 7 戰隊第 1 中隊。這種轟炸機辜負了日本人對它的期望，因為它的速度太慢，很難逃過戰鬥機的攔截。該機機尾上的圖案代表的是富士山。

↓三菱百式司令部偵察機二型

盟軍在所羅門群島上空所遭遇的各式新型戰機當中，三菱百式司令部偵察機是最有戰力的日本軍機之一。它原先是快速偵察機，但很快就被用來執行攻擊任務。這架三菱百式司令部偵察機二型（Ki-46-II）於 1943 年在東印度群島上偕同第 76 獨立飛行中隊作戰。

第八十五章

直闖太平洋

對盟軍來說，直到西元一九四三年底，他們通往日本的路徑是經由新幾內亞和菲律賓群島，並沿著太平洋中央的環礁迂迴挺進。

↑1944 年 6 月，在馬里亞納群島的塞班島（Saipan）外海，一架中島月光式夜間戰鬥機一一型，在突襲美國海軍珊瑚海號（USS Coral Sea）航空母艦失敗之後燃燒墜落。到了1943 年底，航空母艦群已成為美國航空戰力的關鍵要素。

一九四三年八月，日本海軍航空隊在東南太平洋戰區的空軍單位包括五支配備三菱零式艦上戰鬥機三二型（A6M5）與新的三菱零式艦上戰鬥機五二型的航空隊；兩支配備愛知九九式艦上爆擊機一一型和一些彗星式艦上爆擊機一一型（D4Y2）的航空隊；三支三菱一式陸上攻擊機一一型航空隊；以及

四支配備愛知零式水上偵察機一一型（E13A1）、三菱零式一號觀測機一型（F1M2）與川西二式飛行艇（H8K）的航空隊。

在盟軍登陸新幾內亞並設立根據地之際爆發了幾場激烈戰鬥，古賀大將還派出飛鷹號與隼鷹號航空母艦的飛行大隊至卡希里和巴拉勒，他們是國府田貢指揮官麾下第 6 航空攻擊部隊的一部分。

一九四三年八月二十日至二十二日，日軍終於撤出新幾內亞諸島，而所羅門群島航空指揮官旗下的單位則進駐到孟達（Munda）、拜羅科（Bairoko）、昂東加（Ondonga）與塞吉鼻（Segi Point）的機場。九月十四日，所羅門群島航空指揮官在紐西蘭皇家空軍和第 5 與第 13 航空隊的協助下向布干維爾島的布因（Buin）、卡拉（Kara）、巴拉勒、布卡（Buka）、波尼斯（Bonis）與卡希里的機場發動入侵前的轟炸。而已經遭受頻繁攻擊的拉包爾是肯尼（Kenney）的第 5 航空隊之首要目標，大規模轟炸於十月十二日展開。接著，盟軍又在十月十三日、十八日與二十九日和十一月二日進行反覆的掃蕩。

拉包爾大轟炸的三天之後，

薛曼（Sherman）的第 58.3 任務群〔薩拉托加號與普林斯頓號（USS Princeton）〕再派了五十二架地獄貓、二十三架 TBM-1 與二十二架 SBD-5 蹂躪拉包爾，他們遭遇到從托貝拉（Tobera）和勿那卡勞（Vunakanau）而來的六十至七十架零戰。美國海軍在十一月十一日發動了另一次的突擊，其後古賀便被迫撤出第 1 航空戰隊的飛行大隊。該單位於戰鬥展開的第一個月裡即派往拉包爾，在兩個星期的戰鬥中，八十二架零式中的四十三架，四十五架愛知九九式艦上爆擊機二二型中的三十八架，還有四十架中島九七式艦上攻擊機一二型中的三十四架遭到摧毀。

　　盟軍對付拉包爾所做的一切都是為了掩護十一月一日的布干維爾島土魯金納岬（Cape Torokina）之登陸行動。一旦占領了布干維爾島的基地，拉包爾便在第 17 戰鬥機中隊和美國海軍陸戰軍單位的 F4U-1 型海盜式的航程範圍內，他們亦很快建立起凌駕草鹿殘餘戰鬥機部隊的優勢。一九四三年十二月至一九四四年一月間，拉包爾遭到頻繁的轟炸，那裡早已軟弱不堪的防禦力量卻又在一月二十二日堅強起來，當時日本航空母艦隼鷹號、飛鷹號與龍鳳號的飛行大隊〔六十二架三菱零式艦上戰鬥機五二型、十八架彗星式艦上爆擊機一一型與十八架中島天山式艦上攻擊機一二型（B6N2）〕前往支援。不過，在太平洋廣大托管地上的局勢現在有了深遠的變化。日軍第 25 與第 26 航空戰隊的單位，包括五十多架的零戰於一九四四年二月十九日最後一次捍衛拉包爾，他們對抗著一百四十五架的 TBF-4 型、SBD-5 型、F6F-3 型與海盜式戰機。次日，古賀峰一大將即下令拉包爾的空軍單位撤離到加羅林群島的土魯克，拉包爾便從此失去了戰機的掩護。

　　如同一九四三年八月「象限會議」（Quadrant）上所做的決議，中太平洋的挺進自一九四三年九月一日展開。盟軍拿下巴卡爾島（Bakar Island）和東方的吉爾伯特群島，並派戰機突擊馬可斯島。在這次行動中，新一款的 F6F-3 型地獄貓首次登場，它的飛行速限超過日本海軍航空隊最新的三菱零式艦上戰鬥機五二型二十哩／小時（三十二公里／小時）。雖然 F6F-3 的機動性差強人意，但它堅固耐用、火力強大，產生相當大的效益。另一款投入服役的新式戰機為 SB2C-1 型地獄俯衝者式，它是更重，但適應性較差的 SBD-5 型無畏式汰換品。而傳奇性的 F4F 型野貓式，配備著通用汽車公

↓為了反制日本潛艇對持續進行補給的盟軍護航艦隊之威脅，續航力強的復仇者式戰機即被用來執行護航巡邏任務。

↑1944 年 7 月，P-38 型閃電式（還有照片中這架 F-5B 型）抵達了塞班島的伊斯利機場（Isley Field）。美軍戰機重返馬里亞納群島代表著太平洋戰爭結束的開始，因為從那裡盟軍可以直接對日本本島發動空襲。

司 FM-1 型引擎，持續服役於較小的護航型航空母艦（CVE）上。在進攻吉爾伯特群島的作戰準備中，史普勞恩斯（R. A. Spruance）中將的美國第 5 艦隊集結了前所未見的龐大航空母艦艦隊，總共十一艘航母，七百零三架飛機。她們的標準配備為 F6F-3 型、SBD-5 型與格魯曼 TBF-1 型復仇者式。F6F-3 讓敵人流下的第一滴血是在九月一日的巴卡爾島戰鬥期間，當時三架川西二式飛行艇於偵察任務中遭到擊落。

「流電」行動

在盟軍首次對日本占領的環礁進行兩棲登陸作戰的「流電」（Galvanic）行動中，貝提歐島（Betio，即塔拉瓦島）和馬金島被選為率先攻擊的島嶼，作戰於一九四三年十一月十九日至二十日展開。在流電行動之前，美國海軍的戰機還重創了位於馬紹爾群島基地的日本海軍航空隊第 22 航空戰隊；而美國第 7 航空隊富那弗

提（Funafuti）基地的 B-24H 型轟炸機也突擊了日軍的各個目標。在航空母艦派機掃蕩馬紹爾群島的羅伊島、馬洛拉普島與米勒島（Mille）期間，F6F-3 型有效地壓制三菱零式艦上戰鬥機三二型，上頭的空中戰鬥巡邏隊也擋下大部分三菱一式陸上攻擊機二二型與新式的中島天山式艦上攻擊機一二型，他們是從羅伊—那慕爾（Namur）起飛作戰，而且抱著必死的決心進行低空攻擊。

一九四四年二月一日盟軍登陸羅伊島與瓜加林島〔燧發槍行動（Operation Flintlock）〕之後，他們又於二月十八日的「法警行動」（Operation Catchpole）中進攻埃尼威托克島（Eniwetok）。美國的快速航空母艦群力戰馬紹爾群島的日本空軍單位。到了各場登陸戰展開的時候，日本海軍航空隊在該區的一百五十架戰機當中，沒有任何一架還能夠繼續作戰。

然而，盟軍對土魯克之攻擊更具有戲劇性的影響，那裡是日軍在加羅林群島的堡壘，以及拉包爾與埃尼威托克島的補給基地。一九四四年二月十七日，殘存的日本第 24 與第 26 航空戰隊（加上預備部隊）在土魯克礁湖區的莫恩（Moen）、伊登（Eten）、帕朗（Param）與杜伯隆（Dublon）機場上僅剩下約一百五十五架的三菱零戰、三菱一式陸上攻擊機二二型、中島天山式艦上攻擊機一二型與愛知九九式艦上爆擊機二二型可用，另外他們還有一批水上飛機和

運輸機，以及一百八十架尚待修復的飛機。當日黎明，七十二架的 F6F-3 前去消耗土魯克的航空戰力。日本老舊的雷達系統沒能及時發現來襲的敵機，所以只有五十三架零式升空迎戰。空戰中，地獄貓擊落了三十架左右的零戰，而且僅有四架 F6F-3 未能返回航空母艦。這場攻擊之後又有十八架掛載五百磅（二百二十七公斤）與三百磅（一百三十六公斤）破片彈的 TBF-1 向莫恩、伊登與帕朗發動空襲。日軍第一起，也是唯一的一起逆襲發生在傍晚時分，六架中島天山式艦上攻擊機一二型成功的溜過空中戰鬥巡邏隊，投下的其中一枚魚雷還命中了無敵號（Intrepid）。到了次日結束之際，第 58 特遣艦隊已經擊沉超過二十萬噸的日本船艦和二百五十二架的飛機。

由於盟軍對土魯克的攻擊，加上失去吉爾伯特群島與馬紹爾群島的關鍵基地，還有拉包爾的防禦力量大幅萎縮，日軍必須強化加羅林群島與保勞群島（Paulaus）東方的馬里亞納群島防線。所以，日本海軍航空隊的中心力量便集結到了馬里亞納群島一帶。

日本陸軍航空隊的大敗

麥克阿瑟將軍於一九四四年初發動一連串登陸作戰的目的是要徹底孤立拉包爾。為了達成此一目標，盟軍即展開格林島（Green Island，二月十五日）、海軍部群島（Admiralty Islands，二月二十九日）與艾米洛島（Emirau，三月

←照片中是日軍機場一景，上面還有向敵方飛行員表示「歡迎」的大字。這張照片是美國陸軍航空隊的威利斯·黑爾（Willis H. Hale）少將在保勞群島上空執行任務期間所拍攝。

二十日）的登陸行動。三月十一日，肯尼再度下令攻擊，他的戰機掃蕩了波朗姆（Boram）、維瓦克（Wewak）、達瓜（Dagua）與布特（But）的第 4 航空軍基地，為部隊登陸距拉包爾約三百哩（四百八十五公里）處小島的「魯莽行動」（Operation Reckless）鋪路。直到三月二十七日，美國第 5 航空隊和澳大利亞皇家空軍不斷襲擾維瓦克與周遭的島嶼。日本陸軍航空隊的戰鬥機少有反應，頂多是在三月十一日時派出四十至五十架的中島一式戰鬥機與川崎三式戰鬥機（Ki-61），還有一小批的中島二式單座戰鬥機（Ki-44）由達瓜與波朗姆升空應戰。在三月二十五日，寺本從維瓦克撤出他的總部至荷蘭第亞（Hollandia），而盟軍的空中偵察巡邏機發現那裡和聖塔尼（Sentani）與塞克洛普斯（Cyclops）的機場上約有二百六十架的戰機。

荷蘭第亞的成功

盟軍對荷蘭第亞的閃擊戰於三月三十日黎明時展開，五十七架的解放者式在 P-38J 型的高空掩護下蹂躪了荷蘭第亞的機場；次日，他們再次空襲。到了最後，於一九四四年四月四日，六十六架的 B-24D 型向荷蘭第亞、塞克洛普斯與聖塔尼投下四百九十二顆一千磅（四百五十四公斤）的一般炸彈，接著又有九十六架道格拉斯 A-20G 型和七十六架 B-25J 型來襲。這樣猛烈轟炸的結果造成第 4 航空軍在新幾內亞的後衛洞開；板花遭到解職，而且第 4 航空軍被迫撤至馬納多（西里伯島）。

這段期間，盟軍遭遇的麻煩只有一小群的三菱一式陸上攻擊機二二型部隊，他們以新幾內亞西端的索隆（Sorong）、傑夫曼（Jefman）與薩馬特（Samate）為基地，因此麥克阿瑟得以不受阻礙地繼續按他的時間表發動兩棲登陸作戰：一九四四年四月二十二日進攻荷蘭第亞與艾塔培（Aitape），而瓦克德（Wakde）與比亞克（Biak）的登陸行動分別在五月十七日和二十七日展開，桑沙波爾（Sansapor）則於七月三十日。另外，西南太平洋戰區的盟軍部隊繞過哈馬赫拉（Halmahera），並於一九四四年九月十五日登陸莫羅泰（Morotai）。他們在進攻菲律賓群島之前展開了跳島戰術。盟軍在新幾內亞的基地已經安全無虞，新幾內亞之役也暫告一段落。

→到了 1943 年，美國海軍較大的航空母艦上的野貓式戰鬥機為地獄貓取代，儘管第 11 戰鬥機中隊仍持續操作 F4F-4 型從瓜達康納爾島起飛作戰。這架野貓是由威廉‧尼可拉斯‧李奧納德（William Nicholas Leonard）少尉駕駛，他在 1943 年 6 月 12 日時擊落了兩架零戰。

第八十六章
聯合 PBY 卡塔林娜：
多用途巡邏飛艇

在所有的水上飛艇中，卡塔林娜式是當代最多用途且最堅固耐用的機型。二次大戰期間它於各大戰場服役，而且到了該被淘汰的時候仍持續存活下去，並在空戰史上占有一席之地。

聯合卡塔林娜式（製造商稱之為 28 型機）是二次大戰中最慢的戰機之一，它的機組員還打趣地說，他們需要一本日曆而非計時器來計算與護航隊會合的時間。卡塔林娜在一九三五年時升空，戰爭爆發之際已不年輕，美國海軍亦已訂製了下一代的飛艇（即馬丁 PBM 型）來汰換它。不過，一九三八年，蘇聯人承認卡塔林娜比他們所設計的任何一款水上飛機優異，他們也在大戰時期得到授權自行生產該機。此外，這款美製的飛艇不斷推出大批的衍生型，他們在戰爭結束之際比其他新的汰換機還要暢銷。事實上，卡塔林娜是史上製造得比其他飛艇或水上飛機還多的機器。

發展

美軍稱為 PBY 型飛機的創始是在一九三三年美國海軍提出一款新型長程巡邏飛艇的需求之際。當時，這類型機的主要機種是聯合 P2Y 型，它在水牛城（Buffalo）由水上飛機工程師的奇葩，也是

↑在租借法案下第一批進入英國皇家空軍服役的卡塔林娜水上飛機，是一百七十架的 IB 型（類似 PBY-5 標準型）。照片中的這架例機還裝置空對海 II 型雷達，它被派給了第 202 中隊，以直布羅陀為基地。

↑照片中這架 PBY-1 型正準備出航，可能是在潘薩科拉（Pensacola）的美國海軍航空站（NAS）拍攝。一名組員站在機翼上，機腰的艙口也打開。飛行員將升降舵與副翼分別向上和向左打了滿舵。前方的雙翼機則是 N3N 型迦納利式（Canary）水上飛機。

↓PBY-1 型的防禦武裝包括機鼻砲塔的一挺 0.3 吋（7.62 公釐）機槍，機腰左右兩側也各有一挺類似的武器。另一挺 0.3 吋機槍亦可裝在機殼底部的軸道位置。

「聯合飛機公司」（Consolidated Aircraft）的主管艾薩克・賴頓（Isaac M. Laddon）所設計。為了達到新的規格要求，賴頓將 P2Y 型重新修整一番，給了它幾乎懸吊的機翼，架在單薄但寬闊的機殼中央的支撐塔上，再裝置螺旋槳引擎。

PBY 型的機翼與 P2Y 型有所不同，它的中央剖面對稱，向外愈來愈細，而且全都採用強化外款和全金屬結構製成（副翼為布質外皮）。它的一個獨特特徵是左右翼端之下吊掛了浮筒，他們於飛機起飛的時候可以電動的方式收回而成為機翼的一部分。PBY 的機身同樣是金屬結構，加上半圓形的機鼻，這和當時所有的水上飛艇相較是很大的不同。它的機鼻有一個防水隔間，裝設了透明的窗戶和百葉窗以防止海水湧入，量產型的機鼻艙塔則有全景的窗戶，頂部還架有機槍。兩位飛行員肩並肩坐在寬敞的駕駛艙內，三面有著大型的視窗；機翼後方則為左右側機槍手的所在位置，各有一個滑動窗。另外，不像 P2Y 型，它的機尾十分簡潔，水平翼高高的設在單一垂直尾翼上；而旋風式發動機也改由兩具新的普拉特—惠特尼雙黃蜂式（Twin Wasp）引擎取代，他們恰好鑲嵌在機翼中央部位上，並有冷卻裝置和可調整的漢密爾頓式（Hamilton）螺旋槳。

隨著聯合公司收到六十架卡塔林娜的訂單，他們將廠房移到了二千哩（三千二百二十公里）外的南加州聖地牙哥，那裡的全年

天候要好得多。一九三五年十月，一架 XP3Y 型從可可索羅（Coco Solo）進行了一次三千五百哩（五千六百三十三公里）的不著陸飛行到舊金山（San Francisco）。接著，它於十月二十日在巨大的聖地牙哥新工廠現身，然後返回水牛城改良成標準的 PBY 型。它換上大而圓的方向舵，機底下所有的著陸邊緣都裝設了滑冰器（一直延伸到鰭板前緣），並配備完整的武裝和戰鬥裝備。該機在一九三六年三月再度升空，其後於十月和首批量產型機抵達美國海軍的第 11 巡邏機中隊。毫無疑問地，它是當時世上最佳的水上飛機。

一九三六年七月，聯合公司再收到五十架 PBY-2 型的訂單，該機的全翼負重可掛載一千磅（四百五十四公斤）的配件，並在機腰架設〇‧五吋（十二‧七公釐）口徑的機槍。一九三六年十一月，另一份合約又訂購了六十六架裝配 R-1830-66 型雙黃蜂引擎的 PBY-3 型，它的推力從九百匹馬力升級到一千匹馬力（六十七萬一千瓦至七十四萬六千瓦）；而一九三七年十二月的合約則為三十三架 PBY-4 型，其外形幾乎和先前的機型一樣，只是機腰兩側機槍手的滑動艙口為凸起的透明氣泡形罩所取代，引擎也提升到一千零五十匹馬力

（七十八萬三千瓦）。另外，在一九三七年，兩架 PBY 賣給了探險家李察德‧阿奇波德（Dr Richard Archbold）博士，他為這兩架飛機取名為古巴一號（Guba I）與古巴二號〔摩圖語（Motu）為突如其來的風暴之意〕。

古巴二號在新幾內亞待上了艱苦的一整年，並在最後完成首次飛越印度洋的旅行，以探勘二次大戰時被稱為「馬蹄鐵路線」（Horseshoe Route）的航道。上百架的軍機和「英國海外航空公司」（BOAC）的卡塔林娜都將行經這條路線。然後，這架 PBY 又橫跨了非洲和大西洋，是第一架接近赤道環繞全球的飛機。而古巴一號則賣給了一支由胡伯特‧魏金斯（Sir Hubert Wilkins）爵士領導的蘇聯探險隊，它在極其惡劣的天候下飛行了一萬九千哩（三萬零六百公里），派去搜尋在一九三七

↑ 人們對 PBY 型水上飛機的重視可從排列在聖地牙哥的美國海軍四支巡邏機中隊裡看出。他們是 1938 年「華納兄弟」（Warner Brothers）電影公司「海軍之翼」（Wings of Navy）的一景，由奧莉維亞‧德‧哈維蘭（Olivia de Havilland）和喬治‧布朗特（George Brent）主演。

年八月十三日於北極失蹤的列瓦涅夫斯基（S. A. Levanevskii），但是沒有成功。不過，由於 28 型機是如此的出色，所以 28-2 型也在亞速海（Azov Sea）的塔干洛（Taganrog）投入生產，作為民用運輸機（GST），即 MP-7 型。二次大戰期間，蘇聯有一千多架該型機產出，他們配備了九百五十匹馬力（七十萬九千瓦）的引擎和波利卡波夫 I-16 型的百葉式整流罩，以及蘇製的裝備與武器。

英國的興趣

另一款 28-5 型（即 PBY-4 型）則由「英國空軍部」買下，並在菲力克斯托（Felixstowe）作為 P9630 號機進行測試。該機證明非常出色，所以被「英國皇家空軍海岸指揮部」採用為標準飛艇。英國稱之為卡塔林娜 I 型（美國海軍也在日後如此稱呼）的首架衍生型機類似美國海軍最新的 PBY-5 型，它配備一千二百匹馬力（八十九萬五千瓦）的 R-1830-92 型發動機。英國在一九三九年十二月二十日下了二百架該機的訂單。事實上，他們從來沒有訂購如此多數量的飛艇，而且無節制的英國訂單上還要求一大堆的附加功能。英國軍官甚至協助加拿大蒙特婁卡提爾維爾（Cartierville）的維克斯公司和溫哥華（Vancouver）的波音公司取得生產許可。而聯合公司的聖地牙哥廠也擴充了兩倍以上的規模，沿路長達一哩遠，以生產卡塔林娜和 B-24 型轟炸機。

一九三九年十一月二十二日，聯合公司試飛了一架重造的 PBY-4 型，亦即 XPBY-5A 型，上面裝置了三個可收回的起落機輪。這款水陸兩用的飛機十分成功，而且對原來的飛行性能沒多大影響。所以，最後的三十三架 PBY-5 型便改裝成水陸兩用的 PBY-5A 型，並在一九四〇年十一月又獲得了另外一百三十四架的訂單。

珍珠港事件爆發時（一九四一年十二月七日），美國海軍已經有三支 PBY-3 型中隊與兩支 PBY-4 型中隊，而且他們最少有十六個中隊配備新的 PBY-5 型。當天太陽升起之際，一架 PBY 的機組員在珍珠港內發現到一艘日本潛艇的潛望鏡，並投下煙霧彈標記她的方位，讓驅逐艦華德號（USS Ward）在日本發動奇襲的一個多小時前擊沉她，這是美國於二次大戰中所打出的第一砲。

到了這個時候，美國又訂購了五百八十六架的 PBY-5，而且出口訂單提升到澳大利亞十八架、加拿大五十架、法國三十架和荷屬東印度群島三十六架。一九四二年，聯合公司再生產六百二十七架 PBY-5A 型，其中的五十六架是為美國陸軍航空隊打造的 OA-10 型，用來執行搜索和搶救任務。此外，在「租借法案」中第一批供給皇家空軍的裝備包括二百二十五架不具兩棲能力的 PBY-5B 型（卡塔林娜 IB 型），但其中有五十五架為美國海軍保留。接著，又有九十七架卡塔林娜 IVA 型配給了英國，他

們還裝上空對海 II 型雷達（ASV Mk II）。英國皇家空軍的卡塔林娜一般在機鼻配備一挺維克斯 K 型（VGO 型）機槍，以及於機腰裝置一對〇‧三〇三吋（七‧七公釐）的白朗寧機槍。

太平洋行動

自日本對珍珠港施予毀滅性的一擊之後，卡塔林娜即成為當時美國最重要的巡邏機。在北方沿著阿留申群島的作戰中，不少卡塔林娜必須在夜裡的狂風下，擋風玻璃結著冰且超載地順風起飛執行任務。PBY 型是美國第一架裝置雷達的飛機（除了過時的道格拉斯 B-18 型以外），它還滿足各種不同的需求，包括擔任魚雷轟炸機、運輸機和滑翔機拖曳機。或許，最著名的卡塔林娜是「黑貓」（Black Cat）PBY-5A 型兩棲飛艇，他們塗上不反光的黑色漆，自一九四二年十二月起漫遊在西太平洋上。這群飛機於夜晚以各式雷達搜索日本船艦，並營救乘坐在小船或小艇上的盟軍罹難船舶或飛機的生還者。除了雷達、一般炸彈、深水炸彈與破片榴彈之外，黑貓還經常搭載空的啤酒桶，它會發出令人毛骨悚然的呼嘯聲，讓日軍防空砲手分心，尋找他們以為是未爆開的炸彈。

↓1939 年 11 月，聯合公司首次試飛了 XPBY-5A 型機。它是由一架 PBY-4 型裝上三輪起落架改造而來，是第一款水陸兩用的衍生型機（它的型號以一個 A 字尾表示）。

第八十七章
雷伊泰與菲律賓群島：
決定性的海上戰鬥

日本的海軍力量最後在雷伊泰灣之役期間遭到殲滅。隨著盟軍掌握了制空權，美國海軍和美國陸軍航空隊的戰機即可支援登陸菲律賓群島的部隊。

↑照片中這群美國陸軍航空隊的共和 P-47 型雷霆式戰鬥機在盟軍占領馬里亞納島鏈的一座小島後不久即派來執行例行巡邏任務。

為了占領馬里亞納群島〔劫掠者行動（Operation Forager）〕，美國集結了一支強大的部隊。塞班島的登陸日（D-Day）設在一九四四年六月十五日，而關島與提尼安島的作戰日（W-Day）則為六月十八日。再次地，消滅日本海軍航空隊的重責大任落在米切爾（Mitscher）的第 58 特遣艦隊和他們的八百九十六架戰機身上。自六月十二日起，米切爾的 F6F-3 型即大舉出擊掃蕩位於關島、塞班島與提尼安島的日本第 1 航空艦隊機

場，在第一天早晨的空戰中就有八十一架敵機被擊落，地面上也有二十九架遭到摧毀。

日軍為了執行「阿號行動」，小澤司令的「第 1 機動艦隊」於六月十三日啟航朝向東北方進入菲律賓海（Philippine Sea）的寬闊水域。這場行動是日本海軍最後一次企圖從美國海軍手中奪回主動權。航空母艦千歲號、千代田號與瑞鳳號偕同「先鋒艦隊」出擊，他們包括巨大的戰鬥艦大和號與武藏號。其他的船艦則分為「A 艦隊」〔有

神風特攻隊

日本人採取一項鋌而走險的計策來因應迫在眉睫的菲律賓登陸戰之威脅。日軍飛行員與機組員開始以自我犧牲的方式造就了神風特攻隊的不朽傳奇。一個世紀前，這個「神風」拯救了日本免於越海而來的蒙古大軍之侵略，而新的且極具戰力的神風則由航空部隊組成，他們向盟軍進行自殺攻擊，原則上是一名飛行員衝撞一艘敵艦。大西瀧治郎中將建議，由馬巴拉卡特（Mabalacat）第 201 航空隊的飛

行員組成所謂的「神風特殊攻擊隊」。他們首次成功的突擊發生在 1944 年 10 月 25 日早晨，當時四架三菱零式艦上戰鬥機五二型向雷伊泰灣外海的第 77.4 特遣艦隊發動猛攻，護航型航空母艦桑提號（Santee）與蘇萬尼號（Suwannee）遭到重創。中午之前，又有六架零式五二型出現，並以七十度角進行俯衝，其中三架衝向加里寧灣號（Kalinin Bay），一架向基特昆號（Kitkun Bay），另一架則攻擊聖洛號（St Lô，左上圖）。聖洛號遭受毀滅性的一擊，她立即發生爆炸並在三十分鐘之內沉沒。日本攻擊的震撼引起了美國艦隊指揮官的恐懼，而且這套戰術不久又重創了許多美國船艦，包括艦隊航空母艦艾塞克斯號（左圖）和普林斯頓號（右上圖）。神風特攻隊的初期勝利便讓如此的作戰方式在大戰中持續下去。

大鳳號、翔鶴號與瑞鶴號〕和「B 艦隊」（有隼鷹號、飛鷹號與龍鳳號）。大戰中的最後一場航空母艦戰即將展開。

米切爾從聖貝爾納迪諾海峽（San Bernardino Strait）的潛艇目擊報告中得知小澤艦隊的逼近，他決定避開過去的硬碰硬作戰方式，保留壓倒性的防衛力量等候日本戰機的來襲。一九四四年六月十九日，日軍發動第一波攻擊：千歲號、千代田號和瑞鳳號甲板上的四十三架三菱零式艦上戰鬥機二一型、七架中島天山式艦上攻擊機一二型與十四架護航的三菱零式艦上戰鬥機五二型呼嘯升空。這支打擊部隊在距目標七十哩（一百一十五公里）處遭到第 15 戰鬥機中隊

的 F6F-3 型攔截，不久又有一批地獄貓加入戰局。僅有美國海軍的達科塔號（USS Dakota）挨了日軍一記，而 F6F-3 和美國海軍戰艦致命的四十公釐防空砲則摧毀第一波攻擊中的四十二架敵機。不過，這只是美軍在這場戰役中的牛刀小試而已。

另外，幾艘美國潛艇此刻也扮演重要的角色，正當日本海軍航空隊的戰機離去執行任務之際，大鳳號和翔鶴號被她們的魚雷重創而不得不退出戰場，並在稍後沉沒。小澤於十九日時發動了四波，總共三百七十三架次的攻擊，可是他在這場太平洋戰爭最偉大的空戰中失去了令人震驚的二百四十三架飛機，還有三十三架嚴重受創。小

↑1945 年初，遠東航空隊旗下的一架美國陸軍航空隊 B-25 型米契爾式轟炸機正在菲律賓外海攻擊一艘日本的輕型驅逐艦。照片的背景還有另一艘船艦在燃燒。

因此他們移到菲律賓群島馬尼拉附近的尼可爾斯機場（Nichols Field），加入第 26 航空戰隊的行列。這支部隊的武力在九月初時提升到了五百架左右的三菱零式艦上戰鬥機五二型、三菱一式陸上攻擊機二二型、彗星式艦上爆擊機一二型與中島天山式艦上攻擊機。不過，這個單位的存在將十分短暫。一九四四年九月九日至十四日，第 38 特遣艦隊於兩棲登陸的先期空襲中再度施予日本海軍航空隊毀滅性的打擊。到了九月三十日，第 5 基地航空隊已剩不到一百架飛機可用。

澤在六月二十日撤至沖繩島，卻又遇上第 58 特遣艦隊的八十五架 F6F 型、七十七架 SB2C 型與五十四架 TBF/TBM-1 型戰機，他們成功的擊沉了飛鷹號並重創龍鳳號與千代田號。不過，美國戰機於暗夜中返航，而且油料嚴重缺乏，八十架不得不進行迫降或墜毀在海上。然而，他們的冒險仍是值得的。第 1 機動艦隊的飛行大隊於六月十九日至二十日的戰鬥中蒙受毀滅性的損失，而第 1 航空艦隊的岸基單位也遭遇類似的惡運。到了一九四四年八月，馬里亞納群島被拿下並牢牢地掌握在美國人手中。日軍先前建造的簡便跑道已爲美國陸軍航空隊的波音 B-29 型轟炸機利用，他們可從那裡起飛，直接轟炸日本本島。

日本第 1 航空艦隊在馬里亞納之役中折損了百分之五十的戰力，

激烈的纏鬥戰

十月十二日，海爾賽（Halsey）的飛行大隊攻擊了臺灣的機場，那裡約有六百三十架第 6 基地航空隊和日本陸軍航空隊第 8 飛行師團的戰機。F6F 型在臺灣上空遭遇二百多架日機的反擊，但他們宣稱打下超過一百架的敵機，己方失去三十架。在一個星期的戰鬥中，日本海軍航空隊承認折損了四百九十二架飛機，而日本陸軍航空隊的損失則爲一百五十架。日軍航空母艦飛行大隊的毀滅僅留下瑞鶴

號、瑞鳳號、千歲號和千代田號上的五十二架零式五二型、二十八架三菱零式艦上戰鬥機六三型（A6M7）、二十九架魚雷轟炸機和七架彗星式艦上爆擊機一二型而已——第 5 與第 6 基地航空隊都只殘存一小群武力。

↑中島四式戰鬥機「疾風」或許是日本在二次大戰中最好的戰鬥機。它雖可與盟軍的戰鬥機匹敵，卻因缺乏具實戰經驗的飛行員而蒙受慘重的損失。

就在這個危急存亡的時刻，日本陸軍航空隊第 4 航空軍和日本海軍航空隊於十月二十日黎明又見到一大群戰艦與運輸艦在雷伊泰灣上現身。這是迄今最大規模的兩棲登陸作戰，二十萬名美國第 6 軍團的部隊在雷伊泰灣上岸。第 77.4 特遣艦隊的五百架左右戰機予以密接支援，而美國第 3 艦隊（海爾賽司令指揮）亦一如往常地於遠方掩護，米切爾的第 38 特遣艦隊分為四個任務群，旗下的九艘艦隊航空母艦與八艘輕型航空母艦（CVL）共有一千零七十四架 F6F 型、SB2C 型與 TBF 型戰機。

另外，盟軍岸基的空軍單位包括「遠東航空隊」，它下轄美國第 5 與第 13 航空隊。遠東航空隊的戰力有二千五百架戰機，另外的四百二十架則由澳大利亞皇家空軍提供。他們的重型轟炸機是 B-24H/J 型；P-38L 型與 P-47D 型也編成了龐大的戰鬥機部隊；而中型與輕型的轟炸機則有 B-25 型和 A-20 型。不過，直到能為雷伊泰灣灘頭提供支援的莫羅泰機場被拿下之前，遠東航空隊無法發揮他們的實力。

在十月二十三日至二十六日的四場不同且混亂的戰役中，日本海軍的作戰生涯走到了盡頭。他們「捷一行動」的目標是要消滅雷伊泰灣外的盟軍艦隊，作戰於十月十八日即展開，但一開始便出師不利。美軍的四個任務群前去反制，三個為攻擊單位，一個則為誘餌。

一九四四年十月二十四日至二十六日，大戰中最偉大的海戰開打，航空母艦和岸基戰機都捲入一連串的海上激戰。這場戰役的結果是美國第 3 與第 7 艦隊取得決定性的勝利，日本帝國海軍失去了三艘戰鬥艦（包括武藏號）、所有的四艘航空母艦、十艘重型與輕型巡洋艦和十一艘驅逐艦，以及二百八十八架飛機。

隨著日軍撤到尤利希（Ulithi）

↑ 1944 年登場以反制 B-29 型轟炸機空襲的川崎二式複座戰鬥機改丙（Ki-45 KAIc）之特徵是有兩挺傾斜開火的 20 公釐機砲和一門前射的 37 公釐加農砲。

分利用美軍登陸雷伊泰灣的初期弱點掃蕩灘頭。此時，第 4 航空軍的戰力增加到四百架飛機，妥善率約二百架。這批新戰機單位遠從日本、緬甸和蘇門答臘而來，配備也相對精良，包括中島二式單座戰鬥機（Ki-84）與中島四式戰鬥機和三菱四式重爆擊機。

雷伊泰灣登陸戰役期間和之後，日本陸軍航空隊盡最大的努力派機出擊。但十月二十七日，美軍仍完成塔克洛班（Tacloban）戰鬥機跑道的修繕工程，稍稍紓緩了美國第 7 與第 9 戰鬥機中隊 P-38 型的壓力，他們遠從莫羅泰機場起飛作戰。一九四四年十月與十一月該區上空戰鬥的猛烈程度不輸一九四三年的拉包爾和布干維爾空戰。自十月二十七日到十二月三十一日，雷伊泰灣上空共發生了一千零三十三起的戰鬥。美國的第 5 戰鬥機指揮部宣稱擊落三百一十四架敵機，己方則失去十六名飛行員。

在一九四五年一月九日於呂宋島的仁牙因灣（Lingayen Gulf）大規模登陸戰中，美國克羅格（Krueger）將軍的第 6 軍團擔任先鋒，他們有第 3 和第 7 艦隊的支援。日本神風特攻隊則大舉出動，一月三日的第一天攻擊就撞沉了油輪科汪納斯克號（USS Cowanesque）。神風特攻隊的自殺攻勢一直持續到一月十三日，二十艘的盟軍船艦慘遭毒手。其後，呂宋島之役正式展開，馬尼拉於三月三日失守，但掃蕩殘敵的行動至一九四五年七月才宣告結束。

之後，第 2 航空艦隊的單位（第 6 基地航空隊）亦於十月二十三日飛往馬尼拉。三天之後，所有的日本海軍航空隊單位，約四百架飛機在新成立的第 1 聯合基地航空隊旗下重新整編。新的組織配備了三菱零式艦上戰鬥機五二型、彗星式艦上爆擊機一二型與愛知九九式艦上爆擊機二二型，其他的還包括川西強風式水上戰鬥機一一型（N1K1）和三菱雷電式局地戰鬥機二一型。

日本陸軍航空隊自從新幾內亞的首次大敗以來，便力守菲律賓群島，而且表現非凡。他們充

第八十八章
硫磺島至沖繩島

硫磺島和沖繩島代表盟軍進攻日本本島的最後絆腳石。日軍孤注
一擲地奮戰，最後空中與海上部隊都投入徒勞無功的自殺攻擊，
企圖阻止盟軍的挺進。

到了西元一九四五年一月，美國海軍艦隊的部署是要拿下東京南方七百六十哩（一千二百二十三公里）處的硫磺島（Iwo Jima），它也大約在同等距離的塞班島北方。第58特遣艦隊〔快速航空母艦艦隊（Fast Carrier Force）〕是首要的海軍單位，它由五支任務群組成，包括十一艘艦隊航空母艦和五艘輕型航空母艦，加上一百艘的戰鬥艦、巡洋艦和驅逐艦。

硫磺島的重要性在於，從塞班島基地升空的 B-29 型轟炸機得直接經過該島去轟炸日本本土。所以，硫磺島的駐軍可以從那裡進行攔截或是由日本本島來阻擋盟軍轟炸機。反之，如果占領該島，它就可被美國陸軍航空隊利用，充作戰鬥機基地來為 B-29 型護航。

為了掩護第52任務群，第58特遣艦隊航向距離東京六十哩（九十七公里）的範圍之內。他們向日本首都發動空襲，擊落四十架左右的飛機並不斷騷擾日軍船艦。

二月十九日，快速航空母艦艦隊的兩艘戰鬥艦以巨砲砲轟硫磺

↑照片中是一架美國陸軍航空隊的 B-24M 型解放者式轟炸機飛過了大火燃燒的硫磺島灘頭，照片的背景是折缽山（Suribacji Mountain）。B-24 型或 B-25 型轟炸機證明是十分重要的武器，他們以炸彈與火箭來弱化敵軍的反抗和攻擊要地。

↑ 進攻硫磺島的艦隊（第 52.2 任務群）至少包含了一千艘船艦與登陸艇，其中的十二艘護航型航空母艦載著總數二百二十六架的野貓式和一百三十八架復仇者式戰機。

島，而地獄俯衝者式、復仇者式與海盜式戰機亦發動攻擊。不過，由於害怕第 52 任務群會趁機掠奪，日本本島基地的飛機直到當天傍晚才出動干預。到了日本戰機抵達之時，四萬名左右的海軍陸戰隊已登陸到硫磺島岸邊，日機還遭到強大的美國戰鬥機和防空砲火的壓制。

二月二十一日，第 58 特遣艦隊派出薩拉托加號和三艘驅逐艦掩護兩棲部隊作戰。約在十七點時，她們遇上六架日本軍機的自殺攻擊。其中兩架立刻被防空砲火擊中，可是卻墜毀在薩拉托加號的舷側，而第三架砸中飛行甲板的前端，第四架同樣是飛行甲板，第五架砸中右舷，而第六架則被擊落。兩個小時之後，又有五架自殺攻擊機來襲，他們雖也擊中這艘航空母艦，可是她仍存活了下來。這幾起攻擊共造成一百二十三人死亡或失蹤，一百九十二人受傷，另有四十二架艦載機被毀或被迫拋棄。薩拉

托加號奉命撤離該區進行修復整裝，並在兩個月後重返戰場，活躍的投入戰鬥。

同一天下午，護航型航空母艦俾斯麥海號（Bismarck Sea）亦遭到兩架自殺攻擊機命中，就在艦長下令棄船之際，她又被魚雷襲擊而隨著二百一十八名船員以及十九架野貓和復仇者沉入海底。

為了防範進一步的自殺攻擊，快速航空母艦艦隊於二月二十三日航向北方逼近日本，但惡劣的天候妨礙了艦載機的出擊。所以，艦隊轉去探勘沖繩島，以為即將展開的登陸戰做準備。兩個星期之內，硫磺島即被拿下，日本的航空單位無力再對盟軍登陸部隊和海軍艦隊發動重要攻勢。此外，護航型航空母艦安齊奧號（Anzio）還擊沉了兩艘日本潛艇。

硫磺島作戰期間，第 58 特遣艦隊和第 52 任務群估計在空戰中擊落三百九十三架的飛機，地面上摧毀二百架。而美國人付出的代價則為九十五名機組員和一百四十三架戰機。不過，關鍵基地已掌握在他們手中，日本本島亦於戰鬥機的航程範圍之內。況且，美國航空母艦任務群並未遭受任何不可彌補的損失。

可預見的結局

沖繩島位在臺灣與日本主島最南部的中間，進攻該島的重要性僅次於十個月前的諾曼地登陸行動，只是從距離和後勤觀點上來說相差甚遠。美國第 5 艦隊的第 58 特遣

艦隊再一次的擔當海軍的打擊力量並提供保護。

在美國艦隊從尤利希啓航駛向馬里亞納群島西南方之前，艦隊航空母艦藍道夫號（Randolph）遭到一架自殺戰機攻擊而癱瘓，二十七人陣亡。於是，第 58 特遣艦隊在三月十四日航向北方去掃蕩日本的空軍基地，美軍認爲那裡是大多數自殺攻擊機的大本營。然而，日本人知道即將遭到空襲，不少飛機早已撤出航空母艦艦載機的航程之外。儘管如此，航空母艦的攻擊機仍在日本海域找到了日軍戰艦並重創她們，尤其是輕型航空母艦龍鳳號。美國的先發制人迫使日軍派出轟炸機反制第 52.2 任務群，胡蜂號被擊中且嚴重受損，一百零二人送命，二百六十九人負傷。不過，其他的船員設法撲滅火勢，一個小時之內，這艘航母即可收回她的戰機。另外，幾乎同一時間，艦隊航空母艦富蘭克林號（Franklin）也遭兩顆炸彈命中，並引發猛烈的大火，她的位置就在日本外海五十五哩（九十公里）近的距離而已。在一場壯麗的搶救行動中，這艘航空母艦獲救，儘管她的八百三十二名船員犧牲了生命。

美國特遣艦隊空襲日本期間，宣稱於三月十八日至十九日時摧毀了四百三十二架敵機。次日，美軍船艦撤離之際，一名自殺飛行員又造成企業號受創。兩天後，富蘭克林號、企業號與胡蜂號皆退出戰場進行維修。

三月二十三日，沖繩島作戰展開，第 58 特遣艦隊的航空母艦發動攻擊，十艘戰鬥艦也砲轟該島的陣地，並持續一個星期之久。登陸部隊有十三艘快速航母、六艘輕型航母與十八艘護航航母的支援，她們搭載的戰機超過一千架。另外，十艘的護航型航母還載著補充的飛機，而海軍陸戰軍的戰鬥機也將進駐到沖繩島。

當沖繩島的登陸戰於四月一日展開時，日軍下令執行「天號行動」作爲回應。這是一場視死如歸的海上與空中協同作戰，至少會有四千五百架的飛機向美軍發動自殺和傳統攻擊。其中最特別的是超級戰鬥艦大和號於四月六日從日本啓航，計畫直接突進到沖繩島的岸邊，在被美軍壓制之前盡可能摧毀他們的運輸艦。然而，這支龐大的艦隊在駛離本土水域之際即被發

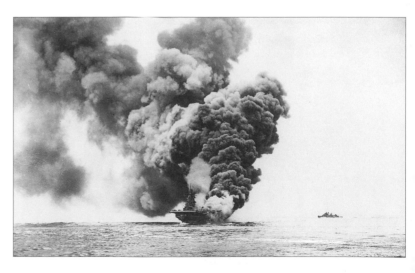

↓1945 年 5 月 11 日，碉堡山號（Bunker Hill）航空母艦遭到炸彈砸中與自殺攻擊機衝撞，不過她倖存了下來，儘管失去三百八十九名船員。

↑照片中是日本機組員在一架三菱三菱一式陸上攻擊機二四型丁前待命。這架飛機是一批經過改裝以搭載櫻花特攻機的其中之一，它命名為 G4M2e 型。然而，它的飛行速度大減，操縱性能也不佳，很容易變成掠奪的對象。

↓1945 年 6 月，一架 P-38J-20-LO 型偵察機在一群掛載固態汽油彈與火箭的 F4U 型戰機偕同下飛往沖繩島中部的久志岳（Kushi-Take）執行任務。照片中這架 P-38 型裝置著照相機，而且機腹的塑膠玻璃頭掛艙內還趴有一名組員。

現，並遭到美國海軍陸戰隊的飛艇尾隨，再由第 58 特遣艦隊的二百八十架戰機進行攻擊，包括九十八架復仇者式的魚雷轟炸。大和號難以倖免，她被十枚魚雷與五顆炸彈命中，與二千四百九十八名船員一同葬身海底。另外，也有一艘日本輕型巡洋艦陪葬，船上有四百五十人喪命。

一場硬仗

盟軍耗費了三個月的時間才征服沖繩島，這是前所未有的最偉大海上與空中戰役之一。在四月初盟軍即承受了一連串的傳統和自殺攻擊，在大和號沉沒的同一天，美國航空母艦漢考克號（Hancock）也遭受重創；而四月十一日，企業號剛修好不久，她又再次受損，艾塞克斯號（Essex）的下場亦如出一轍。

當沖繩島之役最後在一九四五年七月二日正式宣告結束之時，盟軍估計日本六千架的戰機發動了約三萬四千架次的攻擊，其中許多是自殺行動。美軍宣稱擊落二千二百三十六架敵機，己方損失七百九十架。美國海軍則有三十三艘船沉沒，一百一十九艘嚴重受損。很明顯的，日軍的自殺攻擊在一九四五年的所有戰鬥中是十分嚴峻的威脅。不過，美國人擁有龐大的後備部隊和資源可用，儘管他們亦蒙受令人悲痛的損失，但大可以忘卻此事。事實上，這一點都不危及他們的行動。

第八十九章
中國、緬甸與印度戰場

在太平洋爆發的戰事中，英軍只扮演次要的角色，但在亞洲大陸上則是由英國皇家空軍和大英國協的部隊領頭作戰，最後擊退日本的侵略。

　　數個月來，日軍在緬甸北部的進展有限，而且屢次遭受反擊。西元一九四四年三月，日本發動最後一場的主要攻勢，向西北朝阿薩姆（Assam）突進。英國人指揮的「擒敵部隊」（Chindits）此刻也重整為「長程滲透群」（Long Range Penetration Groups, LRPs），並在三月五日跳傘至日軍防線後方的印打（Indaw）叢林裡。他們得到了陸上的增援之後，開始建造一些簡易的飛機跑道〔其中最重要的是「百老匯」（Broadway）〕。一個星期內，九千名盟軍部隊即飛進

敵人掌握的領域深處。然而，當日軍向他們用來進行補給的「進入中國之駝峰」（Hump into China）機場發動攻擊時，「百老匯」同樣被摧毀，還有大部分基地內的英國皇家空軍戰鬥機。

　　在日軍挺進的過程中，盟軍駐守的兩座城鎮科西馬（Kohima）與印法爾（Imphal）遭受圍攻，到了六月時，跡象顯示印法爾很可能會被迫投降。不過，史林（Slim）將軍的第 14 軍團及時趕來，並設法抵達並突破日軍的周邊陣地。數天之內，日軍撤退，接著又遭到擊

↑ 在大戰的最後三年裡，霍克颶風是無所不在的英國皇家空軍戰機。最常見的機型為 IIC 型，它的特徵是配備四挺 20 公釐機砲和長程的副油箱。

↑中島百式重爆擊機的設計是要有足夠的裝甲、武裝和速度以抵禦戰鬥機的掠奪,但卻推力不足。這批第 95 戰隊第 3 中隊的中島百式重爆擊機於 1944 年夏在中國東北作戰。

↓照片中第 607「達拉謨郡」(County of Durham)中隊的噴火 VIII 型在印法爾基地休息,而一架美國陸軍航空隊的 B-25 型轟炸機則正要起飛。雖然鮮少遇上敵機,但在 1944 年中期,噴火式仍力戰日軍以奪取制空權。自 1945 年初起,這批噴火式即轉型為戰鬥轟炸機單位,支援緬甸的盟軍地面部隊作戰。

潰;而英國皇家空軍、澳大利亞皇家空軍和美國陸軍航空隊的戰鬥轟炸機也展開一年之久的作戰,消滅在緬甸的日本部隊。

到了一九四四年七月的時候,由李察德·皮爾斯(Sir Richard Peirse)上將指揮的「東南亞航空指揮部」(Southeast Asia Air Command)戰力提升到九十支中隊,其中二十六支為美國中隊(飛 P-38 型、P-40 型、P-51 型、B-24 型、B-25 型與 C-47 型);四支是印度中隊(飛颶風式戰鬥機);一支配備卡塔林娜的加拿大中隊;以及一支有凡圖拉式戰機的南非中隊。剩下的五十八支中隊是英國皇家空軍的戰力,他們擁有雷霆式、噴火式、颶風式、標緻戰士、蚊式、威靈頓式、解放者式、桑德蘭式與卡塔林娜戰機。

在盟軍展開新一波的推進之際(一開始有些謹慎),有充分的證據顯示日本陸軍的實力已大不如前,盟軍飛行員的士氣亦為之大振。況且,先前受制於歐洲戰場的戰鬥程序和武器現在都可使用,而盟軍發現以固態汽油彈對付叢林裡的敵軍是如此有效,這種可怕的武器也立刻被派上用場。此外,「空中支援信號單位」(Air Support Signals Units)亦充作「計程車招呼站」,在戰區上空巡邏的戰鬥轟炸機便可隨時支援地面部隊的進擊。

當一九四四年的雨季在七月降臨之際,日本航空部隊於緬甸的有效打擊行動停滯了下來。這個時候,盟軍已近逼到伊洛瓦底江(Irrawaddy),而且他們的航空單位,尤其是長程的解放者式轟炸機轉向日軍的補給線進行密集的攻擊,以防範他們獲得增援。

B-29 型轟炸機登場

在一九四四年初於印度所展開的「馬特宏行動」(Operation Matterhorn),其目的是建立一支配備 B-29 型轟炸機的戰略轟炸部隊。印度的盟軍在中國境內有前進基地,從那裡可攻擊滿州和日本九州的

目標。爲了指揮這群重型轟炸機，聯合參謀總長（JCS）創立了第 20 航空隊，並任命阿諾德將軍爲執行官。

　　一九四四年四月二日，第 58 轟炸聯隊的首批 B-29 型轟炸機降落到加爾各答（Calcutta）附近的查古利亞（Chakulia），他們旋即在新戰區展開作戰。另外，剛由七十多萬名勞工建成的中國成都綜合機場也進駐了一批巨型轟炸機，以便向日本發動空襲。他們的第一起任務是在一九四四年六月五日出擊，當時九十八架的 B-29 轟炸了曼谷瑪卡汕（Bangkok Makasam）的鐵路調車場。接下來的一個月裡，盟軍只在夜間進行空襲，直到七月七日才恢復白晝轟炸行動，十八架 B-29 蹂躪了日本海軍航空隊位於佐世保、大村、大田、大牟田與田端的空軍基地。不過，到了該月底，B-29 機群遭遇日本中島一式戰鬥機與中島二式單座戰鬥機二型乙（Ki-44-IIb）部隊的反抗，而且在七月二十九日時，八十架前往轟炸鞍山與昭和鋼鐵廠的 B-29 中有五架遭到擊落。

　　接下來幾個月中，B-29 轟炸機的目標擴展到引擎與機身工廠以及日本的造船廠，沿途上他們不斷遭遇最新的中島四式戰鬥機與三菱雷電式局地戰鬥機二一型的攻擊。不過，總體來說，B-29 型展現了他們傑出的防禦能力，損失依然占少數。直到一九四五年三月三十日，當指揮部停止運作之時，他們在三千零五十八架次的出擊中執行

↑被日本人稱為「死神的低語」（Whispering Death）的布里斯托緻戰士 X 型在低空攻擊任務中極具戰力，尤其是掃蕩叢林河運時。

了四十九項任務，投下一萬一千四百七十七噸的炸彈。雖然沒取得多大戰果，但盟軍從這群最好的轟炸機身上得到了相當多的作戰經驗。

看得見的結局

　　回到緬甸。到了雨季在十一月結束的時候，盟軍再度向南挺進。此刻，日軍在該戰區可差遣的戰機已不到一百二十五架。一九四五年一月二十一日，當「中國遠征軍」進行反攻並在美國陸軍航空隊的支援下奪取望亭（Wangting）時，位於北撣部（North Shan States）的盟軍也盡力打開由瓦城至中國的滇緬公路。就在兩個月

↑第 356 中隊在 1944 年 1 月至 1945 年 7 月是以印度的沙巴尼（Salbani）為基地。這個單位不但得執行轟炸日軍基地的任務，佈雷、氣象偵測和空投補給也都是由他們一手包辦。

大河，即伊洛瓦底江和錫唐河（Sittang）向南挺進，而第 15 軍則沿著河岸南下，跳過島嶼直抵丹吉普（Taungup），並在四月二十八日占領該城。中島一式戰鬥機偶爾企圖干預，但總是很快地被噴火式、颶風式與雷霆式壓制。不久，日軍已沒有剩餘的基地或跑道可供他們的戰機起降，所有的空中反抗也就此消失。

陷入困境

一九四五年五月二日，第 15 軍從海上進行登陸占領仰光的海港。四天之後，他們和從錫唐河河岸南下的第 4 軍會合。約二萬名日本部隊受困於緬甸內地，但他們在飢餓與疾病的折磨下仍妄想向東方突圍，越過錫唐河進入中印山區。盟軍的戰術航空部隊在十天的協同作戰中屠殺了一萬名敵軍，光是英國皇家空軍就出擊三千架次，並投下一百五十萬磅（六十八萬零四百公斤）的炸彈和固態汽油彈。至七月底時，緬甸境內的日軍全數擊潰。

前，正當中國軍向南穿過臘戍與錫泊（Hsipaw）之際，瓦城的北都也落入第 14 軍團手中。在這場戰役中，「戰鬥貨運特遣隊」（Combat Cargo Task Force）的達科塔式運輸機載運了三十五萬名的戰鬥人員過去。該單位在嚴酷的天候條件、極危險的領域和孤注一擲的敵軍反擊下所達到的成就，被史林認為是第 14 軍團得以獲勝的關鍵原因。甚至當日軍突然向昆明進擊時，達科塔式也迅速載了二萬五千名中國部隊和武器，還有一批牲畜越過「駝峰」來因應這場威脅。

盟軍以鉗形攻勢從瓦城沿著

↓中島二式單座戰鬥機缺少了其他日本戰鬥機的敏捷性，它跟隨著西方的設計腳步，速度更快也更穩定，爬升與俯衝性能亦佳。圖中這架中島二式單座戰鬥機二型乙是由第 85 戰隊的軍官駕駛，1944 年間由中國的廣州起飛作戰。

第九十章
格魯曼 F6F 地獄貓

格魯曼公司設計的 F6F 型地獄貓式，是美國在二次大戰中的一款
傑出戰鬥機，其產量龐大，生產速率高，並在對抗大群日本戰機
時扭轉了盟軍的頹勢。

鮮明的藍色、充滿朝氣的格魯曼 F6F 型地獄貓式雖鮮少入圍世界最偉大的飛機名單中，但這也是因為地獄貓從未被給予它應有的評價。它不如野馬式快，機動性比零戰遜色，無法像雅克列夫一樣快速發動，而且遠不比沃特 F4U 型海盜式先進——它早在藍圖階段便開始了它的生涯——這款堅固且稱職的「格魯曼鐵工廠」（Grumman Iron Works）製品只不過是逆轉了太平洋空戰的頹勢而已。

地獄貓是少數在飛行測試與發展階段中僅需稍做潤飾即可的飛機之一，它從設計藍圖上迅速投入作戰。一位海軍飛官就這麼形容地獄貓的創造：「一九四二年中期時有一項問卷送到了所有海軍與海軍陸戰軍的飛行員手裡，問他們喜歡什麼樣的設計、機動性、馬力、航程、火力和從航空母艦升空作戰的飛機。海軍航空人員剛走進格魯曼公司，並呈現他們的經驗報告，然後 F6F 型地獄貓就這麼誕生了。」問卷是真有其事，航空母艦上任務繁重的海軍人員確實被徵詢過，但事實上，它是為了要改良地獄貓的基本設計而不是才剛要開始打造。地獄貓也的確是在日本奇

↑照片中的是一架配備雷達的 F6F-5N 型夜間戰鬥機和三架 F6F-5 型地獄貓式。在太平洋上，數打的地獄貓飛行員成為空戰王牌，而頂尖的王牌大衛·麥克坎貝爾中校則擊落了三十四架敵機並獲頒榮譽獎章。

襲珍珠港，把美國人拖進戰爭之後才設計出來的沒錯，但它並非如人們所聲稱是直接針對日本零戰的回應。地獄貓的起始應回溯到格魯曼公司於一九三八年的設計提案以改進 XF4F-2 型野貓式戰鬥機。然而，在經過這樣的改良後，工程師便決定要開發另一款新式的 F6F 型地獄貓式戰鬥機。

重量級的戰鬥機

有文獻描述沃特 F4U 型海盜式為地獄貓的保險「備份」，但如果要區別的話，反過來說才比較貼切：若海盜式的研發耽擱的話，地

↑ F6F-3 型地獄貓在成功突擊土魯克之後返回美國航空母艦企業號。二次大戰期間，地獄貓共摧毀六千架左右的敵機，美國海軍百分之七十五的空對空空戰勝利都是由他們所創下。

↑ 照片中這架 F6F-5 型準備從美國海軍班寧頓號（Bennington）上起飛攻擊日軍的目標。自 1943 年起，太平洋上的主要空戰幾乎都是由地獄貓來主宰一切。

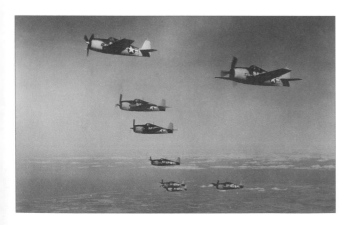

↑ 照片中這群印有第 8 戰鬥機中隊標誌的 F6F-3 型漆上了美國海軍 1943 年不反光的灰藍色且沿機底色彩漸淺的標準為裝彩。地獄貓服役於美國海軍直到 1954 年，之後他們又充當無人駕駛的靶機數年。

獄貓則身先士卒以確保海軍的戰鬥機能有優異的表現。海盜式的發展碰上了瓶頸，所以先從航空母艦上升空的是地獄貓。後者預定用作重量級的戰鬥機，而且得有龐大的數量使他們在對抗配備加農砲的日本戰鬥機中永續長存。此外，許多人都認為地獄貓是不錯的飛機但裝置了不佳的引擎，它必須改進的初期問題就是這件事情，儘管後來引擎也只做了稍微的修改。在美國位居世界工業領袖地位且各國望塵莫及的時代，地獄貓在生產過程中仍遭遇一些問題，包括比斯佩吉（Bethpage）不適合的廠區。所以，一九四二年春，格魯曼公司買盡了紐約城裡所拆除的第二大街（Second Avenue）高架鐵道和世界博覽會（World's Fair）展示館的上千根大樑來協助建造新的比斯佩吉工廠。

隨著大戰持續地進行，格魯曼公司和美國海軍亦改良了地獄貓，就像任何飛機都得隨著時間的演變而在各方面做改進一樣。然而，在地獄貓的例子上，它沒有多少地方需要修改，就算有變化也很小。在一個小細節上，它改良了擋風玻璃，這是由於美國海軍人員抱怨灰塵總是積在弧形擋風窗和透明防彈板之間。或許地獄貓的一大改變是設計者欲給它一個氣泡形座艙罩，不過這個構想被摒棄，因為它會使該機的生產速率大減。

因此，雖然到大戰結束的時候地獄貓系列共有六款衍生型出現，但各型戰鬥機是如此相像，根本無

法加以區別。總體來說，在一九四二年六月至一九四五年十一月間，格魯曼公司共生產了一萬二千二百七十五架的地獄貓。

戰鬥中的地獄貓

　　一九四三年，F6F 型首次在太平洋登場，並很快捲入跳島戰役中，數打的這款海軍戰鬥機時常與數量相當的日本戰機交鋒。不過，少有人記得地獄貓曾經出現在歐洲戰場過，儘管他們確實有參與一九四四年盟軍的法國南部登陸戰，而且在一場有名的空戰中，三架亨克爾 He 111 型轟炸機遭 F6F 擊落。在太平洋上，地獄貓則由頂尖的王牌駕駛，像是美國海軍王牌中的王牌大衛‧麥克坎貝爾（David McCampbell）上校（擊殺紀錄三十四架）在一九四四年十月二十四日的單次任務中就駕著它擊落了九架敵機。

　　加拿大的維克斯公司早期尋求生產地獄貓許可的計畫始終沒有結果，二次大戰中唯一使用過地獄貓的外國僅有英國，他們還打算命名這款戰機為塘鵝（Gannet）。在英國飛行員操縱地獄貓所執行的多起任務中，最出名的即是攻擊德國戰鬥艦提爾皮茨號之行動。

↑ 大戰中，其他操縱 F6F 型戰鬥機的外國單位只有英國皇家海軍的艦隊航空隊。他們駕著該型戰機穿梭在挪威、地中海和遠東上空。從這張照片中，可以清楚看到它不尋常的起落架設計，是向後收進機翼裡。

←第一萬架地獄貓，即一架 F6F-5 型在 1945 年 5 月發配給了美國海軍提康德羅加號（USS Ticonderoga）上的第 87 戰鬥轟炸機中隊（VFB-87）。在組裝期間，它的機尾吊了一個水桶，被格魯曼公司的工人用來募款給該中隊。他們總共募到了七百美元。

←在法國的艦隊航空隊（Aéronavale）裡至少有一百二十架前美國海軍的地獄貓式戰鬥機服役於中南半島，倖存下來的日後還在北非服役。

第九十一章
日本的投降

隨著帝國正在崩解，日本人仍孤注一擲地抵擋盟軍的進攻，並投入他們所擁有的一切。然而，盟軍技術上的優勢，尤其是原子彈發明了出來，意味著日本的投降已無可避免。

↑配備 DB601 型發動機的川崎三式戰鬥機優先予以日本的空戰高手使用，包括竹內章吾（創下三十架擊殺紀錄）在內。不過，由於日本海軍航空隊與陸軍航空隊彼此不合作、計畫拙劣的攔截戰術和老舊的雷達站，日本的防衛力量無法應付高速、高飛與重武裝的 B-29 型轟炸機的大規模空襲。

掌握硫磺島的目的是為了建立前進基地，以便讓美國第 20 航空隊從馬里亞納群島出擊對抗日本。弱化硫磺島的行動自一九四四年八月即開始，塞班島基地的美國第 7 航空隊之 B-24J 型定期前往轟炸。在一九四五年二月登陸戰展開之前，美國第 5 艦隊的第 58 特遣艦隊向日本進行了首次的航空母艦攻擊。二月十六日，第一支戰鬥機部隊在東京東南方一百二十五哩（二百公里）處升空，F6F-5 型與 F4U-1 型和一百架左右的三菱零式艦上戰鬥機五二型、川西強風式水上戰鬥機一一型與三菱雷電式局地戰鬥機二一型在千葉上空對戰，美軍宣稱擊落四十架日機，而其他的飛行大隊則在東京和關東平原上徘徊。十一點三十分，SB2C-3 型戰機突擊了大田和小泉機場，次日那裡再次遭到掃蕩。第 58 特遣艦隊總共出擊二千七百六

十一架次，並聲稱於空戰中擊落三百四十一架敵機，地面摧毀一百九十架；而美國則損失六十架飛機，另有二十八架毀於意外事故。

硫磺島的登陸日期設在二月十九日，但美軍一直苦戰到三月才確保這座小島的安全。在此期間，寺岡中將在本州的第3航空艦隊派出它的四百架戰機向美國第5艦隊發動傳統與自殺攻擊，並擊沉了護航型航空母艦俾斯麥海號和重創薩拉托加號。另外，進攻沖繩島的「冰山行動」（Operation Iceberg）也先由第58特遣艦隊和英國第57特遣艦隊的航空母艦進攻，登陸戰則於一九四五年四月一日展開，戰鬥一直持續到六月二十二日。盟軍的艦隊不斷遭受來自臺灣和九州基地的神風特攻隊攻擊，共有三十六艘船沉沒，三百六十八艘承受不同程度的損傷。日本戰機的自殺衝撞也宣稱擊沉二十六艘戰艦，一百六十四艘受創。而盟軍飛機的損失則為七百六十三架。日本海軍亦展開最後一搏，最壯麗的是一九四五年四月七日的「天一行動」，當時第58特遣艦隊的飛行大隊擊沉了戰鬥艦大和號和一艘巡洋艦與七艘驅逐艦。日本海軍航空隊和陸軍航空隊的損失巨大：自一九四五年四月一日至七月一日之間，日本海軍的神風特攻隊和一般部隊失去了二千

五百八十五架飛機，陸軍航空隊則有四千二百二十五架折翼，另有一千零二十架戰機在地面上被摧毀。

早在一九四四年十月十二日，第73轟炸聯隊（重型）的第一批B-29型轟炸機即抵達塞班島的伊斯利機場，他們首次對日本的空襲行動於十一月二十四日展開。當時一百一十一架的B-29被派到東京

↑美軍拿下硫磺島之後，前塞班島基地的P-51D型戰鬥機便移往這座新占領的基地。這群P-51D掛載著長程副油箱，為B-29護航飛越日本領空。

↓在歐洲上空，盟軍需要用高爆彈來毀滅德國的城市，但以燃燒彈對付紙糊的日本房舍卻格外有效。在燃燒彈影響下死亡的日本人數遠比兩顆原子彈還多。

↑以鈽元素製造的 9,000 磅（4,050 公斤）「胖子」（Fat Man）原子彈在長崎爆炸，導致 73,884 人死亡。雖然這樣的毀滅程度或死傷人數和盟軍轟炸機部隊的空襲相比並不怎麼驚人，但單一武器卻能有如此的威力，無論是立即性的和輻射塵的長期影響。

↓當勝利的盟軍艦隊駛進東京灣接受日本投降之際，它由一群龐大的美國戰鬥機與轟炸機部隊護航。

附近的中島—武藏第十一號引擎工廠進行轟炸。

在勝負已定的最後幾個月裡，第 21 轟炸機指揮部的戰技愈來愈純熟，他們在白晝對武藏野、神戶、名古屋和明石發動精確轟炸。第二批抵達提尼安島的聯隊，即第 313 轟炸聯隊也自一九四五年二月起展開攻擊。到了這個時候，第 21 轟炸機指揮部在作戰經驗豐富的克爾提斯‧勒梅（Curtis E. LeMay）少將旗下行動，他下令採用 M69 型炸彈於夜間發動極具毀滅性的焚燒空襲。一九四五年三月九日／十日晚，三百三十四架 B-29 蹂躪了東京，一陣狂風最後導致十八‧五平方哩（四十七‧九平方公里）的城市陷入火海，八萬三千七百九十三人死亡，四萬零九百一十八人受傷。此外，名古屋、大阪和神戶都遭受了類似的攻擊，日本四座最主要城市的廣大面積都化為一堆灰燼。

在四月，第 21 轟炸機指揮部轉去支援沖繩島戰役，並突擊九州的機場。四月七日，飛越日本目標上空的 B-29 型轟炸機首次有了第 7 戰鬥機指揮部的 P-51D 型野馬式的護航。而 B-29 在多起成功的海上佈雷任務中，第一次是於三月二十七日／二十八日晚間執行。日本戰鬥機擊落 B-29 的紀錄始終占少數：一九四五年四月，他們三千四百八十七架次的出擊中只摧毀十三架 B-29 而已。

進攻日本本島的作戰準備很早便著手策畫，日本最南端的島，

九州，預定在一九四五年十二月一日展開登陸〔奧林匹克行動（Operation Olympic）〕，而本州則於一九四六年三月一日進行〔花冠行動（Operation Coronet）〕。日本除了有二百三十萬名正規部隊之外，還有約二千八百萬的當地志願兵。日本海軍航空隊與陸軍航空隊也尚存五千三百五十架的飛機，加上帝國內差不多數量的神風特攻隊，以及中國和滿州的另一千八百架戰機。此外，日本的投降談判亦得不到結果。

　　就是在這樣的情況下，美國總統杜魯門（Truman）批准原子彈（A-bomb）的使用。這主要是政治決定，而非軍事考量，他打算在蘇聯向日本宣戰之前讓日本人感到震撼而投降。當時西方國家已認定蘇聯是導致全球局勢不穩定的下一個威脅，而原子彈的威力或許能防止蘇聯人染指日本。不過，他同時承認登陸日本本島將會造成無數的人員傷亡，無論是日本人或盟軍。因此，杜魯門做了投下原子彈的決定。

　　一九四五年八月六日八點十五分，一架第 509 混合大隊（509th Composite Group）的 B-29 型轟炸機在廣島三萬一千六百呎（九千六百五十公尺）的高空投下「小男孩」（Little Boy）原子彈，夷平了

四・七平方哩（十二・二平方公里）的城市，瞬間殺光十一萬八千六百六十一人。三天之後，另一顆原子彈又落在長崎。一九四五年八月十五日，裕仁天皇力排眾議，向人民廣播投降決定。

↑日本的正式投降是在 1945 年 9 月 2 日於美國戰鬥艦密蘇里號（USS Missouri）上由裕仁天皇和日本政府的特使所訂定。

↓照片中，英國皇家空軍第 356 中隊解放者式轟炸機的地勤人員歡呼戰爭之結束。英國皇家空軍和美國陸軍航空隊的 B-24 在對抗日本的戰役中扮演著樞紐角色，他們執行運輸與偵察任務，以及傳統的轟炸行動。

二次大戰的德國空軍

在希特勒的閃擊戰戰術中，德國空軍不可或缺，他們肩負著直接與盟軍強大空中勢力對抗的重任。從西班牙內戰開始登上戰史舞臺至保衛德國本土作戰，德國空軍一直扮演著重要角色。

《二次大戰的德國空軍》全面直擊德國空軍從一九三〇年代創建直至一九四五年服役結束間的發展歷程。本書圖文並茂，包含二百五十張戰爭圖片，許多為罕見的展示珍貴歷史資料，其中還包含前德國空軍人員私人收藏的照片。本書生動展現德國空軍如何在閃擊戰中發揮功效，以及在二次大戰後期德國空軍如何英勇抗擊盟軍轟炸，同時客觀地分析德國空軍在不列顛之役和史達林格勒戰役等戰役中失敗的原因，從不同角度展現德國空軍在戰時的精彩表現。

作者：約翰·平洛特
　　　（John Pimlott）
譯者：于倉和
定價：580 元

空戰：一次大戰至反恐戰爭

自西元一九一五年德軍首次展開大規模空襲作戰以來，制空權逐漸掌握了戰爭的走向，由此各國均投入大量資源，競相研發新型戰機，以奪取空戰勝利。

《空戰：一次大戰至反恐戰爭》以數百餘幅珍貴的戰時照片，概述了空戰在幾十年間的發展過程和重要里程碑，詳細介紹自第一次世界大戰以來全球所進行的各次著名空戰，客觀評述各作戰方在空戰戰術上的缺失。對戰爭中所出現的各種新型軍機，書中皆以彩色工藝圖、具體數據加以輔助說明，從多元角度出發，一展波瀾壯闊大空戰之風采。

作者：克里斯多福・強特
　　　（Christopher Chant）、
　　　史提夫・戴維斯
　　　（Steve Davies）、
　　　保羅・埃登
　　　（Paul E. Eden）
譯者：于倉和
定價：560 元

國家圖書館出版品預行編目資料

空中決戰 / 羅伯特‧傑克森 (Robert Jackson) 編著, 張德輝譯. -- 第一版. -- 臺北縣中和市：風格司藝術創作坊, 2011〔民100〕
　　面；　公分. --（軍事連線 ; 37）
　　譯自：Aircraft of World War II in Combat

　　ISBN　978-986-6330-14-8（平裝）
　　1. 第二次世界大戰 2. 空戰史
　　592.9154　　　　　　　　　　　　　　99024729

軍事連線 37

空中決戰

編　　著：羅伯特‧傑克森（Robert Jackson）
譯　　者：張德輝
責任編輯：林佩芳
發 行 人：謝俊龍
出　　版：風格司藝術創作坊
發　　行：軍事連線雜誌
　　　　　106 台北市大安區新生南路三段 88 號 7F-5
　　　　　Tel：（02）2363-7938　Fax：（02）2367-5949
　　　　　http://www.clio.com.tw
讀者服務信箱：mlmonline@clio.com.tw
讀者服務Skype：mlmonline
msn：mlmonline@clio.com.tw
總 經 銷：紅螞蟻圖書有限公司
　　　　　Tel：（02）2795-3656　Fax：（02）2795-4100
　　　　　地址：台北市内湖區舊宗路二段 121 巷 28.32 號 4 樓
　　　　　http://www.e-redant.com
　　　　　E-mail:red0511@ms51.hinet.net
出版日期：2011 年 01 月　第一版第一刷
訂　　價：560 元
※本書如有缺頁、製幀錯誤，請寄回更換※